登天的感觉

心理咨询实用理论与技术

岳晓东◎著

天津出版传媒集团
天津人民出版社

推荐序

练好心理咨询的基本功

近年来，心理咨询行业在国内飞速发展，这一方面吸引了许多有志者参加心理咨询的学习与实践，另一方面又为心理咨询行业的职业化发展带来了诸多挑战。新手初入职场时普遍存在的困惑是：为什么我参加了那么多场心理培训，学了那么多高深的知识，却做不好一场心理咨询呢？对此，我很想耐心地告诉大家，心理咨询绝不能靠玩几套绝招，或是真情伴随就能尽得真谛的。它需要大家先练好基本功，再确定个人的专业方向。其实，不管是看似简单地用心倾听，还是真诚地面谈交流，都需要有坚实的心理咨询基本功做基础，然后才能获得水到渠成之功。

由此，我向各位读者推荐《登天的感觉：心理咨询实用理论与技术》这本书，因为岳晓东博士在书中回答了心理咨询初学者的一个普遍问题——什么是心理咨询基本功。

本书有三大特点：一、实用性强，每节论述不仅有简明扼要的理论探讨和案例示范，还配有大量通俗易懂的图表，令人耳目一新；二、可操作性强，书中对于心理咨询各种技巧的操作都有十分具体的建议，令人深受启发；三、趣味性强，书中除了介绍心理咨询基本功的相关理念和技巧，还增添了大量心理咨询发展史的趣闻逸事，令人意趣盎然。更难能可贵的是，岳晓东博士还结合其多年的教学经验和临床实践，提出了诸多原创实用技术，如简易催眠技术、投射分析技术的种类、启发式心理咨询技术、协作释梦技术等，都堪称独树一帜。这些都使得本书不是一本枯燥乏味的教科书，而是一本人人可读、人人可懂的必读佳作。

在本书中，岳晓东博士在保密原则的前提下巧妙地展开其接触到的诸多案例，以揭开心理咨询的神秘面纱，还原其本真面貌。这种真诚严谨的态度呈现给读者的，不仅是心理咨询该怎样操作，也告诉咨询案主该怎样做自我保护。

我与岳晓东博士都是国内比较早到国外学习心理咨询理论与技术的学人，1991 年我们首次相遇，自此一直合作到如今。岳晓东博士自 1997 年出版《登天的感觉》一书以来，就一直说要完成一部有关心理咨询基本功的书。经过 10 多年的整理、修改，他终于完成了这本书。我分享他的这份快乐。我想说，这本书的完稿，不仅圆了岳晓东博士多年来的一个梦想，也是医治当今“浮躁咨询”的一剂良方。

是为序。

樊富珉

序言

心理咨询师为什么要练好基本功

许又新教授呼吁咨询师要练好基本功

中国心理咨询业元老许又新教授受邀在全国第四届临床心理学注册工作委员会大会上做了主题报告，呼吁咨询师们要练好基本功："对于我国的心理咨询师来讲，这个尤其重要。为什么呢？有这么两点情况：首先，心理咨询师入门的门槛比较低，说白了，只要有中等教育水平，善于死记硬背，就可以通过考试，获得心理咨询师的资格；其次，目前我们这个行业对培训这一点，确实做得还不够，这是令人遗憾的。"

的确，自 2001 年劳动部推出国家心理咨询师证书的培训计划以来，我国心理咨询师的培训与就业如雨后春笋，发展迅速。这对于国人心理与精神疾患的治疗、家庭冲突的化解、职场工作压力的缓解以及少年儿童的健康成长等都做了突出贡献。可以说，心理咨询已经成为当今中国发展十分迅速的职业之一。据中国心理学会的统计，10 多年来，我们已有约 150 万人接受过心理咨询师的专业培训，而拿证的咨询师有近 50 万人。这支队伍竟是国内精神科医生人数的10倍！

但诚如许又新教授所言，目前通过考试的心理咨询师已经超过50万人。这是个相当大的数字。这其中绝大多数人都没有接受过系统培训。而培训最重要的内容就是基本功。

目前，我国心理咨询师的培训及认定仍处于初级阶段，这突出表现为：

一、心理咨询师的培训大多是短期教育，甚至是远程教育，而不是学位教育，所以其资格认定只是颁发技能证书，而非学位证书；

二、咨询师在就业上岗前，严重缺乏实践经验，对于心理咨询师的基本功要求缺乏明确的认识；

三、咨询师的督导工作不够健全，缺乏系统性，这使得咨询师无从了解其业务成长与个人成长的方向、方法及评估手段；

四、心理咨询与心理治疗仍划分不清，咨询师对其服务范围知之不详，了解不透；

五、咨询师没有练好基本功就开始分流定向，主攻心理咨询的某一流派或技巧。

凡此种种，不仅造成了有关部门对心理咨询行业监察的不足，也造成了社会大众对心理咨询师的接纳度普遍偏低。所以当今的心理咨询市场一直是“叫好不叫卖，旺市不旺财”。

由此，咨询师在学习心理咨询课程时大多曾满怀激情，雄心壮志，力图在心理咨询与治疗行业中有所作为，并打造自己的品牌；但在残酷的现实面前，他们当中的许多人很快变得心灰意冷、意兴阑珊，不得不另择职业。

可以说，心理咨询行业已经成为当今社会流动性最大的职业之一。

还有的咨询师，为了能够尽快证明自己的实力，将自己刚刚学过的咨询技术立刻应用于咨询当中，期望获得立竿见影的效果。这种急功近利的做法不仅忽略了来访者的个体差异与所学技术的使用时机，也造成了某些咨询师“一招打遍天下，单眼望穿世界”的尴尬局面。另有一些心理咨询师，对于心理咨询的各类课程学习成瘾，却疏于亲身实践，且缺乏融会贯通，结果不接地气，学而难用导致许多来访者甚至咨询师都对心理咨询的具体事实与检测倍感困惑和挫败。

所以咨询师亟须苦练基本功，才能在心理咨询行业中站稳脚跟。

“唯技术论”是当前心理咨询培训与实践的误区

作为国内最早赴美学习心理咨询的学人之一（1987年在哈佛大学教育学院开始主攻心理咨询方向），我在心理咨询领域从事教学与实践已逾30年。多年的耕耘让我深刻地认识到，一个成熟的心理咨询师应该做好以下四点：

一、掌握好心理咨询的基本操作技术，如同感力、洞察力、沟通力、觉察力等，并可在咨询实践中运用自如。这主要通过相关课程的学习和实践完成。

二、掌握心理咨询的测量技术，如心理测量技术、投射分析技术等，并可在咨询实践中灵活运用。这主要通过相关课程的学习来完成。

三、掌握心理咨询的不同操作技巧，如时下比较流行的催眠治疗技术、精神分析技术、家庭系统排列技术（简称家排技术）、萨提亚技术、叙事治疗技术、意象对话技术等，并可在咨询实践中区别运用。这主要通过不断学习与实践来完成。

四、掌握心理咨询各大流派（如精神分析、人本、认知、行为流派等）的真谛，并可在实践中融会贯通。这主要通过个人不断学习、思考及接受专业督导完成。

可惜的是，在目前心理咨询的培训市场中，绝大部分课程培训都可谓是术士培训的课程，如萨提亚技术、家排技术、沙盘技术、绘画技术、催眠技术、NLP[1]（神经语言程序学）技术、舞动治疗技术、心理剧技术、意象分析技术、精

1 NLP是神经语言程序学（Neuro-Linguistic Programming）的英文缩写（在香港，也被译为身心语法程序学）。这一理论认为：我们的态度、信念、思维方式及行动都是“习惯程序”，只要通过一定的方法，改善我们思维和行为的重复程序，让大脑的软件升级，便能实现自我的完善和提升。NLP是一种意念激励的技巧，力图使人学会用神经语言来改变人的身心状态，达到自我的不断突破。

神分析技术、叙述疗法技术、简快疗法技术等。

如此培训的结果，必然使得咨询师在咨询实践中重技术而轻态度，重成效而轻关系。可以说，这种“唯技术论”的趋势，不仅会使咨询师对心理咨询的性质和方法出现认识偏差，也会使来访者质疑咨询师的综合素质。而据美国心理咨询专家麦克·兰伯特的研究，有四大类因素影响心理咨询成效，它们分别是：

一、非咨询因素（extra-therapeutic factors）：咨询地点、环境、服装、咨询师的人格特质、个人咨询风格等。

二、咨询关系（therapeutic relationship）：同感共情、一致化、阻抗或移情处理等。

三、咨询期盼（therapeutic expectancy）：暗示效应、期盼作用、求助欲望。

四、咨询技巧（therapeutic techniques）：精神分析、认知、催眠、叙事、萨提亚、NLP、沙游等。

兰伯特的研究表明，在这四大类因素中，非咨询因素占40%，咨询关系占30%，咨询期盼占15%，而咨询技巧仅占15%，这说明心理咨询单靠炫技是多么幼稚。

心理咨询中态度大于技巧

对于什么是基本功技术，许又新教授提出，它包含三个方面的内容：一是态度方面的基本功，二是技术方面的基本功，三是知识和理论方面的基本功。它们互相联系，密不可分。在这里，许又新教授特别强调了美国心理咨询大师卡尔·兰塞姆·罗杰斯[1]的观点，就是“对于来访者，我们应当抱有无条件的积极关怀”。

的确，罗杰斯曾指出，在心理咨询的运作中，态度大于技巧，即“我们可以

1　卡尔·兰塞姆·罗杰斯（Carl Ransom Rogers，1902—1987），美国著名心理学家、教授，是美国人本主义心理学的创始人之一。

教会一个人如何运用同感共情，却很难训练一个人具有同感共情的态度”。由此，在心理咨询过程中，咨询师应该灵活地掌握和运用同感共情操作技巧，以促进心理咨询工作联盟的形成，并与来访者建立起稳定的咨询信任关系。有必要指出的是，掌握了同感共情的操作技巧并不完全等于拥有解决来访者心理困惑的能力。

无独有偶，澳大利亚教育心理咨询专家 M. 卡瓦纳认为，有效的心理咨询更依赖咨询师的人格特征，而不是咨询师的知识和技巧。他指出，“心理咨询的知识和技能不是不重要，但教育和训练很难改变咨询师的那些基本的人格特征”。此外，美国心理咨询专家 P. 吉尔伯特等人在谈到什么人适合做心理咨询师时指出，“正如音乐、艺术或写作的能力一样，专业训练对同感共情、不含敌意的态度等只能有少量的帮助”。最后，美国心理咨询专家 W. 考米尔明确提出，“最有效的心理咨询师是那些可以把人格因素和科学的理论、方法加以完美结合的人，换句话说，就是可以在人际关系和咨询技术之间寻求平衡的人”。

由此，咨询师的人格特质可能是影响咨询关系建立和咨询效果的关键因素。这些人格特质包括自我认识能力、令人信任、诚实、坚毅、热情、耐心、敏感、给人以自由、反应敏捷等。因此，心理咨询师要不断地加强自己的人格修养，提升自己的人格魅力。

而这一切，正是眼下心理咨询培训与实践的空白。

精神分析、人本、行为、认知四大流派是心理咨询的根基

许又新教授在报告中还指出：基本功的一个重要方面就是关于知识和理论的基本功……一般来说，理论大概可以分为这么几个类别：第一是精神分析的理论；第二是人本主义和现象学的理论；第三是行为学或者行为科学方面的理论；第四是认知方面的理论。当然还有其他理论，凡是不能归到上面四类的，就归到其他理论。比如正念疗法，就可以归到其他理论中。

换言之，咨询师只有对这四种流派的基本理念和操作方法深入了解，才能在工作中运用自如。具体地说：

一、精神分析疗法：咨询师帮助来访者挖情结、通意识、修人格。

二、人本疗法：咨询师帮助来访者找优点、看长处、求突破。

三、行为疗法：咨询师帮助来访者谈养成、定目标、做训练。

四、认知疗法：咨询师帮助来访者查误区、调思路、正心态。

由此，每个心理咨询师都应该正本清源，对这四种咨询套路有个通盘认识，并力图在咨询实践中灵活运用。我曾邀请维也纳弗洛伊德大学的阿尔弗雷德·普利兹校长来香港城市大学访问，他给我们介绍了弗洛伊德大学的咨询师培训课程：

一、咨询心理学及相关课程（30%）：包括咨询心理学、人格心理学、变态心理学、儿童心理学等课程（其中含选修课）。

二、心理咨询十大流派课程（30%）：包括精神分析疗法、人本疗法、认知疗法、行为疗法、交互疗法、完形疗法、荣格疗法、阿德勒疗法、现实疗法、新咨询疗法。

三、咨询技巧课程（10%）：包括对话技巧、咨询伦理、咨询关系处理、督导成长等。

四、咨询测量课程（10%）：包括标准化测量方法（如MMPI、SCL-90、抑郁量表的使用等）、非标准化测量方法（如罗夏墨迹、主题统觉、房树人绘画、沙盘游戏等）。

五、咨询实习课程（20%）：包括临床观摩、咨询实践和督导学习等。

可以看出，弗洛伊德大学的咨询师培训课程很强调基本功的培训。而我们有关部门提供的心理咨询师培训计划尚无法达到这一水平。虽然咨询师的个人成长也需要做到“术业有专攻”，但我们都应明确，培养扎实的基本功是每个咨询师职业发展和个人成长的终极目标。诚如许又新教授在报告中所说的：每个咨询师都有权利选择任何一种理论观点作为自己的指导思想。但是除了自己所信奉的理论观点以外，最好对其他理论观点也要有所了解。为什么？因为这样有利于工作水平的提高。

其实，“术业有专攻”的基础是功底牢固。许又新教授在其讲话中特别举了维也纳著名咨询师维克多·弗兰克的案例。一天，一位丧偶的老先生来找弗兰克做咨询，两年来他因为夫人去世而陷入极度的痛苦中，难以自拔。弗兰克认真听了他的诉说，最后问了他一个问题：“假如你夫人后死，你先去世，她会怎么样？”老先生立即说：“绝对不行，因为我夫人太爱我，假如我先去世，她会痛苦万分，忍受不了的。”弗兰克马上接着说：“现在，她先去世，你后去世，这就免得她因为你去世而陷入深深的悲痛，这就是你现在痛苦的意义。”

老先生听了这段话，沉默了一会儿，掉下了眼泪，起身紧紧地握着弗兰克的手，然后默默地走开了。这就是心理咨询艺术性的表现，它不是任何催眠治疗所能达至的境界！

对此，许又新教授总结说：“我想，我们每一个搞心理咨询的人，一定要对生活的意义有所体会，不能光限于知识。这是两个不同的方面，知识确定什么是正确的，意义确定什么是有价值的。”

我对心理咨询基本功技术的理解

什么是心理咨询的基本功技术？它应该包括哪些内容？

我查阅了国外心理咨询师培训的大量资料，并结合我国心理咨询师的短期培训模式，提出心理咨询师基本功技术应包括四大块的内容。

第一大块是心理咨询师的入门管理技术，它包括心理咨询的环境管理技术、心理咨询的关系确立技术、心理咨询的会面接待技术、心理咨询的倾听回应技术。心理咨询师掌握了这些技术，就会知道怎样去布置心理咨询的外在环境，建立心理咨询的信任关系，整理心理咨询的档案资料，展现心理咨询的心灵陪伴。

第二大块是心理咨询的拓展深入技术，它包括心理咨询的同感共情技术、心理咨询的洞察分析技术、心理咨询的沟通表达技术、心理咨询的觉察内省技术。心理咨询师掌握了这些技术，就会知道怎样去强化心理咨询的共情反应，发现心理咨询的问题所在，表现心理咨询的沟通艺术，明确心理咨询师的个人成长。

第三大块是心理咨询的精神分析技术，它包括心理咨询的关系处理技术、心理咨询的投射分析技术、心理咨询的释梦解析技术、心理咨询的催眠治疗技术。

咨询师掌握了这些“精分”（精神分析理论的简称）的技术，就会知道怎样去化解来访者的移情和阻抗，对来访者进行不同的投射分析，解析来访者的各种梦境，给来访者实施适合的催眠治疗。

第四大块是心理咨询的常用干预技术，它包括心理咨询的认知疗法技术、行为治疗技术、人本流派干预技术、家庭治疗技术。咨询师掌握了这些技术，就会知道怎样去化解来访者的非理性思维，对来访者进行不同的引领修通。

事实上，自从 1991 年我第一次回国讲授心理咨询的基本理论与技术以来，就一直想写一本有关心理咨询师基本功的书。1995 年，我开始了本书的写作，但初稿令我十分不满意，于是我开始了心理咨询的科普写作，并在 1997 年出版了《登天的感觉：我在哈佛大学做心理咨询》一书。这本书的出版，虽然令许多人了解并爱上了心理咨询行业，却没能解答什么是心理咨询师基本功的问题。自 2005 年起，我开始讲授心理咨询的基本功课程，并在此过程中不断整理思路，查阅资料，如此又过了 10 年。2015 年，我出版了第一版《心理咨询基本功技术》，这本是修订版。在本书中，我还加入了个人在心理咨询实践中开创的一些技巧和技术，包括简易催眠技术，岳晓东重要他人投射分析技术、岳晓东启发式心理咨询技术、岳晓东协作释梦技术等。这些咨询技术都切合了中国的文化特色，也是我个人把心理咨询本土化的一个尝试，希望大家能喜欢。

在本书的写作过程中，我沿用了国家职业资格培训教程之《心理咨询师》（三级）（由中国劳动社会保障出版社出版）的框架，为的是能使读者沿袭此书的阅读和理解习惯，以便更好地理解本书讲授的内容。

此外，我还增加了案例部分，以增强本书的实用性和可操作性，期望读者可借此深入了解所述基本功技术在现实中的运用。

最后，我还增加了拓展阅读部分，以增强本书的可读性和趣味性，期望读者在了解心理咨询基本功技术的同时，也对心理咨询的发展史有所了解。

总之，在本书写作过程中，我追求的境界是“复杂的理论概念化、简单的概念操作化”，希望此书能给您这样的感觉。

多谢，我们后会有期！

岳晓东

2023 年秋于北京寓所

Contents 目录

第一章

心理咨询的环境管理技术

只有留给人美好的第一印象，你才能开始第二步。

——海罗德（勃伊斯公司总裁）

第一节　心理咨询室的布置

第一单元　咨询室的心理意义

一、学习目标

了解心理咨询室布置的意义。

二、基本概念

（一）咨询室的心理意义

“counseling”（心理咨询）一词的词干源于拉丁语和古法语。在拉丁语中，它有会议、考虑、忠告、谈话、智慧的意思。在古法语中，它有商谈的意思。心理学大师卡尔·罗杰斯认为，心理咨询是“通过与个体持续地、直接地接触，向其提供心理援助，并力图使其行为、态度发生变化的过程”。而学习布置咨询室，则是每个咨询师的必经之路。

图 1-1　卡尔·兰塞姆·罗杰斯

在进行心理咨询之前，首先需要一个能够容纳咨询师与来访者的地方，为谈话提供一个环境。

布置治疗室的方式将向来访者传递许多重要的信息，所有的细节都向来访者展示了咨询师是怎样的一位治疗师，以及这位咨询师打算如何对待他。

因此，考虑如何布置心理咨询室是十分必要的。

想一想：假如你是一位来访者，你希望进入什么样的咨询室呢？再想想看，你为什么喜欢这样的布置呢？

图 1-2　咨询室

心理咨询是人们探索心灵的历程，旨在使来访者毫无保留地公开自己的隐情，宣泄自己的情绪，反省自己的思想。所以心理咨询场所的安排与布置，首先要给人以安全、祥和、舒适以及充满生机的，犹如一片心灵净土的感觉。这应是心理咨询场所给人的第一感觉。

（二）咨询室的审美意义

心理咨询不仅要给人提供这种心灵净土的感觉，其房间的布置也应该具有一定的审美价值，让来访者一进到屋内，就感觉放松、惬意，就想滔滔不绝地诉说自己的不平与烦恼，想再回到这间屋子里来。这就是心理咨询场所给人的暗示作用。

例如，墙的颜色应该是淡色的，沙发的颜色也应该是浅色的，以使人放松心情。

虽然每个人的审美观不尽相同，其房屋布置也风格不一，但怎样才能使心理咨询室本身传达出希望、祥和、生机勃勃以及不屈不挠的信息，这是每个心理咨询师应该认真思考的问题。

大家千万不要小看咨询室的布置对来访者的暗示作用，这也是心理咨询的一个重要组成部分。西格蒙德·弗洛伊德[1]曾言："在这间屋子里，任何一样东西都具有象征意义。"

由此，咨询室的布置也要考虑到其象征意义。

拓展阅读 1–1 不同颜色的心理学意义

心理学的研究表明，不同颜色可以给人不同的心理学象征意义，其简述如下：

表 1–1 不同颜色及其象征意义

颜色	象征意义
红色	象征热情、性感、权威、自信，但也象征血腥、暴力、忌妒、控制。所以面对不同的需求，红色可以象征不同的意义。
橙色	象征亲切、坦率、开朗、健康；介于橙色和粉红色之间的粉橘色，则是浪漫中带着成熟的色彩，让人感到安适、放心。
黄色	象征活泼、天真、浪漫、娇嫩。但在正式场合，黄色还会给人以轻浮、单纯的感觉。
绿色	象征安全、和平、新鲜、舒适；黄绿色给人清新、有活力、快乐的感受；明度较低的草绿、墨绿、橄榄绿则给人沉稳、知性的印象。
白色	象征纯洁、神圣、善良、信任与开放。特别是当你需要表现坦诚或赢得他人的信任时，白色会帮助你达成目标。
蓝色	象征权威、保守、务实。所以当参加正式会议，讲演严肃或传统主题时，均可考虑深蓝色服装。
灰色	象征诚恳、成功、精确、沉稳、考究、权威。由此，灰色特别受金融业人士的喜爱。
黑色	象征权威、高雅、神秘、执着、冷漠，也代表着专业及品位。由此，黑色是高级主管的日常穿着，特别是在会议主持、公开演讲等场合常见黑色着装。
粉红色	象征温柔、甜美、浪漫。当你需要安慰他人或是从事咨询工作时，粉红色颇为合适。但当你出现在权威场合时，粉红色会令人感觉轻浮。

1 西格蒙德·弗洛伊德（Sigmund Freud，1856—1939），知名医师、精神分析学家，犹太人。

（三）咨询室的基本功能

咨询室是开展心理咨询与健康教育的场所（图 1-2）。建立规范的心理咨询室，需要确保其具有以下几个功能：

1. 个人咨询的功能

就是针对来访者的个人心理问题与困惑提供咨询与指导。在这当中，咨询师也许要对来访者做一定的心理测评，以得出相关的诊断与判断，并决定采取相应的咨询模式与策略。对具有严重心理问题的来访者，咨询师也许要向其家人提出建议，将其转介到相关机构去接受进一步的治疗。在咨询室的布置上，要体现其隐秘性、放松性等特点。

2. 团体咨询的功能

就是针对来访者的共同心理问题与困惑提供咨询与指导。在这当中，咨询师要对来访者的共性问题进行一定的调查与评估，以找出相适应的团体咨询模式与策略。团体咨询的成效在于团体动力的形成及作用。对此，咨询师要做足功课，以尽快让团体咨询的成员们进入角色。在咨询室的布置上，要体现其互动性、开放性等特点。

3. 家庭咨询的功能

就是针对来访者的心理问题与困惑提供家庭咨询与指导。在这当中，咨询师要对每个家庭成员的个性有深入的了解，以找出相适应的家庭咨询模式与策略。在咨询室的布置上，要体现其娱乐性、温馨性等特点。

4. 心理疏导的功能

就是根据来访者个人或其家人的心理发展特点，结合心理测评结果，开展多种形式的教育和辅导，如入学适应性调节、考前减压、专业选择咨询和升学指导等活动，有针对性地实施教育，提高他们的心理健康水平。帮助学生充分认识自己的个性和能力特点，使他们在人生道路上做出适合自己的选择。

5. 信息提供的功能

就是向来访者及其家人提供有关的心理知识，无论是书面的，还是网络的。例如，亲子关系和家庭教育的咨询，帮助家长正确地认识孩子的心理特点和成长规律，实施恰当有效的家庭教育等。

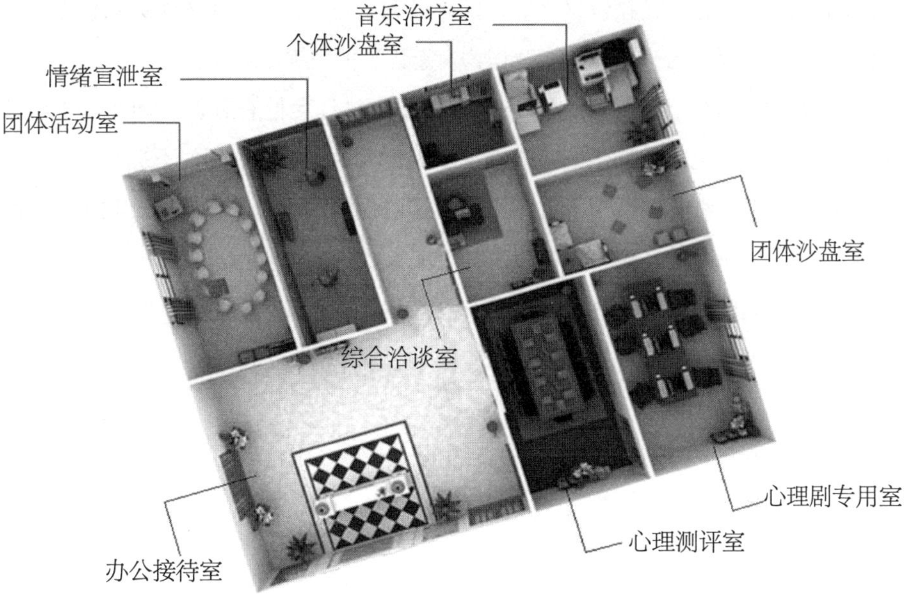

图 1-3 心理咨询室布置图

三、相关知识：弗洛伊德怎样布置他的咨询室

弗洛伊德作为心理咨询行业的开创者及一代宗师，其咨询室的布置也表现出鲜明的个性。

首先是弗洛伊德躺椅。这在今天是司空见惯的，但在 19 世纪后期，患者来看病，就应该坐在医生的对面，这样会便于检查和询问。而让患者躺在椅子上接受治疗，是对传统问诊模式的一项巨大变革，因为它不仅便于询问，还能帮助患者身心放松，并自由联想。由此，弗洛伊德躺椅的象征意义在于，患者一进入弗洛伊德的治疗室，就进入了一种自我催眠的状态，因为这里可以是他身心放松的一片净土。

其次是弗洛伊德的古物摆设。弗洛伊德十分喜欢古物，他的书案、墙头都摆放着许多他从各地搜集来的古物，以古代雕塑为主，据说也有咱们中国的唐三彩。这对于一个医生来讲也是比较另类的，通常私人诊所应该挂满各种证书或有关医学的图标，而弗洛伊德在咨询室里摆满了此等古物，给人一种强烈的探索与发现的感觉。换言之，摆设这些古物的象征意义在于，一旦进入了弗洛伊德的咨询室，患者就要开始一段“变无意识为有意识”的征途了。

最后就是桃红色的色调。弗洛伊德似乎对桃红色情有独钟，地毯是桃红色的，连客厅的墙也是桃红色的。按理说，红色会令人感觉烦躁，不适合作为咨询室的颜色。但桃红色则会令人昏昏欲睡，这对于催眠治疗，包括自由联想都会起到帮助作用。所以桃红色的象征意义在于使人尽快进入催眠状态。

这下你明白弗洛伊德为什么说“在这间屋子里，任何一样东西都具有象征意义”了吧？

第二单元　咨询室布置的注意事项

一、学习目标

了解心理咨询室布置的注意事项。

二、基本概念

布置成人的心理咨询室或心理咨询中心要考虑以下五个因素：

（一）具有专业形象

咨询室或咨询中心要有名称牌、路标及提示牌。

从来访者寻找咨询室开始，我们就要让其感受到咨询室对他的关怀。标识明确可以让来访者轻松地找到咨询室，不会使本来就带着不安的心情前来咨询的来访者因为找不到咨询室又增加一份焦躁和沮丧。

（二）具有保密功能

来访者前来解决的问题，大多是比较隐秘的，不愿让他人知道。所以保密对很多来访者都是十分重要的。

具有保密功能的咨询室体现为：

1. 咨询室的位置应在人流较少的地方。

2. 咨询室需要隔音。如果来访者知道在屋外能够听到屋内的谈话，他们会感到很不安全。

3. 需要考虑来访者对接待室共享是否存在顾虑。如果有顾虑，需要做出特殊的安排。

有时咨询室在体现保密功能时也存在一些误区：第一，咨询室的位置选择在太偏僻的地方。这有可能使来访者感到不安全，或者在某些极端情况下，咨询师会面对危险而无法求助。第二，咨询时锁门。首先，锁门可能使来访者感到不安全；其次，屋外的等候者可能会浮想联翩。因此，可在门外挂一块“咨询中，请勿打扰”的牌子。

（三）具有适当空间

具体来说，请大家注意下面事宜：

1. 大小、高低适中

咨询室太大，或屋顶太高，会使人感觉空旷，没有安全感；咨询室太小，或屋顶太矮，又会使人感到压抑、窒息。因此，咨询室的大小、高低要适宜。如果咨询室较大，可以用一些柜子、矮屏风等将其分成不同的区域。

2. 要有窗户

一间有窗户的咨询室是比较理想的选择。一是能够使屋内通风，光线明亮；二是可以满足一些来访者喜欢望着窗外进行诉说的需要。

3. 光线明亮、柔和

屋内光线要明亮且柔和。如果是白天，自然光一般足够。如果光线过于明亮，可以用窗帘进行遮挡；如果光线不足，需要用灯来照明。良好的灯具，其光线使人感到柔和明亮，视觉舒适；而不良的灯具可能会使人感到刺眼、疲劳、头晕目眩。因此，选择灯具，实用性比外观重要得多。

4. 色调温暖

咨询室的色调宜选用比较温暖、比较容易让人神经放松的色彩。普通的白色墙壁通常会让人感觉有些刺眼，但咨询室不要大量使用鲜艳的颜色，如红色、明黄，也不要大量使用暗淡的颜色，如黑色、灰色、褐色等。很多咨询室选择使用米色。

5. 温度适宜

身体的舒适感，是能够专心进行工作的前提，温度太高与太低都会引起身体的不舒适感。生理学和医学上认为人体最适宜的温度是：工作时为 19℃—21℃，休息时为 25℃—29℃。

6. 饰品无须过多

咨询室内的装饰品不要过多，摆放花瓶、工艺品、书画、植物是适宜的。最好不要摆放咨询师的私人物品，如咨询师的家庭照片。

（四）具有充足的设备

具体来说，请大家注意以下事宜：

1. 椅子或沙发：通常咨询师与来访者的座椅摆放要呈一定角度，避免目光直对来访者时给其带来压力。

2. 桌子：在两个座椅中间通常有一个小桌，用于摆放水杯、纸巾、纸、笔等物品。

3. 纸、笔：用于记录一些要点，与来访者做一些书面讲解和沟通，或者请来访者写或画些什么，促进对来访者的了解。

4. 时钟：通常挂于来访者身后，咨询师可以看得见的地方，如果咨询师在咨询过程中多次看表，容易使来访者不能平静地谈话。也可以提供一个便于来访者看时间的时钟，一方面是让来访者知道时间，另一方面可以让来访者承担起一部分把握时间的责任。

另外，咨询室中也要备有纸巾以及彩笔，可以供来访者在哭泣时和用图画表达自己时使用。

（五）具有接待作用

接待室具有如下作用：

1. 为来访者办理接纳手续。

2. 为来访者及其陪同人员提供等待的场所。

3. 保存来访者的一部分资料。

因此，接待室要体现咨询室或咨询中心工作的专业性，还要体现接待室对来访者及其陪同人员的欢迎与关心，而且要为咨询服务提供条件上的保障。

具体来说，接待室需具备以下物品：

饮水机——方便来访者、咨询师及接待员使用。

电脑——保存资料、进行测验。

书架及书——供来访者早到时或者陪同人员等待时阅读。

复印机、打印机——用于资料准备。

文件柜——保存来访者文字档案材料。

另外，如果条件允许，也可备有以下物品：

照相机——可以保存来访者在治疗过程中的作品，如图画。

录音笔、录像机——记录咨询过程，用于案例督导。

投影机——向来访者呈现某些放映材料或进行案例讨论时使用。

拓展阅读 1-2　我怎样布置我的咨询室

哈佛大学所在地剑桥市（Cambridge）的哈佛广场附近，有一条很短的街道——林登街（Linden Street）。这条街的 5 号，是一座古色古香的三层小楼，原来是用作学生宿舍的。但自 20 世纪 70 年代起，这里便成了哈佛大学心理咨询中心的所在地。

在林登街 5 号，我有一间属于自己的咨询室。

我把它布置得很温馨，也极具艺术特色，我要让人们一进到我的屋子里，就情绪放松、精神舒畅。这对于充分发挥心理咨询的暗示作用十分重要。

走入咨询室，首先映入眼帘的是一幅大海的油画。

画面中，一边是大海的海浪，波涛澎湃，卷起无穷浪花；另一边是平静的海岸，波光潋滟，水潮缓进缓退。在这动与静的对比当中，你会感受到大海对生活的启示。

这幅画不知从何时起挂在了这里。虽然这间屋子曾几易其主，但大家都不约而同地将这幅画留了下来。我很钦佩最初屋主的用心良苦，他挂这幅画于屋中，对心理咨询就个人成长的象征意义来讲，实在是再贴切不过了。

在油画的下面，是一个大沙发，上面套了一个乳白色的沙发罩，给人以祥和宁静的感觉。大沙发的斜对角是一个小沙发，也套着一个乳白色的沙发罩。两个沙发之间是一张小茶几，上面放着一盏台灯和一盒纸巾。

大沙发的另一角，是一个一米多高的书架，上面放了我的一些书籍。我把它们摆放得很整齐，也很有美感。书架的顶层摆了一盆吊兰，垂下来的绿丝覆盖了书架的一角，显得既有生机，又有艺术感。

大沙发的对面是我的办公桌，桌上整齐地摆着台历、文具和一座弗洛伊德的石雕像。伏案写作疲劳时，我时常会注视一会儿弗洛伊德的雕像。望着他那一脸沉思的样子，我总会感到有一股强劲的力量在激励我去不断地探索人心灵的无穷奥秘。

图 1-4　我的督导——哈佛大学心理咨询中心主任芮内的咨询室一角

在两扇窗户之间的白墙上，我挂了一幅自己带来的中国画。画中的两只小鸟栖在枝头上，似乎在悠闲地聊着什么，也许其中一方正在给另一方做着心理咨询吧。

咨询室的地上铺着地毯，也是浅色的，使人感觉很温暖。咨询室每天都有专人来打扫卫生，以保持其整洁干净。

这就是我的咨询室：清静、和谐、温馨、阳光充足，有点儿艺术室的情调，却不过分夸张。这种宁静、祥和气氛的营造，对于心理咨询有着重要的象征意义和暗示作用。

我要让每一个进到我屋里的人，都能感觉到轻松和舒畅。特别是大海的寓意、吊兰的生机，还有小鸟的窃窃私语，曾屡屡成为我与来访者谈论的话题。

林登街 5 号，是哈佛广场附近一座很不起眼的旧房子。在众多的现代化建筑群中，它显得矮小平庸，古老而格格不入。然而在我的心目中，它是那样独特，那样温馨。

就是在这座房子里，我领会到什么是心理咨询，什么是心灵沟通，什么是人性，什么是爱。

林登街 5 号，是我永久的智慧圣地。

三、相关知识：心理咨询的空间效应

在心理咨询过程中，人们需要注意咨询室的空间效应。它泛指咨询场所的氛围所产生的心理作用与效应。在咨询室内，空间效应包括咨询师可利用的空间、家具摆放、座位安排以及咨询师与来访者之间的物理距离。此外，空间效应还涉及人类交际中一个非常重要的变量——个人领地。许多人不仅希望占有属于他们的东西，也希望占有他们周围的空间。由此，咨询师要关注来访者的空间需求，以满足其在咨询场合的心理需求。而当来访者感觉自己的空间或领地被侵犯时，他可能会表现出各种阻抗（如后退、分神、沉默不语，甚至是不再来求询），以维护其感觉舒服的物理距离和心理距离。

第二节　心理咨询师的形象管理

第一单元　心理咨询师的气质特点

一、学习目标

了解心理咨询师气质的基本原理。

二、基本概念

（一）气质的概念

气质是指人典型的、稳定的心理特征，常给人的心理活动染上某些独特的色彩，也是一个人内在涵养或修养的外在体现。气质是依据给人的整体感觉来界定的，是一种内在的力量。气质是内在的、不自觉的外露，而不仅是表面现象。如果一个人胸无点墨，那任凭其用多华丽的衣服装饰，这人也是毫无气质可言的，反而给别人肤浅的感觉。所以如果一个人想要提升自己的气质，做到气质出众，除了穿着得体、说话有分寸之外，还要不断提升自己的知识和品德修养水平，不断丰富自己。

人的气质通常可分为多血质、胆汁质、黏液质和抑郁质四种。这四种气质类型的人在行为方式上也有典型的表现。多血质一般表现为活泼、好动、敏感、反应迅速，但精力易分散；胆汁质较容易兴奋、精力旺盛、意志坚强、热情而又性情急躁、容易冲动；黏液质通常比较安静、稳重、性情内向、反应缓慢、消沉、不合群；而抑郁质则情感细腻、稳重、多思善虑、易伤感等。每个人的气质各有不同，但纯属单一气质类型的人极少，绝大多数人的气质是混合型的，只是较多倾向于某种类型。气质本身也没有什么优劣之分，各有其长，也各有其短。

因此，气质与人的身心健康息息相关，同时，对一个人的工作作风、工作方式、生活方式和为人处世的原则也有一定的影响。我们都应该针对自己的气质加强修养、扬长避短，促进自身的身心健康。

（二）咨询师气质

心理咨询师气质泛指咨询师的专业形象塑造，它包括咨询师的业务能力、人格魅力、形象管理等方面。它需要咨询师根据自身的特点、条件、专业取向等因素来不断加以塑造和完善。

从事任何职业的人都需要具备一定的条件。心理咨询被认为是一种特殊的助人工作。从事这个工作的心理咨询师，不但要用他的知识和技术为来访者服务，还要了解来访者的内心世界，洞悉来访者的生活隐私，帮助他们认识心理问题产生的真正原因，促进他们的心理成长。因此，心理咨询师必须具备一些特殊的气质条件。

这里所谓的条件，除了专业知识和技能以外，就是咨询师外在和内在的气质表现。

咨询师的个人成长应该落实在哪几个方面？一般来说，这需要咨询师根据自身的特点、条件、专业取向来加以塑造和完善。那么对于咨询师而言，怎么样才能做最好的自己？又如何才能有针对性地打造出个人的气质呢？

（三）咨询师的气质养成

咨询师的气质养成，简单来说，主要有两个方面：

1. 咨询师的业务能力

所谓业务能力（professional competence），包括咨询师的知识结构、心理学专业知识，例如参加各种培训、工作坊、心理剧等所掌握的技能。同时，咨询师还要明确个人取向，即对哪一种心理咨询的流派有特殊的认同，认为哪一种心理咨询的流派与自己的兴趣爱好更加吻合。无论是人本主义、认知主义、行为主义还是别的理论，咨询师必须有所侧重、有所取舍，才能有所精通。

心理咨询与心理治疗、心理测验是不可分割的。心理咨询师应有扎实的心理学理论功底，对于普通心理学、人格心理学、教育心理学、医学心理学、心理测量学等学科的基本知识都应掌握，才能将咨询辅导工作建立在科学理论指导的基础上。

另外，心理咨询师也应该发展多方面的知识结构。在心理咨询过程中会遇到多方面的问题，例如：青年的人生观、世界观、价值观问题，人际关系问题、人格发展与社会适应问题，专业思想和学习方法问题，青春期生理及心理问题、恋爱婚姻问题等。这就需要咨询人员有全面的知识结构。心理咨询师不仅要有心理学专业知识，还要以辩证唯物主义和历史唯物主义的世界观和方法论作为思想指导，坚决抵制一切违背科学的迷信思想的侵袭。此外，咨询师还应有教育学、社会学以及基础医学方面的知识。只有从多方面发展自己的知识结构，才有条件给来访者以正确的启发、教育和指导。

2. 咨询师的个人魅力

心理咨询师还要培养个人的人格魅力（dispositional charisma）。这包括亲和力、吸引力、感染力和影响力等方面。咨询师的亲和力来自态度和蔼、目光慈祥、语气温和，咨询师的吸引力来自知识丰富、思想深刻、动作优美，咨询师的感染力来自平等对话、语言简洁、富于智慧，咨询师的影响力来自真诚理解、言之有物、启发互动。

咨询师的人格魅力的关键，是给予来访者信任感和安全感。咨询师只有让来访者对其产生信任，来访者才会放开自我，走出精神防御机制，与咨询师进行深入交流。否则，来访者只会采取防御性的说辞，无法与咨询师进行深入的沟通与探讨。

有了信任之后做什么？从本质上而言，咨询师的个人魅力在于影响力。心理治疗关系偏向于医患关系，因此，这就需要咨询师具有一定程度的权威才能给来访者带来变化。而心理咨询又是平等对话，因为是平等对话，所以才能释放咨询师的影响力。咨询师的能量、对来访者深入地剖析，能够帮助来访者自我成长，这就是我们咨询师的个人魅力所在。

三、相关知识：弗洛伊德的气质描述

心理学家奥尔波特对弗洛伊德的描述

美国著名心理学家、人格心理学之父高尔顿·乌伊拉德·奥尔波特年轻时曾到维也纳拜访弗洛伊德。两人坐定后，弗洛伊德一言不发，奥尔波特倍感不适。为了打破沉默，奥尔波特提起自己在乘电车的路上，遇到了一个 4 岁左右的儿童，很怕脏，不断对妈妈说“这里太脏，我不坐在这儿”“那个人不干净，我不要坐在他身旁”，而他妈妈看上去则是一个十分古板的妇女。不料奥尔波特讲完话后，弗洛伊德竟盯着他问：“那孩子是不是你？”

这使奥尔波特大吃一惊，但他很不以为然，并在一生中都坚持认为精神分析的理论太主观、太缺乏实证。有趣的是，在生活中，奥尔波特确实是一个有洁癖之人。

艺术家达利对弗洛伊德的描述

1938 年，西班牙裔著名艺术家萨尔瓦多·达利在伦敦郊区弗洛伊德的寓所拜访了他。分手之前，达利将一本杂志交给弗洛伊德，上面有达利发表的一篇有关偏执狂的文章。不承想，弗洛伊德的眼睛一直盯着达利，丝毫没有关注那本杂志。然后他缓缓地说：“我从来没有见过一个纯粹的西班牙人，太特别了！”

这令达利感到非常震惊!

文学家伍尔夫对弗洛伊德的描述

1938 年 1 月 28 日，英国著名的政治学家、作家伦纳德·伍尔夫（英国著名文学家弗吉尼亚·伍尔夫的丈夫）在伦敦郊区弗洛伊德的寓所拜访了他。伍尔夫对弗洛伊德的评价是：“我不需要去刻意赞美我所见过的名人。几乎所有的名人不是令人失望，就是令人枯燥。但弗洛伊德是个例外，他有一种光环，不是名气的光环，而是伟大的光环。”

物理学家爱因斯坦对弗洛伊德的描述

著名物理学家爱因斯坦在 1932 年 12 月 3 日给弗洛伊德的信中写道："当我给你写信时，我明确地感受到我这封信的渺小，因为它只是一个善意的表示。我就像一个鱼钩上的诱饵，试图去钓起一条大鱼来享用。"

第二单元　心理咨询师的形象管理

一、学习目标

了解心理咨询师气质培养的基本原理。

二、基本概念

（一）咨询师气质的基本功训练

打造咨询师的气质，首先要具备良好的基本功。这主要包括：同感共情能力、洞察分析能力、沟通表达能力和觉察自省能力。咨询师的同感共情能力使人善于同感共情、换位思维；咨询师的洞察分析能力使人善于心理剖析、情理兼顾；咨询师的沟通表达能力使人善于表述清晰、善举事例；咨询师的觉察自省能力使人善于自我批评、发现问题。

1. 培养同感共情的能力

咨询师不仅在咨询场合可以自如地运用同感共情的技巧，在日常生活中也可巧加使用。在这里，心理咨询是两块牌子，从正面看是咨询心理学，反过来看是人际沟通的艺术。咨询师在提供咨询服务的过程中，很快就能使人进入情境，给人带来一种信任感。

2. 培养洞察分析的能力

所谓洞察力，就是透过现象看本质，而用弗洛伊德的话来讲，洞察力就是变无意识为有意识。从这层意义上来讲，洞察力就是"开心眼"，就是学会用心理学的原理和视野来归纳总结人的行为表现。咨询师要在工作中不断地"开心眼”和“长心眼”。所谓“开心眼”，就是咨询师能够恰如其分地运用心理学的相关观点、理论来看待、解释来访者陈述的心理问题或困惑；所谓“长心眼”，就是咨询师能够不断积累自己的心理学见识，以逐渐形成自己的咨询套路和风格。

3. 培养沟通表达的能力

心理咨询师要有熟练的表达技巧。其中包括怎样能在最短的时间内了解来访者的有关情况，如使他困惑的处境或事件，症状出现的时间及其发展变化等；怎样适时地、机敏地提出问题；怎样发现来访者不自觉地掩饰和阻抗；怎样引导他逐步认识内心深处的症结；怎样设计一些相应的方法来矫正其某些不良行为，尤其对儿童神经症病人；怎样适时地向来访者进行某些解释、如何解释等。

4. 培养觉察自省的能力

觉察就是对自我的反省、对自我的认识。对咨询师而言，对自我的觉察可以帮助自己很快地发现自己的投射点、问题，或者说怎么样去更好地发展自我。

表 1–2 咨询师的个人魅力组成

能力方面	突出特点	突出结果	典型事例
同感共情能力	善于同感共情，换位思维	很快建立咨询关系	罗杰斯的同感功夫
洞察分析能力	善用心理学的相关观念	很有见地，透过现象看本质	伯尔尼的深入分析
沟通表达能力	善于表述思维，善于举事例	很有说服力，令人信服	拉泽洛斯的问话
觉察自省能力	善于发现自身的问题	很快地自我成长	阿德勒的自我批评

＞咨询师宝典秘籍谈 1　咨询师怎样培养人格魅力

魅力方面	努力方向	突出结果
亲和力	态度和蔼　目光慈祥　语气温和	清除阻抗　建立信任
吸引力	知识丰富　思想深刻　动作优美	解除防御　反省自我
感染力	平等对话　语言简洁　富于智慧	深受启发　备受鼓舞
影响力	真诚理解　言之有物　启发互动	愿意尝试　接受暗示

岳晓东寄语：

咨询师要给人亲和感，令人在交流中心旷神怡。

（二）咨询师气质养成的注意事项

咨询师要培养独特的气质，必须注意以下几点：

1. 面目要慈祥，让来访者感觉很舒服

为了做到让来访者感觉亲切和舒服，咨询师必须做到跟来访者有眼神的交流，要让来访者感受到一种力量、一种坦然、一种可亲可爱。咨询师做咨询的时候，要与来访者有对视，对视的时候要自然而不自卑。如果咨询师没有办法与来访者进行直接的眼神交流，而是眼神飘忽，就会给来访者留下一种不尊重自己的感觉。咨询师在咨询过程中，要有一种眼神的自然交流。在目光交流中，给对方一种力量、一种定力。在短短的交流中，能有一种定力，给对方带来一种信息，这也不是一朝一夕能练就的。

2. 话语要精确，让来访者感觉很专业

话语精确，这是语言艺术，也是同感艺术。有时我们在咨询场合，说话啰里啰唆，或想把话说清楚，结果越说越不清楚，这样就会让来访者产生阻抗、不悦的体验。所谓倾听，不是不言语，不言语那是被动地听，真正主动地听是交流式的听。咨询师可以主动重复来访者的话或是紧跟着一种示意。罗杰斯有句口头禅，也成为很多人，包括我们国内咨询师的口头禅。他如果想让你接着说话，他就会说："嗯？"这种互动交流、主动地听，值得我们咨询师学习。

3. 同感要到位，让来访者感觉很贴心

同感一步到位，一个谈具体，另一个谈感受。谈具体，就是具体化；谈感受，就是同感共情、情感聚焦，让来访者体会到“亲切中有距离，沉默中有交流”。

我们要感谢罗杰斯，他把沉默作为一种咨询技巧，巧妙地加以应用，达到一种“此时无声胜有声”的咨询境界。我在美国做心理咨询的时候，老师给我们放过一段罗杰斯做咨询的录像：一个妇女说着说着，伤心地泣不成声。镜头切到罗杰斯，起初他沉默，最后，他拿出一块手绢给她，说：“你要不要先去休息一下？”这种沉默技巧的应用，可以最大限度地减轻来访者的心理负担，达到同感共情的咨询效果。

拓展阅读 1–3　心理咨询师的三种人生境界

和处在第一种境界的心理咨询师相处时，你会感觉他十分自信，性情比较张扬，很有锐气。他会非常乐意谈及他所获得的成就，同时尖锐地表达对不同观点的批评和对出现失误的同行的轻视。他的社会角色意识非常强，你能感到他确实以成为一名咨询师为荣，同时这个角色也捆绑了他，使他对自己的着装、在公众场合的表现、别人对他的看法或批评，都表现得特别在意。处在这个阶段的咨询师还有一个明显的外在行为特点，就是总会忍不住地去指出别人的心理和个性问题所在，涉及的范围包括亲人、朋友或同行。他的意见大多时候是有见地的，你能感觉到他确实点到了问题所在，但不知为何，就是让人心里不舒服。也许，你直觉地感受到，他说这些并不是为了帮你，只是为了证明他自己的能力和优越感而已。此类行为常常影响他的人际关系。这种类型的咨询师，在咨询过程中采用的常常是探究型和控制型的咨询方式，乐于使用各种“立竿见影”的简快方法，出现“野蛮分析”的时候比较多。

第二种境界的心理咨询师拥有了更多的心理能量，自身的情结也解决了不少，他们成了比一般人更健康的人，或者叫自我实现型人。他们拥有更多的知识和智慧，变得沉静下来。他不会主动谈及自己的成就，表现出低调和稳健。他们神情内敛，对人和气。他们明白自己的职业角色和本人真实自我的界限，也了解自身的局限。他们从来没有想过把自己描述成一个没有缺点的完人。他们可以坦然地谈及自己的不足之处，了解自身的弱点，这已不再让他感觉到是一种威胁。

他断不会陡然指出别人的所谓的心理问题，尽管他能清楚地感觉到周围每个人的个性特点。在某个适当的时候，也许他会通过某些委婉的方式让你明白你可能还存在着需要解决的心理情结。然而他的方式是如此隐晦和温和，以至于你不可能受到任何伤害，更不会让你在很多人面前难堪。你会感激地发现，他的所说所做基本上不是为了证明他自己，而是出于对他人真诚的关怀和爱。这样的心理咨询师，常常会得到很多人的爱戴和崇拜，即使是同行，也不禁对他表示尊敬和欣赏。他的人际关系比处于第一种境界的人好多了。在咨询中，无论他采用哪种流派的方法，人本主义的精神都会贯穿始终。他的咨询过程表现出踏实和沉稳，追求咨询的质量胜过追求咨询的速度。

第三种境界的心理咨询师已经没有了角色的概念，整个人都和谐统一了，因而他并不会特意地装扮自己。当他出现在你面前时，你也许会觉得这是个特别朴实、平凡的人。这时候的他，经过修炼和顿悟，已无所谓自信不自信，自卑不自卑，当你靠近他时，不能感觉到任何外显之气，只能感觉他的内心就像大海般深湛和平静。无论是直接的或委婉的，你都不会听到他对别人所下的结论或评判，他也断不会指出任何人的任何问题。哪怕他只是心神合一，静默少言地待在那里，你也能感觉到从他身上散发的那种对全人类的悲悯之情。这博大的、完全没有偏见的、淡淡的无形之爱无声地影响着周围的人，令罪人在他面前也不觉羞惭。就好像孩子绝不会因为在慈爱的父母面前露出生殖器而羞愧一样，你也绝不会因为在他面前自然地表现出弱点而羞愧。尽管他从来没有对你说过你的弱点和问题，但他是如此这般深湛和平静，当你靠近他时，自然就会照出自己的影子，清清楚楚地知道，自己还有哪些丑陋的地方。

摘自荣伟玲《心理咨询师的三种人生境界》

（三）咨询师的个人成长

咨询师的个人成长（self-growth），也是个人醒悟，即意味着必须看清自己，能够及时发现自身的问题。心理学家斯特普曾经认为，“每个心理咨询师都应该发展出他自身独特的治疗风格，即将治疗的艺术性与治疗技巧综合起来的一种独特的人格”。这就是咨询师人格。

我们每个咨询师都要有一个咨询师人格。一般而言，一名咨询师进入咨询场合，就开始以特别打造的形象出现。“人格”在拉丁文当中是面具的意思。我们戴着心理咨询师的面具，这就是咨询师的人格。

咨询师如何实现个人成长呢？就是要根据自身特点而打造出独特的人格，所以，“一位优秀的咨询师更类似于一位画家、小说家或者作曲家”。这里面有它科学性的一面，也有它艺术性的一面。“科学性”就是有规律性、可重复性的一面。心理咨询的科学性一面是它的一些基本理论，如精神分析、行为主义、认知调整等，这些都是可重复性强、有规律性的。但也有艺术性的一面，每个人都有他自己独特的风格，以及在某个方面的特长表现。这就是咨询师个人的魅力或个人的素养。想达到这种境界，就要提高自我的觉察能力，包括自我反省、自我探析。具体而言，可以有如下两方面的措施：

自我反省：觉察自我的同感、洞察、判断、行动失误；

自我探析：觉察自我的专业取向、个人定向等。

咨询师的觉察力，一个是通过“内省”“内观”，即通过自身的努力去及时觉察，主动发现并寻找自己在咨询过程中的不足；另一个就是“外省”，即督导，通过系统的督导指正，找出自己需要改进的地方。关于这一点，我们在第八章另有专述。

（四）培养咨询师的素养要求

1. 人格素质

许多学者都提到心理咨询师的人格条件是做好心理咨询工作的最重要因素，也是心理咨询师应当具备的首要条件。心理咨询师的人格是心理咨询工作的支柱，是咨询关系中最关键的因素。如果一个心理咨询师不具备助人的人格条件，他的知识和技术就不会有效地发挥作用，而且可能有害。心理咨询师如果仅仅具有广博的理论知识和咨询技巧，但缺乏同情人、关心人的品格，不能坦诚待人，不能赢得信任，缺乏对人际关系的敏感性，他就只能是一个技术工匠。

所谓人格，是指一个人的整个精神面貌，是具有一定倾向性的、稳定的心理特点的总和，包括气质、性格、兴趣、信念和能力等。心理咨询师应当具备的人格条件是指哪些内容呢?

首先，心理要相对健康。

心理咨询师的健康水平至少要高于他的来访者。心理咨询师本人也是人，也有许多欲望，如希望得到爱，希望被接受、被承认、被肯定，希望有安全感。但他有能力在咨询关系以外来求得这些欲望的满足，以保证有效地完成心理咨询师这一社会角色的任务，不致引起角色紧张。心理咨询师也生活在和他的大多数来访者相同的社会环境里，也会有各种生活难题，也会出现心理矛盾和冲突，但他可以保持相对的心理平衡，而且能在咨询关系以外来解决他的心理矛盾和冲突，不至于因为个人的问题干扰咨询工作。一个合格的心理咨询师应当是一个愉快的、热爱生活的、有良好适应能力的人。那些情绪不稳定，经常处于心理冲突状态而不能使自我平衡的人是不能胜任心理咨询工作的。

其次，要乐于助人。

只有乐于助人的人才能在咨询关系中给来访者以温暖，才能创造一个安全、自由的氛围，才能接受来访者各种正性和负性的情绪，才能进入来访者的内心世界。“乐于助人”这个条件说起来容易，但并非任何人都具有这种品质。一个外科医生尽管手术技术很高明，可以治好病人的外科疾病，但他不一定在心理上乐于帮助他的病人。那些只关心自己的事情的人，那些性格孤僻、寡言少语、缺乏热情的人，是难以胜任心理咨询工作的。

最后，要责任心强。

能耐心地倾听来访者的叙述，保持精力集中不分心，使来访者感到咨询师对他们的困难表示关心。能诚恳坦率地和来访者谈心，看起来值得他们信任，使他们愿意暴露内心的隐私和秘密。那些工作马虎，不能专心致志的人，以及那些办事拖拉、不负责任，又不能和来访者谈心的人，是做不好心理咨询工作的。

以上这些人格条件是在先天素质基础上和环境的长期影响下形成的，是相对稳定的心理特点，不是仅靠学习理论知识可以得到的。因此，心理咨询师要想胜任咨询工作，应首先完善自己的人格。

2. 心理素质

出色的咨询师，能够对他人的心理活动特别敏感。无论是语言的还是非语言的（如表情、动作、服饰、发型、肌肉抽动、眼睛等），都反映了一个人的心理活动。对此，咨询师应从整体上予以观察并做出敏锐的反应。

心理咨询是咨询师与来访者所构成的一种特殊的人际关系，这一关系过程是通过双方的相互作用最终得以实现的。既然是相互作用，当然除对对方的心理变化做出敏锐反应之外，对自己的心理变化也要特别敏感。不仅如此，对于由自己的心理影响所造成的对方心理的活动、变化，也应该敏感地做出反应。可以说，对人际关系敏感，是咨询师所需具备的重要的素质和特性。这在第八章还有专述。

3. 沟通素质

对于因为与己有关的重要问题而烦恼、焦躁不安并出现在心理咨询室的来访者来说，能够有人认真倾听本身就是一种莫大的欣慰和信赖，这将成为他生活的动力和支柱。

“认真倾听”说起来很简单，可做起来就绝非易事，也不是一朝一夕可以学会的。例如，有来访者来到咨询室，因为心理重负而不知所措，并处于极度的不安之中。咨询师认真、耐心地倾听来访者的诉说，并加以适当应答，如简单的复述、首肯和插话，就可以帮助来访者理出问题的头绪，从而使来访者感到如释重负，获得一种安慰。这在第七章还有专述。

拓展阅读 1-4　学习心理咨询的心理分析

学习心理咨询的人要做自我的心理分析，这是我任课老师的主张。他在上课第一天就明确地告诉大家：凡欲从事心理咨询工作的人员，本人也应有被心理咨询的体验，不然怎么能感受到来访者的内心体验呢？由此，我决定接受心理咨询！

然而我要接受什么样的心理咨询呢？我能从心理咨询中获得什么益处？我见了心理咨询师会不会证明我有心理问题？我为学心理咨询而接受心理咨询，这样合适吗？带着这一系列的疑虑，我来到哈佛大学的心理咨询中心，约见了一位男心理咨询师。

第一天去见他，我心里充满了疑虑，担心他会认为我这是没事找事，浪费他的时间和精力。没想到，他在听完我的陈述后，很幽默地说："欢迎你加入我们的行列，你会发现你自己有很多问题。"

"有什么问题？"我紧张地问。

"有心理问题呀！"他笑着说，"比如，你为什么要学习心理咨询，这本身就是一个心理问题！"

"什么？我学心理咨询是因为自己有心理问题，你不是在开玩笑吧？"我更困惑了。

望着我紧张的样子，他颇为严肃地接着说："其实我讲你有心理问题，不是指你有什么心理毛病或心理疾病，而是指你有许多心结没有得到化解或被认识到。"

我长舒了一口气说，"你是指我有很多的心结没有化解或被认识到，这不是每个人都有的现象吗？"

他点点头说："对呀，不光你有许多，我也有许多。专业上，这叫未完成情结，老师没在课上讲过吗？"

"老师是提过，但我从未联系到自己。"我回答道，顿了一下又问，"你凭什么说我学心理咨询是有自身的心理问题？"

"不是心理问题，而是心理情结，"他打断我的话说，"其实，我这么讲是泛泛而谈，每个人喜欢一样事物都有其深刻的原因。这就好比同样是漂亮的女孩子，你会特别喜欢某一种类型的，而不喜欢另一种类型的。这其实是一种自我需要的投射，反映了你的某种潜意识需求。"

我想了想，说："但你还是没有回答我的'我学心理咨询是因为自己有心理问题'的提问。"

他动了下嘴说："既然你现在就在学心理咨询，倒不如你给自己做个心理分析：你为什么要选择学习心理咨询，是什么心结在推动你？"

"这——"我一时语塞，心想这心理咨询师的嘴可真够厉害的。

"一时想不出来吧？我给你一个提示，"他说，"你学心理咨询是为了帮助谁？"

"当然是为帮助别人啦！"我不假思索地回答。

"不完全对，其实也是为了帮助你自己！"他诡秘地说。

"帮助我自己什么？"我更困惑了。

"这就是我给你的提示，你自己好好想想。"他回答。

我沉吟了一阵子，说："我是想更加了解自己，完善自己吧。"

"了解你自己什么，完善你自己什么？"他紧接着问。

"了解我的长短处，然后尽量做到扬长避短。"我迟疑地说。

他长时间盯着我，慢慢地说："其实，不尽其然，所有的心结或情结都是无意识或下意识的，不是你自己可以理性地分析得出来的。所以你还是没能回答出我的问题。"

这家伙太厉害了！本来是他回答不出来的问题，现在完全推到我头上了，我自忖。此时我想起老师在课上讲过的静默技巧，决定加以利用，所以我也盯着他的眼睛，不作回答。

对视了一阵子，他主动开口说："你的静默表示你想要我替你回答，老实告诉你，我真的不能替你回答，虽然我真心想这样做。我还可以老实地告诉你，你不挖掘出你在心理咨询中的潜意识情结，你就做不好心理咨询，也不配做心理咨询，因为你需要明确地了解自己在咨询过程中的移情和反移情表现。"

我机械地点点头，体会他这句话的含义。

"这样吧，"他继续说，"我看今天你和我都不能回答出这个问题，倒不如你回去好好反思一下，我们下次接着谈。"

我点点头，起身将欲离去。不料他示意我坐下，问："说说看，今天你来找我，都有什么感受？"

我想了一下说："我最大的感受是作为一个心理咨询师，我们不仅要分析别人，还要分析自我。这是我从未想过的问题。”

他点点头，问：“还有什么呢？”

“还有就是，心理咨询师要善于启发来访者进行思考，就像你今天启发我一样，你的嘴真是够厉害的。”我继续说。

他又点点头，说：“我承认我今天对你口气硬了一点，我完全可以与你多建立一些同感后再切入主题。但我今天这样做是针对你对心理咨询的一个偏见。”

“一个什么偏见？”我紧张地问。

“就是学心理咨询的人不需要做心理咨询，你说是吗？”他笑问。

“我有吗？有的话我就不会来见你了。”我自辩道。

他没有直接回应我的话，而是问：“那你觉得今天的会面有收获吗？”

“很有收获。”我点点头。

“那就好！”就这样，我们结束了那天的会面。

在后面的会面中，我越来越能感受到心理咨询自我分析的重要性，也挖掘出我许多未打开的心结。在此基础上，我后来写出了《少年我心》这本书，我真要好好地感谢那位心理咨询师为我开了窍。

我觉得，每个从事心理咨询的人都要给自己做心理分析。

（五）咨询师的形象设计

1.形象设计

“形象设计”作为近年来非常时尚的一个词，我们早已耳熟能详。在此，首先必须明确何谓“形象”，何谓“设计”。

“形象”（image）一词在英语中含有偶像、相像、映象之意，在工具书中被解释为形状、相貌及根据现实生活中的各种现象加以选择、综合所创造出来的，具有一定思想内容和审美意义的具体、生动的图画。

形象是人的精神面貌、性格特征等的具体表现，并以此引起他人的思想或感情活动。它就像一种介质，存在于人的主体和客观的环境之间。每个人都通过自己的形象让他人认识自己，而周围的人也会通过这种形象对你做出认可或不认可的判断，这种形象不仅包括人的外貌与装扮，而且包括言谈举止、表情姿势等能够反映人的内在本质的内容。

“设计”（design）一词源于拉丁语，含有徽章、记号、图案、造型、形式、方法、陈设等意；在工具书中被解释为根据一定要求，对某项工作预先制订的图样和方案。

形象设计从属于现代艺术设计的范畴，它是集现代设计的共性和自然特点于一身的艺术造型形式。它的构成形式即运用各种设计手段，借助视觉冲击力和视觉优选，引起人们心理的美感判断，并着重于研究人的外观与造型的视觉传达设计。

从广义上来讲，形象设计是指人们在一定的社会意识形态支配下，进行的一种既富有特殊象征寓意，又别具艺术美感的艺术创作与实践活动。从狭义上来讲，形象设计是以审美为核心，依据个人的职业、性格、年龄、体形、脸形、肤色、发质等综合因素来指导人们，使化妆、服装服饰及体态礼仪等要素达到完美结合的创造思维和艺术实践活动。

2. 咨询师的形象设计

弗洛伊德的精神分析行业能够做大，跟其形象包装很有关系。他曾把自己打造成一个神秘人物，令人与其见面之后印象深刻。

克林顿原是阿肯色州的州长，刚当上总统的他缺乏自信，讲话时总是遭到质疑，被批评为“缺乏总统坚定的口气”。后来经过形象设计师的精心设计，克林顿改变了自己的讲话语气和风格，最终形成了自己特有的口音和演讲风格，令听众为之倾倒。所以形象不是一个简单的衣着、长相、发型、妆容的组合概念，而是一个综合的全面素质，需要用心来打造。

咨询师形象设计的内容，不仅包括外在形式，如服饰、化妆等，也包括内在气质，如举止、谈吐、生活习惯等。虽然这种打造不是在较短时间内可以完成的，但咨询师不可不知、不可不为。

总之，心理咨询师要根据自己的相貌、身材、专业取向、社会阅历等特点来设计个人的专业形象，使其顺眼、养眼，但不抢眼。

>咨询师宝典秘籍谈 2　咨询师着装的注意事项

正式但不刻板：给人感觉自然亲切。

随意但不随便：给人感觉很有品位。

轻松但不轻佻：给人感觉十分舒服。

因人而异，据龄而别：给人感觉十分贴切。

岳晓东寄语：

咨询师着装要养眼但不抢眼。

3. 咨询师如何设计形象

在咨询室，面对来访者，怎样的形象会容易让人感到咨询师有权威而又亲切？

不同年龄层的咨询师，如何找到适合自己的形象定位？

作为一名心理咨询师，在与来访者建立关系时，一个良好的形象会起到事半功倍的效果。作为一名心理工作者，身在受人尊敬的行业，在不同的社交场合，他需要维护职业的荣誉。我们许多人埋首于心理咨询的专业学习，内秀有了，对自己的外在形象的打造却不知从何下手。随着一股股心理热潮的到来，心理咨询师已经越来越为公众所熟悉，那么如何在公众的心目中树立一个良好的咨询师形象呢？换言之，心理咨询是很讲究第一感觉的。如果咨询师留给来访者的第一感觉是很邋遢的、很随便的形象，来访者会变得很胆怯，害怕在咨询师面前敞开心扉，无法做到畅所欲言。

咨询师的形象设计应该注意以下五个方面（表 1-3）：

（1）样貌、服饰要有范儿。

咨询师应有学者风范，应给人端庄凝重的印象；要给人以信任感，不可太调侃，能把来访者的内心体验调动起来。此外，咨询师的服装要整洁，并根据来访者的性别、年龄和问题，着不同的服装。特别是女性戴的饰物，也要有品位，个人造型也要有个性。

（2）房间布置要有味儿。

咨询场合要整洁、舒适、和谐，并给人积极暗示，令人一进入咨询室就想直接进行咨询。如在弗洛伊德的诊室里摆放着各种雕像，给人一种艺术馆的感觉，那是他个人的风格。此外，咨询师布置自己房间的时候，要思考它的象征意义是什么，不可以随便布置。

（3）言语交流要明晰。

说话简洁明确，三两句话就能抓住来访者的要点；而说话啰里啰唆，不仅会搅乱来访者的心绪，也会让来访者无法抓住谈话重点。对咨询师而言，自己没把事情说清楚，会让来访者觉得更糊涂。

（4）体语交流要妥当。

咨询师的目光要和蔼，表情要自然，坐姿要放松，动作要得体。在咨询场合，体语的交流与言语的交流一样重要，咨询师不可轻易忽略。

（5）知识积累要关注。

咨询师要具备充分的专业知识和非专业知识，也应该具备一定的跨文化知识及外语能力。在咨询场合，咨询师的专业知识和生活阅历越丰富，咨询关系则越容易建立。

（六）咨询师着装注意事项

咨询师还要注意自己的服装语言，以传递轻松和谐、乐观向上的信息。在这当中，咨询师着装要注意以下几个方面：

1. 正式但不刻板，轻松但不轻佻

这是指咨询师着装要颇为正式，但又不能过于正式。颜色应以淡色为主，不应是深色，更不能色调太鲜艳。特别是女性，更要注意自己服装与服饰的搭配，要给人以品位高尚、素雅的感觉。

2. 因人而异，据龄而别

这是指咨询师着装要根据来访者的年龄、性别、职业和咨询内容不同而有所调整。例如，对儿童和青少年，咨询师的着装尤其不能选择深色，而应该亮丽一些，以增进彼此间的亲和感。又如，对于男性来访者，女咨询师的服装不能太休闲、袒露，以避免引起来访者的过分关注。

3. 不要对比太鲜明

这是指咨询师着装要注意颜色简单、和谐，不能太刺眼。咨询师着装颜色对比太鲜明（如大红大绿，黑白分明），就会给来访者带来巨大的视觉刺激，不利于对方与自己的目光交流及心态平和。

4. 不要太杂乱

这是指咨询师着装要注意搭配简单、和谐，不能太杂乱。咨询师着装搭配对比太杂乱（如服装的颜色有六种以上），就会令来访者感觉眼花缭乱，进而心态也可能会杂乱起来。

表 1–3　咨询师的形象设计

外观造型	房间布置	言语层面	体语层面	知识层面
样貌	布局	发音	目光	专业知识
学者风范 端庄凝重	整洁 舒适和谐	口齿清晰 减少方言	慈祥 真诚深邃	全面丰富 灵活运用
服装	色调	语速	表情	非专业知识
整洁庄重 有神秘感	素淡宁静 祥和明快	平缓 起落有序	真切同感 互动	知识渊博 学有所长
饰物	家具	语调	坐姿	跨文化知识
有品位 有象征意义	有品位 不张扬	抑扬顿挫 干脆利落	放松自然 保持距离	了解不同 文化特点
造型	装饰物	表述	动作	语言技能
有个性 有独特风格	体现艺术鉴赏力 有象征意义	简洁明确 形象比喻	优美 得体大方	掌握外语 （如英语）

最后，心理咨询师还要培养个人的人格魅力。这包括亲和力、吸引力、感染力和影响力等方面。咨询师的亲和力来自态度和蔼、目光慈祥、语气温和；咨询师的吸引力来自知识丰富、思想深刻、动作优美；咨询师的感染力来自平等

对话、语言简洁、富于智慧；咨询师的影响力来自真诚理解、言之有物、启发互动。心理咨询师在咨询场合衣着邋遢、动作轻佻、说话随便、东张西望，是对人对己的最大不尊重体现。

关于咨询师的自我完善和形象管理，在后文中还有叙述。

拓展阅读 1–5　座位安排中的心理学：如何摆放家具？

哲学家和社会批评家保罗·古德曼曾对心理治疗中的座位安排进行研究。

在经典的精神分析中，患者躺在躺椅上，心理治疗师坐在躺椅头部的一边，这样患者就看不到心理治疗师了。可这种坐法会使心理治疗师“漠视”患者，使患者与心理治疗师缺乏眼神的交流，会影响咨询关系的建立。

古德曼让心理治疗师与来访者在桌旁面对面而坐，这种坐法可以促进两者的互动，并便于把问题放到桌面上讨论。桌子在这里有一个保护屏障作用，例如，它可以隐藏生殖器。

最后，古德曼与皮尔斯一起进行格式塔[1]心理咨询，认为格式塔心理治疗中的座位安排应该是这样的：随着不同情况的发生，座椅可以自由转动，这样会令患者感觉很舒服。

古德曼说：“我们希望这样的坐法，会令心理治疗师形成一种与来访者更亲密的社交风格。”

小结：岳晓东论咨询师气质的养成

心理咨询师要十分注意自己的形象塑造，要清醒地意识到它可能会给来访者带来什么样的暗示作用。

总裁的造型重在表现活力与自信，经理的造型重在表现阅历与能力，咨询师

1　格式塔疗法力图推动来访者找到适合自己的生活方式，并担负起必要的责任。在咨询中，咨询师会竭力帮助来访者厘清其内心存在的各种冲突，以及自己给自己带来的感受，并做出必要的决定，不再逃避责任。

的造型重在表现尊重与神秘。

心理咨询师一定要给人留下美好的第一印象，这就要求咨询人员对自己服装佩饰、表述用词、目光神态、语调语速、肢体语言、知识结构等都深有讲究，以最大限度地发挥其积极向上的象征意义和暗示作用。

心理咨询师要根据自己的相貌、身材、专业取向、社会阅历等特点来设计个人的专业形象。

心理咨询师要使自己的形象顺眼、养眼，但不抢眼。

就像画家要有自己的画风，文学家要有自己的文风，咨询人员也要有自己独特的形象设计和咨询风格。咨询人员要给人们以亲切却又神秘，简洁却又深奥的感觉。

弗洛伊德手夹雪茄的造型堪称他的经典亮相，给人以巨大的权威感和神秘感。同样，卡尔·古斯塔夫·荣格[1]的蝴蝶结造型也是他的个人风范，给人以学者的鲜明感觉。

患者到医院里去看病，不会在乎医生是什么长相、装扮和神态的，只要他的医术高就行。但来寻求心理咨询的人却会很在意咨询师与自己有没有“眼缘”，会不会令自己信服。

1　卡尔·古斯塔夫·荣格（Carl Gustav Jung，1875—1961），瑞士心理学家、精神科医师，分析心理学的创始者。

第 二 章

心理咨询的关系确立技术

一个有趣的悖论是，当我接受了我自己时，我就能改变自己了。

——卡尔·罗杰斯

第一节 心理咨询关系的确立

第一单元 心理咨询关系的概念

一、学习目标

了解心理咨询关系的基本概念。

二、基本概念

心理咨询首先需要建立有效的咨询关系（rapport）。简单来说，咨询关系的确立主要具有下列核心要素：尊重、热情、真诚、共情、积极关注。美国心理咨询大师罗杰斯提出，咨询关系的确立需要具有同感共情、真诚一致、无条件关爱三大基本因素。这样，来访者就会感到被接纳、被理解，其不良情绪才可以得到充分宣泄，个人的潜能也会被激发出来。在这当中，咨询师要走出自己的参照框架而进入来访者的参照框架，学会与其情感对焦，思维并轨。下面我将详加描述。

（一）平等对立

心理咨询关系建立的基础是平等对立，这样才能充分调动来访者的主动参与热情。心理咨询关系不同于医患关系和师生关系，它们都是不对等的关系。心理咨询希望确立平等对立的关系，也可使来访者从一开始就接受“助人自助”的理念。

（二）真诚相待

心理咨询关系建立的关键是真诚相待。真诚不等于什么都说，也不是自我表现；真诚是实事求是，不装腔作势。尊重意味着保护隐私；尊重应以真诚为基础。尊重也意味着完全接纳对方，充分信任对方。咨询师认真耐心地、不厌其烦地听来访者讲述，令来访者感受到温暖。

（三）赏识肯定

心理咨询关系的动力来自赏识与肯定，这样才能充分调动来访者的参与热情。心理咨询希望挖掘来访者个人的潜力和动力，让他在咨询过程中不断获得成功体验和登峰体验，以达到自我完善。在此意义上，心理咨询强调无条件地接纳来访者，就是为了使他从一开始就在自我身上寻找力量。

（四）分享披露

按照“来访者中心疗法”，咨询分享或自我披露是咨询过程的一部分。它意味着咨询师在来访者面前要表现真实的自我，无论是成功的一面，还是失败的一面。如果咨询师本身是无可挑剔的，人格也绝对完整，那么来访者就无法从他身上获取自我成长的力量与榜样。换言之，咨询师越是在来访者面前拔高自己，来访者就越容易感到自卑。分享可以使咨询师放下伪装，以一种自然放松的姿态与来访者共享一个心理时空，在无形中激励来访者成长。

（五）合作行动

心理咨询关系（有时也称“工作联盟”）的确立，是为了使来访者心甘情愿地与咨询师合作，探索自我成长与行为改变的方法与途径。在这当中，合作不等于指导，后者是居高临下的。合作意味着围绕咨询目标共同探索与发现，努力达成共赢的局面。在合作当中，咨询师与来访者的角色是可以易位的，为的是尽量获得完全的自由与平等。

最后有必要指出，心理咨询关系会随着咨询的进展而不断深入，咨询师要根据来访者的人格特点、成长经历、主述问题而灵活地调整咨询关系。在这当中，咨询师不可过度中立，始终保留某种“幕后状态”，那样反而会令来访者不知所措，最终影响咨询中的合作。

拓展阅读 2–1　美国心理学说对来访者权利的规定

1. 了解与同意的权利，来访者有权了解以下事宜：

了解治疗的技术取向；

了解双方的权利与责任；

了解治疗的时间与诊费；

了解有无其他待选资源。

2. 了解保密范围的权利，来访者有权了解以下事宜：

了解保密的限度与治疗可能面临的风险；

了解解密应限制在适宜范围内（如与督导的见面）；

了解未成年人所具有的权利。

3. 了解咨询影响因素的权利，来访者有权了解以下事宜：

了解现场有无使用录音、录像、单面镜等；

了解现场有无他人（如父母亲、教师、律师等）；

了解咨询资料是否做研究之用。

4. 了解未成年人的保护权利，来访者有权了解以下事宜：

了解未成年人的权益；

了解对未成年人的咨询范式；

了解如何咨询、收费和保护其利益。

5. 起诉不当行为的权利，来访者可就下列问题追究或起诉咨询师：

对付费困难的人停止治疗，或放弃治疗；

没有保存适当的咨询记录，令转介或继续治疗困难；

接受超越自己专业能力的来访者，缺乏资格认定；

过高收费，或变相索取钱物，如重复测查和提供不必要的昂贵资料或方法；

对未成年者提供避孕或堕胎的咨询；

诽谤、侮辱、侵害来访者，泄露其个人资料；

对不能处理的来访者未做恰当转介，耽误了咨询；

未能告知来访者可做哪些选择来保护自己的利益。

＞咨询师宝典秘籍谈 3　咨询对话中如何破冰

1. 倾听来访者讲话，给他充分的关注。

2. 与来访者共情，给他充分的理解。

3. 接纳来访者的阻抗，给他充分的尊重。

4. 肯定来访者的求助欲望，给他充分的鼓励。

岳晓东寄语：

咨询对话中的破冰技巧，是获取来访者信任的基石。

三、相关知识：心理咨询的工作联盟

工作联盟（working alliance）是指心理咨询与治疗关系的确立。其概念在心理治疗中历史悠久，弗洛伊德最早认为，咨询关系是取得好疗效的根基。工作联盟一词最早由美国心理学家拉夫·格里森提出，他认为治疗关系是一种治疗合作关系，咨询师与来访者要相互配合，共同协商。这就像划船一样，如果只是一个人摇桨，船在水中就不会很好地前行。后来，美国心理学家保罗·博丁扩展了格里森的工作，指出工作联盟具体包括下列部分：

治疗目标的协议：确定治疗的不同阶段的目标；

治疗任务的协议：确定治疗的具体使用方案；

咨询师和治疗者之间的情感联系：处理好界限与移情等问题。

再后来，美国心理学家格索和卡特扩展了保罗·博丁以及其他人的工作。有研究显示，工作联盟与疗效（如来访者的满意度和改变）之间存在稳定的正相关。也就是说，工作联盟越稳固，心理治疗的效果就越好。还有研究显示，来访者的社交能力和社会支持也会影响工作联盟的建立。

>咨询师宝典秘籍谈 4 心理咨询的四大功能

1. 伴随功能：

咨询师运用同感共情技巧，与来访者建立信任，了解问题性质，建立并维持工作联盟等。

2. 探析功能：

咨询师运用心理洞察与测量技术，探究来访者的内心呼唤与人格特质，并确立相应的咨询技术等。

3. 疏导功能：

咨询师运用合适的咨询技术与技巧，帮助来访者自我觉察与成长。

4. 鼓励功能：

咨询师运用咨询关系，不断鼓励来访者的求助欲望和向善能量，激励其不断成长。

第二单元 心理咨询的收费问题

一、学习目标

了解心理咨询收费的基本概念。

二、基本概念

收费是咨询关系的重要内容，处理不当则会严重影响咨询关系的确立。弗洛伊德认为，酬金具有“牺牲”性质，其意义在于：“酬金是一种可以让病人最大限度地增强治疗动机的手段，它表现了病人对于心理治疗承诺的重要性，而酬金的设定应依据病人可以负担的最大程度而定。”由此，付费也是为了使来访者重视心理咨询，因为免费的咨询会令来访者对心理咨询感觉无所谓。

从精神分析的角度来讲，收费也是心理治疗的一部分，因为无论发生任何事情，来访者都必须缴费。美国心理咨询专家约翰·迈克里奥德指出："收费在心理治疗与真实世界之间架起了一座桥梁，提供来访者完成心理治疗的动力，并不让他们依赖心理治疗师。"也有人担心收费会对心理咨询关系产生副作用，这其实是不必要的担心，因为心理咨询也是一种消费，付费是理所当然的。

有研究表明，收费的心理咨询比免费的心理咨询更为有效。由此，心理咨询师要走出"酬金内疚"的误区，在咨询一开始就与来访者明确沟通或商议费用的问题，并及时发送催缴单。

简单来说，心理咨询有必要从一开始就谈论好收费标准，其理由如下：

1. 付费有利于建立咨询关系

付费是承诺的表现，也是投入的保障。按照弗洛伊德的观念，付费是牺牲自我的一部分，那样才能促使患者接受新的思想和观念。反之，咨询不收费，咨询师也不承担任何责任，其咨询也难以奏效。

2. 付费有利于建立平等关系

付费会使服务双方建立平等的关系。只有当来访者付了费，咨询双方才不会感觉亏欠对方；而收了钱，咨询师也由神变成了人，才能更专注地提供帮助。同时，付费还会使来访者更加具有选择的权利和自由，因为他一旦对咨询效果不满意，就可以随时选择退出咨询关系。

3. 付费有利于选择咨询师

付费会使来访者自由地选择咨询师，并可以对咨询师的服务提出直接的疑问和批评。而当来访者摆脱了对咨询师的权威崇拜，他就不会把咨询师看成父母的角色替代。

4. 付费有利于监督来访者

付费会使咨询师监督来访者，并可以对来访者的配合提出直接的要求和批评。而当来访者不把咨询师当义工，他就不会把咨询当成可有可无、可长可短的服务。更重要的是，咨询收费会引起来访者更多的投入和配合。

5. 付费有利于咨询的进展

付费也是对心理咨询专业人员的约束。来访者的隐私不仅可以得到法律的保护，也可以得到心理咨询业职业道德的约束。这样才能促进来访者在咨询师面前毫无保留地探讨自己面临的问题。事实上，对合格的心理咨询专业人员来说，职业道德的约束力要比法律的约束力更大，缴费也在一定程度上给来访者上了保险。

总之，心理咨询是一种技术性很高的工作，需要花费大量的时间和精力。心理咨询专业人员需要有扎实的心理学专业知识基础、较高的职业道德水准和持续的专业学习能力。这一切都需要不断的资金投入才能保障。换言之，心理咨询从业人员的生存与发展，需要有不断的资金保障。由此，国内心理咨询事业的发展，有赖于咨询师收费的多元化和差异化。

此外，对于咨询师与来访者来说，咨询收费又是一种监督和承诺。咨询师没有必要对此产生顾虑及焦虑，否则很有可能会被对方理解为咨询师缺乏自信和能力的表现。与此相反，免费的心理咨询通常是比较随意而又简洁的。咨询师可以通过电话或者 QQ 来判断来访者的情况，给出一些简单的建议。在这当中，无论是电话咨询，还是 QQ 咨询，交流双方都不是全心投入，缺乏非言语的交流，所以咨询师对来访者主述问题的判断会很有限。此外，免费咨询想说就说，想走就走，无法建立起咨询关系，也就不可能有充分的咨询信任。

＞咨询师宝典秘籍谈 5　心理咨询“防脱落”的 10 个技巧

1. 与来访者建立好咨询关系：让来访者信任咨询师。
2. 与来访者商讨咨询目标：让来访者明确咨询方向。
3. 与来访者商讨咨询方案：让来访者参与咨询决策。
4. 对来访者的话题加以排序：让来访者决定先谈什么，后谈什么。
5. 对来访者的话题不断进行小结：让来访者梳理自己的思路。
6. 启发来访者遇见未知的自己：让来访者重新认识自己。
7. 帮助来访者面对不愿意面对的自己：让来访者有勇气去战胜自己。
8. 帮助来访者打造最好的自己：让来访者明确自我的成长目标。
9. 使来访者享受咨询对话：让来访者有疏通经络的感觉。

10. 使来访者有英雄感：让来访者强化自信和自我效能感。

岳晓东寄语：

咨询师是否可以留人就在最后 5 分钟。

三、相关知识：心理咨询收费标准及咨询流程[1]

（一）咨询面谈

1. 收费标准：

挂号：10 元；

首诊：500 元 / 次 / 小时（含测量）；

咨询与治疗：100 元 / 次 / 小时，半小时内 50 元；

会诊：300—500 元 / 次 / 小时；

出诊：500 元 / 次 / 天或 200 元 / 次 / 小时（不含交通、住宿费）。

2. 工作时间：

上午　8：30—11：30；

下午　2：00—5：00。

（二）咨询流程

请至少提前一天拨打电话进行电话预约或当面预约，约定咨询时间，并留下联系方式。

在咨询前请先填写登记表，缴纳挂号费及首诊费。

在约定时间内准时到心理咨询室与咨询师会面，了解咨询原则。

首诊后根据情况共同商定咨询目标，并签订《咨询同意书》。

按照收费标准缴纳咨询费用。

1　这是 2010 年的收费标准。

（三）注意事项

咨询中心一般是按照来访者的预约先后顺序来安排咨询时间的，请理解并遵守。

请在可能的情况下，提前 10 分钟或按时到达咨询室。

若不能按时到达或改变时间，请提前通知，以便咨询师做出相应的调整。

一次咨询的时间在 50 分钟左右，因此请注意倾诉时间，用大量时间去讲述一件事的细节其实是不必要的。咨询师更关注内在的思想观念及对问题的认识。请事先想好同咨询师谈些什么，以便较快地进入主题，这样会更加有利于双方的沟通和理解。

对咨询师的问题最好如实作答，坦诚诉说真实情况和感受，以便咨询师更容易对问题进行分析和判断。

（四）网络咨询或电话咨询

1. 收费标准：

心理咨询师 300—500 元 / 小时（汇款费用由当事人承担）。

2. 咨询流程：

拨打电话进行预约，约定咨询时间，并进行登记；

将预约咨询费汇入指定账号；

通知咨询师咨询费已汇出，确认后可进行咨询；

进行正式咨询，初诊后根据情况确定咨询目标；

总结本次咨询结果，确定下次咨询时间。

> 咨询师宝典秘籍谈 6　心理咨询是平等对话

1. 讲究对等关系：让来访者有平等感。
2. 强调真诚对待：让来访者有真切感。
3. 保持赏识肯定：让来访者有自信感。
4. 遵守隐私保密：让来访者有安全感。

5. 开展合作行动：让来访者有自立感。

岳晓东寄语：

心理咨询师要不忘本心，对来访者以诚相待。

第二节　心理咨询的伦理问题

第一单元　心理咨询的界限概念

一、学习目标

了解心理咨询界限的基本概念。

二、基本概念

界限（boundary）是心理咨询关系的核心问题之一，处理不好会严重损害咨询关系的发展。由此，美国心理学会（American Psychological Association）咨询心理学分会早在20世纪70年代就对咨询师的行为准则做出了明确的规定。英国心理咨询专家约翰·迈克里奥德提出，在心理咨询情境下，咨询师可以根据不同的关系来确定不同的界限。例如，我们可以根据以下内容来确定界限：

1. 时间长短：一个心理治疗的周期应从什么时候开始，在什么时候结束？

2. 物理空间：来访者与心理咨询师之间应坐得有多远（或多近），每个参与者的“个人空间”有多大？

3. 信息了解：来访者应对心理咨询师本人有多少了解？

4. 亲密程度：心理咨询师与来访者在情感上应当有多亲密？可以扩大到什么地步？

5. 社会角色：如果心理咨询师与来访者在其他场合碰面，心理咨询师如何对待来访者呢？如果来访者要求在心理治疗之外与心理咨询师建立一种关系，那么心理咨询师应当怎样回应来访者的这种要求呢？

英国咨询心理专家约翰·迈克里奥德指出，“心理咨询师的个人风格不同，他们对于界限的规定也会有所不同，有些人会喜欢较为严格的界限，而有些人会喜欢较为灵活的界限”。但无论怎样，咨询师都需要一开始就与来访者对界限问题进行明确的交流。有些心理咨询师会在心理治疗的最后阶段放宽其与来访者的界限（如触摸来访者，与来访者约会，向来访者借钱等），这种情况的发生会给咨询关系及其成效带来负面影响，咨询师要对此有清醒的认识，并妥善地加以处理。

按照 2001 年中国劳动和社会保障部批准的《心理咨询师国家职业标准》，心理咨询师在处理咨询关系上，应该注意下列事宜：

1. 咨询师应该对自己、对来访者所产生的影响有清楚的认识，不得利用来访者对自己的信任或依赖牟取私利。

2. 咨询师应保持与来访者之间的中立关系，避免在咨询关系中出现双重关系（如避免与熟人、亲友、同事等建立咨询关系）。

3. 当咨询师认为自己不适合为某来访者咨询时，应向他（她）做出明确的解释，并以负责的态度将其转介给其他适合的专业人员。

4. 咨询师不得与来访者发生任何形式的性关系和亲密关系，也不得给有过性和亲密关系的人做心理咨询。一旦已建立的专业关系超越了专业界限（如发展了性关系或恋爱关系），应立即终止专业关系并采取适当的措施（例如寻求督导、转介等）。

5. 咨询师在与某来访者结束心理咨询关系之后，至少三年内不得与来访者发生任何亲密关系或性关系。在三年后如果发生此类关系，要仔细考察关系的性质，确保此关系不存在任何给来访者造成伤害的可能，同时要有合法的书面记录备案。

6. 咨询师应尊重其他专业人员，与相关专业人员建立一种积极合作的工作关系，以提高对来访者的咨询服务水平。

总之，咨询师应与来访者保持健康的心理距离，以确保咨询服务的中立性和纯洁性。

对此，大家还可以参考美国心理学会咨询心理学分会对咨询学员在伦理上的要求（见表 2-1）。

表 2-1　美国心理学会咨询心理学分会对咨询学员的伦理要求

	实践课	实习课	博士课程
伦理领域			
知识	初步了解咨询关系中的基本伦理知识。	了解职业的法律和伦理要求，以及如何将它们应用到咨询关系中。了解咨询群体中常见的伦理困境。	了解近期对于伦理议题的司法裁决和立法决议。 了解伦理决策的指引和模型的复杂性。
技能	有能力在课堂练习中识别并讨论伦理议题。 有能力在下列状态下进行自我反省： 一面对压力； 一面对权力、特权； 一面对动机； 一面对控制； 一面对文化差异； 一面对系统背景。	有能力阐述对职业心理学家的法律和伦理要求，同时了解如何将此应用到职业发展中。 有能力辨认伦理困境及其相关的问题。 有能力自我纠正言语、非言语行为中的不一致。	可在不同情况下运用相关的伦理知识，特别是有关咨询界限的知识。 可在咨询关系中运用适当的权利。 可适当地评估伦理问题，运用个人的伦理决策，并在职业活动的各个方面表现出正直性及文化理解力。 可在需要时寻找并提供咨询。
态度	重视伦理行为。 重视基本的自我关爱。 重视对他人的关爱。 重视训练角色和专业。 尊重自我、他人、角色、专业。	辨认他人的自主性和差异性。 表达出对自我、他人、职业的语言、非语言的尊重。	重视社会公正，把它当作一种价值。 内化伦理规则及其判断，并加以广泛应用。 重视对咨询关系和咨询伦理的终身学习。

＞咨询师宝典秘籍谈 7　心理咨询四大类型

1. 用态度做咨询：

咨询师对来访者表示同感共情，促进来访者的情绪宣泄与自我反省，无条件地接纳个案。

2. 用洞察做咨询：

咨询师对来访者的行为和人格进行洞察分析，帮助来访者变无意识为有意识，发现其未完成事情。

3. 用技巧做咨询：

咨询师根据来访者的情况，采取适当的咨询技术，来改变或引领来访者的认知，重塑行为，完善人格。

4. 用关系做咨询：

咨询师根据来访者对咨询师的信任与移情关系促进来访者的自我觉察和成长。

岳晓东寄语：

咨询师要练好基本功，学会多元地看待来访者的问题呈现，并以多元的方法来加以修通疗愈。

三、相关知识：心理咨询关系处理不妥的两个例子

心理咨询关系处理不妥，可能会给咨询师和来访者双方都带来巨大的危害。以下举两个例子。

（一）史密斯博士的教训

史密斯博士是美国波士顿心理咨询界的知名人士。他早年毕业于哈佛大学心理学系，多年来一直从事家庭咨询的研究与辅导，并发展出自己的一套理论。然而正当他的事业蓬勃发展、如日中天的时候，突然有一位女士到法院控告他趁她失婚情乱，在接受他的心理咨询之际，主动跟她约会，并与她发生了性关系，使

她的情绪更受困扰，所以要求经济赔偿。

此后，又有几个自称接受过史密斯博士咨询的女士也站出来，控告他在咨询中毛手毛脚的。这一系列控告使得史密斯防不胜防，最后不得不关闭自己的心理诊所，由其律师出面解决此事，最终给每个控告人一笔赔款。

更糟糕的是，美国心理学会在得知此事后，做了专门的调查，最后决议吊销史密斯的专业执照，使他以后不能再从事心理咨询的职业。

（二）乔安娜女士的教训

乔安娜女士也是波士顿一位颇有名气的心理医师。她在给一名患有抑郁症的男大学生咨询时，对他产生了强烈的反移情反应，用暗示手段使该男生退缩到儿童时期，把她当作母亲来看待，以满足她对成人扮演儿童角色的好奇。后来，该学生不堪忍受这种治疗方式所带来的精神痛苦，对生活彻底绝望，最终自杀身亡。

该学生的家属在他的日记中发现了乔安娜女士的特殊治疗方法给儿子带来的精神困扰，就到法院去控告她治疗不当，致使儿子自杀身亡，并索求巨额赔款。此官司曾在美国轰动一时，引起了媒体的广泛关注。其结果是，乔安娜女士虽然没有给学生家属赔款，却被永远逐出了心理治疗的行业。

史密斯、乔安娜都犯有一个同样的错误，就是不能正确处理来访者和自己之间的强烈的移情或反移情表现，或乘人之危以满足私欲，或不计后果追求个人虚荣心的满足。结果使来访者业已混乱的心灵再受创伤，也给他们个人的事业发展带来了灭顶之灾。所以心理咨询师当自律自制，自珍自爱，不然可能会为自己在工作中的疏忽和放纵而付出惨重的代价。

第二单元　心理咨询的伦理把控问题

一、学习目标

了解心理咨询关系的伦理把控问题。

二、基本概念

（一）咨询关系中的伦理问题

1. 明确来访者权益

所谓心理咨询关系的伦理问题，主要是指尊重来访者的个人权益。这当中既有法律赋予的权益，又有行业赋予的权益。它主要包括隐私保密的权益、了解咨询程序的权益、同意或反对咨询的权益，以及法律监护的权益等。例如，来访者在开始填写个人资料时，要签署同意书，包括在特殊情况下（如有自杀、他杀意图），允许咨询师通知相关人士等条款。对此，咨询师也要向来访者解释心理咨询保密的程度和限制。这就如同患者在求医时不希望医师向别人透露病情，即便是透露病情也需要经过患者本人或家属的同意。

2. 遵守保密原则

一般来说，除非征得本人的同意，咨询师不得将来访者身份、个人资料及咨询内容向外泄露。隐私保密原则是为了给来访者提供安全感，令其信任咨询师，放心地敞开心扉。当然，保密原则不是无限制的。如果来访者触犯法律，或是年龄低于 18 岁，法院可通过法令来索取当事人的个人咨询资料，咨询师须全力配合。在公平原则下，来访者可同意，也可以撤回同意书。在特殊情况下，如来访者有自杀或他杀的冲动时，咨询师应请教有经验的同行或是在督导的指引下，决定是否向相关人士透露信息。

3. 保存咨询记录

心理咨询的记录、保存与销毁，是来访者的基本权益。一般来说，所有的咨询都应留有记录，这就好比医生看病时，需要在病历上做记录，以便复诊时作为参考。由此，心理咨询保存文本记录是必需的。当然，记录应只记重要资料，这样既省时间，又便于阅读。近年来中国香港地区通过法律保障个人隐私，当事人是有权利寻求其资料的。记录也不限于纸笔的卷宗，还可包括其他任何形式的资料，如照片、录音、录像、计算机文件。

在保存方面，咨询师要养成审慎的习惯。记录要放在可上锁的抽屉、文件柜和房间内。传送和摆放记录都要很小心。非必要时，不宜将记录携带至公众场合，以免遗失。咨询师也要在任职机构制定处理记录的相关政策和程序。最后，在学术交流和资料统计时，也不能显露当事人的真实姓名。

（二）咨询关系中的保密问题

按照2001年中国劳动和社会保障部批准的《心理咨询师国家职业标准》，咨询师应对来访者咨询的内容予以保密，其具体要求如下：

1. 心理咨询师有责任向来访者说明心理咨询的保密原则，以及应用这一原则的限度。

2. 在心理咨询工作中，一旦发现来访者有危害自己或他人的情况，必须采取必要的措施，防止意外事件的发生（必要时应通知有关部门或家属）。或与其他心理咨询师进行磋商，但应将有关保密信息的暴露限制在最小范围之内。

3. 心理咨询师工作中的有关信息，包括个案记录、测验资料、信件、录音、录像和其他资料，均属专业信息，应在严格保密的情况下进行保存，不得列入其他资料之中。

4. 心理咨询师只有在来访者同意的情况下才能对咨询过程进行录音、录像。在因专业需要进行案例讨论，或采用案例进行教学、科研、写作等工作时，应隐去那些可能会据以辨认出来访者的有关信息。

由此，咨询师执行好咨询的保密原则是咨询成功的基本保障。咨询师需要一开始就与来访者充分沟通，让对方充分知晓自己的权利。那么，咨询师在什么条件下可以不受保密原则的约束呢？一般来讲，咨询师如果取得了来访者本人的书面许可，是可以不受保密原则约束的。

除此之外，美国著名心理咨询专家科利和瓦斯克等人提出，在下列情况下，咨询师可以不受保密原则的约束，供大家参考：

1. 来访者对其本人或他人构成生命威胁；

2. 来访者声明放弃其保密的特权；

3. 咨询师怀疑来访者对未成年人、老年人、残疾人或住院的精神病患者有虐待的行为；

4. 法院指令咨询师提供记录；

5. 来访者提起诉讼，主动放弃保密权；

6. 来访者涉及法律纠纷，并且来访者自己公开了记录；

7. 发生紧急的情况。

此外，当咨询师接受同行咨询或督导时，咨询的内容也会有所披露。无论怎样，咨询师有义务为来访者保守秘密，至于在什么情况下会突破其约束，咨询师要与相关人士认真协商，以确保其所作所为能最大限度地保护来访者的权益。

＞咨询师宝典秘籍谈 8　警惕心理咨询技能培训的五大误区

1. 咨询技术训练极简化：

片面强调咨询师可以运用一两种技术来面对所有咨询个案。

2. 咨询技术训练神秘化：

片面强调咨询师运用高度仪式化的神秘方法来面对所有咨询个案。

3. 咨询技术训练庸俗化：

片面强调咨询师运用高度非标准化、个性化的咨询套路来做咨询。

4. 咨询技术训练分割化：

片面强调个别技术的作用，而没有将其与其他类似技术一同介绍。

5. 咨询技术训练商业化：

运用商业模式经营心理咨询，冲击心理咨询的伦理底线。

岳晓东寄语：

心理咨询是助人的行业，不是坑人的行业。

三、相关知识：处理咨询关系与注意事项

自心理咨询这个行业诞生以来，咨询关系就必须有一定的伦理准则作为保证。这主要是确保咨询关系不会给来访者带来不必要的伤害。由此，咨询师要熟

知其职业操守，以避免自己在执业过程中犯无心之过。简单来说，咨询关系中伦理问题的处理要注意以下几个方面：

1. 不可与来访者保持双重关系

咨询师不可能既是咨询师又是朋友，否则会令咨询师在咨询过程中丧失其必要的中立性和客观性，也无法维护其在来访者心目中的地位。

2. 不可与来访者有身体接触

咨询师要与来访者保持适当的身体距离，避免身体的接触。除了握手外，应避免近身的身体接触，或过分表示亲昵、关爱行为以及刻意讨好来访者。

3. 不可随意谈论来访者

咨询师不能在咨询之外的场合随意谈论自己的个案，否则不仅会破坏心理咨询的保密原则，损害来访者的利益，也会令其他同行怀疑咨询师的品行。此外，非经本人同意，咨询师不能与其家人或他人有专业接触。

4. 不可随意破规破例

咨询师要遵守规矩，不能轻易破规破例。例如，随意延长谈话，把家里电话号码留给来访者，让来访者来家中做客等。这样咨询师会被来访者操纵或控制，或过多地卷入来访者的心理困境。

5. 不可表现得过分热情

咨询师不能为了显示自己的专业能力，对来访者主述问题之外的事情过分关注或谈论，那样会令来访者产生不必要的阻抗。

6. 不可接受来访者的礼物

咨询师在咨询期间接受来访者的礼物或是财物，或托其办事，或是收转介费，与来访者做生意，向来访者借钱，利用来访者的专业知识为自己牟利等，这些都被视作剥削来访者的表现，会严重损害咨询关系。

总之，咨询关系存在一定的亲密性，咨询师要洁身自好，不能与来访者发生肢体接触或经济关系等。而据美国心理学会的资料显示，有近 80% 的心理咨询师和咨询人员涉及性、生意、不当泄密和自杀危机干预失误。由此，确保咨询关系的纯洁性一直是心理咨询行业的硬性要求。

表 2-2 咨询师可接受与不可接受行为及礼物

	可以接受	不可接受
行为	简单的握手、目光交流	亲吻、拥抱、长时间握手
礼物	贺卡、感谢信、锦旗、与业务相关的书籍	赠款、借款、重大礼物、结交重要关系、有爱意的物品

拓展阅读 2-2 我真的不能去，请你原谅我

果然不出督导所料，佩馨在后来的一次会面中，不经意地大谈她将要跟朋友们一道去参加一个周末郊游，以好好放松一下自己近来十分紧张的情绪。说完，她就不再说话，面露羞色。

“你是不是想邀我一同参加你们的郊游？”我单刀直入地问佩馨。

佩馨的脸马上涨得通红，眼睛里充满了羞涩的神态，小心翼翼地问我：“行吗？”

佩馨的回答和眼神说明了一切。

回想这几次会面中佩馨所表现的忸怩神态，我不得不面对这一最坏的设想——来访者迷上咨询师，这一心理咨询行业的古老故事，今日也发生在我身上了。

我一字一句地对佩馨说：“我很感谢你的好意，但我不能去。因为我们现在的这种关系，最适合我对你的帮助。”

“为什么呢？”佩馨一脸失望地望着我。

“因为心理咨询关系不同于一般的朋友关系，它很强调咨询师对来访者保持中立态度及客观立场。一旦双方走得太近，那咨询师将会失去对来访者的问题的观察力。所以心理咨询关系需要保持一段距离。”

“那我结束了心理咨询之后，还能与你交朋友吗？”佩馨不甘地问。

我没有正面回答她的提问，而是反问她：“你为什么想与我交朋友呢？”

“因为我喜欢听你讲话。说实话，这两个月来，我每天都在想你说过的话。我很想保持我们现在的这种来往关系，我可以从你身上学习到许多宝贵的东西。”

正待我要说话时，佩馨马上又说：“请你千万不要误会我的意思，我想约你绝无他意。我了解到你已经结了婚，也有了可爱的孩子。我无意去破坏你的幸福家庭。只是从你身上看到了我所追求的那种男孩子的气质，聪明、幽默、温文尔雅、吃苦耐劳、善解人意。”

“我很感谢你这样看重我，但我未必像你想的那般完美。”

“不，”佩馨打断我的话说，“我曾经爱上一位与你性格很相像的男人，可惜他被另一个女人给抢走了。你的出现使我再次想起了他，也勾起了我许多的痛苦回忆。直到今天，我只爱过他一个人……”

说到这儿，佩馨把脸撇向另一方，眼神里流露出无尽的伤感。

沉默了一阵子后，我开口说：“我很抱歉得知你曾经这样失恋过，我也可以理解你此刻的心情。但做心理咨询的人是很忌讳与来访者有深入交往的。那样发展下去，势必使彼此都感觉很不自然。”

“有什么不自然的，不就是与大家在一起玩儿吗？又不是两个人单独在一起幽会。你要是愿意，也可带上太太啊。”说完，佩馨向我眨了眨左眼。

她的话逗笑了我，可我还是客气地说：“佩馨，谢谢你的好意，但我真的不能去，请你原谅。”

听罢，佩馨把头扭向一边，脸上的笑容一扫而光，不再出声。沉静了一阵子，佩馨转过头来对我说：“你不想去，我当然不可以勉强你。说实话，我以前也从来没这样求过人。我也说不清这到底是为什么，但我每次来见你，都感到很兴奋。我已经好久没有这种感觉了。虽然我们的会面不是约会，也从未有过任何浪漫的情调，但不知怎的，我把与你的会面当作支撑我在哈佛生活的精神支柱。我能上哈佛，是因为我在学校教书教得很出色，但你不知道，我为此付出了多大的代价。静下来的时候，我是多么希望有人会来关心我，理解我。而这正是你在这段时间所给予我的。有了我们的会面，我不再感到孤独，也不再感到生活是那么枯燥，所以我……”

说着，佩馨的眼睛有些湿润。

我连忙递上纸巾盒。她抽取了两张纸巾，说：“不好意思，讲了这些话，但我憋了好久了，就让我说个痛快吧。”

说完，她又把头扭向一边，鼻子一抽一抽的。

佩馨终于说了心里话。这样也好，省得我们两人相互打太极拳，都挺辛苦的。

我竭力去理解佩馨此刻的心情。我相信她说的都是实话，她迷恋我，是因为我能够很好地理解她，特别是在她生活压力最大、感情最脆弱的时刻，我给予了她最需要的东西——理解与支持。她自然会对我产生特殊的好感。

更重要的是，我的出现使她想起了旧日的恋人，这给我们的咨询关系蒙上了一层神秘的色彩。所以佩馨对我的感情迷恋是完全自然的反应。问题是，我应该怎样将她对我的这种感情迷恋转化为一种自我激励的动力。

想到这里，我对佩馨说："听了你刚才讲的心里话，我很感激你的诚意。我相信你是一个很能干的人。说实话，你能来哈佛求学，就已经充分证明了这一点。相信你也能够很快克服当前的困难，适应这里的生活。你真是个 superwoman（女超人）。"

听到这里，佩馨扑哧笑了出来，转过头来对我说："人家已经那么难受了，你还来取笑我。说实话，你才是真正的 superman（男超人）。"

"不，不。我是说，你的的确确是一个很有本事的人。"我也笑着说，"在过去的两个月中，我对你最大的帮助，是使你恢复了自信。在这当中，我对你的处境表现出了很大的理解，这是我应该做的。我也理解你想与我保持联络，建立友谊的心情。说实话，我当然希望你会生活得更愉快。但是，我们现在的关系，才是咨询关系的最佳状态。任何进一步的发展都可能会令我们彼此感到不自然，不舒服。真的，你好好想一想，如果我们像情人那样约会，我讲话你还会听吗？你讲什么我还会那么客观吗？"

"谁说要做你的情人啦？你别想得太美啦！"佩馨打断我的话。我们两人都不好意思地笑了。

待静下来后，我继续说："对不起呵，佩馨，刚才我用词不当，让你见笑了。但是咨询师与来访者之间的关系，在一定程度上就好比师生的关系，如果师生关系太近乎了，老师在给学生打分时，就不免会受情面与私心的影响，学生与老师的接触，也不容易知深浅，你说是不是？”

佩馨轻轻地点了点头。

“所以我十分珍惜你对我的信任与尊重，也觉得我们现在的关系状态最有利于咨询的进展，这对我们双方都是一样的。你知道吗，拿破仑曾说过一句名言，‘伟大和荒谬之间只差一步’。你细细品一品这句话的道理。”

说完，我不再说话。

过了一阵子，佩馨开口说：“请原谅我刚才让你为难了，我明白你的意思，我也知道自己该怎么做了。”

我满意地点了点头。

接着，她又说：“我感谢你坦诚地向我讲明这一切。我现在明白了，我对你只不过有一种好奇和好感，没有什么其他意思。但和你接触，真的使我明白了许多人生的道理。”

“我也是一样的，也从你身上学到了不少东西，真的。”我接过话来说。

说完，我们又都笑了。

（本书案例中所用人名皆为假名。）

小结：岳晓东论心理咨询关系的确立

如今，人们对心理咨询的认识已不再是“求人解决问题”，这就决定了咨询师与来访者的关系是平等的关系，而非任何形式的权威关系。

咨询关系是一种很微妙的关系，它既不等同于医患关系，也不等同于师生关系，更不等同于朋友关系。咨询关系的微妙就在于它的中立性与距离性，前者确保了咨询判断的客观性，后者确保了咨询人员的影响力。

咨询关系是咨询成功的保障。所有的心理咨询都必须先建立关系，然后展开咨询。这是心理咨询与心理治疗或精神疾患治疗的本质区别之一。

怎样才算建立心理咨询关系？就是来访者与咨询师之间相互尊重，相互信任。

从事心理咨询的人员一定要有高度的职业自律精神，不可乘人之危，满足私欲。这不仅是心理咨询行业的起码要求，也是做人的起码准则。

国有国法，行有行规，心理咨询行业的行规就是不入人感情之虚，不占人工作之便，不图人经济之利。

心理咨询关系中需要有一种“距离美”。只有这样，才能使咨询师与来访者之间保持相互尊重、相互信任的关系。咨询师与来访者一旦发生亲密关系，就如同律师与受托人发生恋情一样，会使律师的信誉与判断力受到严重的非议与挑战，也会使他打赢官司的概率大大降低。

第 三 章

心理咨询的会面接待技术

心理咨询给人提供心灵的港湾，心理咨询的对话要营造这样一种氛围。

——岳晓东

第一节 心理咨询的流程管理技术

第一单元 心理咨询的预约模式

一、学习目标

初步了解来访者想要解决的问题，确定来访者是否愿意前来咨询。

二、基本概念

（一）心理咨询的三种预约方式

目前，心理咨询主要存在三种预约方式：当面预约、电话预约和网上预约。表 3-1 表述如下：

表 3-1 三种预约方式的优缺点

预约方式	优点	缺点	备注
当面预约	来访者有机会更详细地了解咨询室、咨询中心及咨询师等各方面的情况	来访者费时费力	可以提供给来访者一张预约备忘卡，注明咨询的时间、地点、咨询师及联系电话
电话预约	1. 来访者有机会比较详细地了解咨询室或咨询中心的情况 2. 来访者无须亲自前来，比较方便	电话预约人数较多时，会占线，且每次谈话时间不能很长	有一部能够记录来电号码的电话很有必要
网上预约	对来访者来说方便快捷	来访者只能通过网上信息了解情况，缺少互动	有细致的网上信息介绍很有必要

在实际操作中，通常三种预约方式同时使用。但有两点需要说明：

1. 来访者当面预约，预约成功后，可以为其提供一张预约备忘卡，注明咨询的时间、地点、咨询师及联系电话。

2. 对于电话预约来说，有一部能够记录来电号码的电话很重要。因为有时预约员会由于疏忽而忘记记录来访者的联系方式。

当面预约或电话预约时，预约员需要向来访者介绍以下内容：

（1）机构情况：成立历史、专家团队、擅长的服务项目、售后服务等；

（2）咨询师情况：咨询师的培训背景、资历及擅长的方面等；

（3）咨询情况：咨询的时间长短、咨询的配合要求等；

（4）收费标准：短期、中期、长期的收费要求，价位差异等。

通常，来访者会针对以上情况对预约员提问。

3. 来访者确定进行咨询后，预约员需要做以下几件事情：

（1）按照预约登记表登记来访者情况（表 3-2）。有一点特别需要注意：联系电话除手机号码外，最好还有一个固定电话号码，以备手机无法接通时联系使用。

表 3-2　预约登记表

编号	来电（来访）日期	姓名	性别	年龄	电话	咨询日期 / 时间	希望探讨问题	咨询师	预约员	备注

（2）重复咨询师姓名及预约的咨询时间。

（3）告诉来访者地址，并提供一些可以到达的方式。

（4）通知咨询师。

案例 3–1 预约咨询的情境

预约员：喂，你好，这里是某某心理咨询中心。
来电人：你好，我想预约一个咨询。
预约员：好的，关于我们这里的情况，您想先了解些什么？
来电人：每次咨询多长时间啊？
预约员：50 分钟。
来电人：那收费多少？
预约员：不同的咨询师收费不同。一般咨询师是每次 450 元，如果是实习咨询师，每次 300 元。
来电人：我就找一般的咨询师吧。
预约员：好。那您想咨询哪方面的问题呢？
来电人：我想咨询工作方面的一些事情。
预约员：能稍微具体说一下吗？这样比较有利于我给您推荐适合的咨询师。
来电人：我觉得自己在公司总是感觉很压抑，对工作没兴趣，我希望能找到一些方法改变这种状况。
预约员：嗯，听起来您在工作方面遇到了一些困难。我们咨询中心有两位老师比较擅长工作方面的咨询，一位是李弘老师，另一位是张晓老师，您想了解一下她们哪方面的情况，我来帮助您做出选择？
来电人：他们都是男的女的？
预约员：都是女老师。
来电人：哦，她们都多大了？
预约员：李老师 40 多岁，张老师 30 多岁。
来电人：哦，那我预约张老师吧。
预约员：好的，张老师咨询的时间是每周二晚 6 点到 9 点，现在可以安排的时间是周二晚 7 点到 7 点 50 分这个时间段，以及 8 点到 8 点 50 分这个时间段。您觉得哪个时间段比较方便？
来电人：8 点到 8 点 50 分吧。
预约员：好的，我帮您登记下来。您的姓名是？
来电人：刘晓洁。
预约员：您的年龄？
来电人：30 岁。
预约员：您的联系电话是？
来电人：1234567……
预约员：请您再留一个能够联系到您的固定电话，以便有什么紧急情况，但您的手机又打不通时，我们与您联系。

来电人：好的，3456789。
预约员：好，您预约的咨询师是张晓，时间为下周二，也就是9月4日晚8点至8点50分。您希望探讨的问题是关于工作方面的。
来电人：对。
预约员：您还有什么其他问题想了解吗？
来电人：嗯……暂时没有了。
预约员：好的，那您知道怎么到这里吗？
来电人：不大清楚。
预约员：我们这里位于东四环，如果您坐公交车的话，可以坐1路、96路、67路，下车后，您打听王子大厦，然后到808室就可以了。下车后要再走七八分钟。
来电人：好的，好的，非常感谢。
预约员：不客气。周二请提前10分钟到咨询室，有任何疑问，请再和我们联系。
来电人：好的，谢谢。
预约员：不客气，再见。

预约员：张老师，您好。我是咨询中心预约员王晓林。
咨询师：你好，晓林。
预约员：下周二晚，8点至8点50分，给您预约了一个咨询。这是位男性来访者，30岁，大概问题是工作时感到压抑，对工作没有兴趣。
咨询师：好的，我知道了。谢谢你。
预约员：不客气，有什么问题您再跟我联系。
咨询师：行。
预约员：张老师再见。
咨询师：再见。

＞咨询师宝典秘籍谈9　给心理咨询新手的建议

1. 要改变个人的语言习惯，区分好生活对话与咨询对话的差异。

2. 要给来访者做人格素描，不断洞察来访者的认知、情绪、人格、行为变化。

3. 要区分什么是疾病，什么是毛病，以便因地制宜地灵活面对。

4. 要把来访者打造成英雄，让来访者成为解决自身问题的专家。

岳晓东寄语：
咨询师要注意自己在咨询场合和生活场合的角色切换。

三、相关知识：心理咨询追踪测评[1]

心理咨询服务关系终止后，咨询师应该进行短期或长期的追踪测评。短期追踪测评在治疗后 3 个月到 6 个月内进行，长期追踪测评应在咨询结束后 1 个月至 1 年（或 1 年以上）进行。通常，咨询师在为来访者进行复查时应留出充裕的时间，以测定在没有咨询师帮助的情况下来访者维持行为改变的时间。进行追踪测评的理由主要有以下几个：

它体现了咨询师对来访者状况的持续关注；

它提供了用来比较来访者在咨询前后表现变化的指标；

它确定了在缺少咨询师帮助的情况下，来访者自身行为的变化。

短期和长期的追踪测评也可以采取多种形式，下面提供一些方法：

1. 把来访者请来进行追踪会谈：会谈的目的在于考查来访者如何处理他以前的问题行为。会谈也可以包括角色扮演，让来访者演示目标行为。

2. 给来访者邮寄调查表和问卷，探询他原来咨询的心理问题的当前状况。

3. 给来访者寄一封信，询问原来咨询的心理问题的情况，记住要提供一个贴好邮票、写好回信地址的信封。

4. 打电话给来访者以获得其口头报告。如果以前用过目标达成标尺测试，那么写信和打电话报告时仍可继续用目标达成标尺测试。

上面的这些例子描述了一次性的追踪过程，如一次会面、一封信或一次电话采访。更深入的追踪应在一段确定的时间内（如两三个星期），让来访者参与对目标行为的自我检测或自我评价。

---

1 ［美］科米尔、［美］葆拉：《心理咨询的问诊策略》，张建新等译，中国轻工业出版社，2004。

第二单元　心理咨询的记录整理

一、学习目标

知道如何做咨询记录。

二、基本概念

（一）咨询记录

每次咨询结束之后，咨询师需要拿出时间表来做好咨询记录，这一方面是记录来访者的成长历程，另一方面是记录咨询师的反思咨询过程，思考咨询对策的时间。对新手来说尤其如此。

咨询记录有几种类型呢?

根据咨询过程，可以分为每次的记录、总结几次咨询的记录、已经结案的记录。其中，每次的记录可以分为逐字型和摘要型。

每次的记录，顾名思义，就是每次咨询结束后的记录。其注意事项如下：

1. 逐字记录

就是指将咨询过程录音或录像，事后将其完全转换为文字。此种记录方式费时费力，然而对于咨询师的成长来说好处最多。它也是寻求督导时的好材料。

2. 摘要记录

就是指简要记录下咨询过程中发生的要点，比如来访者是否按时到、谈话内容有哪些、咨询师是如何反应的、咨询师对来访者的问题有哪些假设、咨询师的自我效能感如何等。

每次记录的样例（表 3-3）：

表 3-3　每次记录的样例

个案记录

（编号：__________）

来访者：______________　咨询师：________________

面谈日期：____________　面谈时间：______________

录音：有　○　无　○　录音编号：______________

录像：有　○　无　○　录像编号：______________

来访者提出的问题：

____

来访者表现的特别之处：

____

来访者曾表达的重要的内容：

____

你与来访者的互动：

____

你所认为的来访者的核心问题：

____

对此次疗程和对个人效能的评估：

____

下一步咨询的方向：

____

其他备注：

____

总结几次的记录（表 3-4）：

表 3-4　咨询经过概要表

编号：　　　　姓名：

日期	次数	内容摘要
2020.6.2	第 1 次	向我介绍了他的家庭情况及工作情况
2020.6.9	第 2 次	详细介绍了家庭关系，并且说他开始上班了

为什么要对几次的咨询做记录？原因有以下几个：

（1）方便查找案例记录；

（2）可以发现谈话内容的变化；

（3）从总结中也许会有一些新发现。

那么，要记录哪些内容呢？

1. 谈话内容的概要：主要总结咨询时谈话的内容，特别要注意谈话内容的变化。

2. 在咨询室内外来访者的变化，或者咨询师对来访者印象的变化。

在咨询结束后，应该对该个案做结案记录，帮助咨询师回顾在整个咨询过程中来访者的变化及咨询师的成败得失。

结案记录要包含的内容有：

1. 来访者的姓名、性别、年龄、编号；

2. 咨询师的姓名；

3. 咨询开始的时间；

4. 咨询结束的时间；

5. 咨询次数；

6. 来访者最初提出的问题是什么；

7. 你界定的问题是什么；

8. 咨询是如何结束的；

9. 来访者是否有进步；

10. 如果有进步，你觉得最大的进步是什么；

11. 是什么促成这种进步的；

12. 如果没有进步，你觉得原因是什么；

13. 咨询的大体过程是什么；

14. 你的个人反思有哪些，对以后的咨询有何启示。

具体的结案记录样例如下所示（表 3-5）：

表 3-5 结案记录

结案记录

（编号：__________）

来访者的姓名：________ 来访者的性别：________ 来访者的年龄：__________

咨询师的姓名：__________ 咨询开始时间：______年______月________日

咨询结束时间：______年______月______日 咨询次数：共计______次

来访者最初提出的问题：

____

你所界定的问题：

____

咨询的简要经过：

____

咨询是如何结束的：

____

你认为来访者是否有进步？○是 ○否

如果有进步，你觉得他的进步表现在哪些方面：

____

如果有进步，你觉得是什么促进了他的进步：

____

如果没有进步，你觉得原因是什么：

____

你对整个咨询的满意度如何？

0 1 2 3 4 5 6 7 8 9 10

非常不满意 中间 非常满意

——————————————————————————————→

你对整个咨询过程有何反思及它对你未来的咨询有何启示：

____

其他：

____

三、相关知识

下面是一个较为完整的空白咨询记录（表 3-6），供大家借鉴。

表 3–6　完整的咨询记录样本

心理健康档案[1]

来访者姓名：________　出生日期：________　年龄：________　性别：________

A. 治疗评估

1. 当前问题（来访者的叙述）：______________________________

____

____

2. 突发事件（前来咨询的缘由）：______________________________

____

____

3. 相关的医疗史（医疗检查、使用药物情况、疾病种类、伤残情况、手术情况等）：

____

____

4. 以前的精神学及心理咨询和治疗情况：______________________________

____

5. 其他相关史（职业 / 学校，人际关系 / 性关系，社会 / 法律等）：

____

____

6. 简明精神状况评估（在项目上画钩）：

外表 / 衣饰	智力	判断力	幻觉 / 幻想	思维混乱	近期记忆	远期记忆
______适当	____高	_____良好	______没有	_____没有	_____完整	______完整
____不适当	____中	_____缺失	________有	________有	_____缺失	______缺失
__没有评估	____低	__没有评估	__没有评估	__没有评估	__没有评估	__没有评估

7. 情绪 / 情感（描述）：______________________________

8. 自杀评估（危险、先兆、计划）：____ 他杀评估（受害者、暴力、计划）：______

9. 临床架设框架（症状解释：包括优势 / 资源因素，对治疗 / 日程的阻碍因素等）：
请简明而具体地写出：______________________________

____

10.DSM–5 的轴Ⅱ编码和名称：______________________________

诊断印象：DSM–4 轴Ⅰ：______________________________

1　［美］科米尔、［美］葆拉：《心理咨询的问诊策略》，张建新等译，中国轻工业出版社，2004。

续表

心理健康档案

B. 治疗计划

1. 针对性、指向性、行为的和可测量的目标、特别强调当前的问题（按需要可增加篇幅）：________

2. 治疗类型：认知 / 行为疗法 / 人际关系 / 顿悟 / 情感疗法 / 意识疗法 其他：____

3. 治疗时程：咨询开始日期：________ 预期几次可以结束：________
咨询结束日期：________

4. 来访者形态：个人 / 家庭 医学治疗 团体治疗 其他：________

问题	目标	可测量的成功标准	选择的干预措施
1.____	____	____	____
2.____	____	____	____
3.____	____	____	____

治疗者签名及电话：________ 执照编号：________ 时间：________

来访者评语：________

治疗报告一（第一次出诊评估后的）咨询日期：________

目标	是否获得进步			评语
	是	有些	没有	
1.____	____	____	____	____
2.____	____	____	____	____
3.____	____	____	____	____

明显的改变或者紊乱：________

____

要求进行的治疗服务：________

治疗者签字：________ 执照编号：________ 时间：________

治疗报告二（第一次报告后的）咨询日期：________已经进行的治疗次数：________

目标	是否获得进步			评语
	是	有些	没有	
1.____	____	____	____	____
2.____	____	____	____	____
3.____	____	____	____	____

续表

心理健康档案

明显的改变或者紊乱：____

____

要求进行的治疗服务：____

治疗者签字：__________ 执照编号：__________ 时间：__________

报告一的治疗者电话：___ C.M 签字：___ CerT. Vst.Den：___ 日期：___

C. 治疗报告

治疗报告一：

咨询日期：__________ 已经进行的治疗次数：__________

目标	是否获得进步			评语
	是	有些	没有	
1.__________	___	___	___	__________
2.__________	___	___	___	__________
3.__________	___	___	___	__________

明显的改变或者紊乱：____

____

要求进行的治疗服务：____

治疗者签字：__________ 执照编号：__________ 时间：__________

报告一的治疗者电话：___ 签字：__________ 日期：__________

D. 治疗结束报告

咨询日期：__________ 最后一次咨询日期：__________ 总咨询次数__________

目标	是否获得进步		结束咨询的理由		
	是	有些	没有	评语	___达到治疗目标
1.______	___	___	___	__________	______无效（ ）
2.______	___	___	___	__________	______无效（ ）
3.______	___	___	___	__________	_____来访者转诊
					_____不合宜（ ）
					_____来访者退出

治疗者签字：__________ 执照编号：__________ 时间：__________

第二节 心理咨询的会面接待技术

第一单元 心理咨询的首次会面

一、学习目标

（一）初步了解来访者想要解决的问题。

（二）确定来访者是否愿意前来咨询。

二、基本概念

咨询师第一次与来访者会面，着装是首先要考虑的问题。如同布置心理咨询室一样，咨询师如何着装也向来访者传递出他是怎样的一位咨询师，以及他准备如何等信息。

咨询师的着装要避免以下几点：

1. 过于时髦的服装：非常前卫、时尚的服装。

2. 过于正式的服装：深色的西服套装、中山装等。

3. 过于休闲的服装：运动服等。

咨询师若要全身心投入与来访者的互动中，首要条件就是生理上的舒适，衣服过紧或面料不舒适都会影响咨询师在咨询过程中的投入。

来访者到来前，咨询师都需要做哪些准备呢？最好提前 10 分钟到达，调整自己的状态，整理房间的摆设、桌椅等，并做好心理准备。

为了帮助自己更好地进行调节，咨询师可以做一个清场练习。清场练习是格式塔治疗中的技术，是指治疗师暂时将自己与治疗无关的事务搁置一边。

清场练习：

请闭起眼睛……体验自己坐在椅子上的重量和自己脚踏地面的感觉，留意自己的呼吸是急促还是舒缓。

关注躯体的张弛，你的能量能否自如地流淌，是心怀对过去的担忧还是对未来的预想？对于上述的练习，大多数你都能感觉、体会和思考吗？识别自己的哪些关注和担忧与即将到来的治疗毫无关系，设法将其悬搁。尽可能明晰此时自己内在的一些体验，并顺其自然地聚焦你周围环境中的所感所闻以及你自己的感受，使自己全身心地投入现时这个特定的时刻中。

清场练习在每次做咨询前都可以使用，如果是多次咨询，还可以采取下面的措施：

1. 查看上次会谈记录，回忆连续性主题。

2. 回忆任何需要切记的事情，比如来访者是否过于紧张，或者来访者与咨询师之间的人际关系类型。

3. 牢记此次会谈的焦点或目的。

4. 厘清上述所有需要考虑的事项，返回到此刻的情境中，充分准备接待来访者。

来访者到来时，咨询师最好亲自为来访者开门，并且告知来访者你就是他的咨询师，表现出对来访者的尊重与欢迎。

接着，咨询师可以带来访者一起走到接待处，填写登记表（表 3-7），并办理相关的手续。

在从开门走到接待处、办完手续后的等待时间里，可以与来访者寒暄几句，帮助来访者放松下来，在轻松的氛围中开始建立关系，因为来访者带着自己的问题来见一位陌生人时，肯定会感到紧张。

寒暄的内容可以包括：他是怎么来的，是乘车还是骑自行车；路上人多不多；从事什么职业；学什么专业；平时喜欢什么娱乐活动……这些问题不但可以让来访者感到与你之间的谈话轻松自在，同时充分体现了你个人对他的重视。

表 3–7 来访者登记表

来访者登记表

姓名：____________ 性别：______________ 年龄：__________

宗教：____________ 教育程度：___________ 职业：__________

婚姻状况：○未婚 ○已婚 ○恋爱 ○离婚 ○丧偶 子女人数：________

电话：（住宅）________________________ （手机）______________________

住址：____

曾否接受过辅导、咨询或治疗？

○未曾

○曾

辅导、咨询或治疗的机构名称：_______________ 年份：______________

这次要求辅导、咨询的原因：

____

____

你期望经过辅导或咨询后达到怎样的效果：

____

____

来访者签名：________________________ 日期：______________________

在初次会谈过程中，咨询师如果发觉来访者有些紧张，可以温和地对来访者说：“来一个陌生的地方，和一个陌生的人谈话，是不是有些紧张啊？”通常，在帮助来访者表达出他的不安时，他就会放松很多。咨询正式开始，咨询师与来访者一起进入咨询室，首先，需要就一些基本的问题进行交谈。咨询师需要向来访者进行自我介绍，包括自己的姓名、教育、培训背景等。例如：“我叫王敏，是这里的咨询师，我从 2005 年开始接触心理咨询，已经有 8 年多了。我现在是国家二级咨询师，很高兴今天见到你。”介绍完后，鼓励来访者提问。

其次，邀请来访者介绍自己，并询问他喜欢被称呼的方式。例如：“你也介绍一下自己吧。”“你喜欢我称呼你什么呢？”有时，来访者不知道怎么介绍自己，这时，咨询师可以说：“介绍什么都可以，你希望我了解的一些方面，比如你的工作、性格、家庭等。”当来访者介绍完后，咨询师可以说：“好的，通过你的介绍，我对你有了一点了解，我想，随着咨询的进行，我们会逐渐更多地了解对方的。”

再次，向来访者呈现《知情同意书》，请他阅读，鼓励他提问，并就重要问题做出说明。双方无异议后，于《知情同意书》上签字，各执一份。例如：“这是我们的《知情同意书》，请看一下，如果你有任何问题，可以提出来。如果没有其他疑问，请在同意书上签字，这里保存一份放入你的档案袋，你自己保存一份。”需要注意的是，在谈《知情同意书》的问题时，态度要温和，否则会使得气氛过于严肃，造成来访者的紧张心理。另外，还需说明《知情同意书》上的条款对来访者的保护作用是很重要的。

最后，咨询师可以询问来访者是否有过咨询经历，并询问来访者所设想的心理咨询是怎么样的。例如，可以问：“你以前有没有做过咨询呢？”来访者如果回答“没有”，咨询师可以接着问：“你想象中的咨询是如何进行的？需要进行多少次？”来访者如果回答“有”，咨询师可以接着问：“根据你以往的经验，你觉得咨询是怎样的呢？”为什么要询问来访者对心理咨询的设想呢？国外有研究表明，来访者对咨询的预期会对咨询的结果产生重要影响。如果真正的咨询与来访者的预期比较一致，会对结果有积极的影响；如果真正的咨询与来访者的预期不一致，则对结果有消极的影响。

所以，在咨询前了解来访者对咨询的预期，并对不合理预期做出调整，是很重要的。通常，来访者对个人要承担的责任有很低的预期，而对咨询师的专家角色有很高的预期。帮助来访者调整预期，我们可以这样说：“心理咨询通常需要进行一段时间，时间长短随你想要解决的问题的不同而有所不同。咨询并不是你把问题提出来，我给你一个答案或解决办法，而是需要我们两个人的配合与共同努力，也就是说我们两个都要有投入，这样我才能帮助你解决问题。”

初次会面，开始治疗性会谈主要存在两个目标：

1. 了解来访者的问题及想要达到的目标。

2. 双方初步确定工作方向。

咨询师宝典秘籍谈 10　初见来访者的四大注意事项

1. 注意问题定性：

咨询师要对咨询问题做必要的心理洞察及概念化表述等。

2. 注意问题排序：

咨询师要对咨询问题按重要性做顺序排列，以分清孰先孰后。

3. 注意方法选择：

咨询师要对咨询问题的咨询方法加以选择并与来访者加以交流等。

4. 注意方法调整：

咨询师要对咨询问题的咨询方法加以必要的调整与评估等。

岳晓东寄语：

心理咨询要先有思路，后有套路；先做评估，后做方案。

案例 3–2　首次见面的对话

咨询师：你好，是小洁吧？
来访者：是的。
咨询师：我是你的咨询师张萍，很感谢你今天来找我。在咨询开始前，我们先彼此了解一下。我先介绍一下自己，我叫张萍，是这里的咨询师，我接受心理咨询的培训已经有 5 年了。在这些年里，我接待了很多在工作方面有困惑的来访者……你呢？也请你自我介绍一下。
来访者：我叫刘晓洁，在一家企业里做技术工作。我今年 30 岁了，已经结婚，对工作很不满意……就先说这么多吧。
咨询师：好的，那关于我，你还有什么想要了解的吗？
来访者：嗯，暂时没有了。
咨询师：好的，我想随着咨询的进行，我们能更多地了解彼此。你可以称呼我为张老师，你希望我怎么称呼你？
来访者：就叫小刘吧。
咨询师：好的，小刘。在咨询开始前，我们会让每位来访者签一份《知情同意书》，了解咨询师和来访者的权利和义务以及了解我们对来访者有哪些保护。这就是我们的《知情同意书》，你可以先看一下，如果有什么疑问和不明白的地方，可以问我。

来访者：这第七条中的“录音”是什么意思啊？
咨询师：就是咨询师需要寻求督导，也就是说，找水平更高的咨询师来指导工作。如果我们能够给督导老师提供录音、录像资料，他就能更直观地指导我们更好地帮助你，我表达清楚了吗？
来访者：嗯，明白了。那这会是保密的吧？
咨询师：一定会保密的。在录音或录像前，我们首先会征得你的同意，并且你所有的咨询资料都是保密的，未经你的许可，我们是不会将你的任何资料透露给第三方的。
来访者：好的。
咨询师：你还有其他疑问吗？
来访者：没有了。
咨询师：那就请你在同意书上签字，一份你自己保留，另一份保留在咨询中心给你提供的档案袋里。
来访者：好。
咨询师：我看到你的登记表上写着以前没有接受过咨询，那你想象中的咨询是如何进行的呢？一般要进行几次呢？
来访者：我不知道说得对不对。我想象中就是我把我的问题告诉咨询师，然后咨询师给我一些意见，告诉我应该怎么做。我想应该就咨询一次吧。
咨询师：嗯，这是对咨询的一种理解方式。其实心理咨询通常需要进行一段时间，时间长短随你想要解决的问题的不同而不同。咨询并不是你把问题提出来，我给你一个答案或解决办法，而是需要我们两个人的配合与共同努力，也就是说我们两个人都要有投入，才能帮助你解决问题。
来访者：哦……
咨询师：那你现在怎么理解心理咨询？
来访者：嗯……心理咨询是一个过程，需要两个人的配合。
咨询师：对的，我的责任是利用我的专业知识来帮助你，你的责任是把你的感受告诉我，并且愿意采取行动，去实现目标。
来访者：嗯，明白了。
咨询师：好的。那现在我们就正式进入谈话。

三、相关知识：咨询师的素养要求

（一）人格素养

（二）心理素养

（三）沟通素养

详见第一章第二单元。

第二单元 心理咨询的会面收尾

一、学习目标

掌握如何正确结束与来访者的咨询。

二、基本概念

（一）心理咨询会面的结束

在经历了一系列的咨询过程后，咨询逐渐进入结束阶段。

根据心理咨询的过程来看，结束可以划分为：初次面谈的结束、每次面谈的结束及咨询关系的结束（结案）。

其中咨询关系的结束根据发起人不同，可以划分为：咨询师和来访者共同提出结束、咨询师提出结束以及来访者提出结束。

初次面谈的结束，通常来说，需要做以下事情：

1. 一般在初次会谈时，应预留大约 10 分钟，做准备结束的工作。
2. 对此次了解到的来访者的问题做简要的总结。
3. 对愿意继续咨询的来访者重述时间、地点、未来工作的方向。
4. 对不愿意继续咨询的来访者予以尊重，并向其表达：如果改变主意，欢迎再来。
5. 给来访者机会，表达他的一些看法和感受。

案例 3–3 咨询怎样收尾

岳晓东：我们大概还有几分钟的时间就要结束了，通过今天的谈话，我对你的情况有了一些了解。现在，你想换一份工作，但是家人很反对，因为他们认为你现在这份工作前景很好，而你知道这并不是自己内心所渴望的，你的兴趣在别的方面。所以现在你无法做出选择，内心很痛苦。来这儿跟我谈话，你希望能了解自己内心的真实想法，以便最终做出决定，是这样的吗？

来访者：嗯，对。
岳晓东：嗯，通过咱们今天的谈话，你有些什么样的想法或感觉？
来访者：我觉得我把这些说出来，轻松了很多，但我还是不知道该怎么做。
岳晓东：嗯，感觉轻松些，但还很希望得到一个答案。现在我想知道，你下周还愿意来谈吗？还是你觉得今天你得到的对你来说就已经足够了？
来访者：我希望能和你再谈谈，厘清我的思路。
岳晓东：好的，那下周二同一个时间，我们还在这里见，我来帮助你整理你的思路。
来访者：嗯，行。
岳晓东：很感谢你信任我，跟我讲你的故事。我也很欣赏你能在遇到困难时来寻求帮助。
来访者：呵呵。
岳晓东：这次时间到了，我们下周二见。
来访者：好，非常感谢你。

每次会谈，咨询师可以在距离结束 5—10 分钟时，提醒来访者时间，并进入本次会面的结束阶段。最简单的结束方法就是对本次会谈进行总结，并对下次会谈做出安排。不同的理论方法，可能会有特殊的结束安排，比如在焦点解决短期疗法中，咨询会首先进行 50 分钟，之后休息 10 分钟，休息结束后进入正向回馈的阶段，大约进行 10 分钟。

（二）咨询结束的心理意义

咨询关系的结束无论对于咨询师还是来访者来说，都具有很重要的意义。

在咨询终止时，来访者和咨询师都可能因终止而产生情绪反应。

1. 有些来访者可能感到被咨询师抛弃了，已经与咨询师形成强烈依赖关系的来访者尤其如此。

2. 如果是咨询师提出终止，尤其是出于外部原因（如搬家）结束了在某处的咨询，咨询师可能为此感到内疚。

3. 当来访者过早终止时，咨询师可能感到失望，并感到自己无能。

通常，咨询师和来访者在结束时都会体验到失落感。因此，咨询关系不应草草结束，而应认真对待。如果处理不好，会给来访者带来很多伤害，给咨询师带来许多负向情感及消极的自我评价。

那么，如何结束咨询关系呢？最理想的状况是咨询师与来访者能够共同提出结束。

这通常发生在成功达到咨询目标之后，这就需要咨询师和来访者在咨询开始时确立清晰的目标。

咨询师明白何时结束治疗是很重要的，包括的线索有：

1. 来访者不知道在咨询中再和咨询师说什么了。

2. 咨询师和来访者在咨询时间内进行闲谈或非治疗性谈话。

如果是咨询师提出结束，应该如何处理呢？咨询师提出结束的原因可能有：

1. 结束在机构中的实习。

2. 离开，或结束与机构的雇佣关系。

3. 感到无法处理来访者的问题。

4. 个人问题影响到对来访者的咨询。

其中，“感到无法处理来访者的问题”非常重要，因为咨询师需要了解自己的能力限制，当感到来访者的问题超出了自己的能力范围时，进行转介是非常必要的。

在提出结束的情况下，咨询师需要做如下事情：

1. 提前告诉来访者，可以让咨询师和来访者有情绪上的准备。如果可能的话，最好提前 2—3 个月。这对于那些存在被遗弃问题的来访者来说尤其重要。

2. 如果咨询需要继续，确保来访者得到合适的转介。如果转给本机构之外的咨询师，应该给来访者提供 2 个以上的转介机构选择。

3. 如果转介给本机构的咨询师，最好可以和咨询师做一次协同咨询，尽可能地确保咨询的连续性。

4. 给来访者机会，让他表达感受。

有时来访者没有事先通知或者不对结束治疗做任何解释，就不再来了。此时，咨询师经常会出现两种错误的反应：

1. 为所发生的事迁怒于来访者或自己。例如，认为来访者“没有动力”“不积极”或者认为自己能力不够，如“我肯定做错了什么”“我的能力太差了”。

2. “阿 Q 精神”。例如，认为这是很正常的，没有必要追究什么。

来访者结束治疗可能的原因有：

1. 问题已经解决，不需要继续治疗了。

2. 没有时间前来治疗。

3. 经济问题。

4. 对治疗效果不满意。

另外，从心理层面来说，来访者不再来面谈可能的原因还包括：

1. 考验咨询师是否真正地关心自己。

2. 试图从咨询师那里获得积极的情感体验。

3. 惩罚咨询师或试图让咨询师伤心。

4. 排除因咨询引起的焦虑。

5. 向咨询师表达自己的不理解。

那么，咨询师要如何处理呢？咨询师需要对那些没有任何解释就结束治疗的来访者进行追踪。例如：

1. 对于因经济问题而终止咨询的来访者，咨询师可以和他协商降低费用。

2. 如果咨询师破坏了治疗关系，那么可以尝试重新建立关系或为来访者转介。

总之，在来访者失约的情况下，咨询师应主动设法与其取得联系。如果发现来访者想提前结束咨询，咨询师至少应对来访者进行一次附加咨询，此举的好处是：

1. 帮助来访者解决由咨询经验本身所形成的消极体验。

2. 为来访者继续接受咨询提供机会（如果来访者希望如此）。

3. 如果来访者有愿望，可以尝试其他的干预方法或咨询师。

4. 增加来访者在需要时再次寻求咨询服务的可能性。

一般来说，咨询结束时咨询师需要做到：

1. 帮助来访者意识到咨询的终止通常是一个过程，在距离终止日期至少几周时就要开始结束的过程。

2. 也可以采用拉长时间的方法。由最初一周一次见面改为两周一次，再改为一个月一次，两个月一次。

3. 请来访者谈论对结束的感受，以及请来访者回顾自己在咨询中的收获。咨询师一定要处理来访者对于终止的临近而产生的感受，咨询师对这些情感的讨论负有责任。咨询师在终止阶段也要对自己的感受保持开放，如果这些感受持续存在，要与督导或同事进行讨论。

4. 咨询师可以表达观察到的来访者的进步与改变。

5. 咨询关系终止后处理好咨询师与来访者之间职业联系的性质，并安排好联系次数。

6. 向来访者表明，当他再次遇到困难时可以回来。

无论如何，咨询都会进入最后一次，来访者需要独自前行。在最后一次咨询中，我们应该注意什么呢?

1. 保持角色，不要让最后一次咨询成为破坏咨询师专业风格的机会。保持一致性、可预见性和专业性。

2. 在最后三分钟仔细倾听，就好像对待第一次咨询的开头三分钟一样。

3. 可以与来访者为结束设立一个仪式，例如：和来访者共进一杯茶；种一株玫瑰，作为个人成长和发展在咨询工作以外继续进行的一种象征。

4. 咨询结束后，整理一下自己的想法，你需要一些时间进行反思。

三、相关知识：怎样正确处理来访者的依赖心理

来访者在咨询过程中对咨询师产生依赖心理，这完全是正常的移情表现。来访者的依赖心理一般会有以下几种表现：

1. 把咨询师当作父母的替代：完全听从咨询师的意见，自己不再思考。

2. 把咨询师当作精神偶像：一有困难就希望咨询师给自己拿主意，甚至帮助解决。

3. 把咨询场所当作避难所：一有烦恼就想到咨询室来宣泄，不善于自己化解。

咨询师在发现来访者出现这种依赖心理时，要消除这样一种观念：来访者有事就来找自己是对自己的信任，是自己咨询成功的表现。心理咨询的终极目标是“助人自助”，是培养一个人的自立自强和自我完善。由此，咨询师要将来访者产生的心理依赖转化为其自我成长的动力，应该努力做好以下几点：

1. 帮助来访者学会自助：不断启发来访者独立思考，挖掘自己的潜力，学会自助。

2. 帮助来访者学会自立：不断推动来访者学会行动，并不再指望他人来推动自己。

3. 内化咨询师的价值：将对咨询师的崇拜转化为价值认同，培养自己具备同样的素质。

总之，咨询师应该让来访者明白：只有自己能够独立解决问题，才是自我的真正成长；只有自己能够化偶像为榜样，才会达到自我实现。在这当中，咨询师要善于发现来访者的闪光点，并加以聚焦和强化，以使来访者获得真正的自信和自强。

小结：岳晓东论心理咨询会面接待

咨询师接待来访者，不能令来访者感觉自己像法官、医生、推销员，而应该像家人、好友、贴心人。

咨询师要在初次会面中，尽量给来访者带来希望点，指明突破口。

心理咨询给人提供心灵的港湾，因此，心理咨询师要练就摘要记忆的能力，面对来访者的陈述，能迅速回忆起以往咨询的情境。

咨询师还要善于发现来访者的闪光点，加以聚焦和强化，把来访者打造成英雄。

第四章

心理咨询的倾听回应技术

心理咨询是听与说的艺术。

——岳晓东

第一节 心理咨询倾听回应

第一单元 心理咨询的倾听回应

一、学习目标

了解心理咨询中四种倾听回应的定义与目的。

二、基本概念

（一）倾听回应

在咨询过程中，倾听回应指的是咨询师在接收和加工来访者的信息以后，对来访者做出的反应。它共分为四种类型：澄清反应、内容反应、情感反应和归纳总结。倾听是做出所有咨询反应和策略的先决条件，是咨询过程中最先做出的反应。如果咨询师不能很好地倾听，就有可能得不到正确或完整的信息，导致讨论错误的问题，或过早地提出干预的策略。所以，掌握有效的倾听技术是非常重要的。

澄清反应是提问的起始，是对来访者信息的再解释。通常，澄清反应可能更多地用在咨询的初期，或者某个主题讨论的初期。目的在于鼓励来访者对自己的情况描述得更详细，检查信息的准确性，以及澄清含糊、混淆的信息。

在应用澄清反应时，可分为四个步骤：

1. 确认来访者的言语和非言语信息。
2. 确认任何需要检查的含糊或混淆的信息。
3. 确定恰当的开始语，一般用疑问句。
4. 通过倾听和观察来访者的表情和反应，来确认澄清反应的效果。

在具体案例中能够更清晰地看到澄清反应的步骤。

案例 4–1　小张的语境分析

来访者小张，男，大一男生。

咨询对话	语境分析
来访者："我不想去上无聊的数学课。我学那些东西有什么用？反正以后也用不到。"	
咨询师思考："他在告诉我什么？"	首先，作为咨询师，要确认来访者的言语和非言语信息。明确他在告诉你什么。
咨询师自答："他不想上数学课，觉得数学没用。"	
咨询师思考："小张的信息中有没有含糊或者遗漏的部分？如果有，它们是什么？"	其次，确认任何需要检查的含糊或混淆的信息。如果没有，则进入下一个更合适的反应；如果有，它们是什么。
咨询师自答："他是真的觉得数学课很无聊吗？或者是真觉得数学没有用？还是他数学成绩不好？或者是和数学老师发生过冲突？"	
咨询师思考："如何开始澄清反应呢？"	
咨询师回应："你是觉得数学课本身无聊，还是觉得数学对自己没有什么用，所以才无聊？"也可以问："你能澄清一下'数学课无聊'的意思吗？"或者问："你说'不想去上无聊的数学课'是什么意思呢？"还可以问："你能再跟我说说'数学课很无聊'是什么意思吗？"	再次，确定恰当的开始语，用疑问句。考虑应如何开始澄清反应。
	最后，通过倾听和观察来访者的表情及反应来确认澄清反应的效果。

那么，怎样知道澄清是有作用的呢？咨询师必须去看、去听、去捕捉来访者是否详细地解释了你想要知道的那部分信息。如果起作用，来访者就会做出澄清；如果来访者没有反应，不理睬澄清的要求或者继续含糊地陈述，则表明澄清

反应没有起作用，咨询师可以试图进一步澄清或者采用另一种反应。

>咨询师宝典秘籍谈 11 生活咨询对话与心理咨询对话的差别

生活咨询对话的特点	心理咨询对话的特点
说教化：不断给对方讲道理。 权威化：不断强调自己的见识广。 谈自己：不断讲自己的成功故事。 批评对方：不断指出对方的缺点、失误。	去说教化：不会给对方讲道理。 去权威化：不会强调自己的见识广。 少谈自己：不会讲自己的成功故事。 赞美对方：不断发现对方的优点。
乐在自我鼓吹着个人的能耐。	乐在发现对方的优点。

岳晓东寄语：

心理咨询不是要把人整明白，而是要帮人想明白。

（二）内容反应

内容反应是对来访者的信息内容部分的再解释，目的在于帮助来访者注意自己表述的信息内容。当来访者过早地关注情感或者自我否定时，突出他表述的信息内容。

在应用内容反应时，可分为四个步骤：

1. 回忆来访者提供的信息。

2. 辨别信息中的内容部分。

3. 使用恰当的语句将来访者的信息用自己的语言表达出来，注意要使用陈述语气。

4. 通过倾听和观察来访者的表情及反应来确认效果。

初学者常常会把澄清反应和内容反应弄混，它们两者的主要区别在于：

1. 澄清反应为疑问语气，内容反应为陈述语气。

2. 澄清反应多采用来访者自己的语言，内容反应为咨询师的语言。

在进行具体咨询的过程中，咨询师如何运用上述四个步骤进行内容反应呢？

案例 4–2　刘女士的情境对话

来访者刘女士，30 多岁的职业女性。

咨询对话	情境分析
来访者："对我来说，这段时间过得很艰难。刚刚升了职，工作很忙。上个星期，我父亲因为心脏病住院了，我又不得不去医院照顾；丈夫和孩子开始抱怨只有在睡觉前才能见到我。我不知道这样的日子什么时候才能结束。"	
咨询师思考 1："她对我说了些什么？"	首先，咨询师要回忆一下刘女士提供的信息，明确刘女士说了些什么。
咨询师回答 1："同时做这么多事情，让你觉得生活很艰难。"	
咨询师思考 2："信息的内容是什么呢？"	其次，辨别信息中的内容部分，确认信息的内容是什么。
咨询师回答 2："你试图同时处理工作、照顾父亲以及和丈夫、孩子团聚，你真是太难了。"	
咨询师思考 3："如何选择接近来访者所使用的感官词汇的语句？"	再次，使用恰当的语句将来访者信息的主要内容或概念用自己的语言表达出来，注意要使用陈述的语气。
咨询师回答 3："听起来你好像很难平衡你现在的责任，很多事情都需要你花时间来做。"	
	最后，通过倾听、观察来访者的表情和反应来确认内容反应的效果。如果起作用，来访者就会做出肯定或者认同的反应。否则，就会做出相反的反应，此时咨询师可以通过来访者的反应再次进行内容反应或者选择另一种合适的反应。

（三）情感反应

情感反应是对来访者信息情感部分的再解释。

通常，在咨询的初期，咨询师需要谨慎使用情感反应，如果过分使用情感反应，会导致来访者感觉不舒适，从而否认自己的情绪感受。但在咨询后期，即建立了良好的咨询关系后，多关注来访者的情感反应会大大地促进咨询的进程。

应用情感反应的目的在于鼓励来访者更多地表达感受；帮助来访者体验更强烈的感受；让来访者意识到要去支配自己的情感；帮助来访者认识和管理自己的情绪；帮助来访者识别自己的情绪。

在应用情感反应时，可分为四个步骤：

1. 倾听来访者使用的情感词汇。

2. 注意观察来访者的非语言信息，如身体姿势、面部表情和语调特征等。非语言行为比语言行为更难控制，是更可靠的情绪指标。

3. 选择合适的词语，将获得的情感再反映给来访者，注意情绪类型和强度水平的匹配。有些时候，可以在情感反应前加上情境的内容。

4. 评估情感反应是否有效，确定来访者是否认同咨询师的情感反应。

在具体咨询过程中，咨询师要如何进行情感反应呢？

案例 4-3　小王的情境分析

来访者小王，未婚女性。

咨询对话	情境分析
来访者（声音很低、结结巴巴、眼睛向下看、咬着下嘴唇、双腿交叉）：“我不知道该不该把这件事告诉我的男朋友。我骗他说我出差，其实，嗯，实际上却是和一个网友约会。嗯，有过两三次了，我不敢想象我男朋友知道以后会怎么样，他一直以为我们相处得很好。”	

咨询对话	情境分析
咨询师思考："来访者用了什么样的情绪词语？"	对于这位来访者，应该怎样进行情感反应呢？首先，你需要明确小王用了什么样的情绪词语。
咨询师自答："没有，除了暗示性的语句'不知道该不该'。"	
咨询师思考并自问："她的语音语调、面部表情和身体语言表达了什么样的感受？"	其次，注意观察来访者的非语言信息。小王的语音语调、面部表情和身体语言表达了什么样的感受？
咨询师自答："不安、矛盾、冲突、尴尬。"	
咨询师思考："选择何种类型和强度水平的词可以准确地描述来访者的情绪？"	再次，选择合适的词语将获得的情感再反映给来访者，注意情绪类型和强度水平的匹配。
咨询师自答："不安、矛盾、冲突。"	
咨询师回应 1："你现在似乎很矛盾，还有些不安。"	
咨询师回应 2："在我看来，你没有把真实情况告诉男友，这让你感觉很不安和矛盾。"	
咨询师回应 3："好像你对自己所做的事情感到很不安，内心有一些冲突。"	
	最后，评估情感反应是否有效，确认小王是否认同你的情感反应。

（四）归纳总结

归纳总结是用两句或更多的内容及情感反应浓缩来访者的信息。

归纳总结可以看作对来访者信息主题的内容反应和情感反应，或者是这两者的综合，可以在 3 分钟后就开始，也可以在几次咨询后才进行，主要由咨询的需求和归纳总结的目的决定。

归纳总结的目的在于联结来访者信息中的多种元素，确定一个共同的主题或模式，打断多余的陈述，回顾整个过程。

在应用归纳总结时，可分为四个步骤：

1. 回忆来访者传递的信息：语言信息和非语言信息。

2. 识别来访者信息中存在的明显模式、主题或者多种元素。

3. 选择适当的开始语进行总结，在人称代词中使用“你”或者直接使用来访者的名字。用咨询师自己的语言对来访者表达的主题进行总结并复述给来访者，注意使用陈述语气而非疑问语气。

4. 评估归纳总结是否有效，来访者是否认同咨询师的归纳总结。

案例 4–4 小张的咨询对话语境分析

来访者小张，男，有网瘾的大学生，在前两次咨询中，他告诉咨询师网瘾让他面临退学的危险，但是他无法控制自己，因为上网给他的感觉不错，能够暂时忘记学习和生活中的不愉快。

咨询对话	语境分析
来访者：“上网的时候，我可以不去想那些我不愿意面对的事情。我学习不好，全家人的希望都在我身上。学费是贷款交的，我知道上网解决不了我的问题，道理我都懂，但是我没办法控制自己。上网的时候，我挺开心的，也很轻松，不用想那么多，这是做其他事情的时候体会不到的。”	对于这位来访者，咨询师应该怎样进行归纳总结呢？首先要回忆来访者传递的信息。他讲述了一些什么？他想要告诉我什么内容？他关注和考虑的是什么？他表达了怎样的情感？
咨询师思考：“他讲述了一些什么？他想要告诉我什么内容？他关注和考虑的是什么？他表达了怎样的情感？”	
咨询师自答：“关键内容是，网瘾对来访者的学业和生活都没有好处；关键情感是，上网让他感觉开心、轻松。”	
咨询师自问：“他多次重复的主题是什么？他着重强调的主题是什么？他欲言又止的主题是什么？他的信息中是否包含着多种元素？”	其次，识别来访者信息中存在的明显模式、主题或者多种元素。

咨询对话	语境分析
咨询师自答："尽管上网对来访者的学习和生活都产生了坏的影响，但是为了获得一些快乐和轻松，他继续上网，似乎通过上网来获得好的情绪比他的学习和整个生活都重要。"	
咨询师思考："如何选择恰当的词来总结来访者的主题？"	再次，选择适当的开始语进行总结，在人称代词中使用"你"或者直接使用来访者的名字。
咨询师回应："我感觉到，你认为上网能给你带来好的感觉，因此，尽管学习和生活受到影响，也是可以接受的。"	
或者："你意识到上网给你的学习和生活都带来了很多麻烦，尽管这样，你仍然不愿意戒除网瘾。"	
或者："你觉得，为了获得在上网时那些好的感觉，即使放弃自己的学习和生活也是值得的。"	
	最后，评估归纳总结是否有效，确认来访者是否认同咨询师的归纳总结。如果来访者否定了咨询师的总结，有可能是咨询师总结得不够准确，也有可能是来访者还没有准备好承认这个问题。

三、相关知识：咨询师要觉察口头禅

所谓口头禅，就是指人们经常挂在口头的习惯用词或言语习惯。例如，人们常说"说真的""老实讲""我不骗你""听我的没错"等话语，都是典型的口头禅。口头禅可以有多种的表现形式（表 4–1），有些口头禅可能令人感觉无所谓，但有些口头禅却可能令人感觉很不舒服。依照心理学，口头禅并非完全不用心说出的，其形成与使用者的性格、生活遭遇或是精神状态有很大关系。

在日常生活中，口头禅往往是言者无心，听者有意，但它有可能会对人际沟通与交往带来极大的阻碍。由此，咨询师要在谈话中不断觉察自己的口头禅，以确保它们不会影响自己的倾听回应表达与思想交流。

表 4–1 口头禅的不同表现

口头禅的类型	特点描述	事例说明
语言上的口头禅	时常挂在嘴边的话语，并毫无察觉。	“你懂不懂啊？”“你蠢啊！”“听我的没错。”
口气上的口头禅	口气上表现出无所谓的样子，习以为常。	“哼”“嘿”“嘻嘻”等。
语调上的口头禅	语调上表现出无所谓的样子，习以为常。	说话咄咄逼人。

咨询师除了通过觉察来访者经常使用的口头禅来分析其心理性格特征之外，自己在咨询过程中也应避免有意识或者无意识地有如上的口头禅。

＞咨询师宝典秘籍谈 12 咨询师口头禅的觉察及其矫正

常见口头禅	矫正后的说法
你懂不懂？	我说清楚了吗？
你明白吗？	我说明白了吗？
你就不能（会）……	你有没有想过……
你怎么就……	你能再想想看吗？
你没想过吧？	请问你经常这么想吗？
你干吗这么死心眼……	我们还可以怎么想呢？
你真麻烦！	我真为你担心！
你怎么这么死心眼！	你能换个角度看问题吗？

岳晓东寄语：

心理咨询的核心技术是对话技术，也是对话艺术。

诚如罗杰斯所言："咨询师必须具有一种特殊的感应能力，很准确地感受到当事人的个人经验，并能体会到当事人所表达的内容。只要进行得顺利，咨询师不但能够进入当事人的内心世界，去了解他所要澄清的各项意义，甚至对他潜意识里的情况也一目了然。"

拓展阅读 4–1　心理咨询铭

岳晓东作

技不在高，善听则行；言不在多，能悟则灵。助人助己，其乐无穷。沙发上就座，纸巾伺候着；哭笑任由你，言谈不打岔。可以吐心声，露隐私。无闲言之忧虑，无大人之指责。乐都西格蒙[1]，花都卡尔佬。老子云：道法自然。

第二单元　倾听回应的四种沟通类型

一、学习目标

了解倾听回应的四种沟通类型。

二、基本概念

日常生活中的"听"与"说"，可有多种表现。我们以会说为横坐标，会听为纵坐标，可大致分为四种沟通类型：愣说不听型、愣听不说型、愣听傻说型、善听会说型。这四种类型可以用一个坐标图（图 4–1）来表示。

1　乐都西格蒙，指的是音乐之都维也纳的西格蒙·弗洛伊德。

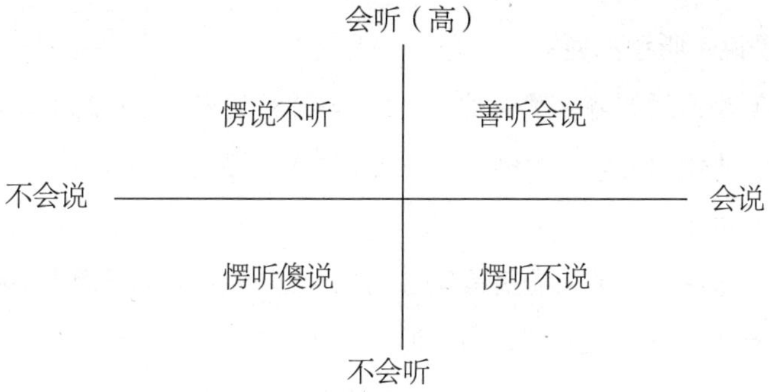

图 4-1 沟通类型图[1]

这四种不同的沟通类型，每一种都具有不同的特点和行为表现，其心理机制也不相同（表 4-2）。

表 4-2 沟通类型

沟通类型	沟通特点	行为表现	心理机制
愣说不听（强加者）	强加于人	急于表现自我 强调自我感受 不给对方说话的机会 不顾及他人的感受	自我中心 自恋心理
愣听不说（发呆者）	被动呆板	反应迟钝 机械听说 依赖心理 不善提问 不善澄清自己及他人的思路	缺乏主见
愣听傻说（梦游者）	沟通障碍	听话不专心 说话不得要领 很少反馈 不在乎反馈	自我沉溺 严重自恋
善听会说（善言者）	善解人意	反应机敏 主动聆听 反馈及时 不强加于人	全神贯注 同感共情

1 岳晓东：《怎样做最好的自己》，安徽人民出版社，2011。

（一）愣说不听型沟通

愣说不听型沟通的特点就是强加于人，具体行为表现是：急于表现自我，强调自我感受，不给对方说话的机会，不顾及他人的感受。其心理机制主要是自恋心理，以自我为中心。

例如，拿破仑与人的沟通就具有这样的特点。他对弟弟吕西安未经他同意就娶了已经怀孕的恋人恼火不已，命令说："你违背我的意愿娶妻，不能算是正常的婚姻。"吕西安反问："为什么？我们也是在教堂举行的婚礼。"拿破仑不悦地回答："吕西安！整个欧洲没有人如此同我讲话。我不承认这个婚姻，你快些离婚。"说着拿破仑把吕西安拉到地图前，说，"如果你离了婚，我可以让你在你喜欢的地方做国王，让你富有、快乐地生活。"吕西安却反驳说："我的生活一直很快乐，我的婚姻我自己做主，决不离婚。"拿破仑气得脸涨红了，大声叫道："我是皇帝！我有权决定一切！"吕西安不甘示弱地说："是，你有权力，你是皇帝。但我也有权对自己说，我爱我的妻子，我将永远与她在一起。""背叛！纯粹是背叛！"拿破仑咆哮道。

从此，这对新婚夫妇被发配到意大利，再也没有回过法国。他的这种沟通与其自恋人格有关，总是把自己的观点强加给别人，很难与人取得同感共情。

（二）愣听不说型沟通

愣听不说型沟通的特点是被动、呆板，其行为表现为：反应迟钝，机械听说，不善表达，不善提问，不善澄清自己及他人的思路。其深层次的心理机制为：依赖心理，缺乏主见和独立性。

例如，三国时的刘禅就是愣听不说型的代表人物。蜀汉灭亡后，刘禅被接到了洛阳。刘禅不知道怎样跟人打交道，一举一动全靠郤正的指点。一次，司马昭在召见刘禅时问："您还想念蜀地吗？"刘禅回答说："这儿挺快活，我不想念蜀地了。"郤正在旁边听了，觉得太不像话，回去后对刘禅说："您不该这样回答晋王（指司马昭）。"刘禅问："依你的意思该怎么说呢？"郤正说："以后如果晋王再问起您，您就流着眼泪说'我祖上的坟墓都在蜀地，我心里很难过，没有一天不想那边'。这样说，也许晋王会放我们回去。"后来，司马昭再问刘禅："您还想念蜀地吗？”刘禅果然按郤正教他的话说了一遍，还竭力装出悲伤的样子。司马昭看他这个模样，笑着问：“这话好像是郤正说的吧？”刘禅吃惊地问：“正是郤正教我的，你是怎么知道的？”

刘禅原先完全依赖诸葛亮，后来依靠姜维，总是依赖别人，自身缺乏独立性，别人说什么就是什么，从不动脑筋分析，也从不用心体会。

（三）愣听傻说型沟通

愣听傻说型沟通的特点是有严重的沟通障碍，其行为表现为：听话不专心，说话不得要领，很少反馈，也不在乎反馈。其深层次的心理机制是自我沉溺，严重自恋。

例如，《史记》中记载，晚年的秦始皇迷上了神仙方术，对方士的话言听计从，百听不厌，尽管他们的话中有很多破绽。他重用方士，不惜耗费巨额钱财，炼丹求药。然而世上没有不死之药，方士们为了躲避罪责，编造出种种名目为自己开脱。例如，卢生说：“寻求仙药而不得，是因为有恶鬼作祟。求仙之法，人主应该微行以避恶鬼，使任何人不知陛下的居处，这样仙人才会到来，仙药可得。”不想，秦始皇竟真的做起“真人”来，并不再称“朕”。不仅如此，秦始皇还听信方士的话，把皇宫搬进咸阳地宫，平时足不出户，一面批阅奏章，一面“接引”神仙，不许外人打扰。秦始皇晚年的时候，经常沉溺在自己的世界里，自言自语，不知所云。

有时，秦始皇一天更换无数次住所，完全成了一个梦游者，神出鬼没，胡言乱语，搞得别人莫名其妙。

（四）善听会说型沟通

善听会说型沟通的特点是善解人意，其行为特征主要表现为：虚心听，巧妙说，主动提问，积极反馈。而其心理机制主要是全神贯注，同感共情。

善解人意就是知道该说什么，不该说什么。英语当中有句谚语：“A capable man knows what to say, a clever man knows whether or not to say it”（能者知道要说什么，智者知道该说不该说）。善解人意练的就是“该说不该说”的功夫。另外，在沟通中，还要注意体语交流，比如学习察言观色、用眼睛沟通、学

图 4-2　丹尼尔·戈尔曼

打哑语。这些，大家可以在现实生活中不断实践，并总结经验，这也是一门需要修炼的功夫。

美国著名心理学家丹尼尔·戈尔曼曾言："准确感知他人的情绪是情商的突出表现。"哈佛大学著名心理学家加德纳也说："体察他人的内心感受是人类的智力表现。"善解人意是需要人们一生修炼的功夫。

咨询师宝典秘籍谈 13　善解人意的十大问题及对策

沟通十大常见问题	善解人意十大对策
不专心听话	学会聆听
随意插嘴	学会贯注
强加于人	学会沉默
急于安慰	学会同感
急于找话题	学会反馈
冷漠分析	学会总结
不断支着儿	学会少做批评
不察言观色	学会开放对话
不给人情面	学会给足面子
不换位思考	学会换位思考

岳晓东寄语：

心理咨询的首要功夫是聆听对话功夫。

三、相关知识

心理咨询沟通的 4V 技巧

心理咨询沟通的 4V 技巧（表 4-3）是一种肢体言语与口头言语互动促进的技

巧，可强化同感与咨询关系。语调和语速体现出对来访者的感觉，不要轻易改变话题，跟随着来访者的主述。对来访者关键表述或词语的确认的方式有以下几种：

目光亲切、和蔼、坚定；

发音清晰，语调抑扬顿挫；

紧跟对方的话题，不将话题岔开；

不断强调。

表 4–3 心理咨询沟通的 4V 技巧

技巧	特点
保持目光接触（Visual/eye contact）	令人感觉亲切
确保语音性质（Vocal qualities）	令人感觉舒服
进行言语跟踪（Verbal tracking）	令人感觉被关注
加强言语强调（Verbal underlining）	令人感觉重点突出

第二节 心理咨询倾听回应的注意事项

第一单元 倾听回应的注意事项

一、学习要点

了解倾听回应的注意事项。

二、基本概念

（一）走出自我框架

倾听回应表现得好，需要咨询师在谈话中尽力走出自我的参照框架（frame of reference，即个人的价值观和世界观），把自己放在来访者的境地来感受其喜怒哀乐。它要求咨询师在谈话中尽量保持立场中立，不对来访者的思想行为做批评指责。在这当中，咨询师越是能走出自我的参照框架，则其同感共情的层次就越高，理解他人内心感受的程度就越深入。

由此，咨询师要在谈话中不断提醒自己："我的主观性是否很强？""我是否对来访者抱着接纳理解的态度？""我是否做到了设身处地进入来访者的内心世界？"久而久之，必定会帮助咨询师提高自己的同感共情能力。关于咨询师如何走出自我的参照框架，请参考表 4-4。

表 4-4　走出自我参照框架的注意事项

注意事项	具体解释
虚心	不要认为自己的想法、观点就一定比来访者高明。
腾空自己	不要急着指教来访者，而是要多听少言，多问少评。
用心伴随	要用心聆听来访者的主述，真切地感受其内心冲突。
寻找来访者的闪光点	要抱着赞赏的态度去听来访者讲话，发现其自身的力量。
把来访者打造成英雄	要不失时机地肯定来访者，让他感受到自身的价值与力量。

（二）读懂潜台词

倾听回应的艺术，在很大程度上是读懂来访者话语潜台词的艺术。所谓潜台词，就是在来访者的话语中言之未尽、话有所指的部分。俗话说，"听话听声，锣鼓听音"，同感共情的最大挑战与乐趣，就在于准确地推测来访者未讲出来的话语，无论是其有意识的话语，还是无意识的话语，并加以说明。由此，同感共情也突出表现为接话茬功夫的修炼，即来访者说出上半句话，咨询师能够准确地说出下半句话，并避免出现形形色色的同感共情失误。

例如，一位即将出国留学的来访者说："我马上要去国外留学啦，可从小到大，我从未离开过父母，现在一下子走这么远，又人地生疏，真不知道出去后会怎么样。"这句话表面上讲的是缺乏独立训练，对到国外去留学很担忧，但其潜台词是渴望别人的鼓励和支持，而非退缩回避。由此，咨询师应该回答："听得出，你对自己到国外去独立生活很担忧，不知你眼下在做什么准备？"而案例 4-5 分析罗列了对于这一话语有可能出现的同感共情失误（没有接准话茬的表现）。

咨询师宝典秘籍谈 14　共情回应十大金句

1. 你真不容易。
2. 太难为你了。
3. 你受委屈了。
4. 他（她）不应该这么对待你。
5. 他（她）这样说很伤害你。
6. 这让你感到很意外。
7. 这对你不公平。
8. 这令你无法接受。
9. 你比我想象的坚强。
10. 你令人敬佩。

岳晓东寄语：

心理咨询要让来访者享受咨询对话。

案例 4–5　倾听回应失误的不同表现

来访者："我马上要去国外留学啦，可从小到大，我从未离开过父母，现在一下子走这么远，又人地生疏，真不知道出去后会怎么样。"

咨询师的回应

同感共情失误类型	话语表现	语境分析
主观武断型	1. 不就是出国留学吗，有什么好怕的？！ 2. 你总不能因为离不开父母就不出国啦，那多没出息啊！	没有走出自己的参照框架，忽略来访者的感受。
好为人师型	1. 你当初上大学，不也是在脱离父母吗？既然你当初做得到，现在也能做得到。 2. 我们每个人早晚都要独立的，你必须迈出这一步。	没有从来访者的角度看问题，急于说教。
淡化矛盾型	1. 车到山前必有路，到了国外你一定会解决好矛盾的。 2. 这么多的人都出了国，没听说谁适应不了，相信你也一定能适应的。	没有就事论事，只是空做安慰，不能令来访者释怀。
强加于人型	1. 你不要“怕”字当头，请相信你自己，你一定能行的。 2. 你这样前怕狼后怕虎的，怎么能行？！一定要勇敢向前才是。	没有接纳来访者的焦虑，而是要求对方接受自己的感觉。

（三）保持态度一致

所谓保持态度一致，就是指咨询师要在来访者面前实话实说，真情表现，并不故弄玄虚，假扮专家。在这当中，咨询师要学会用恰当的方式来表现自己的判断，让来访者知道你真正地理解了他的语言。一致化技巧的运用，在于防止让来访者有被欺骗、被愚弄、被利用的感觉。表 4-5 展示了一致化技巧的运用。

表 4-5　一致化技巧的运用

技巧表现	特点描述	事例说明
实话实说法	对来访者提出的难题，咨询师真实地说明自己的实际能力，不硬扮专家	对不起，婚姻咨询不是我的专长，如果你需要，我可以为你做转介
坦白交代法	对来访者可能出现的疑惑，咨询师做公正的说明，不隐瞒事实	我们公司要求您接受咨询，先付一定的费用，这是公司的规定
换位思维法	对来访者表现出的移情反应，咨询师给予同感共情的理解	处于你的境地，我想我也会有同样的疑惑和担心的

拓展阅读 4–2 张辽实话实说打动关羽[1]

《三国演义》第二十五回中，曹操攻打下邳，关羽与刘备失散，被曹军围困。曹操惜才，派张辽前来劝降关羽。张辽领命，单骑上山，表示自己是“感念旧日情谊”，由此消除了关羽的抵触情绪。然后，张辽告知关羽下邳的百姓及刘备二夫人的安危，力图“软化”关羽。而当关羽表示以死对抗时，张辽回答说：“你若战死，将有三过！你战死沙场，将有负当年桃园结义、誓同生死的盟誓，此罪一；你受托于刘备，照顾家眷，你若战死，则愧对重托，此罪二；你武艺超群，兼通经史，不协助刘备匡扶汉室，却死逞匹夫之勇，此罪三。”

张辽此话，从关羽重情义的心理出发，字字珠玑，句句在理，锤锤击中关羽的“软肋”，令关羽不得不动心，心甘情愿地跟随张辽去见曹操，留在曹营。后来还为曹操斩颜良，诛文丑，为曹军打败袁绍立下了汗马功劳。张辽的劝说，以同感共情为基础，以真情实意为手段，尽量站在对方的角度思考问题，将自己的内心感受与对方的结合起来，所以得以成功。

有趣的是，《三国演义》第七十七回写道，关羽败走麦城，身首异处，灵魂荡荡悠悠到了玉泉山。时值三更天，山上的老僧普净还在庵中默坐，忽然听见有人大喊：“还我头来！”普净抬头一望，见是关羽之魂。关羽见是曾经救过自己的老僧，就连忙施礼：“承蒙相救，铭感不忘，关某今天遇祸而亡，请师父慈悲开示，指点迷途。”普净点头说：“昔是今非，一切休论。后果前因，彼此不爽，今将军被吕蒙所杀，大喊‘还我头来’，然而将军生前诛颜良，杀文丑，过五关，斩六将，那些人头，又叫谁去还呢？”

关羽恍然大悟，稽首皈依而去。这便是同感式劝说的妙用。

---

1 岳晓东：《三国人物心理分析与职场生存》，机械工业出版社，2010。

第二单元　沟通表达的注意事项

一、学习目标

了解在心理咨询沟通场合沟通表达的程序与注意事项。

二、基本概念

沟通的最好途径，便是通过语言。合适的语言可以帮助来访者在短时间内更快地认清自己所面临的问题。反之，咨询师不合适的表达将会使自己与来访者的沟通变得困难、吃力，从而加重来访者的不良情绪，使来访者对咨询师产生不信任感，甚至是抵触情绪。因此，在沟通中要注意以下事项：

（一）开放式提问

所谓开放式提问（open-ended questioning），就是指咨询师在对话中，不断提出那些可以有多种答案的问题，以广泛地获取所需了解的信息。由此，咨询师要在谈话中，巧对来访者的话语提问质疑，多使用开放型提问来帮助来访者看到自己平时看不到的问题，发现自己的思维、情感的误区和盲点（表 4-6）。

表 4-6　开放型提问与封闭型提问的对比

技巧表现	特点描述	事例说明
开放型提问	提问的目的是获取尽可能多的信息。	请谈一谈你对你父母的感受。 请描述一下你对你所学专业的看法。
封闭型提问	提问的目的是获取特定的信息。	你是不是非常恨你的父母？ 你很喜欢你所学的专业，是吗？

（二）寻找关键词

所谓关键词，就是指来访者在讲话中不断重复的词语，以此来强调其意思，宣泄其感情。咨询师要善于捕捉这些关键词，以探究潜藏在这些词语背后的意义。例如，如果来访者的言辞是消极和自我贬低的，则反映的是他们在会谈早期的感觉，过后需要帮助他们用更加积极的言辞来描述相同的情境和事件。许多来访者都会表现出言语跟踪和选择性注意的问题。当他们想避免讨论某一个困难的话题时，他们就可能会停留在某一个问题上而排除其他重要的问题，或者是突然地转换话题。

（三）不断复述要点

所谓复述（repeating），就是指咨询师在聆听来访者说话的过程中，不断地简单复述对方的讲话要点与内容，以确认自己完全明白对方的思路与意图。而支持—再保证（support-reassuaring）技巧，就是指咨询师在聆听来访者说话过程中，不断强化来访者的自我反省、自我改变、自我完善的想法和行动，以减少对方的焦虑，增强自我的信心。

表 4-7 倾听回应重复技巧

能力表现	定义
强调重复技巧	它是一种通过重复、停顿、提问等方式来强化或提炼来访者及咨询师话语要义的技巧，可整理咨询中的一些重要内容。 强调重复：重要词干、语句、关键词等 停顿重复：简单停顿、重点停顿 提问重复：开放提问、封闭提问 总结重复：间隙重复、结尾重复
总结重复技巧	它是一种阐明及提炼来访者话语要义的技巧，可帮助双方思考、整理咨询中的一些重要过程。 开首总结：交流思想，明确目标 阶段总结：厘清思路，抓住要点

（四）避免制造理解泡沫

所谓理解泡沫（understanding bubbles），就是指咨询师在倾听回应中讲一些无关痛痒、模棱两可的话语，使对方感觉很空洞，没有实质意义或没有被真正理解。如咨询师对来访者反复说“我很理解你”“我很赞赏你”“你真的很了不起”“没有人像你这样有勇气”之类的话语。这种话说多了，可能会给人以很假、很不真诚的感觉。由此，咨询师有必要在同感共情实践中，不断培养自我的觉察能力，以便随时随刻发现自己的同感共情泡沫，调整自己的同感共情话语，给来访者真诚、恳切的感觉。

根据多年的心理咨询与教学经验，我将理解泡沫分成如下类型（表 4–8）：

表 4–8　理解泡沫事例

同感共情泡沫类型	特点描述	事例说明
虚情假意型	不切实际地肯定来访者。	你虽然学习不够好，但人际关系还是很好的嘛！
空洞赞美型	不切实际地赞美来访者。	你虽然个头不高，但人还是长得蛮帅的嘛。
无关痛痒型	不切实际地鼓励来访者。	你真的很有本事，我就是欣赏你。

三、相关知识：注意区别“我”陈述和“他”陈述

来访者对问题的看法和态度通常体现在他们在“我”与“他人”的陈述上。有些来访者将他们所面临的困难仅仅归于自己，而有些来访者则把外在因素作为自己的问题。因此，咨询师就需要帮助来访者看到自己的问题所在，同时要帮助他们正确地思考这些问题与他人和环境的整体关联。例如，当来访者说，“我努力处理好与同事的关系，并尝试尽量满足他们的要求”，咨询师应回应，“在我听来，这可能是他们的缺点与问题，令你感到很困惑”。这样说话，会令来访者感觉很舒服（表 4–9）。

表 4-9 来访者言语行为观察要点

观察对象	观察要点
言语跟踪	特别注意来访者话题的跳跃和转换，谁引发了它们？可有发现什么特别的表示兴趣 / 回避的转折词？来访者看起来想听些什么？
关键词	注意来访者谈话中的关键词和重音语气词。
“我”的陈述	注意来访者试图用“我”的陈述框架说明什么。
“他人”的陈述	注意来访者试图用“他人”的陈述框架说明什么，注意这个“他”和来访者之间的联系，以及来访者叙述“他人”的用意。
不一致捕捉	注意来访者的行为有哪些不协调的地方，哪些问题的冲突是最重要的。

案例 4-6 我不知道为什么感到孤独[1]

对话内容	咨询技巧
来访者：是家庭原因吧。因为我 6 岁的时候父亲就过世了，然后我一直跟着母亲一起生活，到我 12 岁的时候母亲也过世了（流泪），所以我想这在我心里面有一种负面的影响。 岳晓东：这确实是很令人难受的事情。但是你刚才说的负面影响具体指的是什么方面呢？你自己感觉是？	同感回应
来访者：嗯，从父母过世之后，我一直跟外婆住在一起，本来应该没有这种寄人篱下的感觉，因为我还是住在自己的家里面，只不过是少了父亲和母亲。但是实际上我现在上大学的学费及生活费都是由我姨妈出的，当然她对我很好，但是我总觉得她对我很客气。应该说在外人看来她是把我真的当成女儿一样，但是实际上她对我非常客气，也就是说不可能有母亲对女儿那样的客气。 岳晓东：也就是说，父母与子女这种直接的情感交流，你在其他任何亲戚身上都不能够百分之百地获得。	解析回应

1 整理自《心理咨询示范》（录像带），岳晓东与南京大学心理健康教育与研究中心共同制作。

对话内容	咨询技巧
来访者：嗯，是的。父母去世以后我年纪也不是很大，有一段时间是很悲伤的，这也让我觉得人情其实很淡漠。主要是因为我母亲刚去世的时候，有一个邻居，她本来对我很好，我一直叫她阿姨的，但是有一次我回来看到她在门口给她女儿梳头，我就去叫她们，然而她们一点反应都没有，就好像一点都不认识我一样。我当时就很伤心。	
岳晓东：对，对。我想我可以理解你这样一种心情，因为当时那种情况下，你看着你这个邻居有母爱，有母亲的关心、关爱，你去跟她打招呼，她却不理会你。这种感受让你一下子就想到了自己生活当中的不幸。	情绪洞察
来访者：我并不是说和她类比，当时我并没有想到这个方面，我只是在想人情为什么那么淡漠，我刚刚失去母亲她们就不理我了。	
岳晓东：对，对，对，是（沉默 10 秒钟）。你要不要休息一下？	沉默回应
来访者：嗯，不用。	
岳晓东：哦，那好。你刚才跟我讲你和同学之间这种人际关系的障碍，我理解的是你跟同学之间的这种融合出现了不适应、不协调。那么你现在跟我讲的这段经历呢，用我们的专业术语来讲，这属于早年精神上或情感上的一种痛创没有得到很好的疏通，在潜移默化当中对你现在的人际关系产生了一些影响。你觉得这些之间是不是有一定的关联呢？	意识洞察
来访者：我想是有的。因为我觉得如果我父母还在的话，我可以和别的同学一样在正常的家庭环境里长大。我现在和外婆住在一起，外婆年纪已经很大了，我不可能跨过几十年的代沟去跟她交流，有一些事情我只能自己对自己负责。	
岳晓东：对。你希望能够有父母可以交流。当然，你讲了你的姨妈也很关心你，她也很爱护你。	
来访者：但是我觉得她毕竟不和我住在一起。而且我觉得，如果是自己孩子的话，父母对他们是有直接义务的，但是我已经在生活上依靠我姨妈了，如果我再对她要求什么，对她也是不公平的。	
岳晓东：所以说你自己承担了很多精神上的痛苦，自己一个人在承担了。	同感回应
来访者：应该说是这样。	
岳晓东：在一定程度上讲，你这种独自的承担，也使你在人际交往上产生了一定的障碍和影响。	
来访者：嗯。因为我觉得必须对自己所有的事情负责，我很怕给别人带来麻烦。	
岳晓东：你能不能给我举点具体的例子，比如，你这种心态、这种感觉的表现方式？	

对话内容	咨询技巧
来访者：大学一年级的时候，我对系里、班里组织的活动都很积极。那次是我自己提出的要去爬紫金山，因为我觉得爬山是很有意思的，但是我以前从来没有爬过。那个时候我体质不是很好，所以爬山爬得非常慢，差不多其他同学爬到山上一个小时之后我才慢慢爬上去。因为我们爬的是一条小路，不是大路，比较陡峭，我刚上去，他们就开始往下面走了，要赶回去的车。但是我发现我只会往上爬，却不知道怎样从很陡峭的坡上往下走。而且那条路很长，我下来花了很多时间，当时同学都跑到前面去了，但是我们班长还有两三个同学在我边上，拉着我往下面走。当时我觉得心里非常内疚，我宁可他们把我一个人留在那里慢慢往下面挪，也比他们都陪着我要好。自那件事情以后，第二天我就不想去上课了。	
岳晓东：嗯，你觉得你拖累了大家？	情绪洞察
来访者：是的。	
岳晓东：从那件事之后，你在和大家交往的时候就有一种很不自然的、自责的感觉？	意识洞察
来访者：是的，我看到他们就觉得很羞愧。	
岳晓东：那么这些同学当时对你是怎么反应的呢？	
来访者：当时他们是安慰我的，也有可能是因为我一直这样认为，使我变得小心谨慎或者不太合群。	
岳晓东：对，因为你刚才说的这个活动是你倡议的，结果你自己没有做好，这就增加了你的负疚感。	认知洞察
来访者：嗯。	
岳晓东：那么你在当时的这种感觉、这种特别难堪的情绪体验中，有没有想到以前那些类似的生活经历呢？	
来访者：以前类似的生活经历？	
岳晓东：你觉得你做的让别人失望了，或者你感觉到你很孤立无援？	同感回应
来访者：没有。我觉得对人际关系没有信心就是从爬山那次事情以后。高中时也有春游，那时候晕车晕得很厉害，吐得一塌糊涂，但是我从来没觉得有什么愧疚。	
岳晓东：对。但是这次事件，加重了你与同学之间沟通上的隔阂。	
来访者：我想是的，因为在这以后一些系里面的活动我就很少参加了。尤其是那些爬山之类的活动我根本就不去了。	
岳晓东：对，这对你来讲是一次很强的负强化，是一种很不好的体验。除此之外，还有没有其他的一些经历使得你和同学之间的距离拉得越来越远呢？	认知洞察

对话内容	咨询技巧
来访者：可能有一些小事情，我记不清了。因为我觉得在一年级、二年级的时候还做了很多傻事。 岳晓东：什么样的傻事呢？ 来访者：我也说不清楚，反正就是做了让别人对我侧目的事情吧。 岳晓东：哦。那你做了之后呢？ 来访者：当时觉得没有什么，但是做了两三天之后，就觉得非常羞愧。有时候上课都觉得是一种负担。 岳晓东：所以这些大大小小的生活事件积累起来，使得你在与周围的同学交往当中就有一种焦虑感。	解析回应

小结：岳晓东论心理咨询倾听回应技术

倾听意味着学会沉默，学会全神贯注，学会设身处地地体验对方的内心感受并做出富于同感的反应。

倾听不是要咨询师放弃个人的信念与价值观，而是要学会兼收并蓄，学会从他人的角度思考问题，并学会在不放弃个人的信念与价值观的条件下，接受他人的信念与价值观，以能够更好地体验其感受，把握其思路，做出由衷的同感反应。

沉默可以是尊重与接纳的表示，也可以是受导人自我反省的需要。沉默技巧的作用在于给受导者提供充分的时间与空间去反省自我，思考其个人成长的问题。

咨询对话修炼的最高境界是：多说一句话就是啰唆，少说一句话就是不明确。咨询对话重质量，不重数量。

心理咨询要使人学会认真倾听别人讲话，不随意插话，不乱加评论，以保障来访者完整、连贯地表达个人的思想与情感。

第五章

心理咨询的同感共情技术

在心理咨询中，态度大于技术。

——卡尔·罗杰斯

第一节 心理咨询同感共情的概念介绍

第一单元 心理咨询同感共情的概念介绍

一、学习目标

了解心理咨询同感共情的基本概念。

二、基本概念

（一）同感共情的核心是感同身受

同感共情泛指咨询师能够准确地体察、把握来访者的内心感受，而同感共情力则指咨询师对同感共情的把握能力。同感共情力既是心理咨询技术的核心概念，也是人本主义心理学的关键词语。同感共情（empathy）的英文本义，是指一种在理解的基础上对他人情感与动机等心境的认同，或者是一种能够体验到别人情感与心情的能力。它传达出了咨询师对来访者内心世界的呼应或共鸣，是一种接近“无心之感”的意境。在这当中，同感共情者并不是以自己的感受来代替对方的感受，而是能够真实地感受到对方的感受，与对方共同拥有或分享某种情感。

图 5-1 阿尔弗雷德·阿德勒

奥地利著名的心理学家阿尔弗雷德·阿德勒[1]早在20世纪20年代就指出，所谓同感共情，就是咨询师“穿上患者的鞋子（站在患者的立场

1 阿尔弗雷德·阿德勒（Alfred Adler, 1870—1937），奥地利精神病学家。

上），来观察与感受患者的体验”。换言之，同感共情力就是咨询师能够准确地体察、把握来访者的内心感受，产生思想共鸣的能力。它要求咨询师尽力以另一个人的思想与情感去感受、体会、反馈周围的人和事，以求得两个人之间的情感对焦与思维并轨。

在对“empathy”一词的翻译上，心理学者尚未有明确的共识。在我国主要心理咨询与治疗的书籍中，它通常被译作“共情”，但在某些普通心理学的工具书中，它又被译作“移情”“代入”“替代体验”等词。在我国台湾地区，empathy 被译作“同理心”；在我国香港地区，把它译作“同感共情”。在这里，我选择使用“同感共情”一词，是因为我认为该词语更能把握“empathy”的本义。

由此，心理咨询同感力（therapeutic empathetic competence），就是要咨询师学会从来访者的角度去思考问题，而不是从咨询师自己的角度去思考问题。这是一种对来访者情感体验的温暖而透彻的把握。其温暖来自咨询师的同情心，其透彻来自咨询师的专业知识与技巧。它可能源自咨询师本人的类似生活体验，也可能来自咨询师高超的洞察能力。心理咨询大师卡尔·罗杰斯曾对同感共情有过这样的论述：

> 同感共情的状态，就是准确地并带有情绪成分和意义地感知其他人心中的“参考标准”，似乎你就是来访者，但绝不能丢掉“似乎”这个前提。因为它意味着像来访者那样感受伤痛或喜悦，察觉问题的诱因，但绝不放弃我“似乎”受到伤害或感到喜悦等的认识。

由此，心理咨询将同感共情当作其核心技术，就是因为同感共情是确立咨询关系的关键，也是维系咨询关系的纽带。如果心理咨询中没有同感共情的交流，就相当于医生看病没有听诊器。而同感共情的准确交流，不仅能让来访者感受到咨询师对他的真切关怀，也可激发来访者进一步探索自身的问题，学会自主独立。

案例 5-1

来访者：我真是难过极了，他因为父母不同意我们的婚事就离开我，这实在让我无法接受。
岳晓东：男朋友因为父母不同意你们的婚事就放弃了这份感情，这让你很伤心，很受伤害？
来访者：是啊，我不明白，为了这份感情，我付出了那么多努力，结果还是……（轻声抽泣）难道我们的感情就那么脆弱吗？
岳晓东：那么多年的努力都没有什么结果，让你开始怀疑这份感情，觉得很迷茫。
来访者：刚开始时，我也没有什么信心，他长得比较帅，个子又高，我觉得自己配不上他。走在街上，总能感觉到别人不一样的目光。但他说他不在乎这些，重要的是一个人的品质。我慢慢地也有了信心，就一心一意地对他好。后来，我去见了他的父母，就有了现在的事情，我没想到他竟能这样狠心地离开我……
岳晓东：你从一开始没有信心到后来全心全意地对他好，可最后他还是因为父母的阻挠而离开你，这个变化让你无法接受，也十分怨恨他。
来访者：是啊，是挺狠心的，他为什么要这样对我……（痛苦哭泣）难道他真的不爱我吗？还是父命难违……

点评：在此案例中，我尽量共情来访者的感受，使得来访者的负向情绪得到较好的宣泄。而来访者能够感受到被接纳、被尊重，也开始更多地开放自己和自我探索。

拓展阅读 5-1　同感共情的力量[1]

著名作家沈从文自 1949 年后就封笔，不再写作了。这对他来讲，其实是极为痛苦的决定。从那之后，他全力以赴，研究明清的服饰，成为“大家”。

1985 年，一天，沈老接受几位记者的采访，说起某段特殊时期他曾打扫厕所的经历，在场的一位年

图 5-2　沈从文

1　详见《杂文选刊》，2006 年第 4 期。

轻女记者动情地拥住他的肩膀说：“沈老，您真是受委屈了！”不想，这位83岁的老人竟当下抱着她的胳膊，号啕大哭起来，就像个受了委屈的孩子一样，什么话都说不出来，只是不停地哭。所有人都惊呆了。

就心理学而言，沈老是被那个女记者点了同感共情的穴位，所以才止不住地大哭。

（二）同感共情的基础是价值中立

同感共情产生的基础是价值中立（taking a neutral stance）。所谓价值中立，指的是咨询师在咨询过程中要始终保持一种客观中立的态度，不对来访者个人及其思想行为做出是非好坏的价值评判，不把外在的价值观和价值标准强加给对方，而应由来访者自己做出价值判断和价值选择，进而最终自己解决问题。概括地说，价值中立的原则，就是要求咨询师对来访者个人及其思想行为不评价、不指责、不干涉。在同感共情操作上，这叫作“判断抽离技巧”，对此后文将另有叙述。

价值中立的基础是真诚。所谓真诚，就是要求咨询师在来访者面前不摆架子，不故作姿态，不以势压人，不自以为是。而对于来访者提出的各种疑问，咨询师也是能答多少就答多少，能帮多少就帮多少。不会因为咨询师的面子而不懂装懂，或强加于人，令来访者望而生畏，不敢讲实话、讲真话，最终影响咨询的顺利进展。

罗杰斯认为，“每个人都有积极的、奋发向上的、自我实现的需要和成长的潜力”。他认为只要提供给来访者合适的心理环境和气氛，给予来访者无条件的积极关注，就会使他们产生自我导向的行为，并最终成为自我实现的人。在罗杰斯看来，个人的自我概念一旦形成，就会产生被关怀、被肯定的需要。

所谓“关怀”，就是指受到那些重要他人[1]的赞扬后所产生的一种情感。为了获得关怀，人们逐渐体验到了获得关怀是有条件的，这种条件被罗杰斯称为

1　重要他人（significant others），泛指那些对个人成长具有重要意义的人物，通常包括父母、教师、重要的朋友及崇拜的偶像等。

“价值条件”，只有个体的行为令重要他人满意时才会被关怀，而不能够令重要他人满意时将得不到关怀。因此，罗杰斯认为，心理失调的根源，就是个体为了获得他人的关怀，必须根据他人的意愿行动，并用他人的价值观来评价自己，被迫否认自己的经验系统，从而导致自我与经验发生强烈的冲突，失去了真实的自我。

下面将通过呈现正确的或错误的同感共情的案例，帮助你更好地体会这些注意事项。

案例 5–2

来访者：我觉得婆婆只想着她儿子，根本就不接纳我。所以我做什么都是错的。
咨询师 1：你觉得这完全是婆婆的问题吗？会不会跟你总是觉得别人不能接纳你有关系呢？（未能先表达对来访者的想法的接纳，直接指出其问题，容易让来访者产生阻抗。）
来访者：您不知道，她对我就是不接纳，我觉得不是我怎么认为的问题，她对我就是那样的态度。

案例 5–3

来访者：我觉得婆婆只想着她的儿子，根本就不接纳我。所以我做什么都是错的。
咨询师 2：婆婆这样对你，你的感受是怎样的呢？（先让来访者表达对此的情绪。）
来访者：我觉得很生气，她凭什么这样对我？
咨询师 2：对呀，还有呢？
来访者：还有就是她也不想一想，她这样做会让她儿子很为难的。
咨询师 2：对呀，这样会令他很为难的，还有呢？
来访者：还有就是她这样做，到头来对谁都不好的，因为我们已经有了孩子。
咨询师 2：对呀，你们已经有孩子啦，还有呢？
来访者：你太理解我了，要是我婆婆能这么理解我就好了。

点评：

在这段对话中，咨询师 1 没有充分倾听对方讲话，就促使对方换位思考，这样很容易引起对方的反感；而咨询师 2 鼓励对方多讲话，因而获得了对方的信任。

三、相关知识：其他心理学家论同感共情

图 5-3　H. 科胡特[1]

美国著名心理学家，"现实疗法"的创始人 W. 格拉瑟也认为，"人都有爱与被爱两种基本需求。如果它们不能得到满足，人就会产生焦虑、怨恨、自暴自弃等消极的情绪反应，并可能产生逃避现实、不负责任的欲望"。而心理咨询的目的就在于减缓来访者不负责任与自我毁灭的意向。美国著名心理学家、自体心理学理论的创建者 H. 科胡特也指出，"同感共情"的核心在于为来访者提供"矫正情感体验"。在咨询中，治疗师需要创造一种氛围，使来访者以前被埋没的自我得以浮现、受到接纳并被整合。达到这个目的的途径就是让来访者知道，他们看待自己和世界的方式"并没有受到批评，从他们自己特殊的个人发展史出发，他们的方式是最有可能被接受的方式"。

所以，在心理咨询中保持价值中立，就是给予来访者无条件的关怀、肯定、鼓励和赏识；而咨询师保持价值中立，也会敦促来访者更好地反省自我，激励自我。

拓展阅读 5-2　对同感共情的论述[2]

同感共情就是与来访者情感对焦，思想并轨。

同感共情是跟着来访者的感觉走，按着自己的想法说。

1　H. 科胡特（H.Kohut，1913—1981），美国心理医生，创建自体心理学。

2　岳晓东：《登天的感觉：我在哈佛大学做心理咨询》，民主与建设出版社，2018。

同感共情的成功表现是，来访者说出上半句话，咨询师能够准确地说出下半句话。

同感共情达标的指标是，能调动来访者的哭与笑，并能准确地接来访者的话茬。

同感共情的最高境界是，来访者无论说什么，咨询师都能说出他的心里话，令对方倍感温暖。

第二单元 心理咨询同感共情技术的层次理论

一、学习目标

了解心理咨询同感共情技术的层次理论。

二、基本概念

（一）卡可夫的同感共情层次理论

美国著名心理咨询专家罗伯特·R. 卡可夫[1]将同感共情划分为两种形式——初级同感共情和高级同感共情。具体地说，初级同感共情主要是通过沟通来实现对来访者形成一种基本的理解、认识，知道对方的感受是什么，以及这种感受下的体验和行为是什么。初级同感共情会有助于与来访者建立良好的关系，获取咨询所需要的信息和资料，并对有关问题加以澄清。高级同感共情则意味着咨询师不仅可以对来访者的表述做出反应，而且可以对那些隐含的、未完成的表达做出准确的反应。

换言之，当咨询师能够与来访者进行有效沟通，并能设身处地地从对方的角度去感受其内心世界时，他就满足了初级同感共情的要求；当咨询师能够有效控制自我的同感共情反应，能够在自我的感受与来访者的感受之间“来去自由”

1 罗伯特·R. 卡可夫（Robert R. Carkhuff 生卒不详），美国著名心理咨询专家，罗杰斯的大弟子，著有《帮人的艺术》（*The Art of Helping*）等书，影响深远。

图 5-4
罗杰特·R.卡可夫

时，那他就满足了高级同感共情的要求。而依照卡可夫的理论，高级同感共情即“可以使自己进入别人的内心世界，并仍然知道自己可以随时返回到自己的世界中，自己所感受到的每一件事情都是‘假设’的”。这就好比咨询师在人际沟通的舞池上，一边当教练，一边与来访者共舞，学会用自己的“第三只眼”去观看或“第三只耳朵”去聆听，感受来访者话语的表层信息和深层含义。

此外，卡可夫还将咨询师的同感共情反应划分为五个层次：

层次一：咨询师的言语表达与来访者的表达毫无联系，无任何意义；

层次二：咨询师面对来访者的表达反应时，忽略或轻视了那些值得注意的情感因素；

层次三：咨询师对来访者的表达做出的反应，基本上可以与来访者互换；

层次四：咨询师较来访者可以在更高的层次上做出反应，并关注了那些值得重视的信息；

层次五：咨询师的反应比来访者自身反应更准确，并能揭示尚未认识到的信息所包含的深刻含义。

在卡可夫看来，第一、二层次的同感共情反应只会对咨询关系起到破坏作用；第三层次的同感共情反应则可以称得上是初级同感共情；第四、五层次的同感共情反应提出了“值得注意的”和“有意义的”问题，因而可以称得上是高级同感共情。

表 5-1 展示了同感共情的五个层次表现及其示范。

表 5–1 同感共情表达层次

层次	同感共情内容
层次一	对来访者的话语没有理解，没有指导。咨询师的反应是提问、否认、安慰或建议。
层次二	对来访者的话语没有理解，但有一些指导，咨询师的反应只注重信息内容，而忽略了情感。
层次三	对来访者的话语有所理解，但没有指导，同时咨询师对内容、意义或者情感都做出反应。
层次四	对来访者的话语既有理解，又有指导。咨询师对来访者做出了情感反应，并指出对方的不足。
层次五	对来访者的话语兼具理解、指导和行动。咨询师对四个层次的内容均做出了适当的反应，并提供了行动措施。

案例 5–4 怎样回应一个学习落后者

咨询对话	语境分析
来访者：我的成绩越来越差了，整天昏昏沉沉的，做什么事情都没有兴趣，和周围同学的关系也不怎么样，什么都一团糟。	
咨询师反馈 1：听起来，你现在的情绪非常低落，好像世界都是灰色的。	同感共情到位。
咨询师反馈 2：这么说，你现在的情绪似乎不太好。	同感共情不到位，情绪反应也不够具体。
咨询师反馈 3：这很平常啊，很多大学生都有你这种感觉，这有什么了不起的。	同感共情完全不到位，令人感觉十分冷漠。

（二）勒纳德的同感共情层次理论

美国著名心理咨询专家勒纳德提出了“同感共情循环”理论，并将同感共情的表达分为五个递进式的步骤，其具体内容如下：

步骤一：同感共情趋向——咨询师对来访者的倾诉作积极地参与、接纳与肯定。

步骤二：同感共情共鸣——咨询师对来访者的倾诉作直接或者间接的同感共情交流，以求共鸣。

步骤三：表达同感共情——咨询师对来访者的倾诉明确表达或交流其意识感受。

步骤四：接受同感共情——来访者专心接受咨询，以形成一种对咨询师即刻理解的感觉或知觉。

步骤五：同感共情循环继续——来访者继续或者重新开始以这种方式来进行自我表达，这种方式可以向咨询师提供有关同感共情反应的准确性以及治疗关系的反馈。

在这一同感共情的循环过程中，同感共情被看作一种过程，它包括咨询师行为中那些有意识、有目的的行为。如果咨询师对来访者的表达做出了某种程度的“趋向”和“同感共情”性的反应（步骤一、二），那么咨询师正处于一种与来访者的良好同感共情中。另外，“被接受”的同感共情体验将给来访者带来极大的鼓舞（步骤四）。

勒纳德强调，心理咨询作为一个持续的过程，在不同阶段对同感共情技术的运用有着不同的要求。指导同感共情技术运用的基本原则，就是领悟“有意义的信息”以及对咨询关系的促进。在心理咨询的后期阶段，咨询师可以用更尖锐的方式来表达同感共情，因为这时的咨询关系已经相当稳固了。来访者知道咨询师已经听懂了自己。但在咨询的初期阶段，来访者多是小心翼翼地建立起对咨询师的信任，他们的话语大都含有潜在意义，与你所看到的或听到的可能会相去甚远。但无论在咨询的哪个阶段，无论是非常了解的人还是刚刚认识的人，咨询师都必须做出最有效的、准确的同感共情反应，并使来访者体会到自己被深深地理解了（见表 5-2）。

表 5-2 同感共情表达的层次表现

来访者：我与父亲的关系很僵，他对我太严厉了。

同感共情层次	同感共情话语	内容分析
层次一	这很常见啊。 这有什么了不起。 我与我父亲关系也很僵。	没有尊重对方的感受。 没有体察对方的挫败感。 试图安慰对方，但不得要领。
层次二	你应该多理解你父亲。 你应该主动与你父亲沟通。 你应该好好想一想背后的原因。	没有尊重、体察对方的感觉。 没有提出有针对性的建议。 试图建议对方，但不得要领。
层次三	你对此感到很沮丧。 你似乎在自责。 听得出，你想改进与父亲的关系。	尊重对方的感受。 希望继续聆听对方。 没有指责任何一方。
层次四	你感到无法接近父亲，所以很有挫败感，是吗？ 你希望父亲对你更宽容，这样你们可以相互接受，是吗？	尊重对方的感受。 没有指责任何一方。 邀请对方澄清想法。
层次五	你感到无法接近父亲，所以很有挫败感，能告诉我你都做过什么努力吗？	尊重对方的感受。 邀请对方澄清想法。 提出努力的方向。

三、相关知识：同感共情的演变

图 5-5 威廉·马克西米利安·冯特

英文中的“empathy”是由德文的“einfühlung”翻译而来的。19 世纪 70 年代，心理学先驱洛采和威廉·马克西米利安·冯特[1]首先提出其概念。后来，德国学者费肖尔父子分别把“einfühlung”用作动词和名词来加以概念化和使用。再后来，冯特的学生铁钦

1 威廉·马克西米利安·冯特（Wilhelm Maximilian Wundt，1832—1920），德国著名心理学家、生理学家，心理学发展史上的开创性人物。

纳在 1910 年把德文的“einfühlung”翻译成英文的“empathy”。冯特的另一个学生里普斯则认为，“当我们认识某一对象的时候，能够设身处地地感觉或感受到被认识的对象，就是所谓的同感共情”。

同感共情作为早期的心理学专业概念，强调了新旧经验结合后而产生的经验统觉，认为同感共情就是当我们自身的经验（旧的经验）与被认识对象（新的经验）结合起来，或是将整个情境中不同刺激联结起来所产生的新的经验。

第二节　心理咨询同感共情的操作技巧

第一单元　心理咨询同感共情的操作技巧

一、学习目标

了解心理咨询同感共情的操作技巧。

二、基本概念

关于什么是心理咨询同感共情的工作程序，弗洛伊德当年非常强调宣泄与解析的作用。从 20 世纪 60 年代到 80 年代，罗杰斯则十分强调真诚与无条件接受的作用，并强调同感共情的态度大于同感共情的技巧。到后来，美国著名的心理咨询专家帕特森和艾森伯格细化了罗杰斯的做法，列举出了一系列同感共情的引导技术，如沉默、接受、复述、澄清、赞同、解释、保证、指示等。这些技巧的强度不同，使用的时机也不尽一致。其中沉默、接受、复述等弱度引导行为通常在咨询的最初阶段使用，而解析、指示等则多用于咨询后期。

作者根据自己多年的心理咨询与教学经验提出，咨询师欲提高自己的同感共情能力，需主要修炼以下四项同感共情技巧，它们分别是：专注技巧、镜射技巧、判断抽离技巧、具体化技巧。下面详加叙述。

（一）专注技巧

所谓专注技巧，就是指咨询师全心全意地关注来访者的态度与技巧。它力图给来访者传递“他与我同在”“他在专心地陪伴我”的信息，这无疑会给来访者带来极大的心理支持，增强其面对困难的勇气和信心。心理咨询过程包括理性和情绪两个部分，其中许多有意义的信息来自来访者的情绪或经验部分，涉及来访者感到最烦恼的东西。咨询师要想与来访者建立同感共情，非常重要的途径之一就是要“听到”来访者话语中的种种情绪暗示，而这一切只有通过专注技巧才能实现。表 5-3 展示了其六点注意事项。

表 5-3 专注技巧注意事项

注意要点	具体描述
面向来访者	所谓面向来访者，就是指咨询师要以一种参与的态度面对来访者，这意味着“我愿意听你讲话”“我愿意帮助你”“我愿意留在这儿陪你”。
上身前倾	所谓上身前倾，就是指咨询师要坐在椅子上，上身略微前倾。前倾的姿势意味着“我对你和你说的话感兴趣”“我对你是友好的”。同时，注意双手要放开，而不是抱住双臂。
目光交流	所谓目光交流，就是指咨询师要与来访者保持稳定、坦诚的目光交流，而不是眼睛盯在别处或四处巡视。
主动聆听	所谓主动聆听，就是指咨询师要在会谈中主动回应来访者说的话。心理咨询中的倾听可以有被动和主动之分，其中被动的倾听指咨询师只是木然地听来访者讲话，不做或很少做同感共情回应，这样会令来访者不确定你是否在听他讲话，而主动的聆听则是不断回应来访者的话语，已经明确他的意思。值得强调的是，这种主动回应与插话是不同的，两者的区别在于前者是跟着对方的感觉走，不断澄清对方要讲的话语，而后者则是跟着自己的感觉走，不断地讲自己想讲的话语。
观察身体语言	所谓观察身体语言，就是指咨询师要在说话时注意来访者的身体语言，如其表情、手势、动作等。相较于有声语言，身体语言在传递信息中有着更大的优势，如身体语言可以独立传递信息，从来访者双腿不停地抖动的动作就可以知道来访者内心的紧张和不安。而且，身体语言还可以起到戳穿有声语言伪装的作用。
解读话外音	所谓解读话外音，就是指咨询师要在倾听来访者说话时，解读其话外音，这包括他的情感、认知、行为的潜在动机与潜意识驱动。在这当中，咨询师除了需要用眼睛观察来访者的身体语言，用耳朵倾听他的话语信息，还要用大脑去迅速判断其话外音，解读潜台词。

值得强调的是，在“主动聆听”与“被动聆听”之间并没有一个清晰的临界点，因此需要咨询师根据自己的实践经验来对这两种形式予以灵活的运用。如果咨询师不能充分地主动聆听，则会使来访者感到压抑、威胁，进而诱发他们的阻抗（如在涉及实质问题之前就对来访者提出喋喋不休的劝告）。咨询师总是被动聆听，则会让来访者由着自己的兴致漫无边际地瞎聊，这样做会迷失咨询的方向，无法找到解决问题的关键点。

因此，咨询师要灵活地把握聆听的尺度，以达到最佳的同感共情效果。这诚如美国心理咨询专家 B.D. 贝特曼和岳冬梅所言，“对来访者的倾听可以理解为一个连续体：一端是在治疗初期认真倾听，包括倾听每一个细节，以便更加了解患者的病史……另一端是根本就不去听，关注自身的内在思想和感受或房间里的其他事物，甚至像闹钟、噪声或坐在椅子上的舒适程度都能干扰治疗师的倾听”[1]。

（二）镜射技巧

所谓镜射技巧，就是指咨询师要对来访者话语中反射出的情绪做积极的言语或体语回应，达到一致化。就像当一个人在照镜子时，他的一举一动都会在镜子面前反射出来，同感共情的镜射技巧也要求咨询师对来访者的情绪反应做及时的反馈回应。这种回应包括言语和体语两个方面。表 5-4 展示了镜射技巧的运用。

表 5-4　镜射技巧的运用

来访者话语	咨询师言语镜射	咨询师体语镜射
我恨我爸爸，他总是把他的想法强加给我。	你受了很多的委屈。 你希望得到他的尊重。	面露伤感。
我没有一天不思念我去世的妻子，我欠她太多太多（此时低下头来）。	你希望她能够回到你的身边。	面露伤感，沉默片刻。
我这次考试得了满分，这是我从未有过的！	我真是替你开心啊！	面露喜悦。
我才不在乎他是怎么想的，他什么时候在乎过我？！	你希望他在乎你！	面色平常。

1　［美］贝特曼、岳东梅，《心理治疗师培训教程》，中国轻工业出版社，2008。

（三）判断抽离技巧

所谓判断抽离技巧，就是指咨询师要在谈话中，尽量走出自我的参照框架，进入对方的内心世界，不对来访者的非理性思维做简单的是非评断。由此，判断抽离技巧是同感共情的具体实施，其目的在于与来访者“将心比心”，以尊重换信任，以理解促反思，最终帮助他认识、反思并摆脱其非理性的思维与习惯。表5-5展示了判断抽离技巧的运用。

表 5-5 判断抽离技巧的运用

来访者话语	咨询师判断显现	咨询师判断抽离
我恨我妈妈，她总是强迫我做我不愿意做的事情。	你怎么可以恨你妈妈呢？不管怎样，她也是你妈妈呀。	你觉得你妈妈一直不够尊重你。
我觉得新闻中那个 ××× 杀人是有道理的，谁叫那几个同学在背后议论他呢。	那几个同学在背后议论他是没道理，但他杀人也是绝对没有道理的。	你能够理解 ××× 背后被人议论的挫败感。
我这次考试得了高分，因为我偷抄了旁边那位同学的答案。	偷抄是可耻的，虽然你得了高分。	你对自己没有信心。
我想退学，这样学下去一点意义都没有。	退学是懦弱的表现。	你对学习没有兴趣。

除此之外，咨询师还应在判断抽离技巧的运用中，注意以下几点：

1. 避免讲令人泄气的话语：“你咋这么蠢”“别再说了”等。

2. 赞扬来访者的努力本身：“你已经尽了最大努力”等。

3. 接纳当事人，而非错事：“不管你有过什么极端的念头，你并没有去实施，这点很重要”等。

4. 表现对来访者的信赖：“我感谢你来找我做咨询”“我感谢你对我的信任”等。

5. 鼓励来访者在错误中学习：“你来找我做咨询，就表明你想自我成长，这很重要”等。

（四）具体化技巧

所谓具体化技巧，就是指咨询师要在与来访者交谈中，不断要求他具体描述、谈论其对某人、某事的看法与感受。例如，针对来访者的叙述，咨询师可多问“你可否说得具体些？”或“你可否举个例子？”之类的问题来帮助来访者厘清思路。此外，不要对来访者的话语做是非判断，少说“你怎么可以那么想”或“你想得太多了”之类的话，而是鼓励来访者多做自我分析。表 5-6 展示了具体化技巧的运用。

表 5-6　具体化技巧的运用

技巧表现	特点描述	事例说明
举例说明法	针对来访者的叙述，邀请对方详细展开，或举例说明，来帮助来访者厘清思路。	你说你人际关系不好，可否举出一两个事例？ 你可否说得具体些？
查问深入法	针对来访者的叙述，提出问题，邀请对方进一步说明。	你说你人际关系不好，请问指哪个方面？
适当沉默法	不要对来访者的话语做是非判断，而是鼓励来访者多做自我分析。	少说“你怎么可以那么想”或“你想得太多了”。
邀谈感受法	针对来访者的叙述，邀请对方谈论其感受与情绪，以促进来访者宣泄情绪。	你说你人际关系不好，可否谈一谈你具体的感受如何？

最后，咨询师要区分“引导”模式和“跟随”模式。在某些情形下，咨询师需要跟随来访者，因为在确立讨论主题之前，咨询师是没有发言权的；另外，咨询师与来访者一旦确立了讨论主题后，则需要加强对来访者的引导，让讨论停留在某个价值点上，并对来访者所讲述内容的真正含义做出更多地了解，使讨论更为有效。

三、相关知识：咨询师与来访者的表情互动

咨询师与来访者之间的互动主要包括语言、行为、表情三个方面，其中表情

互动往往为咨询师所忽视。在表情互动之中，非言语行为能够提供更多的用言语无法清楚表达的内容。一般而言，非言语行为有几个目的，包括交流情感、调整对话、强调信息、提示人们不表露的内心想法和感受的线索。

因此，一名杰出的心理咨询师，应该能够辨认以下非言语行为：

身体语言（姿势、手势、动作），
面部动作（微笑、皱眉、咬唇），
与声音相关（语调、音量、强度，语句的间隙、停顿、流畅性），
能观察到的生理反应（脸红、呼吸急促、瞳孔扩大、脸色苍白），
生理特征（身材、体重、肤色），
外貌（装饰、打扮）。

值得注意的是，在表情互动中，具有传递信息、交流情感、表达意向作用的是眼睛，其表现力和感染力是绝不可忽视的。敏感的来访者完全能从眼睛这扇窗户中捕捉到咨询师的心态。其中自然、亲切、友善、温暖的目光，能够充分消除来访者的紧张情绪，帮助他逐步敞开心扉。对于内向型的来访者，咨询师的目光应该更加饱含着期望和信任，同时投之以微笑，用目光鼓励对方。

反之，如果咨询师的眼睛低垂，情绪冷漠，说明他无法与来访者产生情感上的共鸣。这个时候，咨询师应该意识到来访者其实也一直在观察咨询师的非言语行为。大多数的来访者能够意识到咨询师是否完全进入咨询状态。如果咨询师采取非关注的态度，会使来访者不能够完全敞开心扉，从而会导致来访者不信任咨询师并阻碍治疗的进行。如果咨询师一味对他的来访者说“你所说的对我很重要”，却没有看着对方或者心不在焉，就会向对方传递出与其所说内容完全相反的信息。

案例 5–5　怎样回应一个失业者

咨询对话	语境分析
来访者：我失业三个月了，没钱挣，别人看不起。任劳任怨干了这么多年，公司说不要就不要了，哪有这种事儿！	
咨询师 1：你因为失业的事感觉很愤怒，也很沮丧。放在任何人身上都会接受不了的。	同感共情表达准确。
咨询师 2：你给人感觉很愤怒，也很沮丧，难以接受这个现实。	同感共情表达不足，不应该用“给人感觉”这样的字眼。
咨询师 3：唉，这年头失业的人太多了，叫人怎么活得了。	情感反应表达失误，不应该用调侃的口吻说话。
来访者：当听到裁员名单里有我时，我心里火大了，差点冲到办公室跟人吵架，后来同事把我拉住了。	
咨询师 1：你对失业的事情感觉很生气，这完全是人之常情。	同感共情表达准确。
咨询师 2：你对失业的事情感觉有些生气，也有些不理解。	同感共情表达不足，不应该用“不理解”的字眼。
咨询师 3：从你的话语中，我感觉你认为公司对你很不公平，但你有没有想过，公司为什么会让你走？	同感共情表达失误，不应该迫使来访者立即替公司着想。
来访者：不是有些生气，而是非常生气。	来访者觉得自己得不到充分理解，咨询师无法确切地理解自己情绪激烈的程度，可能会阻碍咨询的进程。
咨询师 1：对，的确令人很生气。	同感共情表达准确。
咨询师 2：听你这么说，我感觉你认为公司的决定很不公平，令你无法接受。	同感共情表达不足，不应该说“你认为”。
咨询师 3：算了，东方不亮西方亮，干吗这么认死理与公司过不去？再说公司也是没办法的。	同感共情表达失误，不应该以指责的口吻对来访者说教，况且你也不了解真实情况。

第二单元 心理咨询同感共情的“是”与“不是”

一、学习目标

了解心理咨询同感共情概念与操作的“是”与“不是”。

二、基本知识

（一）心理咨询中的同感共情是什么？

简单来说，同感共情具有以下特征：

同感共情是平等的。这是因为心理咨询的关系是平等的关系，而非权威的关系。其中平等是尊重、理解、中立、客观的保障。如果心理咨询关系一旦变成了权威关系（如医患关系、师生关系），则来访者需要或期望接受咨询师的指导，这就违背了心理咨询“助人自助”的原则。由此，咨询师要在同感共情实践中培养、完善自己平等待人的能力，并加以真情表露。

案例 5–6

来访者：我妈总是把我管得很严。放学要我在固定的时间到家，放假也不让我出去玩。真是憋得我透不过气了。
咨询师：嗯，看来你妈真是管你管得太严了。
在这个案例中，咨询师的回应没有进入来访者的世界里，只是简单地同意来访者的看法。

同感共情是互动的。这是因为同感共情是在互动交流中表现的。这种交流需要咨询师敏锐地观察来访者的内心冲突与变化，并适时地做出相应的回应，以极大地增强来访者的主述欲望。由此，咨询师要在同感共情实践中学会主动回应，及时反馈，用心伴随来访者。对此，美国心理咨询培训专家 B. D. 贝特曼和我都曾指出：“如果患者感到被误解，无效的倾听对治疗关系是有害的。不积极的关注也是对患者时间与精力的浪费。”

案例 5–7

来访者：我是班里最优秀的学生。在新班主任到来之前，我一直是班长、三好学生！可是，新班主任来做的第一件事就是把我撤职！在班里重选班委，我竟然以悬殊的票数落选。
咨询师：哦，真可怜。新老师怎么会这样对你，太不公平了。
此案例中的咨询师只是从自己的角度看来访者的痛苦，同情他，觉得他很可怜，而不是从平等的角度体会来访者的心情。

同感共情是真诚的。这是因为同感共情要求咨询师能够真情实意地进入来访者的内心世界，以设身处地地感受其喜怒哀乐。如果同感共情中没有真诚，就相当于大自然中没有空气，世间一切将变得苍白无力，生机全无。由此，咨询师要在同感共情实践中，学会真诚待人，实话实说，以博得来访者的信任。

案例 5–8

来访者：最近我总是觉得浑身没劲，真的难受极了。
咨询师：哦，你觉得浑身没劲，难受极了。
来访者：也不知道这是怎么了。
咨询师：哦，你也不知道这是怎么了。
来访者：你说我该怎么办呢?
咨询师：你该怎么办……

罗杰斯曾经说过重复就是力量，但是如果只是机械地重复来访者的话，既没有站在来访者的立场感同身受，也没有帮助来访者进行自我探索，这样的重复是不能达到同感的效果的。

同感共情是多方位的。这是因为同感共情交流中既有言语的交流，也有体语的交流。其中言语的交流包括谈话的语气、语调及措辞等，体语的交流包括谈话时的面部表情、坐姿、手势等，这一切都应该协调一致，传达着同感共情的信息。而如果咨询师一边与来访者说话，一边又在看表、梳头发、目视他方等，就会给来访者一种心口不一、心不在焉的感觉。由此，咨询师要在同感共情实践中，不断克服自己的种种口头禅与小毛病，以给来访者最全神贯注的感觉。

总之，同感共情的目的在于帮助来访者敞开自己的内心世界，心理不设防，能够正视自己的力量与不足，发现自身的非理性思维方式，最终有效地调整。对此，罗杰斯曾指出："治疗师必须具有一种特殊的感应能力，能准确地感受到当事人的个人经验，并能体会到当事人所表达的内容。只要进行得顺利，治疗师不但能够进入当事人的内心世界，去了解他所要澄清的各项意义，甚至在下意识里就会对情况一目了然。"

想一想：下面的对话中，咨询师在交流中进行了什么样的反应，并进行选择。

来访者：班上秩序不好，老师怪我不负责，要我把不守纪律的同学名单报给他，可是那些同学受处罚后，都骂我"多管闲事，马屁精"。我到底该怎么办啊？

咨询师1：你夹在老师和同学之间左右为难，觉得不管自己怎么做，老师和同学都会怪你。

咨询师2：真是太让你为难了，这样在班里待着多难受！

咨询师3：是呀，老师和同学都这么对你真是不好办啊！

参考答案：第一位咨询师对来访者做到了同感，回应了来访者左右为难的感受。第二位咨询师表达的是咨询师对来访者的同情，并非同感。第三位咨询师表达的是同意来访者的观点。

（二）心理咨询中的同感共情"不是"什么？

简单来说，同感共情也具有以下特征：

同感共情不是同意。两者的本质差别在于前者是对来访者内心感受的深刻理解与尊重，而非对方想法和理念的完全接受；后者则是对来访者思想的完全认同。在心理咨询中表现同感共情，是为了“将心比心”，以尊重换信任，以理解促反思。由此，咨询师在同感共情实践中要学会接受来访者，而不是认可他的某些非理性想法。

同感共情不是同情。两者的本质差别在于：前者是客位似的完全从对方角度看问题的反应，因而是平等的、共鸣似的反应，而后者是一种主位似的反应，它包含了对来访者处境的怜悯，是一种居高临下的、恩赐似的反应。由此，咨询师在同感共情实践中切忌流露出悲天悯人的态度。

同感共情不是移情。在心理学上，移情泛指个人把自己对以往生活中重要人物、事件及事物的爱与恨投射到另一个相关人物、事件及事物的意向上。同感共情与移情的本质区别在于：前者是一种平等、中立、公正的情绪反应，而后者则带有个人的偏见、偏好或是情绪指向。由此，咨询师要在同感共情实践中警惕自己的移情表现，不要将自己的想法强加在来访者身上。

同感共情不是热情。两者的本质区别在于：前者是一种冷静、理性、温情的情绪反应，而后者则可能表现出过多的主动与主观。由此，咨询师在同感共情实践中切忌表现得过分主动、热情，那样会令来访者感觉不适，望而生畏。

总之，同感共情是心理咨询的入门功夫，它需要咨询师在谈话中表现得淡定自如、衷心诚恳。这就需要咨询师在实践中不断地磨炼自我，渐入佳境，娴熟把握。此外，同感共情并不意味着满足当事人的情感与要求，只是意味着给他提供一个安全的、支持性的环境，接纳其人，而非其事。

有必要强调的是，在日常生活中，同感共情突出表现为善解人意。而善解人意者，必善接话茬，也就是说，当别人说了上半句话，你可以准确无误地说出下半句话，令人有“心有灵犀”的感受。此外，善解人意者还善替对方着想，甚至连对方想不到的地方也能想到，令人充分地感受到什么是“心有灵犀一点通”。所有这一切，都是同感共情在日常生活中的运用，它可谓是人生的智慧表现。

三、相关知识：注意同感共情疲劳

如果咨询师在与来访者互动中过度使用同感技术，来访者会本能地感到疲劳或烦躁。用中国的一句俗话讲，这叫作“听评书掉泪，替古人担忧”。而当咨询师过度表现自己的同感共情时，他就有可能因为严重透支个人的情绪而变得烦躁抑郁。这会导致咨询师对来访者表现出更多的阻抗和反移情。有人用“同感疲劳”来加以描述[1]，它泛指由于过多地关怀他人而产生的疲劳感。其突出表现有：

- 当来访者取消或推迟某次治疗时，咨询师会感到如释重负；
- 对于治疗缺乏精力；
- 对来访者的疗效缺乏兴趣；
- 反复考虑自己是否选对了职业或者是想改换工作。

在严重情况下，咨询师可能会有各种阻抗表现。例如：

- 迟迟不回来访者的电话；
- 不重新安排或暂时取消治疗；
- 对治疗效果表示怀疑；
- 对来访者表现出更少的热情。

凡此种种，咨询师都应该及时关注，并通过寻求督导和自我放松来加以缓解。

---

1 ［美］科米尔、［美］葆拉：《心理咨询的问诊策略》，张建新等译，中国轻工业出版社，2004。

案例 5-9 怎样回应失恋者

来访者：我的女友不顾我们多年的恋情，居然与其他人搞到一起，把我给甩了。我真想把她和那个狗男人一起给杀了。

咨询师的回应：

反应模式	反应话语	语境分析
无同感共情式反应	你怎么可以这么想？ 杀人是要偿命的，你难道不懂？	不尊重对方的感受。 完全理性分析。
同情式反应	你好不容易遇见一位可心的女孩子，却被人抢走了，真是不幸！ 你们相爱这么久，怎么能说断就断了呢，真是太不可思议了。	没有尊重、体察对方的感觉，结果可能话中带刺，令人听了感觉很不舒服。
移情式反应	我当初的女友就是被人抢走了，所以我现在非常理解你的心情。 谁没失恋过？大家的感觉都是一样的酸楚。	完全以自我的体验来感受他人的内心冲突，结果陷入主观武断。
热情式反应	不就是与女友分手了吗，不要紧，我帮你再找一个。 振作起来，再找一个！	不尊重对方的感受，想帮助对方，却未必理解对方的意愿。
共情式反应	处在你的境地，我想我也会有同样的冲动。 这种想法是人之常情啊。	尊重对方的感受，但没有同意对方的做法。

第三节　心理咨询同感共情的注意事项

一、学习目标

了解心理咨询同感共情操作技术的两大障碍表现。

二、基本概念

同感共情技术是心理咨询的入门功夫，也是咨询关系建立的基石。在同感共情的表达与交流中，咨询师要警惕各式各样的障碍出现。岳晓东认为，这些同感共情障碍可以用两个情结来加以概括：一是“救世主”情结，二是“同病相怜”情结。它们都是心理咨询关系的陷阱。

（一）“救世主”情结

所谓“救世主”情结，就是指咨询师在谈话中不能平等地对待来访者，时常摆出一副居高临下、释经说教的架势，既没有保持价值中立，也没有尊重、理解对方，反而要求来访者完全接受自己的想法和理念。它主要有以下几个特点：

表 5–7 同感共情的“救世主”情结表现

突出特点	具体表现
自以为是	主要表现为，咨询师在谈话中完全以自我为中心，按照自己的想法去揣度、判断来访者的内心感受，并要求对方接受自己的判断。这样做很容易陷入主观武断的泥潭。
好为人师	主要表现为，咨询师在谈话中随意打断来访者的话，讲述自己的想法与做法，并不断给来访者支着儿。
强加于人	主要表现为，咨询师在谈话中不断要求来访者接受自己的想法，如果对方没有接受，咨询师就会面露不悦之色，并指责来访者不够虚心好学。
淡化矛盾	主要表现为，咨询师在谈话中不断否定来访者面临困境与困扰的严重性，强调凡事要大事化小，小事化了。这样会令来访者感觉好像是自己在小题大做、无病呻吟等。

案例 5-10 “救世主”情结

来访者说：我这次考试没及格，老师批评了我，我感到很沮丧。

咨询师的回应：

同感共情误区	事例说明	问题分析
自以为是	考试没及格是因为你没有复习好，如果你复习好了，就一定能及格。	没有了解清楚情况就急于表态，这很容易导致无的放矢，话无所指。
好为人师	一次没及格不要紧，只要能够吸取教训，纠正错误，就是好样的。	没有给对方宣泄的机会就急着安慰对方，这不会令对方心悦诚服的。
强加于人	考试没及格，说明一定是你的学习方法出了问题，你有没有好好反省过自己啊？	没有尊重对方的感受，而是要求对方接受自己的观点。
淡化矛盾	没及格有什么了不起，我以前也没及格过，后来我不也过来了吗？	没有感受到对方对此次考试的挫败感，而是希望对方简单地忘却一切。

总之，同感共情中的“救世主”情结表现，会严重阻碍咨询关系的确立，使得来访者的倾诉欲望大受打击，从而对咨询的关系、过程和人员产生阻抗。“救世主”情结的根源是人格上的自恋（过分看重自我的价值与能力），这与心理咨询助人自助的原则背道而驰。

其实，就精神分析理论而言，咨询关系中咨询师的某些情感卷入（emotional involvement），正是移情[1]与反移情[2]关系的表露。这种情感卷入不一定是主动的，许多时候是被动的，甚至是不知不觉的。无论其表现如何，都是咨询师觉察自省的焦点，它投射出了咨询师咨询技巧与人格成长的欠缺，需要加以深入关注和反省。

1 移情（transference），泛指来访者将过去重要人物或客体的情感投射到咨询师身上的意向。

2 反移情（counter transference），泛指咨询师将自己过去重要人物的情感体验投射在来访者身上的意向。

表5-8具体罗列了“救世主”情结所带来的危害。

表5-8 “救世主”情结的危害

突出特点	具体表现	危害表现
把自己打造成英雄	在咨询中，不断谈论自己的“坚强能耐”，希望以此来感召对方去做同样的努力。	助长来访者对咨询师的景仰与依赖。
把对方贬低成“狗熊”	在咨询谈话中不断树立自己的“光辉形象”，会让对方感觉自己是脆弱无能的。	助长来访者的自卑和羞愧感。
不断给来访者支着儿	在咨询谈话中不断谈论自己的“宝贵经验”，习惯于给对方“指点迷津”。	助长来访者对咨询师的依赖性和顺从性。
不觉察自我	在咨询谈话中不断谈论自己，由此变得以自我为中心，无法意识到自身的缺陷。	助长咨询师的自我陶醉。

案例5-11 一段自以为是的对话

对话	语境分析
朋友A：这两天见你无精打采的，是不是又跟莉莉闹别扭啦？ 朋友B：何止闹别扭，这回彻底吹了。	
朋友A：吹就吹吧，想当初我也被人甩了一回。当时我也是痛不欲生，也曾想到了死，想到了出家，想到了浪迹天涯，还想到了报复。我想把她约到家中进行最后一次谈话，掐死她，然后我再去上吊。后来我去庙里抽签，算算我行动计划的成功率，竟被一个老道看出我的心思，给我指点了迷津，使我恍然大悟。干吗呀，为一个女人，毁我一生。真是不值…… 朋友B：啊，你，你是什么意思啊？	此处完全是在谈自己，完全没有顾及对方的感觉。

（二）“同病相怜”情结

所谓“同病相怜”情结，就是指咨询师在谈话中过分认同来访者的感受，时常摆出一副同苦共患、难忘沧桑的架势，令来访者感觉不知是谁在接受咨询。它主要有以下几个特点（表5-9）：

表 5-9 “同病相怜”情结特点

突出特点	具体表现
角色混淆	主要表现为咨询师在谈话中过分追求与来访者经验上的平等，讲究“你中有我，我中有你”的感觉，结果导致你我不分，咨询关系不明确，给人感觉很假或很困惑。
舍我其谁	主要表现为咨询师在谈话中力图让来访者感到“再没有人比我更能够了解你的心结，因为我也同样苦恼过、困惑过（如失恋、丧亲、离婚、破财等）”。这样做，很容易陷入自以为是的陷阱。
一味迎合	主要表现为咨询师在谈话中为了使来访者相信自己的能力，而对他讲的话一味认可，甚至不惜编造出没有的事情来回应来访者的内心体验。
以己度人	主要表现为咨询师在谈话中完全按照自己曾经有过的挫败、痛苦体验去推测来访者的内心感受，结果导致同感共情失误。

案例 5-12 “同病相怜”情结

来访者：我母亲刚过世，我没有心思做任何事情。

咨询师的回应：

同感共情误区	事例说明	问题分析
角色混淆	真的，我真是替你难过，感觉就好像我自己的母亲去世一样！	说得太夸张了，令人感觉很假，是一个典型的同感共情泡沫。
舍我其谁	我太理解你现在的感受了，因为我母亲当初也是在我 20 多岁时去世的。	说得太直接了，即使有同样的经历，也应该等一等再说。
一味迎合	丧失亲人是每个人一生必须经受的情感考验，你的感觉是正常反应。	说得太理性化了，令人感觉不够真诚，无关痛痒。
以己度人	我想，如果我的母亲去世了，我一定会伤心好久好久的。	说得太主观了，令人感觉这是你的感受，不是对方的感受。

总之，同感共情中的“同病相怜”情结表现，也会严重阻碍咨询关系，使咨询师对来访者的同感共情泡沫化，这也会导致来访者对咨询关系和过程产生阻抗。就其根源来讲，“同病相怜”情结可能是来访者个人成长中某些“未解决的冲突”[1] 或“未完成的事情”[2] 的作用，它使得咨询师本能地过分认同来访者的某些感受，陷入咨询师反移情的泥潭，从而丧失对咨询关系的中立性与公正性。

表 5-10 具体罗列了“同病相怜”情结所带来的危害。

表 5-10 “同病相怜”情结的危害

突出危害	具体表现	后果表现
投射性认同	以己度人，完全根据自身的生活体验来感知对方的感受。	丧失心理咨询的客观性。
投射性反移情	将自己对当年生活中重要他人的爱与恨移情到来访者面临的重要他人身上。	丧失心理咨询的中立性。
过分热情	对来访者的倾诉表现出过多、过快的理解，反而令对方感觉不自在。	制造同感共情泡沫。

最后值得一提的是，一致性反移情（congruent counter-transference），是由阿根廷的精神分析学家拉克尔于 1968 年提出的。他在其著作《移情与反移情》（*Transference and Counter-transference*）中提出：“一致性认同类似同感共情的反应（虽然不是同感共情）。当我们看见一个无父无母的孤儿时，我们可能会感到悲伤。这种悲伤是和那个孩子的自体相符合或类似的。那个小孩这时候也感到悲伤。看到那个小孩的人认同和感受到那个小孩的悲伤，这在彼此的自体感受上是一致或类似的，那就是一致性反移情。”拉克尔强调，一致性反移情是心理咨询关系的双刃剑，它既可强化咨询师与来访者的同感共情，也可误导咨询师过分关注其自身的“未完成的冲突”。

此外，美国心理学家 R. 斯皮茨和 M. 利特尔也指出：“没有潜意识层面的反

---

1 未解决的冲突，泛指来访者早年或以往生活经历中那些没有处理好的心理冲突与情感意向。

2 未完成的事情，泛指来访者早年或以往生活经历中那些没有处理好的生活事件及其情结。

移情就没有同感共情，也就没有分析本身。”英国心理学家马尼 - 基尔德甚至将同感共情视为“正常的”反移情。咨询师对来访者产生同感共情，是因为他具有可以被来访者的投射激活的原始客体关系。因此，没有对一致性反移情的理解，很难达到真正的同感共情。在心理咨询与治疗实践中，需要咨询员、治疗师能对此反移情有很敏锐的洞察能力，并将其作为理解来访者（或患者）的重要方式或途径。

案例 5–13　父子对话的同感失误

下面是一段父子的对话，其中父亲的话语十分主观武断，全无同感共情，令儿子无法与之沟通。

对话	语境分析
儿子：上学真是无聊透了！	
父亲：怎么回事？	
儿子：学的都是些不实用的东西。	
父亲：现在的确看不出好处来，我当年也有同样的想法，可我现在觉得那些知识还蛮有用的，你就忍耐一下吧！	好为人师、否认对方感受
儿子：我已经耗了 10 年了，难道那些 X 加 Y 能让我学会修车吗？	
父亲：坚持就是胜利嘛！	主观判断
儿子：我想学修车。	
父亲：修车？别开玩笑了。	主观判断
儿子：我不是开玩笑，我的同学王明辍学学修车，现在月收入不少，这才有用啊！	
父亲：现在或许如此，以后他后悔就来不及了。你不会喜欢修车的。好好念书，将来不怕找不到更好的工作。	武断决定
儿子：我知道，可是王明现在很成功。	
父亲：甭想！我把你养到这么大，妈妈和我牺牲了多少？已经读到高二了，不许你半途而废！	主观判断
儿子：我知道你们牺牲很大，可是不值得。	
父亲：你应该多读书，少看电视——	武断决定
儿子：爸，唉——算了，多说也无用！	

对话点评：

在上述对话中，父亲对儿子的话根本就听不进去，一切都以自己的想法为中心，不给孩子申辩的机会，导致对话无法继续下去。

三、相关知识：同感共情的唤醒作用

同感共情的目的在于唤醒来访者的经验与潜能，并通过解释使来访者获得一些有意义的信息，再对问题做出必要的说明诠释，以对来访者施加影响。换言之，同感共情就是唤醒来访者去发现真实的自我，准确地了解自己的内心感受，并知道自己有能力发现自我。

美国心理学家赖斯认为，唤醒与解释是两个不同的概念，尽管一个“好的”解释和一个“好的”唤醒看起来是非常相似的，但它们的目的是不同的。解释旨在提出各种内容或事件之间新的联结或逻辑关系，提供新的总结经验的方式：而唤醒则是为了打开来访者封闭的内心世界，为来访者提供一个对自己已有经验更为准确的解释。

小结：岳晓东论同感共情力

同感共情即以真诚与平等待人为其先决条件，学会设身处地地以另一个人的思想与情感去感受、体会周围的人和事物。

同感共情就如同旧式的照相机一样，需要不断地对焦来调整镜头的清晰度，否则同感共情就会给人含混不清、似是而非的感觉。

空谈问题不谈情绪，会给人以冷冰冰的感觉；空谈情绪不谈问题，又会使人感到茫然不知所措。两者应当相辅相成，互为补充。

生活中的一般安慰和劝说，往往仅是想让当事人尽快忘掉那些痛苦的经历，劝他们不要再回忆啦，要往前看。其做法固然用心良苦，却无助于真正解开他们的心结。这种非同感共情性语言正如人们常抱怨的那句话：你真是站着说话不腰疼。

对于当事人来说，过去的伤心事，在谈出来、说清楚之前，是很难达到真正意义上的“忘”的。

人只有想明白了，才能从根本上甩掉包袱，放松心情，获得平衡，从而不再沉溺于对往事的追悔和懊恼当中，无法自拔。

第 六 章

心理咨询的洞察分析技术

心理咨询中没有洞察力，就相当于医生治病没有做诊断。

——岳晓东

第一节 心理咨询洞察分析能力的概念

第一单元 心理咨询洞察分析能力的概念

一、学习目标

了解心理咨询洞察分析能力的概念。

二、基本概念

（一）洞察力的概念

所谓洞察力（insight），是一种特殊的思维判断能力。

具有洞察力的人，可以根据事物的表面现象，准确深入地认识到事物的本质及其内部结构或性质。在这点上，洞察力与直觉、预感，有某些相似的地方，但是也有明显的差别。一般来说，直觉和预感，偏重于对事物发展变化的判断，而洞察力则直逼事物的本质结构，因此洞察力的智力层次和适用范围要比直觉、预感更深入、更广泛。事实上，许多洞察力事例，更像是在提出科学假说。

所谓心理咨询洞察力（therapeutic insightful competence），是指咨询师能够对来访者的认知、情感、行为之动机与相互关系进行归纳总结，透彻分析，深入探讨的能力。用俗话来讲，洞察力就是透过现象看本质；用弗洛伊德的话来讲，洞察力就是变无意识为有意识。从这层意义上讲，洞察力就是“开心眼”，需要用心理学的原理和视野来归纳总结人的行为表现。

心理咨询中的洞察力源自精神分析理论，它泛指咨询师对来访者（患者）主述问题的潜意识或无意识之缘由、关联、形成过程的心理分析。由此，洞察力就是透过现象看本质，就是对来访者行为表现的潜在动机做深入剖析。在此我们要强调的是，精神分析中的洞察力与认知心理学中的顿悟有着本质上的不同，前者是由客体（也就是咨询师）完成的，而后者是由主体（也就是来访者）完成的。

在精神理论中，主体或当事人很少具有对自我行为的洞察力，此所谓“当局者迷，旁观者清”。洞察力是心理咨询师应具备的一个基本功。可以说，心理咨询的技能成长历程就是一个洞察力不断提高的历程。依照哈佛大学咨询心理学教授威廉·佩里的观点，心理咨询流派可大致分为两大类，即洞察力类和行为矫正类，前者靠启发、领悟来解决咨询问题，后者靠行为矫正来解决咨询问题。

由此，洞察力也是咨询师帮助来访者寻找自我人格与行为表现上的种种问题与盲点，从而加深对自我的了解的能力。在这当中，咨询师要善于对来访者陈述的问题加以心理学的概念化处理（如谈某种情结作用、人格状态、防御功能），为咨询探讨提供理论依据，并不断积累自己的心理学知识，逐渐形成自己的咨询套路和风格。

根据多年的临床实践，我认为，洞察就是帮助来访者透过现象看本质，增强其对自我行为及其动机的了解。洞察力的成功在于，对来访者说出的困惑，咨询师能够给予合乎情理的理论解释。换言之，洞察力旨在使来访者看到自己的“背影”，有恍然大悟的体验。由此，洞察力就好比是“开心眼”，使人看问题一针见血，针对来访者的连篇叙述，不断做出心理学的归纳总结。心理咨询师对来访者的问题描述没有洞察力，就好比医生对患者的病症描述没有诊断一样。

表 6-1 举例说明了洞察力所代表的部分内容。

表 6-1　洞察力对应词汇（部分）

生活现象	生活描述	心理学描述	英文表述	一般心理学分析	精神分析	矫正方法	代表人物
以自我为中心	自大自负 自以为是 自欺欺人 好为人师	自恋人格 自我评估过高	Narcissism Ego-centrism	缺乏同感 强迫理解 自我重要感过高 自我意识过强	缺乏正确的自我评估 本我力量过强	培养同感 换位思维	拿破仑因为极度自恋而自取灭亡

续表

生活现象	生活描述	心理学描述	英文表述	一般心理学分析	精神分析	矫正方法	代表人物
做事过于认真 凡事放心不下	较真 钻牛角尖	偏执人格 完美主义 强迫意念/动作	Perfectionism Neuroticism	缺乏自信 缺乏安全感 过分焦虑	缺乏安全感 超我力量过强	系统脱敏 减少焦虑	朱元璋因过分猜疑而滥杀无辜
没有主心骨	依赖他人 缺乏主见	依赖人格 缺乏果敢	Dependent Non-assertive	缺乏独立性 自信不足	缺乏自信心 缺乏自我成效感 自我力量不足	成功体验 强化自信	刘禅因过分依赖他人而没有独立见解
被恋人拒绝	失恋 情感打击	情感挫折 挫折体验 自卑体验	Romantic defeat Self-defeating	自卑情结 自我挫败	同感不足 自恋情结 爱情主位中心	“梅开二度”法/情感升华法/幽默化解法	歌德因失恋而著《少年维特之烦恼》
暗恋	花痴 单相思	爱情奉献 爱情定位有误	Illusory love Non-reciprocal love	不对称爱情 虚幻爱情	爱情客位中心 月亮情结	大胆表述 情感转移	诺贝尔因自卑而怯于爱情表达
痴迷上网	网恋 上网失控	网络迷恋综合征 意志力薄弱	The IAD (Internet Addiction Disorder)	自制力失控 纵欲上网 网上情结	本我过强 释放本我	强迫隔离法/奖励挂钩法/系统脱敏法	当下许多青少年因网恋成瘾

（二）心理洞察力的分类

心理咨询洞察力可大致分为四大类：情绪洞察、人格洞察、意识洞察和认知洞察（表6-2）。当然，诸如移情、阻抗等技巧的运用也或多或少地离不开洞察力的合理运用。但就主题而言，这四类洞察力更值得我们关注。

表 6-2　心理咨询洞察力分类[1]

洞察类型	具体操作	事例
情绪洞察	洞察来访者的情绪表现，如情绪流露、体语交流等，辨别情绪的掩饰作用。	鲁迅的小说《祥林嫂》中，祥林嫂的哭已不再是痛苦的流露，而具有某种掩饰作用。
人格洞察	洞察来访者的人格状态，如人格协调、防御机制等，区分人格障碍与人格问题。	在《红楼梦》中，贾宝玉对女性格外青睐在很大程度上是因为他缺乏有效的男性认同。
意识洞察	洞察来访者的潜意识流向，如特殊的宠爱、遗忘、口误等，并对此进行精神分析。	在《三国演义》中，刘备对魏延的提拔在一定程度上是因为他的相貌及气质与关羽很相近。
认知洞察	洞察来访者的认知模式，如思维方式、定式思维等，寻找认知误区与心理定式。	在《三国演义》中，诸葛亮舌战群儒成功是因为他很了解孙权对曹操的外惧内悍的心理。

咨询师要培养洞察力，就需要在咨询学习与实践中，不断积累自己的心理学知识，并灵活运用。在这当中，咨询师要分清咨询心理判断与临床心理诊断的区别（表 6-3），以明确地了解自己的能力范围和服务对象。在这里，我以咨询心理判断区别于临床心理诊断，因为前者是面对无器质性变化的常人群体，建立的是客户关系，做的是成长性咨询；而后者是面对有器质性变化的患者群体，建立的是权威关系，做的是障碍性咨询。

表 6-3　咨询心理判断与临床心理诊断的区别

	咨询心理判断	临床心理诊断
问题性质	个人成长中的忧愁烦恼及自我发展的问题，没有器质性变化。	个人在人格和精神层面上的突出障碍，有明显的器质性变化。

1　岳晓东：《红楼梦人物心理分析与情感世界》，机械工业出版社，2012。岳晓东：《 三国人物心理分析与职场生存》，机械工业出版社，2010。

续表

	咨询心理判断	临床心理诊断
理论基础	以咨询心理学、发展心理学、人格心理学、社会心理学为基础。	以精神病学、变态心理学、临床心理学为基础。
测量方法	各种人格量表及投射测量。	各种生物学测试及人格量表。
治疗手段	心理动力学疗法、认知疗法、行为疗法、来访者中心疗法等。	以药物治疗、物理治疗（如电击疗法）为主，以心理治疗为辅。
专业人员	心理咨询师（一、二、三级）	精神科医生、临床心理治疗师

（三）洞察力和观察力的区别

洞察力和观察力是有一定区别的。观察力是一个人的知识与分析水准的结合，是一种需要长期实践、训练以及验证的技能。例如：对人的观察力，就需要丰富的心理学知识、长期的实践和对于固定观察样本的长期观察验证所能逐渐获得的经验。能自发形成观察力的人一般都具有宽广的心胸，而当观察能力达到一定水准后会自然而然地升级为洞察力。

洞察力是心灵凌驾在个人观察力的水准之上的，洞察力可以应用在对陌生人的认知上，体现在寻找问题的根源上。达到洞察力阶段的时候，在观察人或事物时，能产生一种无须思考就在心里直接生成观察对象的一个轮廓，并能随着洞察力提升而更加清晰、全面。当然，洞察力的生成要求和心力消耗都要比前者高。

洞察力不像观察力那样有具体的操作细节和步骤，它内含的是一个总括性的思想，虽可让人任意发挥，却有其潜在的规律。

＞咨询师宝典秘籍谈 15　心理咨询的三大核心目标

1. 让来访者遇见未知的自己：

咨询师帮助及引领来访者觉察自己的防御机制、人格状态、非理性思维、未完成事情、习惯养成等。

2. 让来访者面对不愿意面对的自己：

咨询师帮助及引领来访者觉察自己的自我逃避、自我退却、自圆其说、推诿他人、习得无助感等。

3. 让来访者打造最好的自己：

咨询师帮助及引领来访者自我觉醒、自我行动、成功激励、调动各方资源等。

岳晓东寄语：

咨询师不是主导来访者的自我成长，而是引领来访者的自我成长。

案例 6–1

来访者小玲，女，12 岁，因“不停地洗手”前来咨询。

来访者：我就是禁不住要洗手，明知道不需要洗，可是心里受不了，非得洗手不可，不洗的话就特别难受。
岳晓东：哦，是这样。那你都是在什么时候最想洗手呢？
来访者：我爸爸和妈妈吵架的时候。觉得特别心烦，就想去洗手。
岳晓东：当你爸爸和妈妈吵架的时候，你开始不停地洗手，那你父母是什么反应呢？
来访者：他们特别讨厌我不停地洗手，我一开始不停地洗手，他们就停止吵架，过来劝我。
岳晓东：这就对了，你在潜意识中通过洗手来制止父母吵架，所以洗手只是表象，不想看见他们吵架才是真正的原因。

点评：在这一案例中，我没有就事论事，了解“不停地洗手”的表现，而是通过两个提问，了解“洗手”的潜在动机，发现她想通过这一行为转移父母的注意力，解决家庭冲突。

三、相关知识：弗洛伊德和荣格谈洞察力

荣格在老年时认为老子就是一个完美的象征，他具有超卓的智慧，可以看到以及真切地体验到价值与无价值。受老子的影响，荣格在回忆中写道："智慧老人的原型所洞察的是永恒的真理……我对于我自己越是感到不确定，越是有一种内在生发的，与所有的存在均有联系的感觉。事实上，似乎那长期以来使我脱离于世界的疏离感，已经转化为我内在的世界，同时展现出一种意外而新颖的我自己。"

在此，荣格用"智慧老人"（wise old man）来形容我们内在所具有的有关意义与智慧的原型意象（archetypal images）。在荣格的心理分析体系中，他所提倡的男人阿尼玛[1]发展到最高阶段的索菲亚形象，以及女性阿尼姆斯[2]发展到最高阶段的赫耳墨斯形象，都在不同程度上具有这种"智慧老人"的意义。

图 6-1　西格蒙德·弗洛伊德

图 6-2　卡尔·古斯塔夫·荣格

1　阿尼玛（Anima）是荣格用来形容男人内在的女性存在的原型意象，其最高发展阶段为索菲亚，属于男人内在的创造源泉。

2　阿尼姆斯（Animus）是与阿尼玛相对应的一个概念，象征着女人内在的男性成分，其最高发展阶段为赫耳墨斯，充满灵感与创造的形象。

第二单元　心理咨询洞察分析的步骤

一、学习目标

了解心理咨询洞察分析的实施步骤。

二、基本概念

（一）洞察力的三步骤

知道了什么是洞察力后，重要的是要学会如何进行洞察，即在心理咨询的过程中，如何洞察到本质，并运用这些洞察帮助来访者实现对自我的领悟。

弗洛伊德等人都认为，洞察就是透过现象看到本质。可见，观察现象是实现洞察的第一步。洞察的第二步，就是综合这些观察到的现象，找寻其背后的意义及它们之间的联系，洞察到现象背后的本质。洞察的第三步，是运用自己洞察到的内容，帮助来访者实现新的领悟，增进其对自我的了解（图 6-3）。

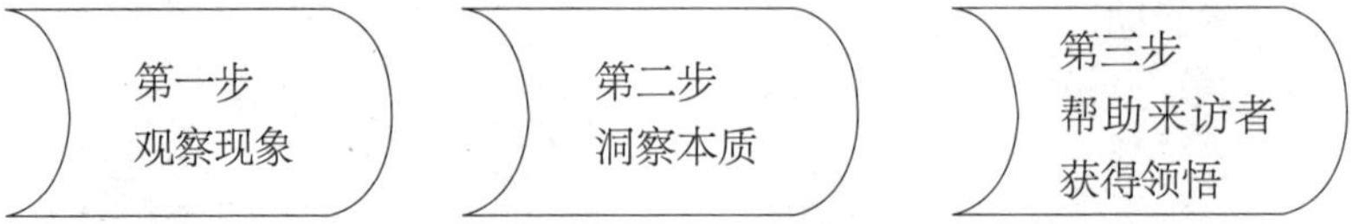

图 6-3　洞察三步骤

1. 观察来访者的行为表现

观察现象是指在咨询过程中，咨询师对来访者的言语表现和行为表现进行观察。

来访者的言语表现和行为表现是咨询师能够接触到的直接信息。咨询室里来访者的任何表现都是有意义的，是来访者内心状态的表达，因此，观察来访者的表现，是咨询师深入了解来访者，实现洞察的首要步骤。

对来访者的言语表现进行观察，是指在咨询过程中，咨询师对来访者所讲述的内容和主题以及来访者的语气、语调等进行观察。在对来访者的言语表现进行观察时，咨询师首先要对来访者讲述的内容感兴趣，关注来访者讲述的故事及主题。但是，咨询师还要注意，有一些信息是特别需要关注与识别的，它们能提供对洞察来说更重要的信息。这些方面包括：来访者讲述的故事，其言语中的真假信息，来访者言语中不一致的信息，以及来访者言语中主题、情绪等出现转折的地方。

其实，在咨询过程中要做到洞察，咨询师除了要对来访者的言语表现进行观察，还要对来访者的行为表现进行观察。这样，才能更全面地掌握来访者的信息，实现更深刻的洞察。

观察来访者的行为表现，是指在咨询过程中，咨询师对来访者的表情、动作、姿势和行为进行观察。在这个过程中，咨询师要观察来访者的各种外部行为和情绪表现，以获得足够多的信息。在这些信息中，有一些是需要咨询师特别注意的，它们能够帮助咨询师更好地洞察到来访者的内心。这些方面包括：来访者重复的行为，与言语表现不一致的行为表现和行为表现中的转变（表 6-4）。

表 6-4 来访者行为观察方面

观察方面	具体描述
观察行为重复	来访者的重复行为，可能会体现出其思维方式或核心信念，可能是其未完成事件或无意识内容的表现。
观察行为失调	来访者的行为或言语表现不一致的地方，可能表明来访者现在正处于一种相对混乱的状态，也可能是来访者未能真实地表达自己的表现。
观察行为转变	来访者出现的行为转变，可能是来访者内心状态发生转变的外部表现。咨询师需要敏锐地关注到这些，才有可能针对其做进一步的探讨，产生新的洞察。

下面这个案例中，来访者就出现了行为表现与言语表现不一致的情况。

案例 6–2

> 岳晓东：这一周的家庭作业完成得怎样呢？
> 来访者：嗯，这一周我真的太忙了，所以没能完成……
> 岳晓东：不知道你有没有注意到，这是你第三次没有完成作业了。我一直都听到你说，你很愿意跟我合作，很想改变和成长，但是从完成作业的情况来看，我似乎感受不到你有强烈的改变意愿。能说一说是因为什么吗？
> 来访者：很抱歉，我觉得这些作业似乎没有多大用处，所以不太想做。

点评：在这个案例中，来访者开始并不愿意告诉咨询师他对所布置的作业的真正感受和看法，但是咨询师敏锐地观察到了其言语与行为表现中的不一致，对其进行面质，来访者才说出了内心真实的想法："觉得这些作业似乎没有多大用处，所以不太想做。"

2. 洞察来访者的内心活动

首先，在心理咨询过程中，咨询师要对来访者的核心信念进行洞察。

理性情绪行为疗法认为，个体的信念决定了个体所产生的情绪和采取的行动，在这些信念中，起决定作用的是个体的核心信念。它由一些"应该""应当"和"必须"组成。这些核心信念有"我必须得到生活中所有重要他人的喜爱和赞赏""我必须出色地完成那些任务""因为我强烈地希望人们体贴和公平地对待我，他们就必须这样做""如果我不能得到我想要的，那就太糟糕了，我无法忍受"等。下面这个案例很好地体现了洞察来访者核心信念的过程。

案例 6–3

来访者，男，38 岁。

> 来访者：我妻子自从参加俱乐部之后，就开始晚回家。那个俱乐部离我们家只有半个小时的路程，她的课程 6 点就结束了，但是她现在每天都 7：30 左右才到家。
> 岳晓东：当你的妻子晚回家时，你的感受是什么呢？

来访者：我觉得焦虑。
岳晓东：焦虑什么呢？
来访者：嗯，我想知道没回家的这段时间她在做什么。
岳晓东：你觉得她可能做什么呢？
来访者：她可能会跟别人约会。我的妻子是一个相当有吸引力的女人。
岳晓东：好。假设其他人发现了你妻子的魅力，那么，是什么激起了你的焦虑？
来访者：哦，她可能会遇到发现她有魅力并劝她离开我的男人。
岳晓东：如果她也那样做了呢？
来访者：我的天！那太糟糕了！我无法忍受，我永远找不到另外一个像我妻子那样好的女人了，因此我再也不会快乐了！

除了要洞察来访者的核心信念外，还需要对来访者真正的情绪进行洞察。来访者外显的情绪并不一定是其真正的情绪，他们可能会压抑自己的情绪，也可能故意隐藏自己的情绪。作为咨询师，就需要洞察到来访者的真正情绪。

人类产生特定的情绪往往有其特定的原因，明确这些对于咨询师把握来访者的情绪非常有用。下面我们用一个表格来学习一下人类通常会出现的情绪都有哪些可能原因（见表 6-5）。

表 6-5 人类通常出现的情绪表现及其原因

情绪表现	导致这种情绪的原因
悲伤或忧郁	失落的思想：失恋、丧偶、失业或没有实现某个重大的人生目标。
内疚或羞愧	相信自己伤害了某人，或生活没有达到自己的道德标准。 内疚是自责的结果，而羞愧包含着一旦别人发现了你自己的行为之后你会感到丢脸的担忧。
愤怒、烦躁、厌恶	感觉某人待你不公正，或想占你便宜。
挫折或沮丧	没有达到自己期望的要求。坚持认为，事情应该是另一番景象，它既可以指你自己的表现（“我不该犯那个错误”），也可以指别人的行为（“他应该准时”），或是某一事件（“为什么每当我有急事时，交通总是拥堵的”）。

续表

情绪表现	导致这种情绪的思想
焦虑、担忧、害怕、紧张、恐惧	因自己断定某件坏事即将发生，相信自己处于危险之中——“要是飞机坠毁的话，后果将会怎样呢？”“在那么多人面前发言时，万一我脑子一片空白该怎么办？”“假如这次胸口的隐痛是心脏病的预兆，那该如何是好呢？”
自卑感或无能感	把自己同别人相比，断定自己不如别人，因为自己没有别人能干、迷人、漂亮、成功、聪明。“她简直是无可挑剔的，她真漂亮。任何一个男子见了都会迷上她的。可我貌不惊人，才智平平，没有一点儿值得炫耀的地方。”
孤独感	自以为命中注定自己是不幸的，因为自己是孤独的，无法从别人那里得到足够的爱和关怀。
绝望或泄气	确信自己的问题将始终存在下去，情况永远不会有所好转。“我将永远克服不了这种忧郁”或“我就是没法减少体重，我没有恒心”或“我将永远找不到一份工作”“我将永远孤独”。

案例 6–4

下面这个案例中，我洞察到来访者心底的情绪，进行了情感反应，促进来访者靠近自己内心的真实感受。

来访者：有一次，爸爸在外面受了领导的批评，心里很烦，喝了很多酒，回来就打我妈和我。他拿起一只杯子就往我头上砸，我当时就觉得头轰的一下，好一会儿才清醒过来。

岳晓东：想象这样的场景，我都会觉得害怕和难过。但是我看到你在笑。想到这些你的感受是什么？

来访者：我可能是习惯了吧，没有什么特别的感受。

岳晓东：哦，这样啊。但是当我想到 9 岁的你面对那样的爸爸时，觉得有些心酸。

来访者：（久久不语，开始流泪）。

点评：

通过来访者的言语表现和行为表现，咨询师都可能对来访者的行为模式有所洞察。通过来访者讲述的故事，可以发现来访者在遇到不同的事情时，常常会不自觉采用的应对方式。

此外，来访者常常带着很多问题或困惑来到咨询室，它们可能有主要和次要之分，也有根本和表面之分。只有主要问题和根本问题，才是解决来访者所有问题的关键，解决了它，来访者的其他问题可能就迎刃而解了。有时候，来访者最先向咨询师暴露的问题并非主要问题，这就需要咨询师在了解更多信息的基础上，洞察其主要的问题，并抓住这一问题。

最后，来访者的行为表现往往有其内在动机，是某些内在需要未能得到满足的结果，或存在某些心理缺失的表达。马斯洛曾经把人的需要分成五个层次，最低一层是生理需要，然后是安全需要，归属和爱的需要，尊重需要和自我实现的需要。如果最基本的需要很紧迫，其他需要就会处于压抑状态，而满足这一需要便会成为行为的动机。

案例 6–5

来访者小晨，男，7 岁。

岳晓东：我发现，你在咨询室里是一个很乖巧的孩子，那么，为什么你在家里常常哭闹呢？能告诉我为什么吗？
来访者：我也不想，但是我很听话的时候，爸爸和妈妈没有人会理我，我常常要一个人待着。只要我一哭闹，他们就会过来陪我。
岳晓东：我想，你很想你的爸爸和妈妈能够多关心你，是吗？
来访者：是啊，爸爸、妈妈太忙了，可是我很想跟他们一起多待一些时间。

点评：

在这段对话中可以发现，哭闹是小晨获得父母关心的一种手段，虽然他自己未必知道。

案例 6-6

来访者：我那个时候就觉得妈妈很辛苦，很不容易，爸爸生病，她要照顾爸爸，还要照顾我们四个孩子。所以我常常想要去帮帮妈妈，陪着妈妈。
岳晓东：嗯，我觉得真的好不容易啊，那么小的你，怎么会知道要去帮妈妈，要去陪妈妈呢？
来访者：我就觉得妈妈挺辛苦的，我应该去心疼她，去爱她。我要做得比别人好，让妈妈过得开心一些。
岳晓东：嗯，能够来寻求帮助是有勇气的行为，而且是你改变的开始啊。
来访者：我觉得小时候的我真的挺可爱的，也很懂事。

点评：

在这段对话中，我看到了来访者经历中的不容易，并没有直接告诉来访者这一点，而是通过两个问题让来访者洞察那段经历给他个人带来的成长，更使其感受到了这份经历的宝贵。

3. 实现来访者的领悟

洞察的第三步是咨询师运用自己洞察到的内容，帮助来访者实现对自我的新的领悟。

咨询师在运用自己所获得的洞察时，并不是说咨询师洞察到什么，然后就将其直接告诉来访者，而是要运用多种咨询技术，帮助来访者自己获得领悟和成长。通过下面曾经使用过的例子来看看咨询师如何一步步将自己的洞察传递给来访者。

案例 6–7

咨询对话	情境分析
来访者：我觉得婆婆小题大做了，什么都管，连我的地毯放在哪里她都要管，还老指责我做得不对。我受不了她了，但是我又不能冲她发火，毕竟她是老人啊。我觉得我快受不了了，我想离婚，离了婚，我就不用面对她了。	
岳晓东：听起来，你已经觉得忍受不了了，在你婆婆身上，你最忍受不了的是什么呢？	通过解析提问，帮助来访者明确她受不了的不是婆婆这个人，而是婆婆的某些行为或品质。
来访者：她指责我，想控制我，是我最不能忍受的。	
岳晓东：生活中在其他时候有没有像这样被指责和控制到如此不能忍受的程度？	使用提问技术，把这一情境与生活中其他时候联系起来，帮助来访者看到自己这一反应的更多背景信息或意义。
来访者：有，在我爸那儿。	
岳晓东：当被爸爸指责或控制的时候，你是怎么做的呢？	具体化提问，了解更多信息。
来访者：我没有办法啊，只有冲自己发泄。实在受不了了就用头撞墙。小的时候特别怕他，但是现在其实心里特别恨他，又不敢反抗。	
岳晓东：哦，是这样。特别恨爸爸指责或控制你，但是又不能跟他表达。	使用重述，帮助来访者明确其应对方式。
来访者：我特别讨厌婆婆指责、控制我，跟我讨厌爸爸有关系吗？	
岳晓东：你自己怎么感觉的呢？	通过提问，促进来访者思考与澄清二者的关系。
来访者：好像是这样的。也许我得先处理我跟爸爸的问题。	

总之，咨询师运用自己获得的洞察内容来帮助来访者实现领悟，需要运用多种咨询技术，促进来访者自己去思考、探索与发现，而不是将自己洞察到的内容直接告诉来访者。

三、相关知识：我的心理咨询故事——洞察力就是“开心眼”[1]

我第一次感受洞察力是在给一位名叫莫妮卡的哈佛学生做咨询中获得的[2]。莫妮卡找我咨询是因为她自我感觉在哈佛大学很不适应，所以想转到她家乡附近的一所很平常的学校求学。对此，我最初的做法是想方设法地帮助莫妮卡树立必胜的信念，闯过最初的学习难关，打消转学的念头。但没过多久，莫妮卡就不来找我了（从专业上来讲，这是阻抗的表现），这令我大惑不解。

在接受杜希的督导时，我谈了我的这份困惑和挫败感。杜希详尽地问了我一系列问题后对我说：“我想你是陷入了莫妮卡为你设置的一个陷阱中了。”

“什么陷阱？”我急切地问。

“以我的判断，莫妮卡之所以想从哈佛大学转学，一定有什么隐情没有被解开。”杜希回答，顿了一下，他接着说，“而你却一味地要她树立信念，增强信心，难怪她会对你产生阻抗反应。”

“那莫妮卡为什么要从哈佛转学呢？”我不假思索地反问。

“这——”杜希想了想说，“这就需要你在咨询中多听少说，多探究少评论，多站在对方的立场想问题，而不是光想着一定要完成你的咨询计划。”

我深深地点头，接着问：“那你说我现在该做什么呢？”

“我想你应该主动与莫妮卡联系，而且在咨询中少谈论怎样让她在哈佛大学留下来，多谈怎样才能使她过得更开心。这样谈下去，我想你一定能找到答案的。”杜希明确地说。

1　岳晓东：《登天的感觉：我在哈佛大学做心理咨询》，民主与建设出版社，2018。

2　莫妮卡是《登天的感觉：我在哈佛大学做心理咨询》中“我想从哈佛转学”的案主，她因对姐姐的愧疚感而不能享受生活的成功，形成特殊的心理障碍。我通过使用“格式塔”疗法帮助其克服心理障碍，让她最终得以享受在哈佛大学的学业。

按照督导的建议，我主动邀请莫妮卡再来见我，并请她多讲生活，少讲学习。渐渐地，我发现了莫妮卡执意从哈佛大学转学，是源自她一块难以明言的心病：当年她要求姐姐代她与男友约会，姐姐因此遭遇交通事故，身体瘫痪[1]，所以她生活越是成功，内心就越感到对不起姐姐。当她感觉与姐姐一样平常时，内心才感到平静。换言之，莫妮卡想从哈佛转学，不是因为学习不适应，而是心里的愧疚在作怪。所以，莫妮卡能否在哈佛大学留下来，关键取决于她是否能与姐姐真心沟通，走出愧疚感的心牢。这便是此次心理咨询的洞察。

通过这次咨询，我充分感受到，心理咨询远远不止帮助来访者树立信念，增强信心。它需要人们具有敏锐的洞察力，透过现象看本质，化无意识为有意识，从而更好地认识自我，接纳自我，战胜自我。

第二节 心理咨询洞察能力的操作

第一单元 心理咨询的情绪洞察技术

一、学习目标

了解心理咨询洞察分析之情绪洞察能力的表现。

二、基本概念

（一）情绪洞察（insight of emotional reactions）

人是情绪化的动物。在心理咨询中，只有准确地洞察来访者的情绪变化以及情绪的表现形态，才可以深入这些情绪的背后，掌握触发这些情绪的思想、行

1 莫妮卡上中学时，一次因身体不适而不能和一个很抢手的男孩子约会，于是她力求双胞胎的姐姐代她去。未承想那男孩子在骑摩托时发生交通事故，折断了姐姐的脊梁骨，致使其身体瘫痪。

为、事件等，从而更好地对症下药，帮助来访者调节情绪，恢复健康心态。由此，心理咨询师要了解情感（绪）表露/表达与内心世界的关联，以便准确地辨认或识别来访者情绪表露背后的动机和成因。表 6-6 列举了人类通常的情绪表现及其形成原因。

（二）情绪洞察操作的注意事项

在情绪洞察当中，咨询师要注意以下几个方面（见表 6-6）：

1. 注意肢体语言

咨询师要在与来访者的交谈中，充分注意观察对方的面部表情、肢体动作、神态变化等，以深入体察来访者的内心感受。同时，咨询师还要注意来访者言语中的关键词，从中洞察其情绪表现。

2. 识别掩饰性情绪反应

咨询师在与来访者的交谈中，要注意识别来访者情绪反应的真实性与可靠性。一般来说，一个人开心时会面露笑容，伤心时会哭泣不已。但人有时为了驱散烦恼与伤心，会面带笑容地讲述自己的悲痛事件，这种掩饰性情绪反应未必是心理健康的体现，而是自我克制的表现。久而久之，有可能导致来访者情绪崩溃，患上抑郁症。由此，咨询师要有意帮助来访者宣泄不良情绪，清除情绪垃圾。

3. 把握好同感的尺度

咨询师要在与来访者的交谈中，防止自己做出过分认同或不认同对方的情绪流露。过分认同来访者的情绪流露会给人不真实的感觉，像是跟自己的父母在对话（如来访者在讲述失恋、离婚而痛哭时，咨询师也跟着痛哭）；过分不认同来访者的情绪流露会令人感觉咨询师很冷漠，像是在与律师对话。这些都不是正常的同感共情表现。

4. 通过心理测量来确定

咨询师要在与来访者的交谈中，通过让对方做特定的心理量表来确定其情绪表现，如使用《罗森伯格自信量表》《斯皮尔伯格考试焦虑量表》《贝克抑郁自评量表》《明尼苏达多项人格量表》等，都能够起到确认情绪反应真实性的作用。

表 6–6 情绪洞察关键词（部分）

词语	简单定义	事例
负面情绪	指个人的痛苦情绪体验，包括抑郁、焦虑、烦躁、仇恨等	如在失恋、丧亲、激烈争执等负性生活事件中的痛苦体验
正面情绪	指个人的愉悦情绪体验，包括喜悦、兴奋、期待、激动等	如在经历正性事件时的喜悦或在经历负性生活事件时体验主观幸福感等
消极心态	指个人的悲观情绪体验，包括绝望、无助、气馁、自暴自弃等	如面对负性生活事件所表现出来的悲观、失望、绝望的情绪体验
积极心态	指个人的乐观情绪体验，包括希望、自信、决心、自我期盼等	如面对负性生活事件所表现出来的乐观、希望的情绪体验
掩饰作用	指个人表现出来的情绪体验与真实的心态不一致	如在面对正性或负性生活事件时所表现的与之相反的情绪体验
调适功能	指个人为了改变心态而做出的努力	如面对负性生活事件而调整心态所做出的努力

＞咨询师宝典秘籍谈 16　寻找灾难化思维切入点

寻找灾难思维：遇着麻烦就感觉糟糕透顶、一溃到底。

寻找黑白思维：看问题非白即黑、非彼即此。

寻找偏见：看问题缺乏事实依据，单凭个人厌恶。

寻找偏好：看问题缺乏事实依据，单凭个人喜好。

寻找自动化思维：看问题呈连锁反应 / 条件反射。

寻找成因：看问题很容易受之前负性事件、挫败经历的影响。

岳晓东寄语：

非理性思维就是傲慢与偏见，而且会不断泛化，成为未完成的事情。

拓展阅读 6-1　黛玉因自卑情结而情绪低落[1]

从表面上看，黛玉是一个小心眼的人，平时爱使小性子；从深层次看，这是因为她对爱情没有安全感，渴望占据宝玉的全部心思。黛玉一旦感觉失去了宝玉的关注，就会焦虑不安，失去平日的气度，对宝玉斤斤计较，事事苛责。再进一步说，黛玉爱情焦虑的根源是自己内心深处无法克制的自卑感。

在心理学上，自卑情结是指个体的一种软弱、无能、低劣或自感不如别人的复合心态。它使人自我评价偏低，时常自愧无能，自怨自艾，悲观失望。林黛玉是姑苏才子林如海与贾敏的女儿，林如海曾是探花，升至兰台寺大夫，又被钦点为扬州巡盐御史，而贾敏是荣国府中贾母的女儿，贾政的亲妹妹。由此，黛玉本是出身“钟鸣鼎食之家，诗书翰墨之族”的大家闺秀。但母亲在黛玉幼年时就离世了，贾母念其孤苦，便接来荣国府抚养。可没多久其父亲也病故了，黛玉就长住在荣国府。对于又是皇亲国戚又有高官厚禄的荣国府，黛玉是步步留心，时时在意，轻易不肯多说一句话，多行一步路，唯恐被人耻笑。总之一句话，寄人篱下的日子不好过。

虽然林黛玉深得贾母的喜爱，但毕竟是外孙女，身份上比不得作为孙女的“四春”，而在外戚中，林黛玉又比不上拥有百万家财的薛宝钗，甚至比不上同是父母早亡的史湘云，尽管她也只是贾母的侄孙女，却还有叔叔婶婶来抚养。对于林黛玉来说，除了荣国府，她举目无亲，万一出了岔子得不到荣国府的抚育，她将走投无路。凡此种种，都使得黛玉不得不谨小慎微，变得敏感而自卑。如在《红楼梦》第二十六回中，黛玉想到“虽说是舅母家如同自己家一样，到底是客边。如今父母双亡，无依无靠，现在他家依栖。如今认真淘气，也觉没趣”。此外，黛玉早年是父母的掌上明珠，而后却是寄人篱下的孤女，这一落差感也时刻伤害着黛玉的自尊，令她更加消极地看待自己。

黛玉的自卑情结使她常常表现得孤高疏离、多疑脆弱。爱情是一种平衡结构，其核心成分是自信。可悲的是，黛玉带着满腹的自卑展开了与宝玉的爱情。

1　岳晓东：《红楼梦人物心理分析与情感世界》，机械工业出版社，2012。

这使得她看自己极度不自信，看宝玉极度不信任，使原本甜美的爱情变成了折腾彼此的怨情。

黛玉的自卑情结还使她对自己的言行极度敏感，生怕被别人看低。如在《红楼梦》第三回中，众人初见黛玉，见她有不足之症，便询问为何只服药却不疗治，黛玉道："我自来是如此，从会吃食时便吃药，到今日未断……"黛玉的答非所问和"自来是如此"，可以略微地看出黛玉怕被众人轻视的高姿态。在《红楼梦》第七回中，周瑞家的给黛玉带来了宫制堆纱新巧的假花儿，黛玉看了便问道："是单送我一人的，还是别的姑娘都有呢？"周瑞家的道："各位都有了，这两枝是姑娘的了。"黛玉冷笑道："我就知道，别人不挑剩下的也不给我。"这话一出，黛玉的敏感可见一斑，她生怕自己受到别人的轻视而不断揣摩别人的言行。

事实上，最轻视黛玉的恰恰是她自己，她的自卑使她深陷抑郁的泥潭，很难体会到生活的乐趣，也使得她与宝玉的爱情之路走得异常曲折。

三、相关知识：比昂的洞察力

威尔弗雷德·鲁普莱希特·比昂是英国著名的精神分析大师，曾任英国精神分析学会会长。他与法国精神分析大师雅克·拉康并称为"精神分析的怪才"，以大胆断言而闻名于世。下面是他的一段咨询记录，充分表现了其洞察力。

一位患者沉默了30分钟后告诉比昂，他听到了铁块落到地板上的声音。比昂对此的解释是，患者害怕看到自己内心有些什么。患者说他害怕被谋杀。比昂接着解释说，这是因为，嫉妒会让患者把咨询师和自己变成内心的一部分。

听完比昂的解释后，患者变得十分焦虑，无法继续进行分析。

比昂认为，患者此时的焦虑恰好说明其解释得很准确。

>咨询师宝典秘籍谈 17　心理咨询洞察的 4 个思考题

1. 是什么（问题呈现的定性与概念化）：

个人行为表现、人格状态、情绪模式、人格障碍、精神疾患。

2. 为什么（问题形成的探究与思索）：

个人生活经历、家庭沟通模式、自我的思维行为模式。

3. 会怎样（问题发展的趋势与过程）：

个人行为模式的养成、延续与后果、自我成长方向等。

4. 怎么办（问题该怎样加以化解）：

咨询的思路与套路、有针对性的咨询方法、个人资源的调动等。

岳晓东寄语：

心理咨询师没有洞察能力，就像医生没有诊断能力。

第二单元　心理咨询的认知洞察技术

一、学习目标

了解心理咨询洞察分析之认知洞察能力的表现。

二、基本概念

（一）认知洞察（insight of cognitive styles）

在心理学中，认知是指一个人对某一事件的认识和看法，包括对过去事件的评价，对当前事件的解释，以及对未来发生事件的预期。认知作为理性的心理活动，对人的情绪、情感、动机和行为，有较强的调控作用。认知洞察可分为心理暗示的洞察、非理性思维的洞察和移情的洞察。下面详加描述。

1. 心理暗示的洞察

暗示在我们的日常生活中，是最常见的一种认知现象。它是人或环境以非常自然的方式向个体发出信息，个体无意中接收了这种信息，从而做出相应的反应的一种心理现象。巴普洛夫认为：暗示是人类最简化、最典型的条件反射。美国心理学家康克林提出，暗示就是人的认识作用不加批判地接受，这种接受即表现为一种信仰或行动的态度。

暗示可分为自我暗示与他人暗示两种。自我暗示是指个人使某种观念影响到自己，对自己的心理施加压力，使情绪与意志发生作用。例如，有的人从镜子里看到自己脸色不太好看，就马上暗示自己得了肾病，感觉全身无力、腰痛，不能上班，甚至到医院就医。而有的人在镜子里看到自己脸色不好，就暗示自己要加强户外活动，多做运动，并努力感受周围的新鲜空气，于是便振作起来，高高兴兴地去工作了。他人暗示，是指个体与他人交往中产生的一种心理现象，别人使自己的情绪和意志发生作用（见图 6-4 和表 6-7）。

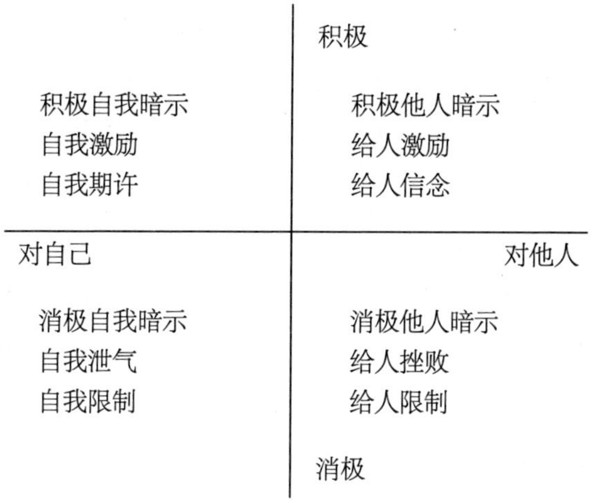

图 6-4 暗示类型图

表 6–7　暗示类型[1]

类型	突出特点	突出表现	突出结果	代表人物
积极自我暗示	相信自我的能力和命运	目标明确 不断努力	自我期盼效应	刘备自信可以匡扶汉室，一统中原
消极自我暗示	不相信自我的能力和命运	缺乏信念 处事犹豫不决	自卑 自我疑惑	刘禅不相信蜀军可以抵御邓艾的进攻
积极他人暗示	使别人相信自我的能力和命运	被自信 被行动起来	期盼效应	诸葛亮用激将法促使孙权下定决心抗曹
消极他人暗示	使别人不相信自我的能力和命运	被自卑 被放弃行动	自卑情结 自我放弃	刘璋接受劝说放弃抵御刘备的进攻

拓展阅读 6–2　刘备是自我期盼的 NLP 大师[2]

据《三国志》记载，刘备为西汉景帝之子中山靖王刘胜的后代。他少时丧父，与母亲以编卖草席、草鞋为生。所以刘备虽贵为皇宗后裔，但到他这一代，已与平民无异，并终日为解决温饱忙碌。但毋庸置疑的是，刘备的皇亲身份不仅给了他后期争霸时的民意支持，也奠定了他自命不凡的基础。

刘备的自我期盼主要有两点：一是确信自己出身不凡，将来必有大用；二是期盼自己能担当起匡扶汉室的重任。《三国志》记载，刘备儿时家中有株大桑树，遥望见如同车盖，刘备与同宗小儿于树下玩耍时曾说："我将来一定会坐有羽饰华盖的车。"其叔父刘子敬听到后，当下斥责他："不许胡说，你想招来灭门之祸吗？"由此可见，刘备自小胸怀大志，对未来有着强烈的自我期盼。

刘备 23 岁时，跟随邹靖讨伐黄巾军，立下战功，曾被任为安喜尉。30 岁时，刘备加入了讨伐董卓的战争，力图除汉贼，兴汉室。再后来，刘备的势力逐渐壮大，便依附陶谦，并且答允陶谦的弥留之言——荣耀朝廷，施恩惠给百姓，

1　岳晓东：《三国人物心理分析与职场生存》，机械工业出版社，2010。
2　同上。

并建立君王的功业，曾一度领徐州州牧。

刘备 38 岁时，汉献帝刘协因曹操滥权，诏令其岳父董承联络他人诛杀曹操。刘备接到密旨后假装示弱，借机脱离曹营，投靠袁绍，以图连同地方势力一起反曹。在袁绍官渡之战败于曹军后，刘备又投靠刘表，并屯兵新野。但刘表对刘备也不予重用，这大大相悖于他的自我期待。一次与刘表饮酒，刘备到厕所时发现大腿变粗，便与刘表感叹说："我曾亲身征战四处，戎马生涯时身不离鞍，更未见赘肉。现在不再征战，在荆州安逸数年，而逐见大腿赘肉渐生，在荆州无所为用，争战半生理想仍未成、国家仍未平，不禁为之叹息、感殇落泪。"由此可见，刘备纵然身处逆境，仍对自己有很高的期盼。只是碍于现实的无奈，暂时无法实现。

刘备 59 岁时，终于占据了荆、益两州，自称汉中王。两年后，在谣传汉献帝被加害的第二年，诸葛亮、许靖、黄权等人上书劝刘备即帝位，以续东汉之大统。刘备在成都登基，国号仍为"汉"，史称蜀汉。一年后，刘备因为关羽被杀，执意发兵东吴，遭到陆逊的抵抗，只得退守白帝城，并病终于此。在刘备传奇而动荡的一生中，他虽未能成就大业，但其强烈的自我期盼却浩气长存。

用时下的术语来讲，刘备是一位 NLP 大师，他把个人的成功培训做到了家，以此感染了一批人跟随他走四方，追逐成功的梦想。

2. 非理性思维的洞察

非理性思维（irrational beliefs）由美国著名心理咨询大师，"理性情绪疗法"的创始人阿尔伯特·艾利斯提出。它泛指个人思维中不合理、不符合逻辑的信念，它会使人逃避现实，自怨自艾，不敢面对现实中的挑战。人们长期坚持某些不合理的信念时，便会得到不良的情绪体验。而当人们接受更加理性与合理的信念时，其焦虑与其他不良情绪就会得到缓解（表 6-8 ）。

表 6–8　非理性思维表现

表现	定义	事例
绝对化要求	对人或事都有绝对化的期望与要求	考试一定拿到满分，否则就不是好学生
过分概括	对一件小事做出夸张、以偏概全的反应	一次考试没考好，所有考试都考不好了
糟糕透顶	对一些挫折与困难做出强烈的反应，并产生严重的不良情绪体验	一次考试没考好，就觉得自己彻底不行了，要等待来年再考

拓展阅读 6–3　考生的六大非理性思维表现[1]

1. 非白即黑，非此即彼：

凡事从一个极端走向另一个极端，假如某种情况未臻完美，就认为是个彻底的失败。如：“我没有考上大学，那我的一生就完蛋了。”

2. 灾难式的心理过滤：

总爱挑出某个事件的消极因素，并把它不着边际地夸大，将问题朝最坏的方向去想。如“我不受欢迎。”——其实只不过是某一个人批评了你，而你却连其他人的微笑也看不见了。

3. 以偏概全：

将偶尔发生过的消极事件看成无止境的，认为它会经常发生。如“我从来就没有考过好成绩”“我总是运气不好”。

4. 给好事打折扣：

拒绝积极的经验，认为那些好事“不算数”“没什么”。如即使自己完成了任务，仍认为不过是运气好，自己做得并不好，别人也能做到，甚至会做得更好。

5. 胡乱预测结果：

1　岳晓东：《高考超常发挥和心理暗示》，上海人民出版社，2007。

事情还没有发生或还没有结果，就主观臆断地对事态发展做了消极的推测与断言。如考试还没考，就说：“我肯定完了。”“要是我不及格，怎么办？”等。

6. 乱贴标签：

责怪自己：“我是笨蛋。”“我是个坏蛋。”“我没有一点良心。”

3. 移情的洞察

在精神分析理论中，移情被视为一种投射。弗洛伊德认为，人类总是把过去生活中对某些人的感知和体验安到新近相识的人身上，这就是移情。在生活当中，移情者会将自己内在的情感或心情转移到某个对象那里，形成某种积极（比如依恋）或消极（比如憎恨）的感情体验。这基本上是一种一厢情愿的行为，和同感有着本质区别。移情有正向和负向之分，也有他（人）对己（移情）和己对他（人）（反移情）之分（图 6-5、表 6-9）。

图 6-5 移情类型图

表 6–9　移情类型分析

类型	突出特点	突出表现	突出结果	代表人物
他人偏好	莫名就十分喜欢某人	不辨是非 偏心眼	正向移情 格外宠信	刘备因关羽而喜欢魏延
他人偏见	莫名就十分厌恶某人	不辨是非 偏信歧视	负向移情 格外厌恶	诸葛亮因关羽而厌恶魏延
自我偏好	莫名就十分赏识自己	自我陶醉 看自己什么都好	正向反移情 自恋	祢衡的极度自我陶醉
自我偏见	莫名就十分厌恶自己	自我嫌弃 看自己什么都差	负向反移情 自卑	袁绍官渡之战兵败后的自暴自弃

移情是心理咨询过程中的正常现象，通过移情，我们可以更好地认识对方，并运用移情来宣泄对方的情绪，引导对方领悟。移情是治疗过程中的过渡症状，咨询师应鼓励来访者宣泄自己压抑的情绪，充分表达自己的思想感情和内心活动。来访者在充分宣泄情绪后，会感到放松，再经咨询师的分析，得以领悟后，心理症状会逐渐缓解。

关于对移情的洞察，还会在第九章中有深入的描述。

拓展阅读 6–4　诸葛亮对魏延有“云长—文长移情”[1]

魏延一生，成也关羽，败也关羽。刘备宠信魏延，是正向的移情表现：诸葛亮反感魏延，则是负向的移情表现。那么魏延与关羽有什么相似之处呢？下面的表展示了两人在姓名、外貌、个性和兵器使用上的相似之处。

1　岳晓东：《三国人物心理分析与职场生存》，机械工业出版社，2010。

姓名	关羽	魏延
字号	云长	文长
外貌	面如重枣，丹凤眼，卧蚕眉。(《三国演义》)	身长九尺，面如重枣，目若朗星。(《三国演义》)
兵器	青龙偃月刀	大刀
个性	羽善待卒伍而骄于士大夫。(《三国志·关羽传》)	善养士卒，勇猛过人，又性矜高，当时皆避下之。(《三国志·魏延传》)

由此，刘备宠信魏延。在建安二十四年称汉中王时，刘备曾撇开三弟张飞而提拔魏延做汉中太守。诸葛亮之所以讨厌魏延，也是因为魏延像关羽一样刚愎自用，令诸葛亮感觉很不舒服。

诸葛亮平生办事以谨慎为本，最忌讳见那种口出妄言之人。关羽贵为刘备二弟，又是名震华夏的大将，诸葛亮不得不敬他三分。但魏延是后来之人，诸葛亮断无敬他之理。所以诸葛亮有机会就会打压他的气焰，表面上是在提醒魏延，潜意识中却是在宣泄对关云长的怨恨。用时下的术语来讲，诸葛亮对魏延长期实施着职场冷暴力。

想当初，关云长没有贯彻诸葛亮之"北拒曹操，东和孙权"的策略，结果腹背受敌，失去了荆州要地，不但赔了自己的性命，也使刘备、诸葛亮克复中原、匡扶汉室之大计严重受挫。云长人已死，不可追究，而今文长说话办事有如云长复生，能不使诸葛亮心生厌烦吗？诸葛亮每每出川，都要远涉祁山月余才能抵达渭水一带，而如果荆州不失，蜀军由荆州出击许昌，不过数日路途。

可魏文长又偏偏不识相，屡屡提出要孤军奋战，且不谈其胜算把握如何，就是其粮草供给也难有保障。这岂不又是关公当初动不动言以五百小校而取大城池之狂妄吗？想到这里，诸葛亮怎能不烦恼？诸葛亮之"云长—文长移情"就是这般形成的，其天长日久必然对魏延产生一股说不出的厌感来。由此，诸葛亮打压魏文长，其实也是在打压关云长当初的自傲气焰。诸葛亮明知蜀军除了自己当数魏延最有智谋，却在临死之际，故意举魏延的死对头杨仪做主帅，这分明是在逼魏延造反！

纵观诸葛亮对于魏延的一系列不公正对待，回溯到其与关云长之间的矛盾，我们就会对诸葛亮的移情表现深有体会了。所以说魏文长这一生，是成也云长，败也云长！

（二）认知洞察的注意事项

1. 注意分清认知洞察与意识洞察的差异

虽然意识洞察与认知洞察都是在分析来访者的特定认识与思维方法，但两者在以下方面有所不同：意识洞察是依照心理动力学[1]的思路（包括弗洛伊德的精神分析理论、荣格的分析心理学理论、阿德勒的自体理论等），力图寻找来访者本我、自我、超我的互动关系及其在不同意识层面的作用；而认知洞察则依据认知疗法的思路（包括艾利斯的理情疗法、格拉泽的现实疗法、霍姆的认知领悟疗法等），力图认清来访者特定行为背后的动机与愿望。所以，前者可谓意象分析，后者可谓意向分析，其区别见表 6-10。

2. 注意分清认知洞察与情绪洞察的差异

认知洞察的理论基础是认知心理学及与认知疗法相关的理论，而情绪洞察的理论则主要是情绪心理学理论。虽然两者是相互渗透的，但前者侧重探究来访者的认知与思维风格及其产生基础，而后者则侧重探究来访者情绪表露的真实性及掩饰性。两者互为补充，而不是相互排斥。

3. 注意发现来访者的未完成事情

在一定程度上讲，认知洞察就是为了发现来访者的未完成事情，并加以剖析。所以在与来访者的交谈中，咨询师要注意挖掘来访者的重要生活事件或重要他人的存在，并深入探究其对来访者当前人格状态与行为模式的影响。

4. 注意发现来访者的完形点

咨询师要在认知洞察的同时，寻找其心理完形点，以促进其自我完善与人格成长。

1　心理动力学（psychodynamic psychotherapy），包括精神分析治疗和荣格的分析心理学、阿德勒的个体心理学等新弗洛伊德学派的治疗体系。

表 6-11 罗列了认知洞察的常用词汇及其事例说明。

表 6-10 意象分析和意向分析的区别

意象分析	意向分析
以心理动力学理论为基础	以认知心理学为基础
讲究潜意识的作用 分意识的不同层面 强调内在的力量	讲究动机的作用 分内在、外在动机 强调内在、外在的交互力量

表 6-11 认知洞察关键词与红楼梦人物（部分）[1]

词语	定义	《红楼梦》事例
非理性思维	指个人对其生活事件或个人成长的偏见。	林黛玉之所以在贾府过得不开心，是因为她坚信舅舅家里的人大都讨厌她，总是话中有话。
认知误区	指个人对其生活事件的扭曲见解与认知模式。	尤二姐之所以要做贾琏的秘密夫人并后来听信王熙凤搬进贾府，是因为她有一个误解，就是一旦为贾琏生了儿子，她的地位就保住了。
认知风格	指在个人认知过程中所表现出来的习惯化的思考模式。	史湘云在贾府，尽量从乐观视野来看待周围的人物与事件，这与林黛玉的悲观视野恰成鲜明对比。
认知归因	指个人理解、分析其生活事件因果关系的观点和想法。	王夫人把宝玉学坏归结为是因晴雯的诱惑，所以强制将晴雯驱赶出大观园。
认知评估	指个人对其生活事件的认识及其危害估计。	贾政把宝玉与琪官的联络看成不求上进、大逆不道的行为而横加鞭笞。
认知调整	指个人对其生活事件认识的调整与再认识。	李纨在贾府，以尽量参与社会活动来淡化丈夫之死而带来的悲伤，寻找生活中的乐趣。

1 岳晓东：《红楼梦人物心理分析与情感世界》，机械工业出版社，2012。

续表

词语	定义	《红楼梦》事例
未完成的事情	指个人因其童年或早期生活经历而遗留下来的特定认知和情绪体验，包括悔恨、愤怒、憎恨、痛苦、焦虑、悲伤、罪恶、被抛弃等未曾表达的情感。	贾惜春之所以待人十分冷漠，就是因为她从小就没有体验过母爱，所以她以冷漠来保护自我，化解悲伤。
心理定式	指个人对其生活经历与事件的习惯性的情感、思维模式。	柳湘莲认定贾府除了宝玉之外就没有一个好人，因而对尤三姐也是先入为主，充满鄙视，终而导致其自杀。
心理完形	指个人由于以往生活经历而对眼下事件和人物产生的心理期待与定式思维。	贾宝玉之所以要出家，是因为他要完成其叛逆性格给他带来的心理满足。
心理暗示	指个人受外界或他人的愿望、观念、情绪、判断、态度影响的心理特点。	妙玉之所以出家，是因为其父母听信了一个和尚的话语，说妙玉命中注定要出家。
应激表现	指个人在受内外环境因素刺激时所出现的适应反应。	林黛玉每每生宝玉的气时，必然以冷笑开始。
应对策略	指个人在面对困境与挫折时所采取的应对方法。	刘姥姥三进荣园，都以自嘲来博取众人对她的好感。
解释风格	指个人在看待自己或他人的生活事件时所采取的特定的归因方法。	贾迎春每每受到别人的误会和指责时，总是认定自己有问题，没出息。
思维风格	指个人的特定思维方法。	薛蟠在看待人生时，总是会表现出俗不可耐的一面。

案例 6–8　一封信的思考

某女生，16 岁，读高一，就读的学校是名校。

女生早恋，被父母发现，遭到一顿痛骂。次日她给父母留下一封信，并服用了 20 多粒安眠药，被发现后送往医院急救。连续 5 天昏睡，几乎没有进食，经检查没有器质性病变。在医院静脉注射营养药和补充微量元素，一周后出院回家调养，同时服用抗抑郁药物和抗焦虑、镇静催眠药物，已有一周。现在仍然沉默寡言，情绪时好时坏，进食少，四肢无力，不敢独立行走，父母稍加劝解便哭泣。

她情绪好时言语清晰，对学习、同学都充满期待。但聊到早恋时就开始哭，不想谈及。

她与父母同住，母亲十分好强，工作很忙，对孩子十分严厉；父亲安于现状，性格内向，不太管孩子。夫妻之间经常闹矛盾，曾提出过离婚。

家族没有精神病史，女孩 3 岁前一直住在外婆家，外婆一家人都十分喜欢她。初三时，母亲就发现其与班里的一位男生交往较多，对此严加限制，曾一度中止他们交往。高一后，他们又开始交往，因她的学习成绩不断下降而引起母亲的关注，当发现他们还在约会时，母亲暴怒，声称要找到男生家里去闹。女孩只是哭，然后就发生了自杀事件。下面是女孩的遗书：

爸爸妈妈：

对不起了，女儿最后一次写信给你们。

我与小强继续来往伤了你们的心，我很内疚，请原谅我吧，也原谅他吧。

我生下来就是个扫帚星，跟我在一起的人都没个好。我对你们是个拖累，花着你们的钱，却伤着你们的心，还当一切是理所应当的。我真是罪过！

我的身体不好，也总让你们费心，不是胃疼，就是肝疼，整天迷迷糊糊的，还让你们为我操心。我总是想，没有我你们会过得更好，也不会因为我而不断吵架。

我没有了梦想，也没有了目标，学习学不好，干啥啥不行，辜负你们养育我这么多年。

与小强交朋友，欺骗了你们，我好像就没说过一句实话。但现在有一句实话我想告诉你们，就是他能理解我，也愿意听我说，从不责怪我。真的，在家里，我没有得到过这份温暖！

我真的不想再伤你们的心了。16年了，谢谢你们养育了我，是我自己没出息。我感觉自己就是一个人渣，到社会上也成不了什么好人，所以不如死了算了。

谢谢你们的爱，是我自己没珍惜，谁都不怪，都是我自己作的。

我做过那么多错事，你们都原谅了我，这一次也不要再怪我好吗？是我惩罚我自己，你们对我越好，我心里的负罪感越重，我这种贱命，死不足惜。

妈妈以后再听见走廊里有人喊妈，也不会再是我了。

人死了都会去天堂吗？我知道我去不了天堂。因为我做的坏事太多了，只能下地狱，但我这次的决定没有错。我走了，大家都清静了。

妈妈，我从你那儿拿了50元钱，这是最后一次啦！下辈子也还不完了。

对不起……（共30个）。

想了一晚上，该安静地睡会儿了。

亲爱的爸爸妈妈，永别了！

在上述案例中，对该女生的咨询可以围绕以下几个方面展开：

1. 探讨她的自卑情结

该女生有明显的自卑情结，这主要在下列话语中得到验证：

> 我生下来就是个扫帚星，跟我在一起的人都没个好。
>
> 我总是想，没有我你们会过得更好，也不会因为我而不断吵架。
>
> 我做的坏事太多了，只能下地狱，但我这次的决定没有错。我走了，大家都清静了。

由此，咨询师要帮助女生认识这些认知表现，会令她发现这些非理性认识是怎样伤害她的自尊的。而化解了这些非理性认识，她才能够学会珍惜自己和生命。

2. 探讨她的情感缺失

该女生在生活中缺乏安全感和理解，她与男生的交往，是她在寻求爱之缺失的补偿。

她与男生的交往，用自己的话来说，是“他能理解我，也愿意听我说，从不责怪我。真的，在家里，我没有得到过这份温暖”。由此，咨询师要与该女生深入探讨她与男生交往的心理满足，以帮助她觉察她的情感缺失都表现在哪些方面，怎样加以合理地、有效地弥补。

3. 探讨她的习得无助感

该女生与母亲有明显的沟通障碍，并形成了习得无助感，这使得她对母亲的要求多采取回避、顺从的做法。现在一谈到与男生的交往，她就开始哭，不想谈及。由此，咨询师要与该女生深入探讨她与母亲的沟通障碍，找到其习得无助感的表现及突破方法，学会与母亲有效沟通，表达自己的意愿。

4. 与她探讨生活的希望与目标

该女生对生活感到很绝望，这主要在下列话语中得到验证：

我没有了梦想，也没有了目标，学习学不好，干啥啥不行，辜负你们养育我这么多年。

谢谢你们的爱，是我自己没珍惜，谁都不怪，都是我自己作的。

由此，咨询师要帮助女生寻找生活的希望点。其实，该女生在情绪好时，会“言语清晰，对学习、同学都充满期待”。这是很好的切入点，咨询师要帮助该学生具体勾画她的生活目标与实现方法，以增强她的自信，强化她的信念，进而使她学会珍惜自己和生命。

第三单元　心理咨询的人格洞察技术

一、学习目标

了解心理咨询洞察分析之人格洞察能力的表现。

二、基本概念

（一）人格洞察（insight of personality problems）

在心理学中，人格被定义为个体固定了的认知、情感、行为方式的总和。人格洞察分为两类，一类是对人格健全的洞察，另一类是对人格缺陷乃至人格障碍的洞察。前者包括对于人格和谐性、人格完善及自我完善、人格修炼等的成长性人格因素的洞察，后者包括对于人格冲突、人格缺陷、人格障碍等障碍性人格因素的洞察。

在这当中，咨询师可以运用人本主义心理学的理念来看人格的成长与自我完善，也可以用行为主义的理念来看人格的塑造与养成，还可以从特质理论来看人格的具体分类与表现等。此外。咨询师还要充分了解人格心理学和变态心理学的相关概念，以有效地识别人格健全、人格缺陷、人格障碍三者之间的差异及其关系（表 6-12）。

表 6-12　人格健全、人格缺陷、人格障碍洞察

	人格类型	简单定义
人格健全	升华人格	将本能冲动或潜意识作用（如攻击、发怒）以社会认可的形式表现，减轻本我的压力，保持心理的安定与平衡。
	自谦人格	具有自信心，不会在困境面前妄自菲薄，也有自我批判意识，以平常心看待世事，以清醒的头脑来处理问题。
	创新人格	个人在创新活动中所表现出来的大胆怀疑、勇敢批判及想象力丰富等创新精神和创新品格。
	利他主义人格	无私地为他人的福利着想，甚至放弃个人利益的人格特征。

续表

	人格类型	简单定义
人格缺陷	自恋人格	一个人对自我价值与能力的过高评判，表现出渴望赞美，缺乏同情，嫉妒心强等。
	自负人格	具有一定表现欲，自我评价过高，经常有自我陶醉性的幻想；期待他人的特殊偏爱和关注。
	焦虑人格	呈现出持续的、无目标性的过分忧心状态，甚至出现躯体不适，常伴随其他病症出现。
	冲动人格	情绪急躁易怒，反复无常，有强烈的攻击倾向，做事无计划性，冲动后有极大的愉快感且无罪恶感。
	依赖人格	个人自主精神甚弱，独立意识缺乏，渴望他人的亲近和帮助，不惜放弃个人的尊严与地位。
	完美主义人格	做任何事情都要求达到尽善尽美的地步，缺乏弹性和灵活性。
	A型人格	对精神生活的不断丰富发展的追求，非常崇尚正直与真实，本能地喜欢帮助别人成长和进步。追逐完满性、应然性、终极性。
	B型人格	争强好胜，苛求自己，试图在极少的时间里做极多的工作；终日忙忙碌碌，不愿把时间花在日常琐事上。 没有时间紧迫感，工作不求完美，不会对别人产生敌意，休息时无罪恶感，追求生活享受。
人格障碍	分裂型人格障碍	个体内存在两个或两个以上独特的人格，每一个人格在特定时间占统治地位。这些人格彼此之间是独立的、自主的，并作为一个完整的自我而存在。
	反社会型人格障碍	缺乏道德观念与罪恶感，自我中心，自控能力差，耐挫力不足，易被激惹，做事不计后果，情感、意志和行为严重偏离常规。
	表演型人格障碍	人格不成熟，过度情绪化，以过分感情用事或夸张的言行来吸引他人注意为特征的人格障碍。
	自恋型人格障碍	对自我价值感的夸大和缺乏对他人的公感性，喜欢指使别人，认为自己享有特权，渴望持久的关注与赞美。
	依赖型人格障碍	对亲近与归属有过分的渴求，这种渴求是强迫的、盲目的、非理性的，与真实的感情无关。

续表

	人格类型	简单定义
人格障碍	偏执型人格障碍	以极其顽固的固执己见为典型特征的一类变态人格，表现为对自己的过分关心，自我评价过高，常把挫折的原因归咎于他人或推诿给客观。
	冲动型人格障碍	因微小的精神刺激而突然爆发非常强烈又难以控制的愤怒情绪，并伴有冲动行为的人格障碍。
	强迫型人格障碍	要求严格和完美，容易把冲突理智化，具有强烈的自制心理和自控行为。

拓展阅读 6-5　王安石或有偏执型人格障碍

从宋神宗熙宁二年（1069 年）到宋神宗元丰八年（1085 年）的 16 年间，王安石在神宗皇帝的大力支持下，倡导变法，革除积习，这便是中国历史上著名的“熙宁变法”。可惜这次变法前后跌宕起伏极大，并使朝臣长期相互倾轧，致使改革成效大打折扣。这与王安石的偏执人格有极大的关系。

王安石搞“熙宁变法”，坚持“天变不足畏，祖宗不足法，人言不足恤”，在 16 年间，以“急进”变法形式，接连推出农田水利、青苗、均输、方田均税、免役、市易、保甲、保马等新法，并一口气裁并了全国的 100 多个州县。这些举措虽一时减轻了国家的经济负担，却给各级管理造成了极大的混乱。与此相反，司马光等人则主张“渐进”的改革方法，逐步改变朝政。两朝元老富弼也曾劝神宗皇帝：“陛下临御未久，当布德惠，愿二十年口不言兵。”苏轼则一开始就提醒神宗皇帝：“陛下求治太急，听言太广，进人太锐。”王安石对“渐进”的做法不屑一顾，以后更令这批“反改革派”或贬为地方官，或致仕退休。可惜，王安石在“熙宁变法”中独断专行，不容异见，导致变法严重受挫，其原因在哪里？史学界有人认为这是由于王安石缺乏变法谋略及宋神宗支持不足，但就心理学而言，这也是由于王安石的人格偏执，既不善听取不同意见，也不善团结各方面力量，树敌过多，不但陷自己于不利境地，也累及神宗皇帝不能充分调动各方面力量来完成“熙宁变法”的大业。

例如，王安石在变法过程中刚愎自用、独断专行，导致朝中大臣多与他决裂。这当中有人原来是他的靠山，如韩维、吕公著等人；有人原来是他的荐主，如文彦博、欧阳修等人；有人原来是他的上司，如富弼、韩琦等人；也有人原来是他的朋友，如范镇、司马光等人。虽然他们都是一时俊杰，朝廷重臣，却因为不同意王安石的某些做法而被逐一赶出朝廷。特别是司马光，念在与王安石共事数年的交情上，曾三次写信给王安石，劝他调整。可惜王安石就是执迷不悟，看一条驳一条，导致司马光与他分道扬镳，终生不再往来。

还如，熙宁四年（1071 年），开封知府韩维报告说，境内民众为了规避保甲法，竟有“截指断腕者”。宋神宗就此事问及王安石，不想王安石竟回答：“这事靠不住。就算靠得住，也没什么了不起！那些士大夫尚且不能理解新法，何况老百姓！”神宗皇帝听了颇为不悦地说：“民言合而听之则胜，亦不可不畏也。”王安石听了仍是不以为然，因为在他看来，就连士大夫之言都可不予理睬，更何况是什么民言！王安石如此极端地看问题，难怪人们都称他为“拗相公”。

王安石早年在《上仁宗皇帝万言书》中提出了“教之、养之、取之、任之”的人才观，认为若“有一非其道，则足以败乱天下之才”。可惜，王安石口头上讲用人要从长计议、任人唯贤，行动上却急功近利、滥用亲信。这虽为他的政策执行带来一时的便利，却为他的变法失败埋下了祸根。且到了后来，北宋的朝政已不再是变法与否的争论，而是疯狂迫害异己的斗争。北宋政权也就在这样的争斗中迅速衰落，以致灭国。想来，这也是王安石偏执人格惹的祸！

王安石的变法失利告诉后人：欲改变社会，必先改变自己；一个人格不完善的人，是不配也无法领导社会进步的。说到底，一个性格执拗之人，何以包容天下，礼服众心呢？！

表 6–13　王安石的性格特点

特征	定义	行为表现	突出后果
偏向	不公正的认知倾向	自命不凡 一意孤行	变法强制执行，缺乏宣传与尝试，导致变法以小乱大，不得人心
偏见	不实际的认知判断	不切实际 急功近利	头脑发热，不懂反省，改革步伐过快，导致事与愿违，民怨沸腾
偏信	带有个人成见的判断倾向	偏听偏信 自以为是	听不得不同意见，破坏了宋朝立国以来“异论相搅”的优良传统，为后来奸臣当道埋下了祸根
偏好	带有个人成见的选择倾向	任人唯亲 排斥异己	重用吕惠卿、章惇、安惇、曾布、蔡卞、蔡京、李定等有才无德之徒，导致“小人乱政”“奸人坏法”
偏激	过激的行为举动	刚愎自用 主观武断	与司马光、苏轼、文彦博稳健改革派决裂，变改革争论为党派倾轧

（二）人格洞察的注意事项

在人格洞察当中，要注意以下几个方面：

1. 注意分清人格缺陷与人格障碍的差异

人格缺陷普遍存在于普通人当中，它包括自恋、自卑、敏感、多疑、悲观、冷漠、抑郁、焦虑等，可以将其理解为轻度的人格障碍或人格障碍倾向。人格障碍可以理解为一个人的心理异常与行为异常，人人都可能会遇到。人格缺陷、人格障碍都影响着人们正常的工作生活。此外，人格缺陷并没有一个标准的行为模式，其突出表现有性格偏激、行为异常、乖张、情绪控制能力差、性格孤僻等，但人格障碍却有着明确的临床分类，如反社会型人格障碍、回避型人格障碍、边缘型人格障碍、自恋型人格障碍、分裂型人格障碍、依赖型人格障碍、表演型人格障碍等。

2. 注意分清人格缺陷与心理问题的差异

人格缺陷是人格的某些特征处于一种人格的边缘状态，可与酗酒、赌博、嫖娼等恶习相关或互为因果，是介于人格健全与人格障碍之间的一种人格状态。人格缺陷还是家庭暴力、社会危害的重要源头和成因之一。心理问题包括心理困惑、心情烦躁等，是一种亚健康的状态表现。例如，当人们遭遇重大挫折或面临重大抉择时会表现出情绪焦虑、恐惧或者抑郁，比如亲人死亡后的悲伤、沮丧，人际关系紧张引起的烦恼、退缩、自暴自弃、报复等欲望。

3. 注意分清人格缺陷与精神疾患的差异

人格缺陷是人格的非理想状态，也是自我完善的目标所在。它不具有器质性变化或病理性基础，是可以通过心理咨询或自我调整来加以控制或改善的，如人的自恋、胆怯、敏感、焦虑等特质，都可以通过自身的努力来改变。但精神疾患则是器质性的变化，患者的认识、情感、意志、动作行为等心理活动均可出现持久的、明显的异常，由此不能正常地学习、工作、生活；动作行为难以被一般人理解。在病态心理的支配下，精神病患者还会有自杀或攻击、伤害他人的动作行为。精神疾患包括精神分裂症、心境障碍、焦虑症等。

4. 注意分清人格障碍与神经症的差异

神经官能症又称神经症、精神症，是一组非精神病功能性障碍，如恐惧症、焦虑症、躯体化障碍、神经衰弱等。它具有一定的人格因素与心理社会因素，但非应激障碍，是一组机能障碍，障碍性质属功能性非器质性；具有精神和躯体两方面症状；具有一定的人格特质基础但非人格障碍；各亚型有其特征性的临床相；神经症是可逆的，外因压力大时加重，反之症状减轻或消失；社会功能相对良好，自知力充分。神经症与人格障碍有一定的重叠，但前者主要是非精神病功能性障碍，而后者主要是某种人格缺陷的严重化与稳定化。

总之，想要准确地判断人们的心理活动正常与否并不容易，人的心理活动是不可见的，只能通过个体的言语和行为推测其心理活动过程。心理活动受多种因素，如环境、人际关系和社会文化关系等的影响，而言语和行为亦是如此。心理活动的个体差异很大。正常的心理活动和异常的心理活动之间缺乏明显的分界。

拓展阅读 6-6　心理健康中的“灰色区”概念示意图

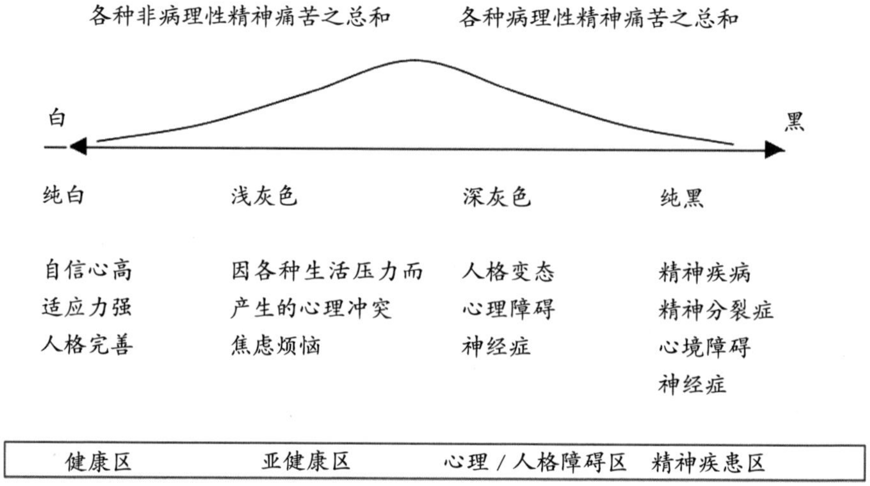

心理健康的灰色区理论认为，如果将人的精神健康比作白色，精神不健康比作黑色，那么在白色与黑色之间存在着一个巨大的缓冲区域——灰色区。灰色区又可以进一步分为浅灰色区与深灰色区，浅灰色区中有心理冲突而无人格变态，其突出表现为由诸如失恋、丧亲、夫妻纠纷、家庭不和、工作不顺心、人际关系不佳等生活矛盾而带来的心理不平衡与精神压抑。深灰色区中则患有种种异常人格和神经症，如强迫症、恐人症、癔症、性倒错等症状。浅灰色区与深灰色区之间也无明确界限，是一个渐进的演变过程，包括人的心理不平衡、情绪障碍及变态人格，这些问题虽属于非器质性精神痛苦，但也不同程度地干扰了人们的正常生活与情绪状态。

灰色区理论还认为，世间纯白的心理完美和纯黑的精神疾病的人极少，大多数人的精神状况都散落在这一灰色区域内。有些学者将这一灰色区域——既非疾病又非健康的中间状态称为“亚健康状态”，或者“第三状态”。“第三状态”是一种很不幸的非健康状态，虽然不是明显的病态，却严重地影响着人们的心理生活质量，浪费精力，将精力引向非建设性的渠道，降低人际吸引力，破坏人的自我感受，降低人的自我满足感，束缚人的创造性。所以心理健康不仅仅是指没有心理疾病，还指要超越“第三状态”（表 6–13）。

表 6–14 人格洞察关键词（部分）[1]

词语	简单定义	《三国演义》事例
人格缺陷	人格的某些特征相对于正常而言的一种边缘状态或亚健康状态，可与酗酒、赌博、嫖娼、吸毒等恶习相关或互为因果，是介于人格健全与人格障碍之间的一种人格状态，也是一种人格发展的不良倾向或是某种轻度的人格障碍，常见的人格缺陷有自卑、抑郁、怯懦、孤僻、冷漠。	关羽有明显的自恋型人格障碍倾向，张飞有明显的冲动型人格障碍倾向。
人格障碍	人格特征偏离于正常，也称病态人格，是一种人格发展的内在不协调。人格障碍是在不健全的先天遗传素质特点的基础上，由于后天的不良社会环境因素的影响，而逐渐形成的在人格结构上的某些方面过分与畸形发展或严重的发展不足。	祢衡有明显的自恋型人格障碍，孙皓有明显的反社会型人格障碍。
人格完善	个人在成长当中不断认识自我、提升自我、完善自我、实现自我的结果。	吕蒙通过自学而超越了自我，令鲁肃对他“刮目相看”。
人格不协调	人格严重偏离正常，不协调，且性格的某些特征过分发展，导致人格发展不平衡。	刘禅的人格发展就很不协调，个人的放纵性和依赖性都很强。
人格分裂	随着年纪的增长，一个人的人格出现了明显的变化与不协调，令人难以适应与接受。	早年的孙权与晚年的孙权判若两人。
人格测量	以测量人格为目的，涉及人的心理状态、情感或行为的非智力方面的人格因素，通常包括对性格、情绪状态、人际关系、动机、兴趣和态度的测量。	

1 岳晓东：《三国人物心理分析与职场生存》，机械工业出版社，2010。

续表

词语	简单定义	《三国演义》事例
人格冲突	自我、本我、超我的冲突，精神分析理论的核心概念。按照弗洛伊德的理论，人格的冲突决定了人格的发展。	在华容道口，关羽因为放不放曹操这个问题而犹豫良久。
人格互补	人格发展的互补作用，如内向的人可以通过与外向的人交往而变得活跃起来，焦虑的人可以通过与乐观的人交往而变得放松下来。	曹睿派司马懿做曹真的副都督，就是为了以前者的智谋来弥补后者的莽撞。
人格锁定	人格的发展受到童年经历的影响而保留下来。按照弗洛伊德的理论，口腔期人格锁定的人会变得以自我为中心，随心所欲；肛门期人格锁定的人会变得追求完美，固执己见。	张昭的固执己见，不仅令孙权最终冷落了他，也使自己无法合群。这很有可能与其早年的成长经历有关。
人格僵化	一个人的人格特质表现得过于僵化、不适应环境，最终造成显著的功能障碍或是自己在主观上的不舒服时，便形成人格异常。	袁绍在官渡之战失利后就出现了人格僵化的特征，一蹶不振，自暴自弃。

三、相关知识：人格洞察中不同理论的互补

此外，根据多年的教学与临床实践，我将人格理论的精神分析理论和自我实现理论结合在一起，制作了罗杰斯自我实现与弗洛伊德人格互动交叉图（图 6-6 和表 6-14），以明确其交互关系。咨询师要敏锐地洞察来访者之自我完善的努力与人格互动的关系，以帮助来访者找到自我修通与人格完善的方向。

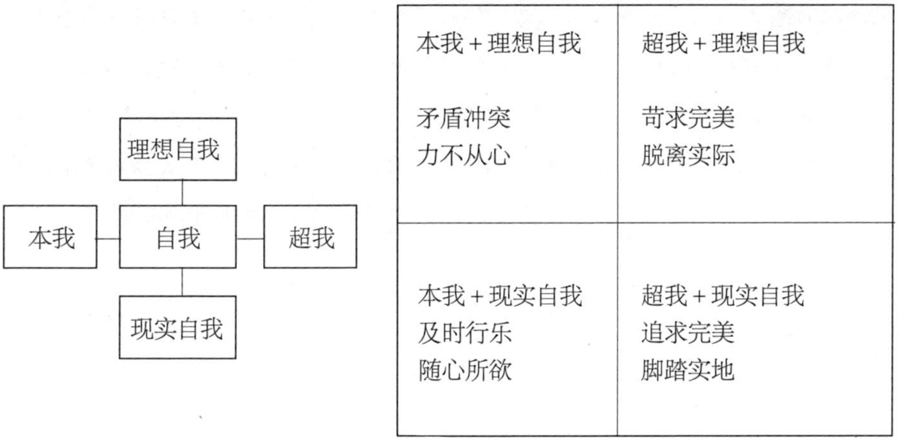

图 6-6 罗杰斯自我实现与弗洛伊德人格互动交叉图

表 6-15 自我实现与人格互动交叉类型

类型	突出特点	突出表现	突出结果	对策建议
本我＋理想自我	虽志向远大却没有行动力	做事心血来潮 缺乏计划性	好高骛远 浅尝辄止	加强超我的力量 调整理想自我的追求
本我＋现实自我	没有远大志向 甘于平庸	做事无计划性 也不求计划性	不求上进 得过且过	加强超我的力量 明确理想自我的追求
超我＋理想自我	志向远大 不断努力	做事很有计划性 工作勤奋	追求完美 精力透支	加强本我的力量 学会做事不求完美
超我＋现实自我	没有远大志向 却不甘于平庸	工作勤奋 不求超越	工作认真 满足现状	加强本我的力量 提高理想自我的追求

总之，洞察力对于人格来说，就是将人格心理学的相关概念灵活地运用于心理咨询的案例分析中，有效地辨别来访者所表现的问题是否属于人格健全、人格缺陷、人格障碍的范畴，并采用相应的方法来加以整合或是治疗。

案例 6–9 我为什么喜欢偷东西

男，初二学生，长相平常，学习成绩一般，性格有两面性。他在家里与在学校给人的感觉完全不一样。在家里，他可以和父母大吵大闹，有时候甚至辱骂母亲。有一次和姐姐打架，好像要把姐姐往死里掐，妈妈去拉他的时候，他把妈妈推到一边，还把她的手弄脱臼了。在学校，他却性格腼腆，回答问题老是低着头，不敢抬头看老师，平时也不怎么说话。他说妈妈不爱他，其实妈妈是很爱他的，甚至到了溺爱的地步，才使他养成这样娇惯的性格，对母亲极不尊重。

咨询对话	咨询技巧
岳晓东：孩子多大了？ 学员：14 岁。 岳晓东：孩子给你最大的困惑是什么？ 学员：就是两面性，在家与在学校完全是两个人。 岳晓东：请举个例子说明？ 学员：据任课老师说，他在学校上课，平时极少提问，也极少主动回答问题。就是叫他起来回答问题他也是低着头，声音很小，以至于有的同学开他的玩笑，说他是个女孩。 岳晓东：那他怎么回应呢？ 学员：他一般什么都不说，默默地走到一边。 岳晓东：那回到家里呢？ 学员：回到家里感觉变了一个人，家人说他就是一个小霸王，稍有不顺心就破口大骂，对他母亲的态度尤其不好。	具体化技巧
岳晓东：你怎么看呢？ 学员：我看这个孩子有一点儿双重人格的表现。 岳晓东：对，说得具体一些。 学员：我感觉他在家要得到在学校得不到的成就感。 岳晓东：对，说得好！的确，这孩子有人格两性化的表现。在学校里，他希望扮演一个乖孩子，不惹事，低调做人，但回到家里没必要这样做人了，所以有点原形毕露，称王称霸。这是人格不协调、里外不统一的表现。 学员：那他是怎么变成这样的呢？ 岳晓东：这就需要我们共同探索与发现，你觉着他的这种双重性与他的成长经历有什么关系？ 学员：据我所知，他在家里极为受宠，是爷爷奶奶带大的，原来都是要什么给什么，说一不二的。 岳晓东：那什么时候开始改变的呢？	解析技巧

咨询对话	咨询技巧
学员：据我所知，就是从他上幼儿园开始的。当时他苦恼得厉害，也很孤独，虽然最后在幼儿园待了下来，却变得很内向，不合群，喜欢独处。 岳晓东：回到家里呢？ 学员：回到家里就不一样了，很容易大吵大闹，遇着不开心的事也是没完没了地闹。 岳晓东：我感觉他从上幼儿园开始就戴上了两副“面具”，一副在学校，那是一个“青衣”的面具，什么都表现得很乖，这样才能避免麻烦。而回到了家里，他就戴上了“红脸”的面具，把一天的压抑都释放出来。长此以往，他要不就压得很深，要不就爆发得很烈，这种两极化对他的人格成长很不利。 学员：这么说，他也是很无奈的，在学校被人欺负，在家里欺负别人。 岳晓东：你总结得很好。这就是人格不协调的结果。在心理学上，双重人格是多重人格的一种，发展下去可能是严重的心理障碍。《精神障碍诊断与统计手册（第五版）》对它的大概定义是：一个人具有两个以上相对独立并相互分开的亚人格，是为多重人格。它是一种癔症性的分离性心理障碍。多重人格的基本特征是，虽然同一个体具有两种或更多完全不同的人格，但在某一时间，只有其中之一明显。每种人格都是完整的，有自己的记忆、行为偏好，可以与单一的病前人格完全对立。 学员：听起来感觉挺严重的啊。 岳晓东：是啊，但如果学生能够协调自己的人格状态，他会达到自我完善的。	解析技巧 澄清技巧

点评：

在上述的督导对话中，我需要从人格心理学的角度来理解来访者的人格状态及其形成过程，并做了必要的理论解释。相信这一督导探讨对于提高咨询师的洞察能力能有很大帮助。

小结：岳晓东论洞察力

心理咨询是一面镜子，它不仅能照出咨询师对心理咨询的信念，也能照出咨询学员对心理咨询的种种潜意识情结。

心理咨询，就是要照人照己。

心理咨询需要对他人的认识有洞察力，而对自我的认识有透明度。不练就这两种功夫，就不能深入地做好心理咨询的工作。

咨询师要在工作中不断地“开心眼”和“长心眼”。所谓“开心眼”，就是咨询师能够恰如其分地运用心理学的相关观点、理论来看待、解释来访者陈述的心理问题或困惑。

所谓“长心眼”，就是咨询师能够不断积累自己的心理学见识，以逐渐形成自己的咨询套路和风格。

第 七 章

心理咨询的沟通表达技术

咨询对话的最高境界是：多说一句话就啰唆，少说一句话就模糊。咨询对话重质量，不重数量。

——岳晓东

第一节 心理咨询沟通表达的介绍

第一单元 心理咨询沟通表达的概念

一、学习目标

了解心理咨询场合有效沟通表达的基本原理。

二、基本概念

（一）什么是沟通

沟通，简单地说就是交流观点和看法，寻求共识，消除隔阂，谋求一致。根据《大英百科全书》的解释，沟通是用任何方法，彼此交换信息，即指一个人与另一个人之间用视觉、符号、电话、电报、收音机、电视或其他工具为媒介，所从事交换信息的方法。在人们的现实生活中，许许多多的不愉快、不顺畅、难堪、挫折、失败、不幸，均与缺乏沟通或沟通不成功有关系。英国学者西里尔·诺斯古德·帕金森[1]有一个著名定律——帕金森定律："因为未能沟通而造成的真空，将很快充满谣言、误解、废话与毒药。"罗杰斯曾言："如果我能知道他表达了什么，如果我能知道他表达的动机是什么，如果我能知道他表达了以后的感受如何，那么我就敢信心十足地果敢断言，我已经充分了解了他，并能够有足够的力量影响并改变他。"沟通力方式如图 7-1 所示。

图 7-1 西里尔·诺斯古德·帕金森

心理咨询沟通力（therapeutic communicative

1 西里尔·诺斯古德·帕金森（Cyril Northcote Parkinson，1909—1993），英国历史学家、政治学家。

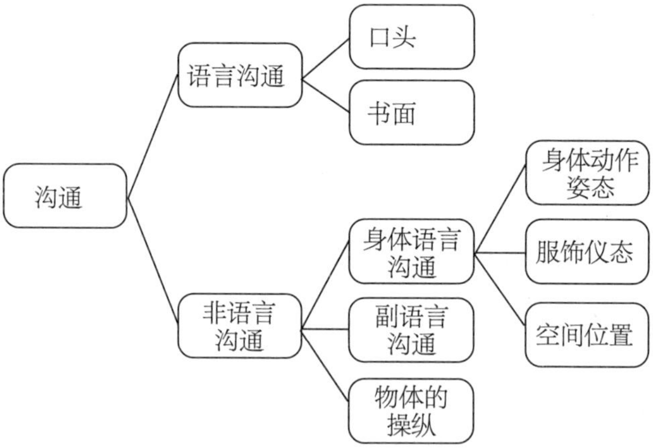

图 7-2　沟通的方式

competence）是指咨询师能够对来访者的主述进行归纳总结，深入探讨的能力。用俗话来讲，沟通力就是咨询师与来访者交流思想，表达意念，寻求共识的能力。其中“沟”是手段，“通”是目的。美国著名心理学家乔治·亚历山大·凯利把咨询师的言语表述能力看作咨询师的基本素质来要求。由此，有效沟通以善解人意为基础，以寻求共识为目标，可以增进人际交往，化解人际冲突：而无效沟通以自我中心为基础，以强人所难为表现，最终会损害人际关系，激化人际矛盾，如表 7-1 所示。

表 7-1　良性沟通和恶性沟通的对比

良性沟通会激发人性的光明面	恶性沟通会激发人性的阴暗面
畅所欲言 一吐为快 用心聆听 理解尊重	言不由衷 备受指责 怨恨不已 行为冲动

拓展阅读 7-1　诸葛瑾巧言劝孙权[1]

诸葛瑾是三国时期吴国大臣，诸葛亮之兄。他经孙权的姐夫推荐，为东吴效

1　岳晓东：《三国人物心理分析与职场生存》，机械工业出版社，2010。

力，且胸怀宽广，温厚诚信，得到孙权的深深信赖。

诸葛瑾不但同孙氏家族关系良好，也与淮泗人士、江东大族关系密切，因此诸葛瑾成了沟通君主、淮泗人士、江东大族三者关系的一条纽带，获得孙吴各种政治势力的交口称赞。

《三国志·吴书·诸葛瑾传》记载，有一次校尉殷模犯了错，孙权恼怒地要处死他，群臣中许多人劝谏，反而使孙权越发恼火。此时，诸葛瑾却在一边默不作声。孙权问道："你为什么不说话呢？"对此，诸葛瑾先请孙权避开众臣，到一边单独交谈。他说："我和殷模等人同样都是在老家当地遭到厄运，这才背井离乡来到江东的，幸蒙吴主的再生之福方得有今日。我本当和这些人一起互相督促策励以报答万一的，却没有很好地做到这点。殷模辜负了你的恩惠，自陷罪责，我想到这中间也有我的过失，实在不敢再说什么劝你的话了。"

孙权听了为之动情，赦免了殷模的死罪。诸葛瑾这种以退为进的沟通，既表明了自己的反对立场，又给足了孙权面子，堪称善解人意的典范。

（二）沟通表达的渠道

我们在进行沟通的时候，经常用到哪些渠道呢？在运用这些渠道的过程中有什么需要注意的事项呢？

人与人面对面沟通时的三大要素是文字、声音及肢体语言。经过行为科学家60年来的研究，面对面沟通时，三大要素影响力的比率是文字占7%，声音占38%，肢体语言占55%。一般人常强调谈话的内容，却忽略了声音和肢体语言的重要性。其实，沟通便是要达到一致性以及进入别人的频道，亦即你的声音和肢体语言要让对方感觉到你的所讲和所想十分一致，否则，对方将无法接收到正确信息。因此，在沟通时应不断练习内容、声音、肢体动作的一致性，如表7-2所示。

表 7-2　沟通渠道及注意要点

沟通渠道	注意要点
语言沟通	在语言沟通的时候，对于同样一句话，用不同的语气或者不同的表达方式，可以获得不同的效果。需要做到用心聆听、同感共情、表达准确。
文字沟通	虽然文字所传达的信息较语言更加含蓄，但必须注意简洁和突出要点，使对方能够很快明白你想表达的东西，少说废话，文字得体生动。
肢体语言	在人们传达信息的时候，实际上语言表达只占表达方式的 45%，而其余的 55%则是通过肢体语言传达的。说同样一句话，如果加上手势和表情，会带来不同的效果。

在沟通中，由于 80% 是倾听，20% 是说话，而在 20% 的说话中，提问题又占了 80%，所以提问越简单越好。此外，沟通的目的并不是证明别人的错处，而是与对方建立良好关系。因此，不妨让沟通的对方不失立场，同时可以让他以另一种角度来衡量事情，由他自己决定什么是好、什么是坏。因为有时事无对错，只是适不适合你而已，沟通的道理亦同（表 7-3）。

表 7-3　肢体语言与内心活动对应表[1]

部位	动作	表情	部位	动作	表情
眼部	眉毛上扬成高的弧线	惊讶	面部	情不自禁微笑、嘴巴微微张开	表达快乐、惊奇
	眉毛上扬拧在一起	害怕		上牙咬下唇	表达悲伤、恐惧
	眉毛下垂拧在一起，左右眉毛间有明显的垂线，显得“冷眼瞪着”	愤怒		下半边脸有明显抽动	表达愤怒
	眉毛内角拧在一起，上眼睑内角上抬	悲伤			

1　［美］科米尔、［美］葆拉：《心理咨询的问诊策略》，张建新等译，中国轻工业出版社，2004。

续表

部位	动作	表情	部位	动作	表情
肩部	前倾	暗示渴望	脚和腿	舒适和放松	欢迎人际交流
	弯腰、抱肩、转动肩膀	不在意、悲伤、矛盾		拖着脚或用脚跺地	焦虑
	耸肩	不确定、迷惑、心情矛盾		反复交叉腿	焦虑、沮丧、不耐烦
				规矩，脚僵硬	心情紧张、焦虑、拒绝深入的人际交流
手臂和手	双臂抱在胸前	回避人际交往	触摸	触摸膝盖	友情的、温暖的
	颤抖的手、紧握拳头	焦虑、愤怒			
	姿势僵硬	紧张		上部触摸	爱的、性唤起的
	放松和展开	对话题的投入和对某个观点的强调			
	手掌出汗	焦虑和警觉			
嘴部	微笑	幸福、快乐	头部	抬起头	人际交流的接受
		尴尬、不安			
	嘴唇紧闭	压力、挫折		上下点头	确认或赞同
	张着嘴说不出话	惊奇、难以说话		抬得很高	焦虑或愤怒
				垂在胸前	不赞同或悲伤
	嘴唇颤抖、僵硬	焦虑、悲伤		摇头并伴有腿的动作	表示愤怒

（三）沟通表达的副语言

在沟通表达中，还存在着副语言的交流。副语言泛指语言内容以外的因素，包括声音水平（音量）、音调（音频）、语速和话语流利性等变量，此外，停顿和沉默也属于副语言。副语言线索与如何传递信息有关，它们也代表了信息内容。

副语言在咨询会谈中具有以下几方面的意义：副语言在交谈互动中起重要作

用，并直接影响咨询对话的开展及控制，咨询师要关注其起落变化；副语言传递了当事人的情绪状态，咨询师要从中辨别当事人的情绪状态；副语言传达了当事人的配合 / 阻抗水准，咨询师要从中觉察当事人自我开放与保护的意向。例如，来访者说话很慢，可能是他感觉很悲伤或是不想讨论这个敏感话题，来访者音量加大及语速加快是他喜悦或者愤怒的信号（表 7-4）。

表 7-4　副语言交流的关注点

观察的方面	观察现象
视觉 / 目光接触模式	目光接触次数，情绪变化时瞳孔的变化
声音性质	说话的速度，声调和音量的变化
肢体语言	姿势、姿势变换、倾斜、呼吸模式、空间的运用、面部表情、肤色等
动作的协调性	注意一致动作和模仿在哪里发生

总之，在心理咨询场合的交流是多元的，咨询师要培养自己言语交流、体语交流和副语言交流方面的功夫，以提高自己的整体沟通能力。表 7-5 概括了咨询师在沟通能力上的技能。

表 7-5　沟通表达能力培养

	沟通类型	简单定义	适用技巧
言语层面	用心聆听	全神贯注地听对方讲话，不随便打断或评论	贯注技巧 不断总结技巧
	同感共情	不断地情感对焦、思维并轨，以能够准确地感受并回应对方的感受	判断抽离技巧 一致化技巧 勤加鼓励技巧
	表达准确	准确地表达个人的感受与思考，不说废话和不该说的话	具体化技巧
	开放提问	多说“发生了什么”“怎么看”“怎么想”等话，少说“是不是”“对不对”等话	开放提问技巧
	形象比喻	用概念相关的人物、事件、物体、成语或故事等来说明问题	

续表

	沟通类型	简单定义	适用技巧
体语层面	表情亲切	要以自然、亲和的表情面对来访者	对视、保持沉默
	目光和蔼	要以理解、接纳、认可的眼光面对来访者	微笑
	语气平缓	说话语速平和、语气镇定	
	姿态放松	坐姿放松且不给人压迫感	
	手势优美	要注意手势自然、不夸张	

三、相关知识：组织系统沟通的五种形式

在沟通学上，组织系统内的沟通可有五种形式：链式、环式、Y 式、轮式、全通道式（如图 7-3 所示）。例如，组织与组织之间的公函来往、组织内部的文件传达、召开会议、上下级之间的定期情报交换（表 7-6）。

表 7-6　组织系统沟通的五种形式

方式	具体描述
链式	是一个平行网络，其中居于两端的人只能与内侧的一个成员联系，居中的人则可分别与两人沟通信息。这个组织系统相当于一个纵向沟通网络，信息可自上而下或自下而上进行传递。
环式	是一个链式的封闭结构，表示五个人之间依次联络和沟通。在这个网络中，组织的集中化程度和咨询师的预测程度都较低；畅通渠道不多，咨询关系中的成员具有比较一致的满意度。
Y 式	是一个纵向沟通网络，其中咨询师位于沟通内的中心，成为沟通的媒介。此网络适用于咨询师的工作任务十分繁重，需要有人选择信息，提供决策依据，节省时间，而又要对组织实行有效的控制。
轮式	是一个控制型网络，其中只有一个成员是各种信息的汇集点与传递中心，大体相当于一个主管领导直接管理几个部门的权威控制系统。此网络集中化程度高，解决问题的速度快。
全通道式	是一个开放式的网络系统，其中每个成员之间都有一定的联系，彼此了解。此网络中组织的集中化程度及主管人的预测程度均很低。由于沟通渠道很多，组织成员的平均满意程度高且差异小，所以士气高昂，合作气氛浓厚。

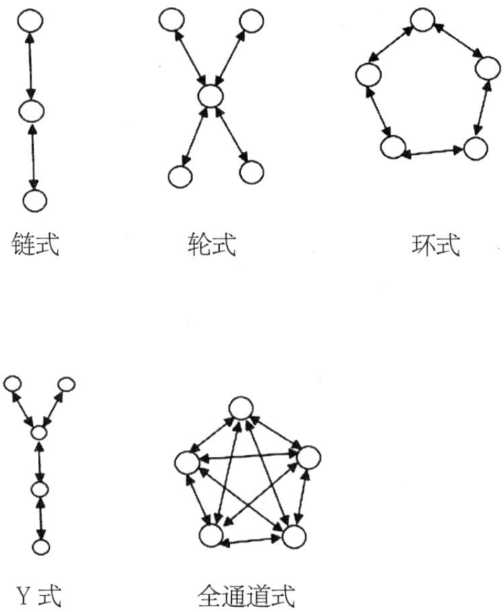

图 7-3　五种沟通渠道

在心理咨询当中，个人咨询可谓是链式沟通，夫妻咨询可谓是轮式沟通，而团体咨询可谓是全通道式。它们各有作用，相互补充。

案例 7-1　其实我们彼此早就憋了一口气[1]

以下是一段我与一位名叫查理的哈佛大学学生做咨询的对话记录，他因为女友海伦提出分手而来找我咨询。在此之前，他曾与另一位名叫凯蒂的女生有过一夜风流。

1　岳晓东：《登天的感觉：我在哈佛大学做心理咨询》，民主与建设出版社，2018。

咨询对话	语境分析
岳晓东：“你觉得海伦是不是一直在等待这样一个时机来与你分手呢？”	面质提问
查理：（怔了半晌）“我说不清，不过现在看来，海伦确实对我早有不满了。”	肢体语言表现回避
岳晓东：“那你能指出海伦到底不满意你的什么地方吗？”	具体化提问
查理：（沉吟了一下）“大概是不够尊重她的意愿吧。”	肢体语言表现焦虑
岳晓东：“能否说得具体一些？”	
查理：“比如，总是要求她顺从我的要求，如我每次回到家乡，都要求她全程陪我。她有时表现得很不耐烦，嫌我不顾及她的感受。”	
岳晓东：“如果你是海伦，你会怎么想？”	同感提问
查理：“我也会提出分手的。”接着叹了一口气。	
岳晓东：“那么现在，你又怎样看待海伦背叛你的事实呢？”	面质提问
查理没有直接回答我的提问。接着，我又与查理谈论他与凯蒂的交往及那一夜风流。开始时，查理对此甚表不满，问我为什么揪住他的过错不放，为什么不去谈论海伦的问题，为什么不直接回答他一再提出的要不要与海伦分手的问题。	副语言表现醒悟
岳晓东：“我希望这些讨论能帮助你增强对自我的认识，以便更好地应对当前的危机。如果我完全按照你的要求和思路去探讨问题，就很难发现你与海伦的感情危机的真实原因了。”	面质提问 阶段总结
查理：“我虽然也喜欢凯蒂的美貌，但我觉得她在智力方面根本无法与海伦相比，所以我从未把她放在心上。”	自我反省
岳晓东：“你与凯蒂接触，是否也有喜欢她的地方？”	解析提问
查理：“凯蒂长得有些像海伦，看见她我就会想起海伦，就想跟她上床。”	移情表现
岳晓东：“你想跟凯蒂上床，难道就感觉不到海伦的存在吗？”	解析提问
查理：“当然会感觉到海伦的存在。”	
岳晓东：“那你为什么会做出背叛她的事情？你有没有想过，海伦一旦发现会是什么反应？”	面质提问
查理：“我当时只想放纵一下自己。而且海伦不会发现的。”	自圆其说
岳晓东：“你想放纵自己，是不是说明你在某些方面已厌倦了海伦，而在凯蒂身上获得了满足？”	面质提问
查理：“我的确喜欢凯蒂的温顺，这是在与海伦的接触中很少感受到的。”	
岳晓东：“这样看来，你与凯蒂上床，其实并非偶然的啦？”	解析提问

咨询对话	语境分析
查理："但我仍然觉得这是不该发生的，"沉默了片刻后说，"因为我内心深处还是爱海伦的。但我承认前几次与海伦见面时，她对我不再像以前那么热情了。所以，我心中不知怎的，产生了一种报复心理，也许正是这种念头促使我与凯蒂有了那一夜的风流。"	
岳晓东："那么，你与海伦之间的相互背叛也并非偶然的啦？"	解析提问
查理：（先点点头，又摇摇头，叹口气）"真没想到，其实我们彼此早就憋了一口气！"	副语言表现认可

点评：

这段对话充分体现了洞察力在心理咨询中的妙用。首先，我在对话中不断启发查理探究其与海伦关系的隐患及其与凯蒂上床的潜在动机。刚开始时，查理还表现出相当强的抵触情绪，指责我没有理解他的内心烦恼。但当我与他探讨海伦与凯蒂的气质差异及其象征意义时，查理渐渐觉察到，他与凯蒂的一夜风流看似偶然，其实有很大的必然。因为凯蒂满足了海伦长久以来不能满足他的需要——对温柔顺从的需求。由此，查理进一步觉察到，他与海伦之间其实早就憋了一口气，提出分手只是时间的问题。

>咨询师宝典秘籍谈 18　心理咨询的四大思考题

1. 你会听吗？

积极关注、倾听、停顿、沉默、体语交流等。

2. 你会说吗？

同感回应、归纳小结、要点重复、积极面质等。

3. 你会断吗？

心理学归纳总结、概念化表述、心理评估等。

4. 你会做吗？

运用不同咨询流派的理念与技巧来引领来访者自我调整、整合、成长等。

岳晓东寄语：

心理咨询师要练好基本功，并以此来提升自己的胜任力。

第二单元　心理咨询沟通表达的常见障碍

一、学习目标

了解心理咨询场合沟通表达的常见障碍。

二、基本概念

（一）沟通表达的常见障碍

沟通中的障碍是多种多样的，有言语的，也有体语的；有文化的，也有人格的。表 7-7 展示了其中的一些障碍表现。一个训练有素的心理咨询师要善于发现这些障碍，并加以巧妙化解。

表 7-7　沟通的常见障碍

沟通障碍	具体表现
形体障碍	由于错误的肢体语言，传达出来的信息会使沟通产生障碍
心理障碍	内向型心理，不善于表达自己，在沟通的过程中就会产生一定的障碍
语言障碍	不同地区有不同的方言和地方用语
文化障碍	不同国家和地区的文化差异和处事习俗，例如东西方文化差异
环境障碍	房间布置凌乱，无法给对方创造出想说话的欲望
地位障碍	有权威人士在场，会因为权威威严的束缚而产生沟通不畅
人数障碍	本来面对面的沟通，却必须同时面对好几个对象进行交流

（二）沟通表达的简约性

在沟通中，咨询师要注意提问越简明越好，并以自在的态度和缓和的语调为之，那么一般人就都能接受。由此，在沟通中，要注意不可轻易打断对方说话，并以“嗯”或点头的方式来促使对方继续说话，等到他停止发言时，再发表自己的意见。

在沟通中，咨询师还要注意，沟通的目的并不是不断证明别人的错处，而是与对方建立良好关系。因此，不妨让对方不失立场，同时可以让他以另一种角度来衡量事情，并由他自己决定什么是好，什么是坏。

当对方表达不同意见时，也许你并不赞同，但还是要仔细倾听他话中的真正意思，可以用“很赞同……同时……”的模式。

例如，当想要表达不同的意见时，不应该说：“你这样说是没错，但我认为……”而应该采取一种委婉的方式：“我很感激你的意见，我觉得这样非常好；同时，我有另一种看法，来互相研究一下，到底什么方法对彼此都好……”重点是：顶尖沟通者都有方法能“进入别人的频道”，让别人喜欢他，从而博得对方的信任，表达的意见也易被对方采纳。

罗杰斯曾言，“倾听是一个人可以给另一个人的最珍贵礼物”[1]。

拓展阅读 7-2　赵姨娘说话不走脑子讨人嫌[2]

《红楼梦》中的赵姨娘是贾政之妾，做梦都想掌握贾府的实权，想尽办法打击手握继承权的宝玉。在《红楼梦》第二十五回中，贾环将宝玉烫伤了，王夫人急得把赵姨娘数落一顿，赵姨娘吞声承受，还去替宝玉收拾。但她素怀嫉妒之心，最不忿凤姐、宝玉两个，现在受了这恶气，心里“不服这个主儿”，于是联合马道婆密谋暗算宝玉和凤姐。宝玉忽然病重，至第四日早，忽睁开眼向贾母说道：“从今以后，我可不在你家了，快打发我走罢！”贾母听了如同摘了心肝

1　这句话的英文原文为：Listening can be the most precious gift one can give to another。

2　岳晓东：《红楼梦人物心理分析与情感世界》，机械工业出版社，2012。

一般。赵姨娘却在旁煽风点火劝道："老太太也不必过于悲痛，哥儿已是不中用了，不如把哥儿的衣服穿好，让他早些回去，也免些苦；只管舍不得他，这口气不断，他在那世里也受罪不安生……"这些话没说完，被贾母照脸啐了一口唾沫，骂道："烂了舌头的混账老婆！怎么见得不中用了？你愿意他死了，有什么好处？你别做梦！他死了，我只和你们要命……"一面哭，一面骂。赵姨娘难道不知道，宝玉是贾母的心肝宝贝，贾母正是最伤心时，赵姨娘说这番风凉话，肯定是自讨没趣。

总之，赵姨娘不认命，拼命加以改变，却不善沟通，导致自己连做蠢事，到头来都是搬起石头砸自己的脚，搞得自己里外不是人。

第二节 心理咨询沟通表达的操作技巧

第一单元 心理咨询沟通表达的言语交流技巧

一、学习目标

了解心理咨询场合有效沟通表达的言语技巧。

二、基本概念

在心理咨询场合，沟通表达的言语技巧主要包括贯注技巧、聆听技巧、沉默技巧、宣泄技巧等。下面详加叙述（图 7-4）。

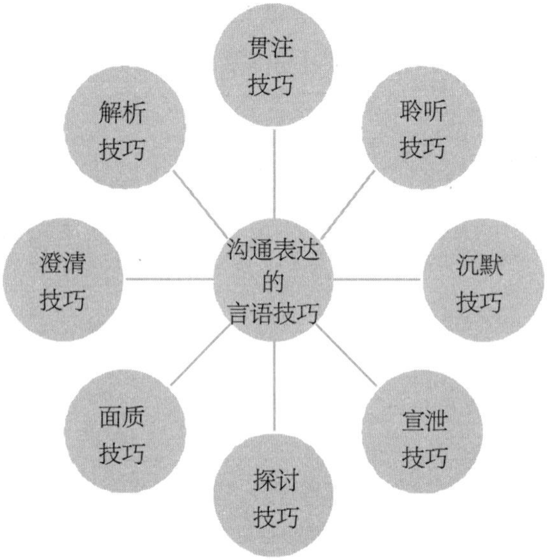

图 7-4　沟通表达的常用言语技巧

（一）贯注技巧

贯注技巧（attending skill）旨在全神贯注地聆听来访者讲话，认真观察其细微的情绪与体态的变化，并做出积极的回应。贯注还要求咨询师运用言语与体语来表达对来访者的关注与理解，以使来访者感到他讲的每一句话、表露的每一种情感都能受到咨询师的充分重视。其中言语的表示通常包括“嗯”“噢”“是的”“我明白了”等伴语。而体语表达则通常包括点头、注视、面部表情变化及一定的沉默等，以加深来访者对咨询师的信任。从这层意义上讲，贯注就是使来访者打开“话匣子”。

（二）聆听技巧

聆听技巧（listening skill）旨在认真听来访者讲话，克制自己插嘴讲话的欲念，不以个人的价值观念来评判来访者的主述（除非涉及法律等问题）。聆听意味着学会沉默，学会贯注，学会设身处地地去体验来访者的内心感受并做出富于同感的反应。聆听不是要心理咨询师放弃个人的信念与价值观，而是要学会兼容并蓄，学会从他人的角度思考问题，学会在不放弃个人的信念与价值观的条件下，接受他人的信念与价值观，做出由衷的同感反应。

由此，聆听不是被动的、消极的活动，而是主动的、积极的活动。

（三）沉默技巧

沉默技巧（silencing skill）旨在给来访者一个情感独处或认知反省的机会。它一般具有两个功能：一个是暗示功能，另一个是同感功能。前者通常表现为对来访者的讲话及其停顿不做言语响应，以暗示对方继续讲话；后者则通常在来访者讲述精神创伤事件或做深入的自我表露时，以沉默来确保其自我宣泄与反省的时间与空间，并表现出咨询师对来访者此时此刻心情的由衷理解。沉默的运用通常也需要体语的辅助，如点头、注视表情变化等。沉默还可分为思考性的沉默与对抗性的沉默。其中前者是来访者自我反省的表现，是对辅导的积极反应；后者则是来访者对心理咨询缺乏信任的表现，是对辅导的消极反应。对此，咨询师要善加区别，灵活应对。

总之，沉默的意义在于交流同感与尊重。适时的沉默可令人感到对方善解人意，而失时的沉默则可令人感到对方冷漠无情。

（四）宣泄技巧

宣泄技巧（catharsis skill）旨在帮助来访者将积蓄已久的情绪、烦恼倾吐出来。它是一种发泄痛苦的手段，可给来访者带来极大的精神解脱，令人感到由衷的舒畅。宣泄要求咨询师运用贯注、倾听、沉默等技巧来促进来访者的情绪宣泄。它不仅可以使来访者倾吐内心的精神压抑与困惑，也可使咨询师深入了解来访者的困难与挫折的滋生条件与过程。由此，宣泄是心理咨询的必经阶段，没有宣泄的产生就不可能有深入的自我表露。宣泄的意义还在于强化来访者自我表露的意愿，增进咨询师与来访者之间的沟通。

（五）探讨技巧

探讨技巧（exploring skill）旨在帮助来访者积极思考其面临的挫折与困惑的根源。它要求咨询师在谈话中多提问题，少加评论；多做启发，少做说教；多鼓励对方讲话，少讲个人意见；多提开放式问题，少提封闭式问题。由此，探讨是一个以讨论为基础，以启发为目标的积极的思想过程。它旨在帮助来访者从不同角度思考其生活中遇到的困难与挫折及其解决方法，启发来访者自己去做归纳总结，以强化他的独立思考能力。探讨不是对来访者说教，但这不意味着在探讨中要采取被动、消极的姿态，完全认同来访者所讲的每一句话。咨询师要学会以提问来表达自己的不同意见，以讨论来加深来访者对特定行为潜在动机的认识，进而使来访者开阔视野，增强自信。

（六）面质技巧

面质技巧（confronting skill）旨在对来访者的特定思维方式提出异议，以推动来访者重新审视其面临的生活挫折与心理困惑，克服其认知中的片面性与主观性。面质的意义不在于否定对方、贬低对方、教训对方，而在于开启对方、激励对方，使对方学会辩证地看待当前所面临的问题。面质要以尊重为前提，以同感为基础。那样才会给人以态度诚恳、言之由衷的感觉，而不是态度生硬、强词夺理的感觉。换言之，面质是以接纳、尊重、同感、真诚和温暖等为先决条件的。面质力求“问而不审，质而不压”，以推动来访者的自我审视与自我悦纳。面质还力求使来访者超越咨询师的提问，自发地认识到其认知与思维方法中的偏差，产生恍然大悟的感觉。

（七）澄清技巧

澄清技巧（clarifying skill）旨在帮助来访者明确其特定情感、思维、行为的内在、外在因素。它力图排除来访者行为动机中的盲目性和模糊性，以增强对自我的了解。澄清还力图通过对具体事件的前因后果的探讨与分析，使来访者重新看待这些事件对自我人格成长的积极或消极影响，并增强自信。在这层意义上，澄清可谓提高来访者自信的重要手段。

（八）解析技巧

解析技巧（interpreting skill）旨在帮助来访者了解其潜意识中妨碍自我认

识与人格发展的种种不利因素，并加以重新认识。具体地说，解析力图使来访者深入了解其情感、思维和行为方式中的种种心理定式或未完成情结表现，以不断提高对自我的领悟。解析还力图使来访者整合其不健全的人格状态，通过认知领悟的不断提高来强化自我向善的愿望，从而更好地悦纳自我，完善自我。

解析运用探讨、面质、澄清等技巧，推动来访者层层深化对自我情感、认知、行为动机的认识，实现自我领悟上的不断飞跃。

三、相关知识："启发式心理咨询"模式[1]

在心理咨询实践中，我曾提出了"启发式心理咨询"模式，它力图将孔子的启发教育思想与罗杰斯的人本主义咨询理念结合在一起，尝试将心理咨询本土化。

具体地说，孔子的启发教育思想倡导"不愤不启，不悱不发，举一隅不以三隅反，则不复也"，旨在培养学生的独立思考与自行解决问题的能力。这与人本主义心理咨询强调个人的尊严、价值、自主性在本质上是一致的。由此，无论是启发式教学，还是"来访者中心"疗法，其本质都是鼓励当事人去通过自觉思考来获取个人成长的动力。由此，我在 1994 年就提出了"启发式心理咨询"模式，试图将西方之尊重个人的思想与儒家之调动个人的意愿在人本主义的大旗下加以统一协调，达至心理咨询本土化的效果。启发式心理咨询有以下原则：

1. 它鼓励来访者独立思考，又摒弃了咨询师的被动作用，这更符合中国重"群我"意识的倾向。

2. 它肯定了咨询师对来访者自我反省与领悟所起的积极引导作用，这在客观上更符合中国人的集体主义倾向。

3. 它将心理辅导过程看作一个"开而弗达"的过程，力图使来访者通过心理辅导学会举一反三，触类旁通。这种启发教育的思想在中国社会根深蒂固，因而也易于为中国人所接受。

---

1 岳晓东，祝新华：《中小学心理辅导实用理论与技巧》，北京师范大学出版社，2001。

启发式心理咨询主张，咨询师应本着“循循善诱”的精神来引导来访者从不同角度去思考其当前面临的心理困惑，而咨询师发表个人见解，不是为了给来访者开方下药，而是为其开阔思路，以使其能够更好地独立思考。咨询师对来访者的自我探索与决策只起辅导作用，而不起主导作用。

由此，启发式心理咨询的操作技巧包括：

1. 开放提问技巧：多探讨，少指导；多提开放式问题，少提封闭式问题。

2. 积极肯定技巧：多赏识，少评判；多鼓励，努力发现对方的闪光点、人格优势。

3. 自我充权技巧：学会自助，学会自我决策与思考，强化自我的力量。

4. 共同决策技巧：把建议当作思考题提出，与来访者共同探索与发现。

总之，“启发式心理咨询”模式旨在从来访者身上找力量，把对方打造成英雄。

＞咨询师宝典秘籍谈 19　寻找来访者的闪光点

全心接纳：接纳人，相信自我的转变。

寻找闪光点：发现个人的优点、美德。

寻找成功经历：寻找以往的抗挫经历。

寻找重要他人：寻找亲朋好友的积极影响。

寻找突破口：寻找个人转变的认知调整点。

不断肯定：寻找亮点，随时表扬。

岳晓东寄语：

咨询师要善于在来访者身上淘宝，发现他身上的亮点事件和优点长项，并在咨询中大力加以利用，来促进来访者的自我成长。

案例 7–2　我不想当医生

咨询对话	咨询技巧
岳晓东：你今天来见我想谈什么？	
来访者：我觉得有些困惑，我不知道自己该怎么办，或去哪儿寻找帮助。我从来不和别人谈我的问题，但我觉得心理咨询师看事情可能会比较客观，况且你也不认识我。	
岳晓东：你看上去有点紧张，来这儿你感觉如何？	贯注技巧
来访者：是的，我现在有点紧张。就像我说的，我以前从来都没见过咨询师。所以我不知道会发生什么，或是该有什么期待。	
岳晓东：那你对来见我有什么期待呢？	澄清技巧
来访者：也许只是想有个人听我倾诉，给我一些意见，让我知道如何去处理我的困惑。	
岳晓东：那你的问题是什么呢？	
来访者：是关于我未来发展的问题。	
岳晓东：你能说得具体一些吗？关于你的什么未来发展？	操作技巧
来访者：我也不知道我现在的所作所为对我未来的发展来说是否合适。	
岳晓东：你在读什么专业？	
来访者：生物学。	
岳晓东：那你的学业成绩怎么样？	
来访者：还可以，但是我担心我进不了医学院。	
岳晓东：对你来说，进医学院很重要。	
来访者：很重要，真的很重要，因为我父母希望我做医生，他们想让我进入医学院。	
岳晓东：那你自己想做医生吗？	
来访者：这正是我今天来找你的原因。	
岳晓东：也就是说，你自己也不是很确定。	
来访者：但这对我父母来说很重要。	
岳晓东：那你可不可以告诉我，你父母对你有什么期望？	解析技巧
来访者：嗯，也许我先告诉你一些我的家庭情况，会让你对整件事有更多的了解。	
岳晓东：好的。	
来访者：我父亲在一家律师事务所做律师，我母亲是个家庭主妇。为了供我上学，我父亲很努力地工作。	
岳晓东：听起来，你父亲很有责任心。	解析技巧

咨询对话	咨询技巧
来访者：可是我姐姐大学没毕业就退学了，这让我的父母非常失望。我叔叔是个医生，我爸爸总是说他挣的钱更多。	
岳晓东：所以你家人认为医生是一个好职业。	
来访者：是的，我父母觉得做了医生才是真正的成功。	
岳晓东：噢，我明白了，你是按照他们的价值观来看待人生。	解析技巧
来访者：对，他们一直都期待我做医生，但这不是我要的人生。	
岳晓东：那你想要什么样的人生？	
来访者：我自己也不是很清楚。	
岳晓东：你对当医生有什么忧虑？	
来访者：虽然让我父母开心很重要，但我不喜欢医学，又不知怎么明确地告诉他们。	
岳晓东：所以你担心父母不高兴，为此觉得内疚？	澄清技巧
来访者：老师，你说我该怎样做呢？	
岳晓东：我能理解你内心的呼唤，就是学自己想学的专业，可你又不想让父母失望，所以感觉很纠结。	解析技巧
来访者：是啊，我感觉自己好自私，只考虑我自己的感受，不考虑父母的感受。不管怎样，我不能让父母再次失望了。	
岳晓东：那你决定学医了，那会怎么样？	
来访者：我父母会很高兴的，他们会觉得我很成功。	
岳晓东：那你自己什么感受呢？	
来访者：我真是不太肯定我自己的感受，也许做医生是一个不错的选择吧。	
岳晓东：那你自己想学什么专业呢？	
来访者：我很喜欢新闻专业，我想将来报考新闻专业的研究生，做一个科普作家。	
岳晓东：我终于知道你想要什么啦，你有没有与父母交流过你的想法？	
来访者：没有，而且我也不敢。	
岳晓东：能告诉我为什么吗？	
来访者：那会让我父母很失望的，他们会像骂我姐姐一样骂我一辈子的，我受不了他们的唠叨。我姐姐就是受不了才搬到外边去住的。	
岳晓东：那这样下去会是什么结果呢？	
来访者：我必须学医了。	
岳晓东：那你愿意吗？	面质技巧
来访者：我还是不愿意。	
岳晓东：那你该怎么办呢？	

咨询对话	咨询技巧
来访者：我就是不知道怎么办才来问你的，要是知道，我就不来问你了。 岳晓东：听起来你对我有一些不满？ 来访者：老实说，的确如此，我感觉你在跟我兜圈子。 岳晓东：如果我支持你父母的意见，鼓励你上医学院，你感觉怎样？ 来访者：我，我会觉得你也在强迫我。 岳晓东：如果我反对你父母的意见，鼓励你学新闻学，你感觉怎样？ 来访者：那我会觉得对不起我父母。 岳晓东：支持也不是，反对也不是，我发现了你人格上的一个突出的特点。 来访者：什么特点？	面质技巧
岳晓东：就是患得患失，以回避来缓解压力，结果使压力越积越大，积重难返。所以我感觉你缺乏的不仅是勇气，还有自立。 来访者：很多人都这么说过我，可我就是改不了。 岳晓东：那你想改吗？ 来访者：想改。 岳晓东：好，想改变就好，我感觉你已经压抑了很久。 来访者：是啊，可我怎么改呢？	解析技巧
岳晓东：那你感觉你与父母沟通不畅，最大的阻碍在哪里？ 来访者：他们根本不听我讲话，而且总是告诉我他们的想法是正确的，我也吵不过他们，只有听着了。 岳晓东：那你回想一下，以前你有没有坚持己见成功了，让他们听你的时候？ 来访者：嗯，有过。记得我上高中时，我父母非要我上快班，我说那样会把我逼疯的，后来他们就不再强迫我了。事实也证明，上中班对我的发展更有利。 岳晓东：那回首这段经历，你有什么经验可总结？ 来访者：就是我要是真正地坚持自己的想法，父母未必会那么固执。	宣泄技巧
岳晓东：是啊，我感觉你在与父母沟通时，有强烈的习得无助感倾向，就是面对父母的强势，你很容易选择放弃或是回避，这到头来不仅强化了你父母“坚持就是胜利”的信念，也使得你变得越来越被动、消极，为的是“多一事不如少一事”。 来访者：噢，所以他们变得越来越强势，而我却变得越来越弱势。	解析技巧
岳晓东：你总结得太好了！事实上就是这么一回事，你的无助使得他们更加有助。 来访者：可我觉得父母说的话也有道理啊，毕竟做医生比做记者收入高了许多啊，而且看着他们伤心，我又于心不忍。	解析技巧

咨询对话	咨询技巧
岳晓东：所以呢？ 来访者：所以我应该听父母的话去学医学。 岳晓东：那你刚才不是说你不喜欢学医吗？ 来访者：是啊，我是不喜欢学医，可我不学医会让我愧对父母的，我真是说不清自己到底想要什么了。 岳晓东：所以要让父母高兴，你就会不高兴；而让自己高兴，父母势必会不高兴。 来访者：对呀，老师，你说我该怎样做呢？ 岳晓东：这么听来，我感觉你还要面对一个自我成长与完善的挑战。 来访者：什么挑战？ 岳晓东：就是走出患得患失，明确自我决策的挑战。 来访者：你是说？ 岳晓东：我是说，听你一路讲过来，我感觉你在是否学医的事情上追求完美，什么都放不下，结果让自己很挣扎。具体地说，学医是取悦父母，学新闻是随心所欲，两者不能统一，所以让你很挣扎。 来访者：老师，你说我到底该怎样做呢？ 岳晓东：你想让我说什么呢，是支持你还是支持你父母？ 来访者：那如果你是我，你会怎样做呢？	
岳晓东：如果我是你，我会加强我的沟通技巧，增强我的决策能力，当断则断，该出手就出手。你说呢？你说我这样想有道理吗？	面质技巧 / 澄清技巧
来访者：老师，我真想变成你说的那个样子，可是我真的做不到。 岳晓东：那你希望我怎样帮助你呢？ 来访者：帮我看清自己，为我提高勇气。	
岳晓东：那我们刚才的交流使你看清了自己的什么？ 来访者：我，我看清自己是一个追求完美、患得患失的人。	面质技巧 / 澄清技巧
岳晓东：那你想改变自己吗？ 来访者：我想，我想让自己变得更加果断一点，并能更好地与父母沟通。 岳晓东：那好，我想与你模拟一下你与父母的对话，帮助你提高表达自己想法的策略和方法，好吗？ 来访者：好的！	

第二单元 心理咨询沟通表达的体语交流技巧

一、学习目标

了解心理咨询场合有效沟通表达的体语技巧。

二、基本概念

心理咨询场合沟通表达的体语交流主要包括下列技巧：

（一）目光交流技巧

目光交流技巧使得心理咨询师与来访者自如地交流。当来访者正在谈论他所感到舒服的话题时，可以预料他们会暂停目光的接触，伸展自己的身体，改变自己的声音性质；当来访者想要结束一个话题时，他们可能会把自己的胳膊或者大腿交叉；在来访者迷惑的时候，他们会有快速的目光交流；当来访者讲述困难话题时，他们会表现出口吃或者说话犹豫……总之，来访者根据交谈时候心情的流露而在不自觉状态下表露出的种种非言语行为，都有助于咨询师深入了解来访者言语背后的真实心境和真实思想状态。美国著名心理咨询专家吉德拉·伊根[1]曾言："观察来访者的非言语表现，是进入他们内心世界的阳关大道。"

（二）面露微笑技巧

面露微笑技巧对建立咨询关系十分重要。来访者会随着谈话的深入，自我的开放，希望从咨询师的言谈举止中获得认可与支持。由此，咨询师要在咨询过程中，细微地体察来访者的这种需求，通过面露微笑来满足来访者的需求。在这当中，咨询师的微笑越真切，来访者的内心就越踏实。

---

1 吉拉德·伊根（Gerard Egan），美国著名心理咨询学家，著有《高明的心理助人者》（*The Skilled Helper*）。

（三）体语强化技巧

体语强化技巧可强化咨询的效果。例如，当咨询师认可来访者的某一观念或想法时，可以用鼓掌的方式来加以表现；而当咨询师不认可来访者的某一观念或想法时，也可以用摊手来加以表示。又如，当咨询师不赞成来访者的言论但又无法用语言做出适当回应时，他会不自觉地增大座位之间的距离；而当他表示赞成时，他会缩短彼此的距离。这些非语言的交流，都会在潜移默化中强化沟通的效果。

（四）微小鼓励技巧

微小鼓励技巧是咨询师运用微小的言语或者非言语的方式来肯定、鼓励对方，如微笑、点头、张开手、睁大眼睛，运用像“嗯哼、噢、哇”等肯定性短语，这些都可传达赞赏、肯定的信息。此外，重复来访者说话中的关键词，也可以表达深切的同感与认可。重述可以用询问的语调提出，其作用类似于单个词的鼓励。

总之，作为一名合格的咨询师，应该要观察你与来访者姿态和非言语行为协调的程度，找出自己的动作和来访者动作之间的相关联系。经验告诉我们，将来访者的肢体语言、呼吸频率、关键言辞等信息匹配起来，可以增加他们对别人如何看待世界和体验世界的理解（见表 7-8）。

表 7-8　来访者非言语行为观察要点

观察对象	观察要点
目光接触模式	来访者在谈论某一个特定主题时，与其他主题相比，会更多地中断目光交流吗？能观察到如表示情绪兴奋而睁大眼睛等变化吗？
声音性质	注意来访者说话的速度以及声调和音量的变化。特别注意谈话急变或犹豫的地方。
贯注的肢体语言	注意来访者姿势的变化，呼吸的频率，特别注意面部，比如肤色、脸红以及嘴唇动作。注意恰当和不恰当的笑，皱眉头等。
动作的协调性	注意来访者一致动作和模仿发生的情况。

总之，咨询师要有熟练的助人技巧。其中包括怎样能在最短时间内了解来访者的有关情况，如使他困惑的处境或事件，症状出现的时间及其发展变化等；怎样适时地、机敏地提出问题；怎样发现来访者不自觉地掩饰和阻抗；怎样引导他们逐步认识内心深处的症结；怎样设计一些相应的方法来矫正某些不良行为，尤其对儿童神经症病人；怎样适时地向来访者进行某些解释、解释什么等。

心理咨询的理论知识和技巧是可以学到的。除了从书本上学习以外，更重要的是在实际工作中不断地向来访者学习，不断地总结经验。

案例 7–3　我不知道为什么感到孤独之三[1]

咨询对话	咨询技巧
来访者：我大学二年级的时候有一段时间这种感觉特别强烈。每天自习的时候就在那儿想我为什么要上这个学校，为什么要这样子，我简直觉得忍受不下去了。	
岳晓东：对，就是你对来南京大学读书这件曾经让你感动、非常自豪的事情已经感到淡而无味了？对这件事情本身的意义开始产生怀疑了？	探讨技巧
来访者：是的。	
岳晓东：那这种情形有多久呢？	
来访者：可能从一年级的下学期开始到二年级的上学期。有整整一年那么久。	
岳晓东：哦，这么长时间？那这期间你有没有找亲朋好友或者什么人去谈谈你这种情绪体验呢？	探讨技巧 开放式提问
来访者：我有一个老乡，那时候我们很好，她经常跟我在一起复习功课，我们谈得比较多。但是给家里打电话就比较少。因为如果我打电话回去的话他们顶多就是劝劝我，说你要学会怎么做人啊，或是忍让什么的，但是我觉得自己忍让的已经够多了。	
岳晓东：对，我可以理解，你和他们沟通的时候他们不能够一步到位，不能够真正地理解你内心这种复杂的情绪体验。他们往往通过生活的智慧或人生的经历给你提一些建议，但你感觉不能使你真正达到一种很舒心的、很实实在在的解脱体验。	具体化技巧 同感回应

1　整理自《心理咨询示范》（录像带），岳晓东与南京大学心理健康教育与研究中心共同制作。

咨询对话	咨询技巧
来访者：我总觉得他们是在讲大道理，但是非常空洞，对我一点帮助都没有。	
岳晓东：就是不能有具体的，特别是切合你的感觉的交流。你刚才讲有个老乡，那么你跟她交流起来有多少这样的体验呢？	探讨技巧
来访者：和她在这里的境遇比较，我觉得我不是很孤立的那种。并不是我一个人有这样的想法，她也有这样的想法。	
岳晓东：对。那你感觉怎么样呢？	同感回应
来访者：感觉有一点解脱。	
岳晓东：对，因为大家都面临同样的问题，不是你一个人有问题。很多人都面临同样的问题。那么回过头再说，你今天找我咨询，提出的核心问题是人际关系的问题，而且我很赞赏你这一点，你有这个问题呢，你希望把它谈出来，希望得到你可能得到的帮助。所以说你能来找我，来找我们心理咨询师，我想也是对你很有帮助的一件事情。另外我也很欣赏你一点，就是你认识到你现在的问题，并且担心这个问题日后会对你的工作、生活包括家庭造成影响和阻碍，所以你希望能够把这个问题谈出来，能够使你加以缓解。那么对于你现在人际关系上的这种体现，因为我已经了解到是因为你以前的经历，以及你上大学的经历，所以使得你一步一步过渡到今天这样一种感觉，一种强烈的感觉，那么我想问你到今天为止来找我咨询，你是否也曾试图改变自己跟同学或至少跟部分同学更加融合一些呢？	宣泄技巧 鼓励技巧
来访者：可能我现在对交友总是有一种抗拒的感觉，好像很害怕他们了解我的过去，但是以前中学里面就没有，也许是因为以前中学的时候刚好是我父母去世的时候，同学们都知道，所以我在和中学同学交往的时候就不存在这种顾虑。	
岳晓东：对。那我可以想象，你和同学交往的时候不大愿意谈自己家里的事情。	贯注技巧
来访者：但是现在宿舍里面大家都在谈这类事情，我就觉得自己好像是一个很虚荣的人，我每次也谈。	
岳晓东：那你怎么谈呢？	
来访者：我总是说我的姨妈和姨父。	
岳晓东：对，所以你感到一种不自然的感觉。	同感回应
来访者：我总觉得自己在欺骗别人。	
岳晓东：对，我可以体会，因为他们在讲自己家里的事情，他们也知道你父母过世了，所以才谈起你有个姨父、姨母，他们对你非常关照，但实际上，从你真实体验来讲呢，这跟父母对你的关爱不属于一个层次的。这种比较假的感觉使你与同学交往起来有种本能的抵触，因为你讲完这件事情之后并不感到舒心，并不感到舒服。	澄清技巧

咨询对话	咨询技巧
来访者：其实有很多机会我可以带我大学同学回家玩，但是每次我总是找托词。我想他们对我也有种抗拒，觉得我是很虚伪的那种人。	
岳晓东：对，或者跟他们不和谐。那他们有没有邀请你去他们家里呢？	面质技巧
来访者：也有。我能够去的话还是会去的，但有些是比较远，没有机会去玩，所以就没有去。	
岳晓东：你看，我们在谈到这个事情时，你自己有这种虚伪的体验，因为别人在谈他们家里的时候你不愿让别人对你产生一种不必要的同情。所以说你谈了自己的姨父姨母。可是谈完之后这并不能给你带来一种真正的好的体验。所以说这在一定程度上又增加了这种自我的假的或者虚伪的感觉。那我不知道你以前有没有过很明确、很有意识地注意到这样一种体验、一种感觉呢？	澄清技巧
来访者：以前没有，说过就算了。但是现在有越来越多的机会可以和同学深交，而我却又一次一次地抗拒他们。有时候我觉得自己是无可救药了。	
岳晓东：对，所以这种具体事件就让你形成了交往当中的一种障碍。因为，你觉得它有条线，你到了这条线就很难突破它。你等于是把自己包在线以内了。同时你愿意和人交往，可是你又突破不了，所以这种矛盾心态一直在烦扰着你，在一定程度上可能也在折磨着你。	解析技巧
来访者：有时候我真的很想告诉我的同学，就是我想很坦白地告诉他们。	
岳晓东：去做一次真实的自我。	解析技巧
来访者：是，我觉得自己平时留存在他们心里的印象实在是太好了，就是那种娇生惯养的女孩儿，什么都不愿意做，就是说很受父母宠爱的那种样子。但是我如果真的说出来的话，我不知道他们会怎么看我。	同感回应
岳晓东：言外之意就是说，你现在在同学当中已经塑造了这样一种形象。对你来讲呢，你很珍惜这一形象，一方面你希望别人这样理解你，这样看待你，但另一方面你也知道这一形象跟你的真实自我是有距离的。	解析技巧

拓展阅读 7–3 了解身体语言

科学家在研究动物时发现，动物往往用一些动作或姿态来表达自己和互相交流，例如公鸡昂头直观是一种威胁的语言，意为“我要和你斗”。

他们发现，人这种特殊动物也同样有身体语言。

例如，两臂抱胸表示“我很紧张”或“我对你有敌意”或“我不想理你”。

伸手摸鼻子表示“我在说谎”或“我不想说”。

身体语言比口头语言更真实可靠。人说假话容易，而身体装假难。

因而有些书叫人从身体语言看人的情绪或心态。

但是人的身体姿势千变万化，要记住每一个姿势的意义是很难的。况且每个姿势都有不止一种意义，如抱胸者有时是威胁别人，有时是他自己紧张。

我们必须根据他身体其他部位的姿势，他所说的话等进行综合判断，这就更难了。

猴子技术可以简化这一困难。

具体做法是：当你难于判断对方的情绪时，你就模仿他的身体姿势，然后体会你内心的情绪，你心里的情绪就是对方的情绪。

猴子技术的原理是：当你准确地做出某种情绪带来的身体变化后，你就会产生相应情绪。

如果你像一个真正快乐的人一样，大声地笑，轻松地向上弹跳着走路，两眼灵活地东张西望，你就会快乐起来。

如果你像一个真正悲伤的人一样，哭，皱眉，呻吟，收缩身体，用手扶着头，你就会伤心。因此当你模仿一个人的姿势时，你就会有与他相同的情绪，由此你就可以知道他的情绪了。猴子技术也可以加上语言的模仿，即重复他的某些话。

用这种技术去了解别人，有一个好处是可以了解得更深切。假如你看到对方垂着头而判断他很沮丧，这只是例行的判断。相反，如果你也垂着头，从而知道他很沮丧，你是感同身受。你不是用头脑知道，而是用你的心灵知道对方的情绪，这种知道当然更深切。

这种方法有时对对方有一种安慰作用。因为对方可以由你的身体语言感受到你了解他。这时对方就会有不孤独、有人了解我的感受。如果你再加上重复他的话的方法（意译法），效果将更好。

“所谓朋友，就是悲伤时和你一起哭的人。”这是我看到过的一句话。有人和你一起哭，就是对你最大的安慰。

西方有这样一句话："模仿是最大的恭维。"研究身体语言的专家也发现：正在谈话的两个人身体姿势趋向一致，是双方关系融洽和谐的表征。因此，在你模仿对方的身体语言时，对方会感到你和他相处融洽。

适当地运用猴子技术，也可以提高你对别人情绪的敏感度或促进人际关系。

有一点要注意，就是不能夸张地进行模仿。一夸张就成了对对方的嘲笑了。用模仿对方举止来嘲笑别人是最无礼的行为。

小结：岳晓东论沟通力

聆听不是要放弃个人的信念与价值观，而是要学会兼容并蓄，学会从他人的角度思考问题，学会在不放弃个人的信念与价值观的条件下，接受他人的信念与价值观，做出由衷的同感反应。

倾听意味着学会沉默，学会全神贯注，学会设身处地地去体验来访者的内心感受，并做出富于同感的反应。

沉默可以是尊重与接纳的表示，也可以是咨询师自我反省的需要。

宣泄是指来访者将积蓄已久的情绪烦恼与精神苦恼倾诉给咨询师的过程。它是一种发泄痛苦的方式，可给来访者带来极大的精神解脱，使人感到由衷地舒畅。由此，它可使来访者摆脱其恶劣心境，寻找其症结，并强化其战胜困难的信心与勇气。

哭，对于宣泄和排遣来访者的不良情绪，是一种有效的手段。在心理咨询场合，哭经常是来访者自我领悟的一个重要突破点。

安慰一个人，不一定是要他忘记过去，而是帮助他学会怎样正确地面对过去。如果一个人的心灵创伤没有得到及时的宣泄和疏解，那可能会留下许多后患，精神抑郁就是其表现之一。

面质要以尊重为前提，以同感为基础。那样才会给人以态度诚恳、言之由衷的感觉，而不是态度生硬、强词夺理的感觉。换言之，面质是以接纳、尊重、同感、真诚和温暖等为先决条件的。面质力求"问而不审，质而不压"，以推动来访者的自我审视与自我悦纳。

第 八 章

心理咨询的觉察自省技术

觉察力就是培养自我透明度，这是咨询师自我成长的基石。

——岳晓东

第一节　心理咨询觉察自省的概念介绍

第一单元　心理咨询觉察自省的概念介绍

一、学习目标

了解心理咨询觉察自省的基本原理。

二、基本概念

（一）心理咨询觉察自省的概念

简单来说，心理咨询觉察力（therapeutic reflective competence）就是咨询师学会自我反省，培养自我透明度，认识并化解自我的反移情的能力。这包括个人能够及时体察内心变化的能力，及时发现自我优缺点的能力和及时调整自我状态的能力，主要包括以下部分（表 8-1）：

1. 自我觉察：移情觉察、偏见觉察、人格完善觉察、自我防御觉察等。

2. 言语觉察：口头禅觉察、口气觉察、体语觉察、副语言觉察等。

3. 表情觉察：眼神觉察、笑姿觉察、眉宇觉察等。

4. 服饰觉察：服装觉察、饰品觉察、发型觉察等。

咨询师需要培养觉察自省的能力，这是咨询师成长的重要部分。从某种程度上来说，当一个人经历了觉察自省的过程，就可以更加真切地体验到自己的内心世界，感受到内心深处的真实自我，咨询师才能有把握在以后的心理分析过程中，有效地发挥心理咨询师的角色作用。苏格拉底曾言："没有反思的生活是不值得过的生活。"心理咨询师的成长，就是在反思中完成的。

弗洛伊德曾言："所有学习精神分析欲成为精神分析家的人，都必须首先接受并完成个人的心理分析。"直到如今，精神分析与分析心理学的培训还将咨询师的自我的心理分析作为核心内容。弗洛伊德还说："在治疗室内，任何事物都具有象征意义。"由此，咨询师要用心地觉察自我的神态语言、服饰语言、动作语言可能代表的意义，这也是同感共情的基本要求。

表 8–1　觉察力一览表

	觉察类型	简单定义	事例
自我觉察	移情觉察	觉察自我对生活中重要他人的移情表现及其可能对咨询关系的影响。	由于父母兄弟姐妹的关系而对周边人物产生的特定态度表现及其可能对咨询关系的影响。
	偏见觉察	觉察由于生活中重要人物或事件之影响而产生的某种偏见与偏好。	因为成长经历而对某一类人或地点产生特殊的喜好、厌恶及其可能对咨询关系的影响。
	人格完善觉察	觉察自我的某种人格缺陷及其形成原因和完善方法。	自我的主观武断、好为人师、犹豫不决、纠结不断等特质及其可能对咨询关系的影响。
	自我防御觉察	觉察自我常用的防御机制。	自己可能常用合理化、升华、幽默等防御机制来化解压力及其可能对咨询关系的影响。
言语觉察	口头禅觉察	觉察常挂在嘴边却未察觉的言语及其可能对咨询关系的影响。	是不是？对吧？懂不懂？你就不会……
	口气语觉察	觉察常挂在嘴边的语气助词及其可能对咨询关系的影响。	哎呀、天哪、怎么啦等。
	体语觉察	觉察经常性的肢体动作及其可能对咨询关系的影响。	叉腰、托腮、击掌、捂嘴、梳头等。
	副语言觉察	觉察说话时的频率、音调、音量及其可能对咨询关系的影响。	拉腔拉调、语速过慢、语速过快等。

续表

	觉察类型	简单定义	事例
表情觉察	眼神觉察	觉察眼神的不同表现及其可能对咨询关系的影响。	焦虑、烦恼、喜悦、兴奋等的眼神。
	笑姿觉察	觉察笑姿的不同表现及其可能对咨询关系的影响。	各种笑姿、笑声大小、笑的配合动作等。
	眉宇觉察	觉察经常性的眉宇表现及其可能对咨询关系的影响。	皱眉、锁眉、展眉等。
服饰觉察	服装觉察	觉察衣着特点及其可能对咨询关系的影响。	套装、休闲装、运动装等。
	饰品觉察	觉察饰品特点及其可能对咨询关系的影响。	项链、胸针、耳环、发卡等。
	发型觉察	觉察发型特点及其可能对咨询关系的影响。	鬈发、束发、刘海等。

（二）心理咨询觉察自省的理论基础

美国的研究证实，无督导的心理咨询不能促进受训者在临床能力方面的提高。由此，心理督导的主要功能在于：促进咨询学员的业务成长，促进咨询学员的个人成长。美国学者布鲁特把督导目标分为三个部分：

1. 模式化的：完成咨询教育——学习目标。

2. 标准化的：确保来访者的咨询收益。

3. 成长化的：促进咨询学员的个人成长，防止他们的职业枯竭。简单来说，咨询师的觉察自省包括觉察自省和言语表述两个方面。由此，咨询师在咨询过程中，要始终睁开另一只眼看自己，随时随地地发现、矫正自己在咨询对话与判断中的失误。

用俗话来讲，觉察力就是做自我的“旁观者清”，就是学会“另眼看自己”。由此，咨询师在倾听来访者的述说当中，一方面要寻找到来访者的不足，另一方面也要努力寻找到自己的不足。咨询师想提高自己的咨询能力，可以通过自我体验、自我修习、自我禅修、督导讨论等手段来加以完善。

总之，觉察力的成功表现是，咨询师能在与来访者的交流中，及时地发现自身的失误与问题。觉察力达标的指标是，咨询师能在与来访者的交流中，随时发现自身的反移情倾向。觉察力的最高境界是，咨询师在咨询中与来访者共同成长。

案例 8-1

十多年前，香港电视台曾有一档很火的情感栏目，主持人是一位中年女性，听众也是中年女性，谈论的话题多与家庭关系、婚姻冲突、亲子教育有关。有趣的是，每当有听众打电话来倾诉有关老公出轨或不尊重老婆的话题时，这位女主持人必定“以不变应万变”，给出一个标准的答案，就是：“干吗不离婚？！”久而久之，其遭到了听众的厌恶，被投诉到了台里，最后台里将该栏目撤掉了。

后来有人好奇，为什么这位主持人总是“劝散不劝谈，劝离不劝和”？经调查发现，她本人就曾离过三次婚。

试想，在一个离婚三次的女人面前讨论什么是好男人，你能得出什么好结论？

三、相关知识：我的督导故事——吾一日三省[1]

如果说同感力与洞察力是心理咨询师的看家功夫，那么觉察力则是心理督导的基本功。

简单来说，反省力是指咨询师在心理咨询中对诸项技巧之运用成效的内省能力。这通常包括对同感表达、言（体）语交流、清晰概念、解析、面质、澄清、沉默等咨询技巧运用的自我监督、批评、完善的能力。由此，反省力是一个良好习惯的培养过程，它要求咨询师不断反思、醒悟自己在咨询过程中说过的每一句话语，做过的每一个判断，并做出及时的调整。从这层意义上讲，咨询师的能力

1　岳晓东：《登天的感觉：我在哈佛大学做心理咨询》，民主与建设出版社，2018。

成长在很大程度上也是靠自我的不断醒悟来完成的。

哈佛大学心理学教授加德纳提出，人的智力有七种形式，其中之一就是内省智力（intra-personal intelligence）。它包括个人能够及时体察内心变化的能力，及时发现自我优缺点的能力和及时调整自我状态的能力。心理咨询是听与说的艺术，其能力之提高要求一个人对自己在咨询中的所言所思、所作所为具有高度的反省力。而内省智力对心理咨询师的反省力有极大的推动作用，咨询师的自我成长亦有赖于内省智力的完善。

我在哈佛大学心理咨询中心实习时，每星期都要分别见两位至三位督导。常常是同一段心理咨询对话录音要播放好多回[1]，从不同角度不断地分析其中的问题与不足，并反复商讨怎样说（或做）才会使效果更好。如此天长日久，我对自己在咨询过程中的言行表现养成了一种质疑的思考习惯。到后来，我时常不需督导指点就可以滔滔不绝地做自我分析。

比如，我在给一位名叫嘉慧[2]的女生做咨询时，起初我只是不断地认同她无法承受父亲强迫她报考哈佛大学法学院的挫败感。在与督导芮内的会面中，她提醒我嘉慧诉苦只是表面需求，她的深层次需求是寻求我支持她逆反父亲的理由。由此，我越是与她谈同感共情，换位思考，就越会强化她的挫败感和学习无助感。相反，我唯有与她探讨怎样与父亲有效地沟通，才能强化她面对父亲、理解父亲，并做自己命运主人的信心与能力。芮内的督导给了我极大的启发，使我醒悟出自己对同感理解的一个误区：同感既可帮助一个人宣泄不良情绪，也可增强一个人的学习无助感。

又如，我在给一个名叫查理[3]的男生做咨询时，起初我也是不断启发他做换位思考，理解自己对女友海伦的伤害，但督导杜希启发我多在查理的人格缺陷上

---

1 在哈佛大学心理咨询中心实习时，我每见一位来访学生都征求其同意，将咨询过程录音，以便我后来见督导时进行探讨使用。

2 嘉慧是《登天的感觉：我在哈佛大学做心理咨询》中“我不想上哈佛大学法学院”的案主，她因父亲强迫她报考哈佛大学法学院而找我咨询，我运用“来访者中心”疗法帮助她学会与父亲沟通，做自己命运的主人。

3 查理是《登天的感觉：我在哈佛大学做心理咨询》中“问你是否还爱我”的案主，他因失恋找我咨询，我运用“理性情绪疗法”帮助他发现其个人在失恋中的责任，并学会宽恕女友与自己。

做文章，帮助他看到其失恋背后的自我中心与完美主义之诱因。在给查理做咨询的那段日子里，我感觉自己就像是一个话剧演员，一天到晚都在琢磨自己该说哪些话，怎样说那些话，说了之后又有什么效果，怎样说才可以取得更好的效果。

由此，我感觉自己像个婴儿那样在重新学讲话。我把这一感觉告诉杜希，他笑笑说，学做心理咨询师确实令人有重新学说话的感觉，因为你必须准确地说出每一句话，并准确地理解每一句话。

而这一切，都需要咨询师具有高度的反省力，或如曾子所言："吾日三省吾身。"

拓展阅读 8-1　内省是一种智力表现

美国哈佛大学心理学家霍华德·加德纳提出，内省是人类的一种智力，它泛指个人认识、洞察和反省自我的能力，表现为能够正确地意识和评价自身的情绪、动机、欲望、个性、意志，并在正确的自我意识和自我评价的基础上形成自尊、自律和自制的能力。内省智力可谓是咨询师的基本专业要求与训练，也是咨询师觉察力的基础。

具体地说，霍华德·加德纳发表了《智能的结构》一书，提出了一种全新的有关人类智力结构的理论——多元智力（国内也称作多元智能）理论。在加德纳看来，智力并非像传统所说是以语言、数理或逻辑推理能力为核心的，也并不是以此作为衡量智力水平高低的唯一标准，而是以能否解决实际生活中的问题和创造出社会所需要的有效产品的能力为核心的。

图 8-1　霍华德·加德纳[1]

加德纳强调，自我认知智力强的人通常能够维持写日记或睡前反省的习惯：常试图从各种回馈渠道中了解自己的优缺点，经常静思以规划自己的人生目标。

1　霍华德·加德纳（Howard Gardner），世界著名教育心理学家，也是本书作者岳晓东博士的导师。

心理咨询是听与说的艺术，其能力之提高要求一个人对自己在咨询中的所言所思、所作所为具有高度的反省力。而内省智力对心理咨询反省力有极大的推动作用，咨询师的自我成长亦有赖于内省智力的完善。

第二单元 心理咨询觉察自省的必要性

一、学习目标

了解心理咨询觉察自省的必要性。

二、基本概念

（一）心理咨询师觉察自省与业务成长

心理咨询没有可以遵循的固定脚本，咨询师都是临场发挥的。因此，咨询师必须能够将自己作为一种资源来使用：对内部情感状态转变的重要性保持敏感，理解自己的行为可能怎样被他人觉知，拥有维持新鲜感和警觉感的策略。有效的咨询是建立在助人者和受助者之间关系的质量基础上的。

由此，咨询师需要经常延展和挑战自己作为助人者建立咨询关系的能力：应对终结、面质、深度关注的体验以及打破僵局的复杂性。只有认识到这些觉察自省的因素，所有的咨询才能吸收“探寻自我”这一重要因素。例如，参加基于经验的团体合作，获得作为一名来访者的体验，或者记录个人的日常所思。

例如，许多咨询师在进入这一行业前，可能在诸如护理、社会工作、教育或心理学行业工作和学习了一段时间。这些早期的职业活动会给咨询师的判断带来诸多的反移情，致使许多初入行的咨询学员在开始工作时，总是倾向于用自己先前职业的视角去看待问题。其他人则急于将先前的职业抛之脑后，以至于他们否认这些职业经历与作为一名咨询师之间的关联性。这些经历，既可能成为咨询师的“资源”，也可能成为其“包袱”。由此，咨询师进行个人体验，可以梳理个人成长经历对咨询关系的影响，以确保在咨询过程中及时、准确地觉察其移情与反移情的表现（表 8-2）。

表 8-2　觉察力之个人体验的内容与思考

个人体验方面	体验内容	觉察思考
重大生活事件的回顾反思	1. 重大成功体验：高考成功、竞赛获奖、爱情得意、工作如愿等 2. 重大挫败体验：高考失败、竞赛失手、爱情失意、工作受挫等 3. 重大创伤经历：患病、家人亡故、天灾人祸、意外事故等	移情与反移情的表现 未完成事情 防御机制表现 人格的协调 / 不协调 自我实现的目标与方法
重要他人的回顾反思	1. 亲密关系的回顾反思：父母、儿女、夫妻、兄弟姐妹、重要亲戚等 2. 友谊关系的回顾反思：重要的朋友、同学等 3. 师生关系的回顾反思：重要的教师、导师等 4. 同事关系的回顾反思：同事、主管、下属等	移情与反移情的表现 未完成事情 防御机制表现 人格的协调 / 不协调 自我实现的目标与方法

（二）心理咨询觉察自省与个人成长

美国心理学家斯特鲁普认为，“每个心理咨询师都应该发展出他自身独特的治疗风格，也可以说是将治疗的艺术性与治疗技巧综合起来的一种独特的人格。一位优秀的咨询师更类似于一位画家、小说家或者作曲家”。为了达到这个境界，就应该努力提升个人的觉察力，具体而言，可以有如下两方面的措施：

1. 自我反省：觉察自我的同感、洞察、判断、行动失误；2. 自我探析：觉察自我的专业取向、个人定向等。

由此，觉察个人成长中的种种“未完成事情”，会有助于了解咨询师在咨询关系中的盲点与反移情焦点。表 8-3 总结了这类觉察的表现。

表 8-3 个人生活经历的觉察自省分析

生活事件的觉察自省			
生活经历	未完成事情	行为表现	反移情分析
你曾经学习落后	投射作用 补偿作用	渴望理解 感恩帮助 愿意帮助他人	过分热情 过分主动 救世主情结 ……
生活经历	未完成事情	行为表现	反移情分析
你曾经失恋	升华作用 补偿作用	渴望关注 渴望理解	过分热情 过分冷漠 仇视某类人 ……

美国心理咨询专家克鲁奇认为，咨询师成长需要具备四种技能，即咨询师的意识、个人的工作能力、理论技能的理解以及个案调查技能。美国心理学家拉森等人则构造了一种模型，将咨询师的自我效能分成五个方面，分别为微技能、过程、处理困难的能力、文化感悟能力以及价值观培养。美国心理学家博伊特勒等人确定了一些与能力有关联的“咨询师变量”，分别包括人格、情感、态度、价值观、人际关系的态度（比如同感、热情）、社会性的影响品质（如专业性、信任感、吸引力、可信性、说服力）、专业背景以及理论技能等。所有这一切，都需要在咨询培训及实践当中不断完善。

我们在咨询中的表现与我们的过去有何联系呢？

案例 8-2

来访者是一位妈妈，35 岁，因为女儿的问题来做咨询，咨询师接待了她。以下是第二次会面的一段对话。

咨询师：我对你的情况已经有一些了解了。你希望我能为你提供什么帮助？
来访者：我希望你能帮我改变我的女儿。她现在学习不行，做事也不行，什么都不行。写个作业也得我陪着，现在都上六年级了，从她上一年级开始，我都陪了她六年了。而且这个孩子太软弱，别人欺负了她，她老说没事。我就说她应该厉害点，她还替人家说好话。我一说她，她就哭。以前给她测过智商，人家说她智商偏低，要是真是偏低，我们也就对她不抱什么太高的希望了。
咨询师：你的意思是你对女儿现在的一些表现不满意，希望她能改变。
（咨询师的内心活动：我感到双手双脚都很紧张。我对自己说“可恶，像你这样，孩子不出问题才怪”。我感到生气、厌恶。我觉得自己给她回应的时候，说话好像有点胆小似的。我对她的反应有些奇怪，也许我应该和我的督导谈谈。）

由于咨询师张琳在咨询过程中觉察到了自己的一些奇怪反应，所以决定寻求督导老师的帮助。我们来看张琳与督导的一段对话。

咨询师：我觉得很奇怪，我不能接纳我的来访者。她是一个妈妈。我觉得她太厉害了。听她说话，我就觉得不喜欢她。她说话的方式也让我很不舒服，跷着二郎腿坐在那里，边说边用手指指指戳戳的。
督导：当时你的心里什么感受？
咨询师：生气，厌恶。就觉得自己真的很讨厌她。要不是咨询师角色的要求，我真想骂她。
督导：她的表达方式让你不舒服？
咨询师：是的。
督导：那你为什么不告诉她？
咨询师：嗯……我怕告诉她后会破坏我们的关系。
督导：怎么讲？
咨询师：我告诉她，她让我觉得不舒服，她肯定会很生气，然后就不会再来了。
督导：所以你觉得你不能让她生气？
咨询师：好像是这样的，我感觉虽然我很讨厌她，但是在给她回应的时候，又有想讨好她的意思。
督导：这和你的从前有什么联系吗？是什么让你害怕她，想要讨好她？
咨询师：嗯……她表现得就好像是个很厉害的人似的，或者说像个权威人物似的。我从小就是这样，对于很厉害的大人特别害怕。虽然我特别讨厌他们，但是和他们交往的时候又不得不去讨好他们，我怕他们伤害我或不喜欢我。
督导：看来你很害怕你的来访者，这种害怕已经影响到了你和她之间的互动。她就好像是个厉害的大人，你就像个又生气又害怕的小孩。
咨询师：是的。

点评：

从上面的案例中可以看出，如果咨询师能够觉察到自己在很凶的来访者面前就好像是个害怕的小孩子，那么就可以在以后与这类人互动时有意识地调整自己的状态，从而做到真正地有利于来访者，有利于咨询过程。

三、相关知识：我的督导故事——培养自我透明度

培养自我透明度，是咨询师个人成长的一个重要方面，也是咨询督导的一个重要内容。所谓自我透明度，指的是咨询师对自我从事心理咨询行业所存在的种种个人问题的深入了解与洞悉。

在专业上，这突出表现为咨询师对个人的种种未完成情结与反移情倾向的深刻认识，若缺乏了解可能会给来访者带来不必要的误导和伤害。所以培养自我透明度，旨在使咨询师帮助他人成长的同时，也帮助自我成长。毕竟对自我不充分了解的人，是不配也不可能做到帮助他人充分了解自我的。

就精神分析而言，反移情是咨询师由于其以往生活经历和人际关系作用对来询者形成的心理反应倾向。它是一种对特定人物、事件、环境等的定式思维，或是一种因情感投射而产生的特殊偏好、偏见，最终形成某种情结表现。所以，反移情是一面镜子，它可以“照出”一个咨询师在咨询过程中可能出现的种种有意识、无意识的认知、情感意向。

在哈佛大学实习咨询时，我通过与督导探讨，发现我在咨询中常由于“二外沉浮情结”的作用，而对来询者进行过多的鼓励与说教。具体地说，我当初在北京第二外国语学院读书时[1]，曾有过一段巨大的学习沉浮：大一开学摸底考试时，我的成绩在班内名列前茅；到了期中考试时，我的成绩居班内中不溜的水平；到了期末考试，我的成绩落居班内差生之列。为了改变学习的落后局面，我牺牲了许多节假日，终日学习不倦，如此到了大三，我的成绩终于开始回升，并最终重归前茅之列。这段曲折经历使我对挫折有一种强烈的期望，就是通过锲而不舍、

1 我大学本科是在北京第二外国语学院英语系读的。

坚持不懈来最终改变局面。久而久之，这种期盼便形成了一种定式思维，也成了一种情结表现。

由于我的“二外沉浮情结”，我在为莉萨做咨询时，很快就找到了两人的共同语言，并能够获得莉萨的充分尊重与信任。然而在给莫妮卡咨询时，我的“二外沉浮情结”对我的咨询起了许多阻碍作用：首先，它影响了我的同感交流，我在内心深处总是想拿自己当初的辉煌去激励莫妮卡；其次，它使我误断了莫妮卡的核心问题，一直以为她的问题是适应不良与缺乏斗志；最后，它使我不善倾听莫妮卡的倾诉，关注焦点一直停留在问题表面。说白了，我就是拿自己去帮助别人，按照自己的生活经历去塑造他人的生活的。这是典型的反移情表现，它使我很快落入主观武断、经验办事的陷阱，对莫妮卡空谈“坚持就是胜利”的道理，一再忽略她愧疚感的表现，最终使莫妮卡对我的咨询产生了巨大的阻抗。

所以心理咨询师既要帮助别人了解自己，也需要不断地加深对自我的了解。前者是帮助别人认清自我成长中的种种误区，后者是发现自我能力完善上的一个个盲点。“二外沉浮情结”经历对我来讲，既是一种资源，也是一种阻碍。我需要对此有清醒的认识，以便在工作当中加以灵活运用。这便是自我透明度的作用。

总之，心理咨询师行业区别于其他行业的一个突出标志是它非常注重咨询师个人的成长，其中一个重要的方面就是增强对自我的了解。发现个人的反移情表现，认清自我透明度的各个盲点，是咨询师一生一世的职业挑战。

拓展阅读 8-2 弗洛伊德的自我觉察与“俄狄浦斯情结”的提出

弗洛伊德在做自我分析时发现，他从小就对母亲有一种特殊的依恋。这种依恋有着强烈的排他性和独占性，甚至由此妒忌父亲与母亲的亲密关系。由此，弗洛伊德得出了一个重要结论，即人类从小就有一种“性欲”，它构成了人最基本的“原欲”，可谓是人一切精神力量的原动力。弗洛伊德将之称为“性动力”或“性原欲”。在此基础上，弗洛伊德创立了“俄狄浦斯情结”（oedipal complex）理论，它是弗洛伊德精神分析学的基本理论之一。

1897 年 10 月 15 日，弗洛伊德在一封自我分析的信中提出，“俄狄浦斯情结”的两个核心因素是对双亲中一方的爱恋及对另一方的妒恨。他认为，这是童年心理活动的基本内容，也是人类一切复杂的精神现象的“胚芽”。此后，弗洛伊德在讲述精神分析学时，都以“俄狄浦斯情结”为核心。

这便是弗洛伊德觉察自省的巨大收获！

第二节 心理咨询觉察自省能力的培养

第一单元 心理咨询觉察自省的内容

一、学习目标

了解心理咨询觉察自省的内容。

二、基本概念

（一）觉察自己的感觉

我们为什么要对身体感觉进行觉察呢？因为体察身体感觉对了解我们的情绪具有提示作用。正如歌手陈奕迅在《十年》中所唱的“如果那两个字没有颤抖，我不会发现我难受”。当来访者长篇大论时，你感到自己很想深深地吐一口气，这可能就是在提示你对来访者的讲述存在某种情绪，例如有些不耐烦。

那么我们要觉察身体的哪些部分呢？依据身体从上到下的顺序，我们可以去发觉自己的额头、眼睛、脸颊、鼻子、嘴、耳朵、脖子、肩膀、胸部、后背、双臂、双手、腰部、腹部、双腿、双脚的感觉。除了身体的各个部分外，我们还可以去体察自己的呼吸和视觉、听觉、嗅觉、味觉及触觉的感受。

（二）觉察自己的想法

对认知想法的觉察主要是对自己内部语言的觉察。内部语言是头脑中我们自己与自己说话时所使用的语言，在清醒状态下，内部语言是持续不断发生的。比如，当你成功地做了某事，特别激动的时候，在头脑中会对自己说“我成功了”之类的话。需要你上台演讲的时候，你在头脑中对自己说的话可能是“不行，不行，我不行”。在你听别人讲话，当你极不同意对方的观点时，你对自己说的可能是“讲的什么啊”。内部语言需要我们仔细识别，并不断加以练习，否则很容易被忽视。

我们为什么要去发现内部语言呢？内部语言可以帮助我们辨识自己的信念、想法、态度、价值观及情绪。随着练习的进行，你会逐渐发现它的用处所在。

（三）觉察自己的情绪

对情绪感受的觉察是指在某个时刻，对自己的情绪体验是快乐还是悲伤，是愤怒还是愉快，是受感染还是麻木，是平静还是激动，是友善还是敌意，是投入还是疏离等方面的自我了解和判断。在咨询中觉察自己的情绪感受可以有助于发现自己的信念、价值观，从而有利于保持价值中立；有助于判断自己在咨询中产生的情绪是听来访者的故事后的正常反应，还是与自己身上的未完成事件联系在一起的反应。

（四）觉察自己的行为

对自己行为表现的觉察主要包括对自己的言语及非言语表现的觉察。言语表现是指自己对来访者说了怎样的话。非言语表现包括自己的面部表情和肢体动作。觉察自己的行为表现可以有助于了解自己怎样向来访者传递信息及传递出了怎样的信息。比如，在你用语言表达赞同来访者的观点时，是否紧缩眉头？不同的表现方式会传递给来访者不同的信息。

以上就是觉察自省第一层面所包含的内容，它们分别是对身体感觉、认知想法、情绪感受和行为表现的觉察。通常，在面对一件事时，我们的各种反应几乎都是同时发生的。比如，第一次有机会和你心仪的人说话时，你几乎同时产生如下反应——身体感觉：脸部发烫，心跳加快；情绪反应：兴奋，害羞；认知想法或内部语言："我要说什么？他/她会怎么看我？"；行为表现：笑，脸红，目光躲闪等。

案例 8–3

请看，这是一只憨态可掬的"熊猫"。

1. 在看到这张图片的时候，你身体的哪些部分有何种感觉？
   回答：脸部很放松，心痒痒的。
2. 在看到这张图片的时候，你的内部语言是什么？
   回答：真可爱啊！
3. 在看到这张图片的时候，你的情绪感受如何？
   回答：愉悦。
4. 在看到这张图片的时候，你的行为表现如何？
   回答：微笑。

再仔细看！

这只"熊猫"原来只是一条化了妆的松狮犬！某松狮饲养专家说把松狮染成熊猫的样子是件极为残忍的事情，通常要经过四个步骤，花四五个小时的时间。

从第一步起松狮犬就会感到疼痛，因为漂色剂含有化学物质，而狗的皮肤比人的薄，尤其是劣质的药水更容易灼伤狗的皮肤。而把狗的眼睛染成黑眼圈有可能让狗永久失明。

1. 现在，你身体的哪些部分有何种感觉？

   回答：额头——有点紧张，有点累；胸口——闷。

2. 你的认知想法（内部语言）是什么？

   回答：怎么可以这样！

3. 你的情绪感受如何？

   回答：愤怒、悲伤。

4. 你的行为表现如何？

   回答：吐一口气，拧起眉毛，闭紧嘴唇。

从这个例子可以看出，我们的内心活动及行为表现每时每刻都在发生变化。觉察自省的目标就是练习对这些变化的觉察。

案例 8–4

来访者为一位大学二年级女生，20 岁，身材好，穿着很时尚。

咨询对话	情境分析
来访者：我现在该怎么办啊？我们之间有了第三者！我问他选谁，他居然说选她！	咨询师内心活动：现在我的身体感觉是头有些疼，心有些受震动；我在听到她诉说的这一刻，内心对自己说的话是“真可怜啊”。我的情绪是为她感到有些伤心，对她的男朋友有些生气。所以我的行为表现是……关心地问……
咨询师：怎么回事呢，能给我详细地讲讲吗？	

咨询对话	情境分析
来访者：我和他去年就认识了，是在网上认识的。那时他对我特别好，特体贴，特细心，每天都给我发很多短信，每天都给我打电话。	咨询师内心活动：她刚开始讲的时候，我稍稍放松下来，但是一听到她说是网上认识的，我感到我的嘴巴和手有些紧张。我立刻对自己说："网恋！又是网恋！"我的情绪有些烦躁。我感到自己的眉头已经稍稍皱了起来。我对网恋一直比较有偏见。现在我需要暂时放下自己的偏见，听来访者说。
咨询师：嗯，那时很幸福。	咨询师内心活动：在她认可我的反应时，我感到我的身体很放松，对自己说"说对了"。我的情绪感受是愉悦，有点得意。我注意到自己在她这么说的时候，我点了下头。
来访者：对。	
来访者：不过，我俩不在一个学校，后来他在学校认识了另外一个女生，他说他喜欢上她了，要和我分手。前两天，我去找他，要和他摊牌，说说这件事。他居然说我们来个三人恋爱吧！那晚，他安排他、我、那个女生一起住，居然他俩睡在床上，让我睡在椅子上！我快要气炸了！气得我的牙根儿都痒痒！！！我特别特别生气，这样对我简直就是一种侮辱！	咨询师内心活动：我感觉我的头很累，心跳有些快，很想深深地呼吸一下。我的内部语言是："胡闹，简直就是胡闹！三人恋爱？同睡一屋？太胡闹了！"我感到自己对来访者的男朋友很愤怒，我很同情来访者。我也意识到自己的眉头已经紧紧地皱起来了。我的愤怒似乎有些太强烈了，怎么回事？我现在需要平静下来，关注来访者。
咨询师：你对他这样做感到特别愤怒。他对你很不负责任。	咨询师内心活动：我现在感觉我的心跳还是有些快，情绪还有些激动和愤怒。我对自己说："我的回应不是很好。"我注意到自己稍咬了下嘴唇。
来访者：我现在特别困惑。我真不知道自己怎么了！	
咨询师：嗯哼。（有兴趣地表示听到了，希望她再接着讲。）	咨询师内心活动：现在我没有什么特别的身体感觉，我对自己说的话是："她想告诉我什么？"我的情绪感受是很有兴趣，我感到自己稍微扬了扬眉毛。

咨询对话	情境分析
来访者：我……我真不明白我怎么会喜欢上一个女生！	咨询师内心活动：我感到我的头似乎被突然一击，内部语言是“啊！！！太不可思议了！”我的情绪是非常惊讶，同时稍有些厌恶。我注意到此时我有些愣住了，我的眼睛也有些睁大了。我需要调整一下，否则我的来访者也许会感到我对她的拒斥。
咨询师：你的意思是你的男朋友是个女生？	我的情绪是有些懊悔选了这句话来说。我感到我的嘴唇微微张开了，估计看起来还是显得挺吃惊的吧。
来访者：我和她是在网上认识的，开始聊天一直都不知道对方的身份，后来见面才知道“他”是个女生，不过她那时对我真的很好，很细心，很体贴，也不知为什么我就接受了。	咨询师内心活动：我感觉到头疼，胸口闷。我对自己说：“网络，网络，都是网络惹的祸！”我此时的情绪很迷惑，觉得无法理解来访者的行为。我感到自己已经再一次皱起了眉头，沉默，然后稍稍点点头，有种不知说什么的感觉。

三、相关知识：我的督导体验——我是谁？[1]

心理督导的一个重要目标是帮助咨询师解答“我是谁”的问题。这包括确认对某一咨询流派的定向，确定对某类咨询的偏好（如自我形象咨询、婚姻咨询、厌食症咨询等），着重操练某几项咨询技巧，挖掘个人的未完成情结与反移情表现等。这可以从方方面面增强咨询师对自我职业的了解。

例如，我在哈佛大学修心理咨询理论课时，老师曾布置了一项作业——找同学彼此做心理咨询，然后写成报告上交。我找了一个男同学做咨询练习，他是一所中学的副校长。我们议定谈各自的生活与工作烦恼，然后给对方做心理咨询。我谈的问题主要是眼下的学习和生活压力，而他谈的问题则是工作中遇到的困惑和烦恼。在给彼此做咨询时，我总是有意无意地替他做问题分析，他却总是自觉

1 岳晓东：《登天的感觉：我在哈佛大学做心理咨询》，民主与建设出版社，2018。

不自觉地鼓励我积极面对困境。

我们把这一现象归因为文化作用的结果，即中国文化重师生关系的指导性，西方文化重师生关系的自主性。但后来我们发现，这种归因方法不够全面。因为我虽然好替他分析问题，却并未具体指导他该怎么做；他虽然好鼓励我，却没有深入展开。带着这个问题我们去请教老师，他告诉我们如果差异不是文化的作用，那一定是人格的作用。

于是，我们又对彼此的咨询风格做了一番深入分析，结果发现我在给他做咨询时，非常看重洞察力的表现，而他在给我做咨询时却十分看重自强力的表现。这说明在心理咨询的实践中，我较他更加理性化，他较我更加感性化。

那么，又是什么因素导致了我们的这种选择差异呢？老师提示我们，人格因素可能是个人生活经历的作用，也可能是教育熏陶的作用。至于哪一种因素更重要，需要我们自己去挖掘。由此，我们又对彼此咨询取向的基础做了一番分析。结果发现，我之所以看重洞察力，是因为我在潜意识中把心理咨询当学问来做了，所以对我来讲，心理咨询之奇妙莫过于其给人带来睿智和启发；而他之所以看重心理咨询的自强力，是因为他曾一度是个差生，后来在一个老师的鼓励之下彻底改变了自己，所以对他来讲，心理咨询的威力莫过于它给人带来人格变化。

当我们把这一新发现告诉老师时，他总结说，我们每个人在心理咨询的学习和实践中，都深受各自的人格成长和生活阅历的影响。这种影响多半是无意识的或下意识的，一个训练有素的咨询员应该不断探索这些影响的表现，并主动地加以调整和转变。这便是对“我是谁”的思考。

我到哈佛大学心理咨询中心实习后，就更加关注这个问题，并时常与督导加以探讨。他们对我的主要结论有：

1. 我对心理咨询的理论兴趣要远远大于实践操作。

2. 我对洞察力的领悟要远远胜过对同感力的把握。

3. 我对精神分析或心理动力学流派有着本能的爱好。

4. 我更适合做个人咨询，而非团体咨询。

5. 我从事心理咨询最大的优势是善于思考。

6. 我从事心理咨询最大的问题是过于主动。

7. 我从事心理咨询培训教育会比直接做心理咨询更有成就感。

…………

对于督导的上述结论，我不是每一条都立即接受的。但随着时间的流逝，我越来越领悟到他们对我的“我是谁”理解的洞察力。这也深深地影响了我后来的生涯规划与事业发展。

第二单元　心理咨询觉察自省的培养途径

一、学习目标

了解心理咨询觉察自省的培养途径。

二、基本概念

（一）心理咨询觉察自省的培养途径

正确而敏锐的觉察自省可以支持任何类型的咨询工作。不管使用何种理论，传递援助或者治疗的主要手段都是人或咨询师本身。要成为一名优秀的咨询师，就必须以灵活的和有回应的方式与寻求帮助的来访者互动。咨询师并没有可以遵循的固定脚本，他所做的几乎每一件事情都是临场发挥的。因此，咨询师必须能够将自己作为一种资源来使用：对内部情感状态转变的重要性保持敏感，理解自己的行为可能怎样被他人觉知，拥有维持新鲜感和警觉感的策略。

所谓外审，就是通过督导与小组讨论等手段，咨询师不断解答、切磋“我是谁”“我该做什么”“我怎样做会更好”等问题。所谓内省，就是从自身的内在角度来不断反省、挖掘自身的缺点，解答“我怎么做才能做得更好？我还存在什么问题”等问题，这通常需要通过自身的内省、研修、自我学习等手段来完成（表 8-4）。

表 8-4 觉察力培养

	觉察类型	简单定义	事例
外审督导	接受专家指导	接受专业人士的定时督导，以解答工作中和个人成长中的问题。	参加某位获得督导证的咨询师的督导班或成长小组，定时活动，完成规定时数。
	接受同辈指导	接受同事/同辈的指导和批评，以反省工作中和个人成长中的问题。	参加某咨询机构举办的咨询师成长小组定时活动和交流。
	参加课程学习	定时参加心理咨询的培训课程，以提高自己的综合能力。	参加某咨询流派、技巧的培训班，以提高自身的咨询能力。
	参加会议交流	不断参加有关心理咨询的会议，以交流彼此的咨询经验。	参加由咨询学会或咨询机构举办的会议，交流实践经验。
内省反思	自我剖析	通过做咨询笔记、日记等活动来不断反省自我的失误与成长。	写咨询记录、自我成长分析等，与督导和同辈交流，以反省自我。
	自我体验	通过做自我体验，让他人，特别是咨询督导，来发现自己工作、成长中的问题。	把自己的某段未完成的事情讲出来，供督导或同辈分析，以发现自我的盲点。
	自我总结	通过参加督导班或成长小组来不断总结咨询与自我成长的经验。	不断在督导班或成长小组的活动中总结自我，以更好地完善、整合自我。
	自我禅修	通过参加某些禅修活动来学会与自我对话，发现成长的哲理。	参加特定的禅修小组，定时活动。

觉察自省还包括对以上两个问题整合后的自我认知，如我内在的一切是否与外在的一切相符合？我内在的自己是否喜欢外在担任的角色？或者我是否可以清楚地区分出哪部分外在的我是内在的我所喜欢的？哪部分是内在的我不喜欢、不接受的？我如何对此进行调整？行动计划是怎样的？

例如，在中国传统文化中，禅修就是一种提升自我修养和反省力的好方法，能有效加强自己的觉性，也就是我们常说的觉察力。这种力量不是刻意的结果，而是自然而然达到的结果。通过禅修的训练，咨询师可以毫不费力地对当下明了，当然最终是走向觉悟，通彻地对自我产生体验和认识（表 8-5、表 8-6）。

表 8-5　觉察力之外审（督导）内容

督导方面	督导内容
心理督导的方法论	熟练的程序：磋商、心理咨询、教育或培训、评估 基本方法：如精神分析疗法、行为的、完形的、系统的、发展的
心理督导的操作技巧	咨询的视频 / 磁带回顾：回放咨询视频 / 磁带资料，展开讨论 咨询的角色扮演：咨询的现场模拟、情景回顾 咨询的角色反转：咨询师与来访者的角色转换 咨询的现场观察与指导：现场咨询的观察 / 观摩，指导 给咨询学员的建议和意见：针对具体咨询片段 / 过程的指导 咨询学员的特定训练：如面对抑郁症、同性恋等特殊群体的咨询技巧培训
咨询学员的个人成长	咨询学员的伦理道德：咨询对伦理道德的认识与把握 咨询学员的人格类型：个人的人格类型与自我认知、完善 咨询学员的兴趣爱好：个人的兴趣爱好与咨询工作的互补 咨询学员的实践经验：个人的工作经验积累与总结 咨询学员的专业定向：个人的咨询流派定向与完善 咨询学员的个人体验：个人的生活经历回顾与整理

表 8-6　觉察力之内省（反思）内容

反思方法	反思内容
自我总结法	做咨询手记，记录、总结咨询的心得体会 做咨询视频资料，反复回放、思考
个人学习法	带着咨询中的问题，查阅相关的咨询图书资料 系统学习、研修心理咨询的不同流派与技巧
交流总结法	参加成长小组的活动，以交流咨询的心得体会 做咨询角色扮演，模拟咨询的情境，以增进反思 现场观察 / 观摩咨询过程，与自我做比较 参加案例讨论，以在讨论中解惑答疑
培训成长法	定期参加技能训练工作坊，提高个人的特定咨询技巧 定期听取与咨询相关的报告，提高自己的知识面 定期参加咨询流派与技巧的学会 / 学术活动，增进交流 定期接受网上的督导，以答疑解惑

（二）心理咨询觉察自省的自我培养

自我反省就是指在沟通过程中，对各种方法运用成效的自我监督与批评，检查自己的思想和行为并做出评价，从而改正过失。孟子曾说过："仁者如射；射者正己而后发；发而不中；不怨胜己者，反求诸己而已矣。"仁者立身处事也像射箭一样，射不中，不怪比自己技术好的人，只需从自身找原因。

在此基础上，反省其实是一种学习能力，而反省过程就是学习过程。咨询师如果能够不断地进行自我反省，并努力寻求解决问题的方法，从中悟到失败的教训和不完美的根源，并全力做出纠正，这样就可以在反省中清醒，在反省中明辨是非，在反省中变得睿智。许多研究都证明，内部控制者不但比外部控制者成绩好、更要求进步、生活更轻松，而且日后的成就亦较大。所以，自我批判能力越强，则智慧和精神境界就越高。人如同一块天然矿石，需要不断地用刀去雕琢，把身上的污垢去掉。虽然有些沉痛，但雕琢后的矿石才能更光彩照人、身价百倍。因此，反省自我就是为了提高自我。

如何进行反省？不妨思考一下："今天的咨询过程中有什么可以帮助我进步？我该如何应用在下一次的咨询中？""我做错了什么？本来可不可以避免？下次应该有什么不同的做法？""我做对了什么？我能从这次经验中学到什么原则呢？"宋代理学家朱熹教人："日省其身，有则改之，无则加勉。"心理咨询师应该以之为目标，日省吾身，不断提高自我能力，促进自我成长。

三、相关知识：相互督导威力大[1]

我在哈佛大学心理咨询中心实习时，另有三位临床心理学与咨询心理学的博士生也在做实习并接受督导。平常我们每个人都是各忙各的，但有几次杜希组织我们四个人相互督导，以发现各自的问题，其成效不亚于个别督导。

在这些活动当中，给我印象很深的一次是关于同感技巧的相互督导。那次活动分两个部分：理论探讨和实际操练。在理论探讨部分，我们委托其中一位博士

1 岳晓东：《登天的感觉：我在哈佛大学做心理咨询》，民主与建设出版社，2018。

生就什么是同感做了一个深入的理论概述。她从弗洛伊德的观点说到罗杰斯的想法，从在“来访者中心”的功能说到在“行为疗法”中的作用，其中我记忆最深的是阿德勒的比喻——同感是穿上病人的鞋子来观察与感受病人的体验，和罗杰斯的理念——同感就是无条件地积极关注和咨询师的一致性。

做完报告，那个博士生要求我们每个人都用自己的语言来描述什么是同感。我对同感有四条比喻：

1. 情感对焦：同感就如同旧式照相机一样，需要不断地对焦来调整镜头的清晰度，否则同感就会给人含混不清、似是而非的感觉。

2. 思维并轨：同感就如同火车轨道一样，如果咨询师不能进入对方的内心世界，他们就像两根铁轨永远不能并到一起去，那是同感的最大失败。

3. 接话茬子：同感的成功表现是——来询者说出上半句话，咨询师能够准确地说出下半句话。

4. 说贴心话：同感的最高境界是——来询者无论说什么，咨询师都能说出他的心里话，令对方倍感温暖。

我的这些比喻受到了另外三位博士生的一致认可，他们还十分欣赏我的概括能力和形象思维能力。随后，我们每个人都拿出一段咨询录音播放，让大家批评指正。往往是一句话大家议论好久，包括当事人自己想不到的地方都让大家想出来了。我那次播放的是我给莫妮卡的咨询录音，他们很快就听出我对莫妮卡不断说教、建议的问题，并建议我下次再见莫妮卡时少评论，多提问。其中一位博士生还提醒我这是在替莫妮卡当家做主，犯了心理咨询之大忌。

后来，我与杜希专门谈了我对这次活动的感受，他笑着对我说：“我说什么来着，你这个人长于理论分析，却短于倾听同感，这回你信了吧？”再后来，我把这归结为“绍兴师爷情结”——说得多，听得少；教得多，议得少。当我跟其他三位博士生分享这一发现时，他们异口同声地说：“你看，又来理论分析啦！”

共同督导使我们每个人都看到了在自身业务成长上的弱点，也增进了我们之间的信任与情谊。实习结束时，我们四个人一道吃饭庆祝，说着说着我们又说回各自的咨询问题，感觉是另一次共同督导。

共同督导的威力很大，所以当我1991年回国讲学时得知学员们没有督导，就极力建议大家建立联合督导的机制，定期聚会，轮流坐庄，面对咨询中的疑难问题集思广益，群策群力，最终带动大家共同成长。

我的建议受到了北京大学生心理咨询界同行们的认可，他们坚持了好几年的联合督导，受益匪浅。我听了也是倍感欣慰！

拓展阅读 8-3 参加培训学习，是最大的充电

2009年12月8日至14日，我到美国加州的安纳海姆市，参加了第六届心理治疗发展大会（The Sixth Evolution of Psychotherapy Conference）。这是全世界心理咨询与治疗领域的盛会，不光大师云集，而且参会者众多。据大会主办方透露，参会者就达6000余人，创了历史的新高！光排队注册，我就等了足足一个小时。

会议期间，我不仅有幸与心理咨询大师萨尔瓦多·米纽庆、欧文·亚隆等人合影，还参观了催眠治疗大师杰佛瑞·K.萨德和迈克尔·D.雅普克等人的工作坊。由此，我对催眠治疗的作用有了全新的认识：催眠治疗就是在浅度催眠下进行的认知调整；第一次见面就可尝试催眠治疗；药物治疗只能缓解症状，却不能改变认知。

在会上，还巧遇了来自北京的马春树博士，他师从萨德，学习艾瑞克森策略派的催眠术，立志在国内的催眠培训市场上打出自己的一片天地。我们一同听课，彼此帮助占位，还做各自偶像的摄影师，为此结下了深厚的情谊。

参加会议的5天内，我始终处于高度的兴奋状态，不错过任何一次大师的讲座，也不放过任何一个可以合影的机会。自从1993年哈佛大学毕业以来，我还从未像这几天这样对心理咨询行业充满了激情和憧憬。

可以说，参加培训学习，是最大的充电！

图 8-2　与家庭治疗大师米纽庆合影

他告诉我："我是家中的老大，从小就学会承担责任，我的名字意味着责任。所以家庭治疗的核心问题是责任问题。其中儿童精神医学就是家庭精神医学。家庭成员都是治疗师，家庭治疗就是让每个家庭成员进入他们的角色。"

图 8-3　与团体咨询大师欧文·亚隆合影

他告诉我："精神科大夫学习心理咨询技术，是时代的潮流。"

第三单元　心理咨询觉察自省的培养注意事项

一、学习目标

了解心理咨询觉察自省培养的注意事项。

二、心理咨询觉察自省培养的注意事项

咨询师的成长是多元的，一方面要在业务上不断提高，另一方面也要在人格上不断完善。所以，咨询师在用心伴随他人成长的同时，也在用心醒悟自我的成长。在这里，我建议咨询师应该努力提升自己在以下几方面的觉察力：

（一）提升人际关系的觉察力

有能力的咨询师能够展示出适当的倾听、沟通、同感、洞察等技巧，以及对情感表达的回应、转换、建构的运用，也包括对于移情与反移情的觉察自省。

（二）提升个人信念的觉察力

包括接纳他人的能力，相信来访者改善的信念，对伦理性和道德性选择的意识，以及对来访者和自我所拥有的价值观态度。

（三）提升人格完善的觉察力

咨询师必须首先要做到自己具有较好的心理调节能力和完善的人格，在治疗过程中才可以做到帮助来访者排解困惑。如果咨询师本人也具有一定程度的心理疑虑，比如无法忍受与来访者有关的不舒服情绪，那么该咨询师必然无法充分履行自己的职能。

（四）提升咨询技巧的觉察力

咨询师必须知道何时和如何运用自己所掌握的咨询技巧，特别是时间点的把握。在什么情境下使用何种特殊的技巧或者策略，这就需要咨询师通过积累和自我分析逐渐摸索出一套行之有效的个人经验。

案例 8–5　她为什么偷窃成瘾

女孩，15 岁，初二学生，身高 1.5 米左右，学习成绩中上等，爱好演讲，喜

欢英语。因一周前拿同学的 U 盘（USB 闪存盘）被老师发现后，家长带她来咨询。

女孩从小由外婆带大，5 岁时回到父母身边。上小学时曾拿过同学的东西，同学发现后她就跪地求饶，同学没有告诉老师。去年又拿了一次同学的东西，被老师发现后告诉家长，家长打了她，并给那个同学赔了新的。这次趁值日又拿了同学的 U 盘，家长得知后，十分气愤。孩子也很难受，问妈妈为什么要生下她。

案例对话	咨询技巧
学员：你好，岳老师。 岳晓东：我现在放的是你的个案对吧？大家简单看一下。 学员：我简单说一下吧，这是一个女孩，15 岁，初二的学生，父亲做生意，家里很有钱。来这儿咨询主要是因为一周以前拿了同学的 U 盘被老师发现，家长带着她来咨询。她不是很愿意来，觉得很丢人。前期母亲做了工作，一开始说不来了，后来又过来了。 岳晓东：你是怎样接待她的？ 学员：考虑到她可能会有相当的阻抗，我和她先聊她感兴趣的话题。她母亲说，正好那天她参加英语演讲，我就问她讲得怎么样。她说拿了个年级第二。就这样找到了共同语言。然后我又请她自由地画了一张画，从这里切入主题。 岳晓东：怎样切入主题的？ 学员：就是我请她主动讲为什么会拿同学的东西，这样就进行下去了。 岳晓东：很好，我感觉你以同感共情为基础，建立了很好的咨询关系。 学员：谢谢您这么说。我感觉这个孩子对问题的认识程度很深刻，有很大的触动，她也有很大的决心改变自己。由于我当时是免费咨询，家长也不是特别好意思，就没有再约她。我现在的困惑是，要不要再约她？我还应该做些什么？ 岳晓东：那你怎么想的？ 学员：我想主动约她，但又担心这样做会令她感觉我不信任她，怀疑她自我改变的决心。 岳晓东：在探讨这个问题之前，我想问你，她是怎样描述自己偷拿同学东西的？ 学员：她没有怎么说，只是一再强调她不会再拿别人的东西了。 岳晓东：那你是怎样理解她偷拿同学东西的动机？ 学员：我也不明白，因为她家很有钱，她缺什么完全可以让父母给她买。	

案例对话	咨询技巧
岳晓东：好，那我们先来探讨这个问题，我们先从心理咨询的不同套路来看这个问题。首先，从“精分”的角度来讲，这个孩子家里不缺钱，她偷东西为了获得什么满足？我的假设是她学习不够好，或是在家里没有获得足够的爱，比较自卑。而这种自卑就需要得到某种补偿，她做了这个事情后就获得了一种满足，这就是她的自卑补偿。 学员：确实是这样，她有一些需求和父母说，父母没有答应她，她就通过这种方式来获得。她母亲后来也和我说了，说孩子一说“你不给我买，我就拿同学的东西”，她就给她买。	洞察督导
岳晓东：也就是说，这成了她的一种要挟手段。在精神分析理论上，这是她合理化思维的表现[1]——谁让你不给我，那我去拿别人的，早晚我会得到的。所以她这是玩一种心理战——拿别人的东西，我心安理得。 学员：有趣的是，这个孩子拿了别人的东西，也不藏起来或者转移，而是一直在书包里放着，结果老师一逮就逮个正着，两次都是这样的。 岳晓东：你觉得她这是什么心理？ 学员：感觉她无所畏惧？ 岳晓东：无所畏惧的背后是自恋，也就是自我中心。因为在她的意识中没有“偷”的这个概念，她认为只要是她喜欢的东西，她拿来了就是她的。 岳晓东：那好，这就需要你去跟她探索与发现了，可以问问她，“你拿了这个东西以后，你放到书包里，你当时是怎么感觉的”。用开放式对话提问。 学员：对，对。这个孩子给人感觉就是很自我中心，好像大家都要哄着她。 岳晓东：刚才我们探讨了精神分析的思路，下面我们探讨行为主义的思路。 学员：那在行为主义上，怎么理解她的偷窃行为？	理论解释

1 合理化思维，又称文饰作用，是指个体不自觉运用扭曲或者否定现实的方法，来暂时维持内心的平衡，但意识层面往往并不自知。包括否定、倒退、压抑、合理化、反向等待。它会给自己行为赋予合理、正当的理由，因此值得自己和他人的赞同。合理化有两种形式：“酸葡萄”机制和“甜柠檬”机制。“酸葡萄”机制源于伊索寓言，当得不到自己想要的东西的时候，用酸葡萄机制缓解自己的失落。“甜柠檬”机制是指自己得到的东西都是特别好的。

案例对话	咨询技巧
岳晓东：在行为主义理论上，这是典型的强化成自然的表现。也就是说，她在家里得不到想要的东西，就拿同学的。而拿完之后，她心里就特爽。这就是一种成功体验。通过这种特定的行为，条件反射，强化积累，最后习惯养成。从这个角度分析，她在挫败时，就有可能控制不了自己的“手痒”，以偷拿别人的东西来化解自己的烦恼。	
学员：是这么一回事啊。	
岳晓东：所以她每次偷拿同学的东西，偷的不仅是物件本身，也是在“偷”那份感觉，那份“成功体验”。	洞察督导
学员：那她是怎样养成这个习惯的呢？	
岳晓东：这就要从她的成长经历来看了。你刚才说，她小时候是外婆带大的，回到家中有一段时间不适应，后来就变得越来越以自我为中心。	
学员：对呀，她就是给人感觉很自恋，不替别人着想。	
岳晓东：所以我这里的假设是，她从外婆家回到自己的家中，开始时很不适应，后来发现只有通过大哭大闹才能控制他人，这样天长日久，她就变得越来越自我中心了。	理论总结
学员：是这样的，她妈妈就是这样讲的，还很后悔自己当初没有亲自带大孩子。	
岳晓东：所以从表面上看是偷拿别人的东西，深入来看是自恋人格的形成。你说，你要不要主动与她联络呢？	启发思考
学员：要，这背后的事情真多。	
岳晓东：这就是我们帮助孩子人格成长的希望工程了。	
学员：那我应该从哪里入手呢？	
岳晓东：首先，主动约见，了解她自我改变的行动，及时鼓励她的成果，并努力发现她的优点，以此来带动她自我完善的愿望。	
学员：能再说得具体一些吗？	
岳晓东：你刚才说她的英语演说能力不错，这就是很好的起点。说明她可以做得很成功，也可以成为一个好孩子、乖孩子。然后你与她一同探讨，一个好孩子、乖孩子该做什么，不该做什么，这样就调动起她的主观能动性，她也就愿意配合你了。	方法指导
学员：岳老师，谢谢你了，我知道该怎么做了。	
岳晓东：谢谢你的案例。我感觉作为一个咨询老师，你的同感共情能力很好，缺的是洞察分析的能力，希望你在这方面下功夫。	
学员：好的，我会的，再次感谢！	
岳晓东：也再次谢谢你的分享，并祝你的希望工程做得更好！	

点评：

上述对话是我在为某培训机构做的网上督导，针对该咨询师工作中的困惑，我重点谈了几个问题：对于来访者问题的洞察分析；对于咨询师策略的探讨提醒；对于今后咨询方向、策略的商讨指导。通过此次督导，咨询师更加清楚了自己在咨询中存在的问题及提高的方向，对今后做咨询也更有信心了。

三、相关知识：心理咨询督导面面观[1]

（一）咨询沟通技巧

语言及非语言沟通；

释出热情、关心和容忍；

将心比心并真诚地与咨询师沟通；

有效地进行沟通，运用一些基本的技巧，如倒装句、反思性问题和总结；

观察咨询师的体语并利用观察所得促进咨询师与辅导员之间的关系；

有效利用沉默手段；

注意与咨询师的关系；

展现出已准备好去探索充满感情的领域；

进行有效的伤害评估；

帮助咨询师设定目标；

协助咨询师自助；

帮助咨询师认识到对他们自己担负治疗进展的责任；

帮助来访者行为规范化；

了解如何帮助来访者改变他们的行为；

了解如何帮助处于危机中的来访者；

显示处理具体和特殊事情的能力；

---

1 编译自 Fall, M. & Sutton, J. H.. *Clinical Supervision: A handbook for Practitioners*. Boston MA: Pearson，2004.

帮助来访者辨别并探讨当前的问题；

清晰并有效地进行口头沟通；

展示出多种途径进行治疗的用途；

有效控制咨询会谈；

有效运用强化技巧；

有效地与来访者一起演练新的行为和技巧；

有效地与来访者约定并布置家庭作业；

有效安排转介；

有效了解中止；

有效回顾治疗过程；

有效发出或接受反馈；

有效收尾。

（二）咨询判断技巧

辨别与来访者相关的主题和模式；

帮助来访者从不同的角度理解其所处的状况；

帮助来访者采用新的视角看问题；

运用来访者的信息发展出待检验的假设或直觉；

对来访者的行为进行相关的观察；

辨识出并运用来访者的矛盾；

认识到来访者潜在的问题；

在评估、诊断和治疗的过程中考虑到来访者的文化背景；

鼓励来访者对他们自己的行为做出假设；

帮助来访者发展相关的重点和方向；

评价调解的有效性；

是否完全了解系统以及系统对来访者的影响；

准确地探知来访者的实际情况；

调整理论和技术来适应来访者的实际情况；

掌握与每个来访者相关的问题的复杂性；
愿意再次评估对来访者的概念化结果；
辨识出来访者当前的症状并形成 DSM 诊断；
根据来访者的信息形成假设；
根据已有的咨询理论和技术设计出合适的策略和调解方法。

（三）咨询个性化技巧

认识到个人的权利和责任；
从与来访者的关系中看待自我；
直接处理该关系；
了解到来访者与自己的不同之处；
理解移情与反移情的动态变化；
理解并处理反移情；
认识到相关的力量和影响，并运用它们帮助来访者自我发展；
了解来访者和辅导员之间的界限，如性交往、私下交往、礼物奉赠等；
设置并保持适当的界限；
理解自我揭露的优点和缺点；
对个人问题进行有效回应；
与不同文化的来访者进行有效的工作；
清楚自己的文化背景及其可能对咨询关系的影响；
清楚自己的感受并运用这些感受来帮助来访者；
完善文书工作，比如有关个案的笔记，尽量做到简洁；
清晰并有效地进行书面沟通；
重视与来访者和督导的预约时间；
拥有相关专业文献的知识；
衣着得体。

（四）咨询道德与法律知识

知晓并响应相关的道德标准；

了解本职业最基本的道德要求；

有效地将职业道德要求用于实际情形；

已经开始将这些职业道德要求用于思考；

在复杂情形下，咨询相关的职业道德问题；

知晓并响应相关的法律标准；

知晓与心理咨询有关的法律；

在具体实践中运用这些法律；

有意识地提高咨询知识和技巧；

从行为上尊重来访者。

（五）被监督者的督导技巧

与督导对话；

精心准备每一次与督导的见面；

找出与当前个案相关的顾虑和问题；

设定有关督导的职业发展目标；

展示出学习的兴趣；

了解并采纳建议；

愿意承担学习的风险以及分辨出麻烦情形的风险；

接受鼓励和建设性的批评；

主动参与督导的过程；

愿意投入和有效地运用角色扮演。

案例 8–6　他们到底该不该离婚

女，38 岁，一名医生，咨询婚姻问题。

爱人 3 年前去了国外，她一个人带孩子在一个异地小镇上班，周围没有亲人和朋友，只有女儿陪伴她。

她和爱人是大学同学，当初自由恋爱，父母反对她结婚，可她为了爱情丢弃了正式工作，追随男友到了农村生活，却常常感觉不到爱人的关心和爱护。

爱人是个比较自私、不懂得关心她的男人，当初连简单的婚礼都没有为她举办，后来在她怀孕生孩子、坐月子期间都很少给予她作为一个妻子应该享有的关心和照顾。但她还是坚持着自己的执念，想用自己的坚强和努力改变对方。

半年前，她偶遇了一个男性，给了她一点关怀和爱恋，她被这个男人的甜言蜜语打动，在不甚了解对方的情况下和他相处了一个多月，结果发现对方是个伪君子，已有家庭却没有责任心。

就在她准备放弃时，他的老婆知道了这事，跑到她所在的单位吵闹，而这个男性还在别人面前炫耀自己和她有密切关系，使小镇上到处是流言蜚语，就这样她老公也知道了这件事并向她提出离婚。她承受着别人的嘲讽，还有老公的挖苦，很犹豫，不知该不该离婚。

案例对话	咨询技巧
学员：岳老师，你好！ 岳晓东：你好，我看了这个案例，我想知道，女性有没有与男性亲密到发生性关系的地步？ 学员：有。 岳晓东：噢，那就很严重了。 学员：是啊，是很严重。 岳晓东：那你怎么看呢？ 学员：因为给她做咨询，搞得我自己也时常牵肠挂肚，寝食不安的。 岳晓东：看来这个案例对你的影响也很大。 学员：是啊，岳老师，我想先问你一个问题。 岳晓东：好，你说吧。 学员：就是作为咨询师，我应该怎样看待这样的出轨问题。 岳晓东：其实，当你用“出轨”的字眼时，已经表明了你的态度，就是不认可的态度。 学员：我这样用词有错吗？	寻找关键字 探讨价值观

案例对话	咨询技巧
岳晓东：就事件本身的道德判断来说，你没有错，因为你也是人，不可能完全摆脱你自己的是非判断，但就咨询技巧来说，你就是大错特错了，因为那会阻止你同感共情的表现。 学员：但我没有当着她的面这么用词，我只是在与你的沟通中用了这个词语。	咨询技巧探讨
岳晓东：那就好，因为一旦这么用词，你与她的同感共情基础就没有了。 学员：你提醒得好，我会注意的。 岳晓东：谢谢你的坦诚，其实我们做督导，就是为了及时发现咨询中的问题，并加以及时反省与调整。 学员：我还有一个问题要问你。 岳晓东：请说。 学员：就是我总感觉那个女性在整个事件中有很大的自愿成分，但她同时又在指责那个男性，给人感觉她是很无辜的。	咨询技巧指导
岳晓东：你洞察得很好，其实，每个来访者来的时候，都是带着一份防御机制的。也就是说，她在讲自己故事的时候，多多少少都会有遮掩和防御的，这是她的本能表现。所以我们在听对方叙述自己的故事时，要抱有一定的怀疑的态度，听出其中的玄机，特别是哪些话还没有说出来。弗洛伊德当初就倡导，咨询师要怀疑一切。 学员：那你说说看，哪些是那位女性没有说出来的？ 岳晓东：其实，是你应该告诉我答案是什么。我这里只是给你提出一个弗洛伊德的思考题。或者，你再想一想？ 学员：你这么一说，我想起来了。女性开始时一直说，是那个男性一直采取主动的，到了后来又说是她先约他出来的。我当时就听得有些晕，现在看来，这背后的文章大了。 岳晓东：你也发现不对了吧，你也开始像弗洛伊德那样思考了吧？ 学员：我还想问你一个问题。 岳晓东：好，你说。 学员：就是女方是比较坚强的，但她担心老公会怎么处理她，因为她老公是一个比较内向的人，爱钻牛角尖。她老公要是提出离婚，那女方就感觉自己是一个彻底失败的人，虽然他们在一起一直就不是很幸福。她还说老公在家什么也不管，她为了这个家庭付出了很多，而她老公是属于比较自私的男人，对她的关心也挺少，她一直觉得很委屈。 岳晓东：听起来，你是很向着女方的。	洞察力指导

案例对话	咨询技巧
学员：岳老师，实话告诉你，我是女方最好的朋友。我想真心帮助她，却总是感觉力不从心。	
岳晓东：那我给你提三点建议。第一点就是不做咨询师，因为你无法做到价值中立，所以干脆就以一个朋友的身份帮助她，那样你就不用躲躲闪闪的，可以直截了当地表明你的立场和想法。	咨询技巧探讨
学员：好，我不想再扮演咨询师的角色，真是太累人了！	
岳晓东：第二点就是做到用心伴随。她现在的人生遇到一个槛，感觉自己里外不是人。这个时候，她需要一个真正的知己。你要用心伴随，把咨询技巧用进去，多听她讲，帮她分析。我们在听别人讲话时，很容易进入说教的模式，那样就无法让她学会自助。	咨询技巧商讨
学员：岳老师，我插一句，就是她和男方早就没有联系了。但她老公不能原谅她，动不动就拿出来说事，抓着不放，令女方很痛苦。	
岳晓东：这就是我要和你说的第三点了——真诚相待。现在她老公也觉得很委屈，毕竟是老婆做了背叛自己的事情。所以他喋喋不休，也是人之常情。但说多了，女方受不了了，所以你要帮助女方学会以真诚相待来换取男方的真诚理解。	咨询技巧商讨
学员：那怎么做呢？	
岳晓东：这就是你可以帮助女方成长的方面。比如，女方可以向男方诚恳道歉，“如果你能原谅我，我一定会用余生来对你好，来弥补我的过失；如果你一直这样喋喋不休下去，抓着我的小辫子不放，那我们的关系会怎么发展下去，你也是清楚的”。	咨询技巧商讨
学员：这样的话早就说过了。	
岳晓东：有效吗？	
学员：没效的。	
岳晓东：所以你可以帮你朋友设计沟通的场面，换位思考，帮她与她老公对话，这是沟通表达、沟通技巧的训练。如果她老公还是这样的话，虽然她犯了错误，但她是有权利表示自己的愤怒，有权利维护自己的尊严的，逼急了不就是离婚吗。	咨询方法指导
学员：对，她现在就是有这个感觉。因为在发生这个事情以前，他们就吵吵闹闹的。老公并不是很优秀，却很追求完美。我这个朋友在别人眼里不管哪方面都是很优秀的，她吃了很多别人不能吃的苦，老公还是不够珍惜她。为了走到一起，她放弃了自己的工作，而她老公也没有帮她好好找工作。跟她老公去了农村，连最起码的婚礼都没有举行。她觉得感情好就和他结了婚，可能老公觉得得到她太容易了，所以不珍惜。女方得到的真是太少太少了。当时父母家人都不同意他们结婚，现在有了苦她也不敢和家人说，到现在她父母都不知道她所受的委屈。	

案例对话	咨询技巧
岳晓东：的确，女方受了很多委屈。在这里，我想提醒你的是，给她机会多讲，让她说个够，那样你就做到善解人意了。还有一点我想提醒你，面对具体问题，少谈是非，多谈利弊。比如，她要谈离婚，就与她谈论离婚的利在哪里，弊在哪里，而不是简单地谈论该离不该离。这其实也是心理咨询具体化技巧的运用。 学员：少谈是非，多谈利弊。你提醒得好！	咨询方法指导
岳晓东：其实，这个事件的发生，就说明了问题的出现不是一朝一夕的。如果关系好，也不会有别的男人乘虚而入的。所以她的内心呼唤是真实的，她受了那么多年的委屈，但这个男方没有重视过。所以你和你朋友越是深入探讨利弊，她就越清晰地知道自己要的是什么。说到底，女方如果因为这个事就永久背上十字架，那她与她老公就是在相互折磨。 学员：是啊，她老公不会轻易放下这件事情的，而他如果放不下，他们就更没有幸福可言了。	洞察力指导
岳晓东：所以你要帮助她理清思路，看清利弊。到底这个婚姻是否能维持下去，这是探索与发现。后面就是看双方有没有诚意，如果男方一直不罢休，后半辈子总是拿它来做文章的话，这个是不可以接受的。任何女性都是不能接受的。 学员：是，好的，谢谢岳老师。 岳晓东：好的，希望你能帮助你的朋友走出这段心灵的困境。	咨询技巧指导

点评：

上述对话也是我为某培训机构做的网上督导，针对该咨询师工作中的困惑，我重点谈了几个问题：对于咨询师个人价值观（或反移情）的交流探讨，提醒她觉察自己的婚姻价值观对咨询对话的影响；就今后的咨询方向与策略给予必要的指导。最后，通过此次督导，我也想提高该咨询师的自信心，而不是打击她的自信心。

小结：岳晓东论觉察力

心理咨询师需要对他人的认识有洞察力，而对自我的认识有觉察力。不练就这两种功夫，就不能深入地做好心理咨询的工作。

心理咨询是一面镜子，不做心理咨询，你不知道自己说话有多啰唆，思想有多主观，动作有多讨厌。

咨询关系是一种很微妙的关系，它既不等同于医患关系，也不等同于师生关系，更不等同于朋友关系。咨询关系的微妙就在于它的中立与距离，前者确保了咨询判断的客观性，后者确保了咨询人员的影响力。

初学者的一个常见毛病是在谈话中按照自己的既定议题讲话，而无视来访者的情绪变化及其感兴趣的话题。这样做势必给人一种居高临下、强加于人的感觉，令咨询关系无法建立，也无法表现同感与尊重。

初学者的一个通病是对来访者的喜怒哀乐毫无反应，其态度之冷漠犹如法官或医生。这种麻木不仁的做法会阻碍咨询师与来访者的心灵沟通，使来访者对咨询师产生恐惧与焦虑，对心理咨询失去信心。

第九章

心理咨询的精神分析技术

识别与化解来访者的三我互动模式是精神分析的基本功。

——岳晓东

第一节 精神分析理论的核心概念

第一单元 精神分析的核心概念

一、学习目标

了解精神分析的基本概念。

二、基本概念

（一）精神分析的“力比多”理论

首先，弗洛伊德提出的精神分析理论有两大命题。

心理过程主要是潜意识的，至于意识的心理过程则仅仅是整个心灵的分离的部分和动作；性的冲动，是神经病和精神病的重要起因。在其基础上，弗洛伊德还提出了力比多（libido）的概念，它与无意识、本能、焦虑等构成了弗洛伊德理论的基石。[1]

具体地说，力比多既是心理活动的动力，也是人类的生物本能。其含义是指一种性力、性原欲，即性本能的一种内在的、原发的动能、力量。弗洛伊德在1905年出版的《性学三论》中曾写道：“我们从其他的精神能量区分出力比多能量来，意在表述这样的假设：机体的性过程是经由特殊的化学变化过程得之于营养历程的，性兴奋不仅来自所谓的性部位，且来自全身各器官。如此我们为自己提供了一个力比多能量（libido quantum）的概念，我们称其精神表现为自我欲望。”

换言之，力比多即性力，这个性不是指生殖意义上的性，而是泛指一切身体

---

1 车文博：《弗洛伊德主义论评》，吉林教育出版社，1992。

器官带来的快感。所以力比多是一种本能，也是人的心理现象发生的驱动力。这些力比多驱力可能与现有的文明行为规范相抵触，这些规范在精神结构当中表现为超我。而本我与超我的冲突构成了人的神经症（neurosis，包括焦虑、压抑、抑郁等）。弗洛伊德还认为，人有两种本能：爱的本能（或为性本能）和死亡本能。前者是建设性的，后者是破坏性的。两种本能虽然作用相反，却同时存在，此消则彼长。

（二）精神分析的人格理论

弗洛伊德提出，一个人的人格是由本我（id）、自我（ego）和超我（superego）三个部分构成的。具体来说，本我是人格中最难接近，但又是最有力的部分，它由先天的本能、原始的欲望组成，如喜悦、喜爱、愤怒、渴望、绝望。它与人的肉体过程相联系，将躯体能量转化为精神能量，并且贮藏它们，以及向自我、超我提供能量。本我依“快乐原则”行事，追求欲望满足、及时行乐。

超我是人格中最文明、最有道德的部分，包括自我理想与良心，如耻辱、羞愧、自责、良知、道德。人在满足本我欲求时，不仅要考虑现实条件的可能性，也要受到超我的制约。超我是社会道德的化身，它按照“道德原则”行事，总是力图限制本我的私欲，使它得不到满足。

自我是人格中最理智的、符合现实的部分。它派生于本我，却不能脱离本我而单独存在（既不能违反道德约束又不能太压抑）。自我的力量就是从本我那里得到的，自我总是根据现实的可能性力图满足本我的要求。因此，自我是本我的执行机构，依照“现实原则”行事。

依照弗洛伊德的理论，三者的角力既构成了人的人格结构，也制造了人的内心冲突（图 9-1、表 9-1、图 9-2）。

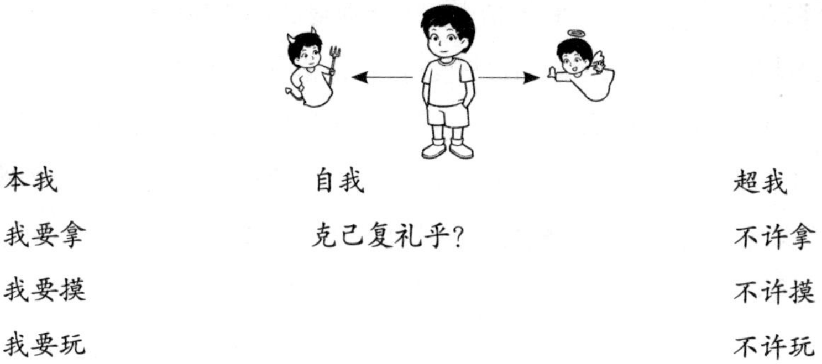

图 9-1　三我关系图

表 9-1　精神分析理论之三我性质

三我	具体表现
本我	按“快乐原则”活动，追求及时行乐，不能忍受自我压抑。
超我	按“道德原则”活动，追求自我克制，不能忍受自我放纵。
自我	按“现实原则”活动，追求自我平衡，不能忍受自我偏颇。
最后，防御机制是化解由内心冲突引起的焦虑的手段。	

图 9-2　精神分析人格冲突的人格表现[1]

1　岳晓东:《三国人物心理分析与职场生存》，机械工业出版社，2010。

值得强调的是，在精神分析理论中，人格冲突导致了不同形式的人格扭曲，而人格扭曲就是心理活动的阴暗面，它使得人不能积极、有效地面对生活中的冲突与压力。而人格障碍的形成，就是本我、自我、超我三者互动冲突中出现的“两头大，中间小”局面，即自我完全受制于本我或超我的力量控制。具体地说，当自我过分靠近本我一边，人格就会呈现自负、自我中心、随心所欲等自恋人格表现；而自我过分靠近超我一边，人格就会出现偏执、较真儿、追求尽善尽美等完美主义人格特征。

（三）精神分析的自我防御理论

弗洛伊德提出自我防御机制的概念，就是自我在承受本我欲望压力时，还要同时顾及现实要求的压力，而逐渐形成用一定方式调整自我欲望与现实之间的矛盾。经过自我调整，人可以同时接受自我欲望和现实要求，从而不致引起情绪上严重的痛苦和焦虑。常用的防御机制包括压抑、投射、置换、反向、合理化、升华、转移等。表 9-2 对此做了归纳性的描述。

表 9-2　精神分析理论之防御机制

	表现模式	简单定义	典型事例
自我防御	不成熟的防御机制		
	否认	无意识地拒绝承认那些不愉快的现实，以保护自我	出了错却不认错、拒不面对现实等
	幻想	无力处理实际问题，使自己存在于幻想世界，获得心理平衡	幻想自己是超人、有神威等
	转移	将危险情感或行动转移到较为安全的情境下释放出来	受了老板的气回家冲家人发火
	倒退	使用比较幼稚的方式来应对困难和满足自己的欲望	出了错后放声大哭，什么都不做，不断求情
	压抑	某种观念、情感或冲动不能被超我接受时，下意识地将极度痛苦的经验或欲望抑制到无意识中去	失恋后，就尽可能忘却当初的一切
	中性的防御机制		

续表

	表现模式	简单定义	典型事例
自我防御	补偿	为克服生理上的缺陷或心理自卑，发展其他方面的长处、优势，赶上或超过他人的一种心理适应机制	相貌、身材差的人，会通过学习好来获得心理平衡
	投射	将自身的不良思绪、动机、欲望或情感，赋予他人他物上，推卸责任或归错于他人，从而得到解脱	考试没考好的人，会想象别人也都没考好
	隔离	将不愿面对的事实从意识境界中加以隔离，不让自己意识到，以免引起精神上的不愉快	失恋的人不愿回到当初与恋人共同出入的地方，以免勾起伤心事
	合理化	当个人做了某件不合良心或不符现实的事情时，会有意识地扭曲事实，以获得内心的平衡	当想偷他人的手机而受良心谴责时，会竭力地回想自己的手机也曾被人偷过
	反向作用	有意识地采取某种与潜意识完全相反的看法和行动	明明是暗恋一个人，却表现得毫不在意
	成熟的防御机制		
	升华	被压抑的不符合社会规范的原始冲动/欲望通过符合社会认同的方式表达出来，以得到本能性满足	在失恋时，通过努力学习来转移注意力，获取内心的平衡
	幽默	以幽默的语言或行为来应付紧张情境或表达潜意识欲望	通过自嘲、自我调侃来谈论自己的失恋经历
	利他主义	替代性、建设性地为他人服务，并且本能地使自己感到满足	通过认捐、做义工来舒缓内心的烦恼

（四）精神分析的意识层次理论

弗洛伊德还提出，人的欲望、冲动、思维、幻想、判断、情感等意识活动会在不同的意识层次里进行。它们与超我、自我、本我，相对应地形成了意识、前意识和无（潜）意识三个层面。其中意识（consciousness）是个人可以随意想到、清楚觉察到的主观经验，它具有逻辑性、时空规定性和现实性；前意识（preconsciousness）是个人虽不能即时回想起来，但可经过努力而使它进入意识领域的主观经验；无意识（unconsciousness）或潜意识（subconsciousness）则是原始的冲动和各种本能，它包含了人类早期经验或个人遗忘了的童年创伤性经验，不合伦理的欲望和感情等。

弗洛伊德认为，人的心就像海面上的冰山一样，露出来的仅仅只是一部分，绝大部分是处于无意识的，而这绝大部分的无意识在某种程度上决定着人的发展，所以弗洛伊德把他的精力主要用于对人的无意识的研究。

弗洛伊德主张，精神分析的任务就是帮助来访者意识到其内心的冲突是怎样留存在其不同的意识层面，并在潜移默化地影响着当事人的意念和行动。用弗洛伊德的话来讲，变无意识为有意识，精神分析师就是要帮助来访者修通他内心的情结和纠结。

笔者经过多年的教学和临床经验，主张人格的三结构与意识的三层次（表9-3）之间存在着一个十字架的交互关系（图9-3），其中人格的三结构基本上是横向并列的，而意识的三层次基本上是纵向排列的。

表 9-3　精神分析理论之意识层面

精神分析	“三层次”意识层面
意识	由人能清楚觉察到的主观经验组成，如逻辑性、时空性、现实性。
前意识	由人能通过记忆检索而觉察到的主观经验组成，如对具有逻辑性、时空性、现实性事件的回忆。
无意识	由人的各类原始冲动、本能、早期经验、遗忘了的童年经验和创伤经验、不合伦理的欲望组成。
最后，自由联想有助于个人对无意识痛苦和压抑经历的觉察和修通。	

弗洛伊德曾言，精神分析的目的就是变无意识为有意识，这个过程其实就是帮助来访者觉察：自我是怎样化解内心冲突的（三我互动），自我通常用了什么防御机制，这些防御机制的运用对自我的人格状态产生了什么影响，这些防御机制的运用在人的不同意识层面留下了什么痕迹，怎样修补或修通这其中的负性情结。由此，精神分析治疗的作用就相当于中医经络学上所讲的打通任督两脉。

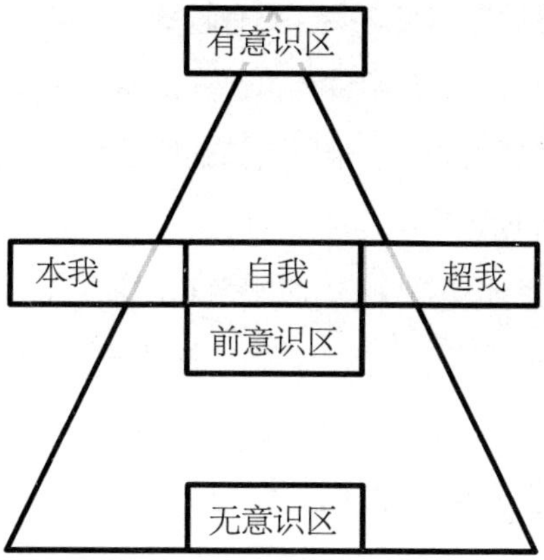

图 9-3 精神分析理论中人格与意识之关系

三、相关知识：精神分析“谈话疗法”的创立

1880 年 12 月到 1882 年 6 月，维也纳著名医生布洛伊尔为一个名叫安娜·奥的女患者治疗歇斯底里症。她患病时才 21 岁，首次发作是在服侍她衷心爱戴的父亲时。布洛伊尔第一次接触安娜·奥时发现，她的临床症状极为复杂，包括全身痉挛性麻痹、精神抑制和意识错乱等，而这一切是无法用药物来加以控制的，也没有手术方法可实施。

在一次对话中，布洛伊尔偶然发现，如果能使安娜·奥讲出她在病症发作时的幻想和妄念，她的症状就会得到缓解。由此，布洛伊尔尝试了一种全新的治疗方法，就是把安娜·奥催眠到很深的状态，然后要她告诉他在发作时是哪些念头在压迫着她，要怎样才可以去除。就这样，布洛伊尔帮助安娜·奥有效地控制了她原来反复发作的症状和毛病。

有趣的是，在清醒状态时，安娜·奥与一般人差不多，也说不出自己的病源在哪里。但是一经催眠，她马上就能认出原先弄不清的关系来。事实上，她的一切症状都与她服侍父亲的纠结有关。一方面，她想做个好女儿，好好服侍父亲；另一方面，她感觉很疲惫，不想再服侍他。两者在内心不断角斗，就形成了她的焦虑症状。特别是当她越想压制那些讨厌父亲的念头时，她就越焦虑不安。

而在催眠状态下，她就能自由地表达自己的愿望和情感，不再为此纠结和愧疚。人醒来时，自我感觉也舒服许多。更有趣的是，当安娜·奥被催眠后，她会忽然忘记自己的母语德语，而开始讲英语。这说明，在催眠状态下，患者失去了自控能力，恢复了平时被压抑的、难以启齿的原始意识。换言之，在人意识的深层，存在着另一种原始的意识形式。

安娜·奥很享受布洛伊尔为她提供的咨询，称之为“谈话疗法”或“烟雾扫除法”。后来，布洛伊尔把这一方法简称为“涤清法”或“净化法”。

第二单元　精神分析的操作技术

一、学习目标

了解精神分析的操作方法。

二、基本概念

（一）精神分析的核心操作技术

弗洛伊德提出，精神分析作为一个治疗技术，包括以下四大成分：自由联想、释梦解析、移情分析、阻抗分析。下面详加描述。

1. 自由联想

自由联想（free association）是由咨询师呈现一个刺激物（如词语或图片），让被试者说出他脑海中浮现的词语或情景。在这当中，咨询师对被试者的反应不加任何限制。自由联想有两种形式：一是不连续的自由联想；二是连续的自由联想。前者，咨询师在呈现一个刺激词或刺激物时，要求被试者立即以其头脑中浮现的第一个词来反应（如刺激词为“牛”，被试者头脑中浮现的第一个词为“羊”，就以此来反应）；后者，咨询师在呈现一个刺激词或刺激物时，要求被试者以一系列词或事实来反应（如“牛—羊—马—马车—车轮……”）。自由联想一般以联想的反应时间、同一类联想反应重复数、反应词的质量作为反应变量的指标。

弗洛伊德认为，浮现在脑海中的联想绝非偶然，都具有一定的因果关系，借此可挖掘出被试者潜意识中的症结。由此，自由联想就是让被试者自由诉说心中想到的任何联想，并鼓励被试者尽量回忆童年时期所遭受的精神创伤，再加以意识化修通。

关于自由联想，在本书第十四章还有深入描述。

2. 释梦解析

释梦解析（dream interpretation）是咨询师让被试者说出自己的梦境，以探究其无意识中的情结作用。弗洛伊德认为，梦的形成不是偶然的，而是被压抑的欲望（潜意识中的情欲伪装成的满足）的流露。它可能对治疗有重要的启发意义，也可能包含导致某种情结的原因。所以弗洛伊德曾言，梦是通往潜意识的康庄大道。

弗洛伊德将梦境分为两个层次：显性梦境（manifest dream-content），即当事人所能回忆起的内容，但它往往并非梦的真正内容；隐性梦境（latent dream-thought），即当事人不能回忆起的内容，它常常含有重要的意义。而精神分析的目的就是根据被试者的显梦内容去解析其隐梦含义，从而修通当事人潜意识中的负性情结或纠结。

关于释梦解析，在本书第十二章和第十五章还有深入描述。

3. 移情分析

移情泛指来访者对咨询师的情感反应。移情有正移情（positive transference）和负移情（negative transference）之分，其中正移情就是来访者将积极的情感转移到咨询师身上，如喜爱、尊敬、仰慕、敬佩等；而负移情就是来访者将消极的情感转移到咨询师身上，如厌恶、憎恨、鄙视、嫉妒等。借助移情分析，咨询师可以把来访者早年形成的负性情结或纠结加以重现，进而加以有效修通，以化解由此产生的内心冲突。

关于移情分析，在本书第十章还有深入描述。

4. 阻抗分析

阻抗（resistance）泛指来访者对咨询师的厌恶和抵触情绪。借助阻抗分析，咨询师可以把来访者早年形成的负性情结或纠结加以重现，进而加以有效修通，以化解由此产生的内心冲突。弗洛伊德将阻抗定义为患者在自由联想中对于那些使人产生焦虑的记忆与认识的压抑。识别阻抗的意义在于发现个体的自我防御。

关于阻抗分析，在本书第十四章还有深入描述。

＞咨询师宝典秘籍谈 20　精神分析洞察切入点

寻找三我冲突：本我、自我、超我冲突。

寻找防御机制：各种防御表现、应对策略。

寻找人格状态：常用防御表现、人格形成。

寻找心理完形：未完成事情、心理纠结点。

寻找积极意象：成熟防御表现、正性事件。

确立积极意向：打造成熟防御、自我力量。

岳晓东寄语：

精神分析探索个人的情结点，其实就是探索个人的纠结点，而纠结点就是个人面对困境的认知误区、非理性思维、人格缺陷的沉淀。

三、相关知识：弗洛伊德的“荣格情结”

弗洛伊德一度把荣格看成自己的接班人，这是弗洛伊德的“荣格情结”。所以当 1913 年荣格与弗洛伊德正式绝交并建立自己的分析心理学体系时，弗洛伊德的失望之情溢于言表。

荣格并非弗洛伊德的学生，他在读了弗洛伊德的《梦的解析》后，深受影响，赞誉此书为“划时代之作”。由此，荣格给弗洛伊德寄去了他关于词语联想的研究论文，从此开始了两人的书信往来。弗洛伊德回赠荣格一幅他的照片，他也很想知道荣格的长相。1907 年，两人相约见面，第一次长谈竟然持续了 13 个小时，留下了心理学史上的一段美妙佳话。1911 年，在弗洛伊德的支持下，荣格担任了国际精神分析学会的第一任主席。这一切都使得弗洛伊德对荣格有一种超乎一般友谊的情谊和期待。

然而，随着交往的深入，两人在学术上的分歧越来越严重，特别是在“灵性”和“性欲”的问题上，荣格认为弗洛伊德深深地陷入“性决定论”中，无论是看人，还是看艺术品，都是在看性。1912 年，荣格出版了《力比多转变与象征》一书，凸显出彼此已经产生的裂痕。该著作的出版，正式结束了荣格与弗洛伊德的关系，也使得弗洛伊德的“荣格情结”更加纠结。

第二节 精神分析三我互动的识别修通技术

第一单元 精神分析的三我互动的识别

一、学习目标

了解精神分析的三我互动表现。

二、基本概念

（一）精神分析理论的三我互动概念

如前所述，精神分析理论的本我、自我、超我相互作用，形成一个有机的整体。其中本我反映人的生物本能，是个“原始人”；超我代表了人的社会属性，是个“道德人”；自我寻求环境条件与本能冲动的平衡，是个“现实的人”。如果自我向本我靠拢，那一个人就有可能变得十分自恋、自我中心、自命不凡、自行其是；如果自我向超我靠拢，那一个人就有可能变得力求完美，非常自律，不容易放过自己，也不容易放过他人。所以，这两种人格状态都不是理想的，而理想的人格状态是自我最高大，能很好地平衡本我与超我冲突给自己带来的烦恼。

换言之，当本我、自我和超我处于协调和平衡状态时，人格就会得到正常的发展。而当三者失调乃至破坏时，人格就会产生各种心理障碍，甚至危及人格的发展。

（二）精神分析理论的三我互动形态

精神分析之三我互动主要有以下四种形态的表现：

1. 本我最强大

本我最强大的人在三我互动中表现为本我强大，超我弱小，自我居中（图 9-4）。其主要个性特征如下：

行为表现：自以为是、我行我素，放得过自己，放不过他人。

人格特点：自恋、自负、自我中心、不善共情、不替人着想。

常用防御机制：否认、回避、推诿、合理化等。

本我强大的人会实现本我—自我一体化，趋向本我实现，久而久之会使人变得十分自恋和自我中心，乃至形成自恋型与偏执型人格障碍。本我最强大还是各种成瘾行为的根源，如酗酒、吸毒、暴力倾向、赌博成瘾、游戏成瘾、购物成瘾等，本质上都是本我实现的表现。

图 9-4　本我最强大

2. 超我最强大

超我最强大的人在三我互动中表现为超我强大，本我弱小，自我居中（图 9-5）。其主要个性特征如下：

行为表现：追求完美、要求严格，放不过自己，也放不过他人。

人格特质：羞愧、刻板、僵化、善于共情、替人着想。

常用防御机制：克制、升华、利他、投射、合理化等。

超我强大的人会实现超我—自我一体化，趋向超我实现，其突出表现有各种力求完美行为，如不完成既定目标就不休息，不断重新开始等。超我过分强大的人是极度的完美主义者，他们即使成功了也不喜悦，因为他们总是担心着下一件没有做好的事情。久而久之，人就容易变得焦躁不安，情绪起伏不定，甚至情绪低落，出现严重的心理障碍。

图 9-5 超我最强大

3. 自我最弱小

自我最弱小的人在三我互动中表现为自我弱小，本我和超我都强大（图 9-6）。其主要个性特征如下：

行为表现：自我不平衡、要求不明确、做事很纠结。

人格特点：不灵活、很纠结、不主动、依赖他人。

常用防御机制：否认、逃避、推诿、转移、合理化。

自我最弱小的人做事很纠结，处事容易瞻前顾后，总是期待别人替他拿主意，或做决定。久而久之，会形成各种的依赖型人格和边缘型人格的特质，甚至演变至人格障碍的地步。

图 9-6　自我最弱小

4. 自我最强大

自我最强大的人在三我互动中表现为自我强大，本我和超我都弱小（图 9-7）。其主要个性特征如下：

行为表现：自我平衡、要求适度，放得过自己，也放得过他人。

人格特点：灵活、变通、有责任心、不纠结、不苛责自我。

常用的防御机制：克制、升华、幽默、转移、补偿、合理化等。

图 9-7　自我最强大

自我强大的人会达至自我实现，为人处世游刃有余，进退有据。其突出表现者有各种成功的管理者、组织者等。

总之，咨询师通过帮助来访者觉察自我的三我互动形态，可以深入地了解自我困惑与烦恼的根源，并加以必要的调整和修通。此外，所有心理咨询的目的都可谓是强化自我力量，以能够很好地平衡本我和超我对自我的拉扯，做到张弛有度，进退有据。

（三）精神分析之三我互动的识别注意事项

在精神分析之三我互动的识别中，咨询师要注意以下几个方面：

1. 大胆设想，小心求证

咨询师要对于来访者的三我互动形态有自己各种各样的设想与推测，但据此要在沟通中搜集证据、事例，以最终做到言之有据，话说有理。由此，咨询师要在实践中，学会从各种角度看待来访者的主述，以逐渐形成自己的判断。

2. 多元思考，逐渐推进

咨询师在与来访者的三我互动形态识别中，要注意从不同角度看待同一问题，再从同一角度看待不同问题。具体地说，咨询师要在与来访者的交谈中，学会从精神分析理论的角度分析来访者的“未完成事情”及其情结表现，从认知的角度来分析来访者的认知误区与非理性思维表现，从人本心理学的角度分析来访者的自我完善与人格不协调，从行为主义心理学的角度分析来访者的强化积累与习惯养成。待各种思路出来后，咨询师还要注意加以逐步提出，反复讨论，以最后求得共识。

3. 不要把假设当结论

咨询师要在与来访者的三我互动形态识别中，警惕自己别主观武断，别把假设当结论，别急着表明自己的立场与观点。咨询师应该在同感共情的基础上，将对来访者问题的分析巧妙地加以表达。

4. 不要忽略体语交流

咨询师要在与来访者的三我互动形态识别中，注意其体语表现与交流。许多来访者在咨询时，由于防御机制的作用，可能言不由衷，语非所欲。咨询师要注意观察来访者的肢体语言，以做出深刻的判断，而不要被表象甚至是假象迷惑。

总之，对于来访者的三我互动识别，堪称是精神分析技术的基本功。咨询师要不断地在实践中提升自己的功力，以借此很快找到咨询的切入点和突破口。

三、相关知识

表 9–4　洞察关键词与三国人物（部分）[1]

词语	简单定义	《三国演义》事例
本我呼唤	人性本能的流露，如个人的性欲、偷窃欲、偷窥欲、毁坏欲、杀人欲等欲望	曹操每每遇到漂亮女人，就想加以掠之
超我节制	个人在生长的历程中来自父母、师长、社会教诲所得到的道德规则。超我会压制自我的流露，按社会可接受的方式去满足自我	曹操为了不背负篡汉的骂名，在有生之年没有推翻汉献帝
自我抉择	自我协调本我和超我之间的矛盾，按照现实原则来行事，既要监督本我的动静，给予适当满足，又要制止违反社会规范、道德准则和法律的行为	关羽若不降曹，就无法保护两位嫂夫人，所以他以“发现刘备就走”为条件降曹
人格冲突	本我、自我和超我之间的矛盾冲突、抉择意向，按照弗洛伊德所言，人格的冲突决定了人格的发展	在华容道口，关羽因为放不放曹操而犹豫良久
精神防御	在个人遇到生活困难与烦恼时所采取的一种能够回避困难、解除烦恼、保护心理安宁的方法，如压抑、否定、退化、幻想、转移等	曹植在失势后，通过文学创作来排解自己的失意，升华自己的情感
潜意识作用	在人类心理活动中，那些不能认知或没有认知到的部分，按照弗洛伊德所言，是人们已经发生但并未达到意识状态的心理活动过程	诸葛亮对于魏延的不满，在很大程度上是在转移他对关羽的怨恨
情结作用	个人的一组无意识的组合，或是一种埋藏在意识深层的意念或冲动	曹丕因为从小自卑而在即位后虐待自家兄弟
情结识别	对于情结的生成原因、行为表现及与现在生活环境、事件之关联的觉察	杨修知道曹操杀他的根本原因是他令曹操感到自卑

1　岳晓东：《三国人物心理分析与职场生存》，机械工业出版社，2010。

续表

词语	简单定义	《三国演义》事例
情结修通	个人了解其情结成因并加以化解的过程	在官渡之战时，郭嘉以“袁绍有十败，主公有十胜”来激励曹操
未完成事情	个人尚未获得圆满解决或彻底弥合的既往情境，它使人总是在有意识或无意识地追求其补偿	关羽因为小时候曾被人轻视过而变得十分自恋，“敬下不敬上”
自我力量	个人要面对自己的人生，改变自己的人格的内在力量	刘备为了匡扶汉室而不断地鞭策自我，坚持不懈
强化自我	个人依据强化原理来安排自己的活动，每每达到目标即给予自己一定的物质或精神酬报，直到最终完成目标	关羽在降曹期间，为了抗拒曹操的利诱并磨炼意志，经常挑灯夜读
移情表现	个人将对自己以往生活中重要他人的爱与恨转移到他人或咨询师身上的意向与行为表现	刘备对于魏延的重用，在很大程度上也是在转移他对关羽的喜爱
反移情表现	咨询师将对自己以往生活中重要他人的爱与恨转移到来访者身上的意向与行为表现	诸葛亮在骂王朗背汉时，也是强化自己“匡扶汉室”的心愿
投射作用	个人将自己不喜欢或不能承受但又使自己具有的冲动、动机、态度和行为转移到他人或周围事物的表现	袁术因为自己想称帝，就怀疑很多人也有这份心思，所以先下手为强
固化作用	一种功能固着状态，是遭遇外界突发事件或是在长期、慢性刺激下而形成的一种心理反应模式	关羽由于长期鄙视吕蒙、陆逊等东吴将领，所以十分漠视他们突袭后方的可能
意象分析	通过对外部形象、事物、语言等来分析个人内心世界的技术	诸葛亮通过让姜维观天象，来测试他的内心想法

第二单元　精神分析的情结觉察与修通

一、学习目标

了解精神分析情结修通的表现。

二、基本概念

（一）情结的概念

“情结”（complex）一词最早由维也纳学者西奥多・齐亨于 1898 年提出，后由荣格在与弗洛伊德的合作中发扬光大。它泛指由个人被压抑的无意识思想、感情、知觉、记忆等所组成的意念倾向，突出表现在特别偏好、怨恨某种类型或者某一地方的人、事等。荣格认为，情结是有关观念、情感、意象的综合体，是“无意识中的一个结”，将一组无意识的感觉与信念结合在一起。弗洛伊德则认为，情结是一种受意识压抑而持续在无意识中活动的本能冲动或欲望。情结并非都有害，而只有造成有害行为的情结，才被视为心理疾病的根源，如自卑情结。

情结虽然不等同于潜意识，但是情结的产生却是潜意识的体现。情结的出现与消失，有着其自身的规律，往往不受我们意识的支配，甚至还能支配我们的意识。当情结一旦被触动而产生作用，不管人们是否意识到，情结总能对人们的心理和行为产生极具感情强度的影响，甚至是某种具有主导性的影响，比如强烈的爱或恨，快乐或伤心，感激或愤怒等。

就精神分析理论而言，心理障碍的形成就是因为内心的冲突受到了压抑或沉溺，进而产生了消极的情结反应。而洞察分析的目的在于让来访者“变无意识为有意识”，以便加以整合和修通。从这个层面上讲，精神分析也可称为“意识分析”，因为它力图帮助来访者觉察其行为表现是受哪些情结的影响，可以怎样加以舒缓。

最后，表 9-5 简要地总结了情结的“是”与“不是”，以便于大家更好地了解它的本质。

表 9–5　情结的“是”与“不是”

情结不是什么	情结是什么
情结不只是情绪表露	情结是心理能量的集结
情结不只是爱与恨	情结是未竟的心愿
情结不只是记忆	情结是扭曲的认知
情结不都是问题	情结是本能的流露
情结不都是障碍	情结是记忆的驿站

（二）情结的修通

如前所述，在精神分析理论上，人的精神问题或障碍是由个人的本我、自我、超我三种互动冲突而形成的。它被埋藏在潜意识的深层，形成了种种的心理能量的“情结头”，在潜移默化中影响着人的思维与情绪。而情结的修通，则需经心理咨询师的解析，把这些情结提升到意识的表层，加以有效认知和化解，这个过程叫修通（working through）。在此意义上，修通之目的不在于让来访者消除其某种情结，而在于让来访者通过自我的觉察和梳理，消除这种情结的负面作用及消极影响。这诚如荣格所言，“只要我们不能察觉和认识我们的情结，我们就会在不同程度上受情结的控制和摆布”。

在咨询中，我们常说某人的“未完成的事情”，就是指个人因为某种尚未圆满解决或彻底弥合的事情而不断寻求满足的现象，这也是情结的经典表现。例如，如果一个人在童年没有得到足够的关爱，那他就有可能在长大后不断去表现自己，以获得关爱的满足，或是去嫉妒、伤害那些曾经得到足够关爱的人。从这层意义上讲，寻求关爱满足或公平感，就是一个人的“未完成事件”，也是他的情结所在。这会驱使他在潜意识中十分关注、在意别人对他的态度，特别是对他勤奋、努力的肯定。正是因为这样一种意识状态，他可能一方面表现得十分勤奋、自强不息、坚忍不拔，另一方面又会表现得十分敏感、焦虑、猜疑、缺乏安全感。

对此，心理咨询的目标就是帮助他完成其“未完成的事情”，使他得到未曾获得的关爱满足，以重构自我的人格，强化自我的力量。由此，精神分析之目的就在于帮助来访者觉察并修通自身的负性情结表现。在这当中，咨询师把原发的过程变成继发的过程，把深层意识的情结提到表层来加以修通或修补。

总之，对于精神分析理论来讲，心理咨询本质上就是咨询师对于来访者特定情结的识别与处理的过程。其识别过程要与来访者共同探索其特定情绪体验、思维模式或偏好偏见背后的潜意识需求；其处理过程要与来访者共同议定适合自己的调整方法。

（三）情结的修通技术

就精神分析的传统做法，情结的修通主要通过如下途径：

1. 宣泄修通法

宣泄修通法就是让来访者把过去在某个情境或某个时刻受伤害而经历的愤怒、委屈、怨恨、仇视情绪发泄出来，以起到缓解和修通来访者负性情结的作用。弗洛伊德是最早使用宣泄修通法的人，并强调宣泄本身就有治疗作用。自弗洛伊德以后，历代心理咨询的追随者都把宣泄作为修通负性情结的首要方法。人本主义流派的咨询师更加入了同感回应的部分，以强化宣泄的效果。

2. 意象修通法

意象修通法通过了解来访者的意象呈现来探索其防御机制及负性情结的表现，并根据需要来支撑、强化其积极、正性的意象，弱化或取代其消极、负性的意象。这样可直接用作人格的深层以及原始的精神机构，达到意象重构的目的。荣格在早期实践中，就十分强调通过积极想象来修通自我的不良情结或情绪，达到自我的重新整合。朱建军创建的意象对话技术就是意象修通法的延伸。

3. 催眠修通法

催眠修通法就是通过语言、手势、表情、行动、环境或某种画面和符号等途径传递引导、指示来修通或修补来访者的负性情结或情绪。它大抵可分为四类：现实指令性催眠暗示，就是按照现实状况指示被催眠者该怎样做或做什么；意念动作性催眠暗示，就是暗示被催眠者集中注意某个动作，因而引发出实际的外显动作；反应抑制性催眠暗示，就是指使被催眠者对一些指令不做出反应；认知歪曲性催眠暗示，就是让被催眠者对现实的认知发生歪曲，并将这些歪曲的认知当作现实。凡此种种，都可强化当事人的自我力量与期盼的行为转变，弱化其不良的行为与情绪表现。弗洛伊德是最早尝试催眠修通法的人，后来他更多地转向释梦修通法。关于催眠暗示技术，在后文中还会阐述。

4. 释梦修通法

释梦修通法就是通过对来访者的梦境予以富有意义的解析，来修通或修补来访者的负性情结与情绪。弗洛伊德认为，人被压抑的愿望和欲望会在梦中通过各种伪装和变形方式被释放出来，所以释梦可以帮助人排除意识体系无法接受的那些愿望和欲望。弗洛伊德还把梦分为显梦和隐梦。对梦的解释并不是针对梦的表面内容，而是探查梦里头所隐藏的潜在内容。关于催眠暗示技术，在第十二章和第十五章中还会阐述。

5. 投射修通法

投射修通法就是通过让来访者做各种投射分析的测题和任务，来探知其内心冲突的本源，并加以有效修通或修补。投射测验本是人格测量方法之一，它采用一些刺激，如墨渍、无结构的图片等，来让被试者在不受限制的条件下做出反应。为了减少伪装，被试者通常不知道测验的目的，咨询师可以根据自己的理论来解释被试者的反应。传统的投射分析手段包括罗夏墨迹测验、主题统觉测验等，现在还增加了绘画、沙盘、卡牌等方式。

总而言之，上述修通法可谓都是自由联想技术的延伸，而发现问题是为了解决问题。咨询师发现三我互动给人带来的内心冲突与情结呈现，但情结修通才能让来访者走出自我的误区和非理性思维的困境，从而起到强化自我力量、提升心理抗逆能力的作用。

拓展阅读 9-1　弗洛伊德与荣格分手的“癔症性晕厥”表现

弗洛伊德是精神分析的开创者，其理论基点就是人的焦虑会通过躯体化形式表现出来，如头痛、胃痛、牙痛、浑身瘙痒、间歇性失明、昏厥等症状。在心理学上，这都是癔症的表现。有趣的是，在与荣格的分手一事上，弗洛伊德也表现出了“癔症性晕厥”。

1909 年 4 月 20 日，在去美国讲学的前一天，荣格在闲聊中提起了在德国北部发现的泥炭沼尸体。弗洛伊德对此很反感，几次打断荣格的谈话，后来竟突然昏倒了。这是弗洛伊德在荣格面前第一次昏倒。其原因在于：弗洛伊德认为荣格对尸体的闲谈暗示着他希望自己死去，这种被压抑的焦虑令弗洛伊德神态恍惚，继而引发了“癔症性晕厥”。

从美国讲学回来后，弗洛伊德一心致力于将精神分析理论扩展到更多领域，而荣格则致力于对神话学的钻研。两人的通信显示，分歧逐渐在扩大。弗洛伊德希望荣格能维护自己的权威，而荣格却对弗洛伊德的主观武断日感不满。

1912 年 10 月，荣格在给弗洛伊德的信中写道：“不管怎么样，我得说，你用对待患者的方式来对待你的学生本身就是一种错误。这样一来，你所指望而且造就的不是奴性十足、盲从的儿子，就是轻率浅薄的小人。我十分客观地看穿了你的这种小伎俩。你在你的周围到处施加个人影响，使每个人在你面前都降低到儿女般的地位。他们不得不痛心疾首地承认自己的疏忽、过失以及生命的卑微，而你却旁若无人地稳坐在父亲的高座上……在这种情况下，倘若有谁敢这样做，你肯定会这样问他——是谁得了神经症？”就连荣格夫人埃玛也在给弗洛伊德的信中建议：“别怀着父亲的感情去看待卡尔·荣格……应该像普通人对待另一个人那样，他像你一样，也得按照自己的意愿去完成他想做的事情。”

1912 年 11 月，在荣格的提议下，两人见了一次面，并进行了长时间的交谈。谈话后，弗洛伊德感觉与荣格的矛盾已经解决，自己选中的“皇储”也放弃了任何想继位的念头。不料，就在午餐快结束时，弗洛伊德又昏倒了。这是弗洛伊德在荣格面前第二次昏倒。其原因在于：弗洛伊德无法面对荣格背叛自己的焦虑，它再次引发了其“癔症性晕厥”。

1938 年，国际精神分析学本来要召开大会，弗洛伊德和荣格也都准备要参会的，却因为二战而被取消了。可以想象，如果两个人真的见面了，弗洛伊德应该还是会晕倒的。

三、相关知识：荣格的情结理论

“情结”这个概念在荣格分析心理学中具有重要地位。荣格在通过其对词语联想的研究中，提出了他关于情结的心理学理论。他发现其词语联想测验中的情结指标（complex indicators），不仅提供了心理世界中无意识层面的直接证据，而且提供了有关无意识的潜在内容及其所具备的情感能量。

在荣格看来，情结是一种心象与意念的集中，其中具有一个源自原型的核心，并且具有某种特别的情绪基调。情结基本上是属于一种“自主性”或“自治性”的存在。它可以与我们的整体心理体系保持联系，但也会分裂、脱离，甚至独立。因此，情结的出现与消失，有它自身的规律，往往不受我们意识的支配，甚至能够支配我们的意识自我。情结在无意识中形成和积累，当它逐渐膨胀到一定程度的时候就有机会发作，而表现为我们人格与自我的“替代主角”。

当情结一旦被触动而产生作用的时候，不管人们是否意识到，情结总能对人们的心理和行为产生极具感情强度的影响，甚至是某种具有主导性的影响，比如强烈的爱或恨，快乐或伤心，感激或愤怒等。而这个时候，我们往往已经不能再理智地表现本来的自己，而是完全被情结占据和控制。在此意义上，情结类似于一种心理本能，触发后就按照它自身的固有规律来自动行事。

于是，受某种情结所困的人，往往会表现出由此情结所支配的心理与行为。

因此，精神分析的目的不是要让人消除或根除其情结，而是让人理解情结在自己心理和行为中所起的作用，来降低其消极影响。荣格认为，只要我们不能察觉和认识我们的情结，我们就会在不同程度上受情结的控制和摆布。而一旦我们认识和理解了情结的存在及其意义，情结也就失去了影响与控制我们的能量。尽管它们不会消失，但可以逐渐减少其消极的影响。这就好比被忽视的孩子总是要通过哭闹来吸引大人的关注，若是大人能够照顾好孩子，那么他就会变得安静，而不再利用哭闹来表达自己的诉求。

>咨询师宝典秘籍谈 21　荣格心理学的要素

寻找原型：人生经历过的事情在大脑中留下的记忆表象。

寻找阿尼玛：男人无意识中的女人性格与形象。

寻找阿尼姆斯：女人无意识中的男人性格与形象。

寻找阴影：人无意识中与自我相反的性格与形象。

强化自性：自性是人心灵的中心，力图协调人格的各子人格，使之达到整合、统一，即自我实现。荣格认为这是人性所要达到的最高目标。

岳晓东寄语：

荣格炼金术的精髓就是自我修炼，自我完善。

案例 9–1　我为什么想戴绿帽子

个人资料：男性，中年，工作压力很大，对男女关系很敏感，他在与妻子进行性行为时常会有一种非常刺激的想法，就是会幻想妻子给他戴绿帽子。他甚至提出妻子在性行为中骂他，但妻子是个文化人，说不出口。他求妻子偶尔说出一句半句的，也会令他非常兴奋。但在现实生活中，他对妻子控制得很严，除了工作往来不可以有男性朋友。他的困惑是，自己为什么一方面很想让妻子出轨，另一方面又对她把控得很严？

咨询对话	咨询技巧
岳晓东：你刚才说他做爱时，很想让妻子骂他。我马上联想到，他是不是有些自虐，因为性虐分肢体的和言语的，有些混合作用会产生兴奋。如果是这样的话，我建议你查一查资料，以了解性虐的详情。 学员：好的，不过我想知道老师是怎么看的。	
岳晓东：从精神分析的角度想，他在清醒状态下是不许妻子与异性多接触的，否则会令他没有安全感，这是超我的压抑与节制。但是到了夜间在与妻子行房时，他却不断联想太太干了见不得人的事，以使自己兴奋起来，这是本我的呼唤与放纵。由此，他的自我状态不协调，白天压抑自我，晚上放纵自我，所以十分纠结。这是一条思路。 学员：那另外的思路是什么？ 岳晓东：他把自己想放纵自我的念头投射到妻子身上，认为自己想出轨，妻子也一样。 学员：那这说明了他的什么问题？	人格分析
岳晓东：这说明他内心很压抑，自己想做出格的事情却又不敢，所以就想象妻子做了，以此来刺激和满足自我的性欲。 学员：那这样做到底满足了他的什么需求？ 岳晓东：这样做本质上是满足了他的自恋需求。 学员：为什么这么说？	情结分析
岳晓东：因为想象妻子做浪女而不需她真做，他获得的是自己的满足，而非妻子的满足。也就是说，他在白天时超我过于强大，压抑本我过深，使得本我在夜间尤其逆反，达至自虐的地位，这就使他乐在戴绿帽子的幻想中。 学员：我开始明白了。	人格分析
岳晓东：其实超我就是高标准、严要求，强压之下，每个人都有想做坏孩子的一面，以达到自我补偿。这样说来，他白天应该是一个很循规蹈矩的人，是这样的吗？ 学员：完全是！他给人的感觉是一个非常乖的人，生活中非常循规蹈矩。 岳晓东：所以人循规蹈矩久了，必然有寻求做一把坏孩子的念头。 学员：如果说他想做一个坏孩子的话，他可以去嫖娼，但他没有去做，而是竭力想象妻子做了出轨的事儿，这是为什么？	三我互动解析
岳晓东：因为他的超我一直在压制本我，所以只能靠想象来补偿。 学员：那他为什么不想象自己在与其他女人做爱，那样不更刺激吗？	防御机制分析

咨询对话	咨询技巧
岳晓东：可那样他就成了恶人了，他的超我告诉自己，宁可让妻子做出轨的事儿，也不可自己做出轨的事儿。 学员：为什么呢？ 岳晓东：因为他要占据道德的制高点，那是超我的呼唤。 学员：哦，原来是这样的。	

点评：

在对上述学员汇报的案例中，我启发咨询师对来访者的奇特行为做意识洞察，挖掘其荒诞行为背后的心理投射，并为未来的咨询确立方向。

小结：岳晓东论精神分析

所谓的情结，其实就是纠结。

精神分析的核心任务就是化解纠结。

识别和化解三我互动的过程，就是构建成熟的精神防御机制的过程。

心理障碍的形成，是因为负性情结压抑或沉溺，最终形成了心理健康与人格完善的黑洞。

精神分析也可以简称为“意识分析”，为的是帮助来访者认清其行为表现是受哪些心结的影响，怎样可以加以舒缓。

咨询师要与来访者共同探讨来访者特定的情绪体验、思维模式或偏好偏见背后的潜意识需求，其处理过程需要与来访者共同议定适合自己的调整方法。

第 十 章

心理咨询的移情修通技术

认识并化解移情、反移情与阻抗，也是咨询师自我成长的核心目标。

——岳晓东

第一节 心理咨询的移情修通技术

第一单元 心理咨询的移情概念

一、学习目标

了解心理咨询移情的基本概念。

二、基本概念

（一）心理咨询中移情的界定

在精神分析理论中，移情是指个人将其对生命中某个重要人物、事件或环境的爱与恨投射到他人、他事的心理表现，它是一种心理定式的表现。例如，一个人会无缘无故地喜爱或仇视某个人物、事件、地点、东西或环境等。与同感共情完全不同，移情是主观的认知或情绪体验，以自我为中心，是一种强加于他人的行为，而共情则是感情移入，进入对方的内心世界，是一种感同身受的行为。移情，作为精神分析学的用语，是指来访者把自己在儿童时期对父母的情绪依恋关系，按照重复和被动强迫性等原则转移到咨询师身上。由此，在移情中，咨询师成为来访者的重要他人（如父母）的替身。

换言之，移情就是指个人将自己的内在情感转移到他人身上而产生的积极（比如依恋）或消极（比如憎恨）体验。虽然精神分析理论对移情有着各种各样的看法，但其对移情的共识是——所有人际关系都存在对以往记忆的激活。也就是说，过去生活经历中的重要人际关系都会在现今的人际关系中表现出来。

出现移情是心理咨询过程中的正常现象。弗洛伊德曾言："移情的出现，就好像一棵树的树干与树皮之间的新生层，由此就会有新组织的形成和树干的生长。”而通过移情，我们可以更好地认识对方，并运用移情来帮助来访者宣泄情绪，引导来访者领悟。由此，移情是咨询过程中的必要过渡，咨询师应鼓励来访者宣泄自己的移情压抑（如对父母亲或其他重要他人的怨恨），以充分疏通自己的情结。一般来说，来访者在宣泄情绪后，都会感到放松，再经过咨询师的分析，获得新的领悟后，其心理症状就会得到很好的化解。

移情在精神分析理论中十分重要。弗洛伊德认为，移情重现了以前生活中的某种情感，这种情感若长期被压抑，无处释放，就会成为心理的纠结——“情结”。而来访者把被压抑的情感宣泄出来，不但会获得心理的平衡，也会帮助咨询师探寻其潜意识根源。在精神理论里，移情也是一种投射，为的是获得内心的宁静。

拓展阅读 10-1　王夫人因黛玉而厌恶晴雯[1]

在《红楼梦》中，王夫人与晴雯有记载的见面总共才三回，但她却对晴雯产生了强烈的厌恶，这是为什么？

原因是王夫人在潜意识中十分憎恨黛玉。王夫人在“撵晴雯”的过程中，不断地用“病西施”“轻狂样儿”“一年之间病不离身”“比别人分外淘气”来挖苦晴雯。而在贾府上下，还有谁是这般模样？只有林妹妹！

这是因为晴雯的秀美、刚直、任性、清高及叛逆与黛玉极为相似。王夫人内心讨厌黛玉，但碍于黛玉是贾母的亲外孙女，又深得贾母喜爱，所以无可奈何。而晴雯的出现，给了王夫人情绪宣泄的出口，她要借绣春囊事件，拔去晴雯这个令她生厌的黛玉化身。在心理学上，这是移情的经典表现。

那么，王夫人的移情有什么具体表现呢？

首先，王夫人对晴雯的容貌产生了移情。《红楼梦》第七十四回中，王善保家的密告王夫人：“宝玉屋里的晴雯那丫头，仗着她的模样儿比别人标致些，又长了一张巧嘴，天天打扮得像个西施样子。”王夫人猛然触动往事，立马想起上

1　岳晓东：《红楼梦人物心理分析与情感世界》，机械工业出版社，2012。

次见过的“水蛇腰，削肩膀儿”的晴雯，更是添了句“眉眼又有些像你林妹妹的”。见到晴雯春睡捧心之态后，王夫人便冷笑道：“好个美人儿，真像个‘病西施’了。”

其次，王夫人对晴雯的病状产生了移情。《红楼梦》第七十八回中，她曾向贾母回话：“宝玉屋里有个晴雯，那个丫头也大了，而且一年之间病不离身……前日又病倒了十几天，叫大夫瞧，说是女儿痨，所以我就赶着叫他下去了。”事实上，晴雯的身子并没有那么娇弱，更没有一年病不离身，只是因半夜赏月受凉而得了小风寒（第五十一回），除见王夫人之时身体不好之外（第七十四回），晴雯的身体都是健康无恙的，女儿痨更是瞎话，不过是因不得照顾而导致病情加重。而真正病不离身、药不离口的自然是黛玉。宝玉曾和王夫人说过：“林妹妹是内症，先天生的弱，所以禁不住一点儿风寒。”（第二十八回）王夫人潜意识不断以晴雯的“病”为推托是为了影射谁一目了然。

最后，王夫人对晴雯的性格也产生了移情。晴雯的性情清高，如平儿所言，“是块爆炭”“长了一张巧嘴……在人跟前能说惯道，抓尖要强”。《红楼梦》第七十四回中检抄大观园，晴雯赌气将自己的箱子翻个底朝天，以证明自己清白。在大观园中，有如此利嘴和性情的人，除了凤姐，就只有晴雯和黛玉了！

由此，王夫人对晴雯感觉不爽，源自黛玉。所以，就是晴雯表现得妥妥当当、规规矩矩，王夫人也不会改变态度的。因为只要黛玉存在一天，王夫人就对晴雯感觉不爽一天，只因她们两个人的性情实在是太相似了！

（二）心理咨询中移情的成因

“移情”这一概念最早出自精神分析学说。弗洛伊德是最早尝试弄清咨询师与病人之间发生了什么的心理学家。1880 年，布洛伊尔医生尝试“谈话治疗”，开始发现患者常常以强烈的情绪反应来回应他们，包括钦佩、愤怒、怨恨、性吸引和性诱惑等。刚开始，弗洛伊德和布洛伊尔都不明白患者为什么会做出这些强烈的情绪反应，布洛伊尔医生甚至因此而中断了其“谈话治疗”的尝试。因为这些似乎不是由于心理治疗本身所产生的，后来他们发现，这些反应其实源自患者童年冲突或情感经历所留下的阴影。弗洛伊德后来用“移情”这个概念来描述：

"……（移情）指一系列重生心理体验，它们仅仅源于患者的过去生活，也适用于他与当前医师的关系。"

弗洛伊德发现，患者对咨询师的态度在很大程度上取决于其童年生活中与关键人物的关系，而这种回归会在患者的自我防御机制中充分表现出来。在这层意义上，移情又是指患者把对父母或其他重要他人的情感、态度和属性转移到咨询师身上，并产生相应的心理反应。弗洛伊德在《癔症研究》中讲了一个案例：一次在治疗结束时，一位女患者突然有一个强烈的念头，就是期待弗洛伊德给她一个亲吻。她把这一"幻想"说给弗洛伊德听。经过精神分析，弗洛伊德发现这一念头来自患者多年前的一次真实经历，那时她很想受到一位令她十分仰慕之人的亲吻，却没有勇气提出来。这一长期压抑的念头在她接受弗洛伊德的治疗中被激活了，使她在面见弗洛伊德时饱受煎熬。也就是说，该名女患者把对原有钦佩对象的亲吻欲望"转移"到了弗洛伊德身上。弗洛伊德认为，正是这种移情反应强化了患者的压抑体验，这也是对其神经症诊断与治疗的核心。

荣格曾指出："移情是分析心理学的核心与全部。"在他看来，移情不仅是分析心理学的解释方法，也是意识与无意识的结合与整合。由此，荣格认为，移情的出现，或者说由分析情境中所产生的移情，是患者问题治愈的关键，所以移情能带来情结的补偿（表 10-1）。

表 10-1　移情的"是"与"不是"

移情不是什么
移情不是恋情：因为移情可有正向移情与负向移情之分，而恋情则纯粹是个人的正面情绪体验。 移情不是共情：因为移情是很主观的，完全按照个人的偏好与偏见，而共情则是客观的，人们会尽量设身处地地替对方着想，力求获得思想共鸣。 移情不是同情：因为移情不是为了关心他人，而是在流露个人的情结或"未完成的事情"，而同情则是为了关心他人，流露了个人的爱心与责任心。

续表

移情是什么
移情是“重温旧情”：移情是对以往生活经历与人际关系的重温，无论这种体验是喜悦的还是悲伤的，焦虑的还是轻松的。 移情是自我意识的盲点：移情揭露了来访者个人觉察与成长的盲点，可给心理咨询提供探索的方向。 移情是为了整合人格：移情的发现与处理，是为了修通来访者以往生活经历中“未完成事情”的种种情结，以构建新的人格体系。

三、相关知识

（一）布洛伊尔医生因何退出了对“谈话疗法”的探索

约瑟夫·布洛伊尔是维也纳著名医师，一度是弗洛伊德的好友。他曾对怎样用催眠术解除人的精神积瘀这一问题甚感兴趣，并成功地为一位女士的歇斯底里症[1]进行了治疗，使她的症状得到了很大的缓解。她十分期待与布洛伊尔医生的见面，并将其治疗称为“谈话疗法”。

然而，就在布洛伊尔为自己催眠治疗的巨大成功而沾沾自喜时，该患者突然声称在梦中怀了他的孩子，并对他表现得愈加亲密。布洛伊尔对这种爱欲表示深感恐慌，立刻停止了对她的治疗，并拉着太太出国旅行，过他们婚后的第二个蜜月。

布洛伊尔的职业自律使他过早地退出了对催眠治疗的研究，这对他个人的事业发展来讲是很可惜的。所幸，他的好友弗洛伊德继续了他的研究，并把此个案作为精神分析史上第一个案例来加以介绍。这就是大名鼎鼎的“安娜·欧”的个案。

安娜·欧的真实姓名叫贝莎·帕彭海姆，她后来成了德国女权主义与社会工作运动的领袖。有趣的是，她后来通过积极参与社会活动，使自己的歇斯底里症得到了自愈。

1　歇斯底里症（hysteria），是神经症的常见类型之一，主要表现为偶发性的精神异常、感觉障碍、植物神经功能失调等。

图 10-1　1954 年德国发行的
贝莎·帕彭海姆纪念邮票

图 10-2　约瑟夫·布洛伊尔

（二）弗洛伊德对移情的体验和理解

在《歇斯底里研究》一书中，弗洛伊德使用的第一个案例是伊米夫人的案例。

伊米夫人从 1889 年 5 月 1 日起接受弗洛伊德的疏泄疗法（catharsis therapy）。在治疗中，弗洛伊德使用了“梦游法”，加以暗示、推拿等方法。在治疗中，弗洛伊德发现，治疗效果的好坏取决于病人与医生的个人关系。如果双方关系不好，所有疗法都会失效；如果双方关系很好，则所有疗法都会生效。

一天，伊米夫人突然用双臂搂住弗洛伊德的脖子，表示很享受治疗过程。此时，恰好一位工作人员进来，才把弗洛伊德从尴尬中解救出来。不过这件事情使弗洛伊德意识到，医生与病人的关系对治疗效果可以起到重大的作用，就是因为人类的神经活动大都是以性欲为基础的。

在此后的 20 年里，弗洛伊德不断指出，移情现象证明了神经冲动源于性欲。这使得弗洛伊德更加坚信，性冲动是精神现象的本源。

> 咨询师宝典秘籍谈 22 精神分析洞察的常用技术

自由联想技术：咨询师让来访者讲述其对某种焦虑 / 不利状况的感觉，并做解析。

释梦技术：咨询师让来访者讲述其梦境，并对其背后的潜意识作用做解析。

移情识别与化解技术：咨询师洞察来访者的移情表现，并加以化解。

阻抗识别与化解技术：咨询师洞察来访者的阻抗表现，并加以化解。

意象分析技术：咨询师让来访者讲述其对某事物 / 事件的联想，并做解析。

早年经历追寻技术：咨询师让来访者讲述其早年的生活经历，并做解析。

积极联想技术：咨询师让来访者讲述其对某种事物 / 事件的积极联想，并做解析。

岳晓东寄语：

精神分析治疗的终极目标是使来访者对自身纠结的成因意识化，并加以有效修通。

第二单元 心理咨询中的移情分类与作用

一、学习目标

了解心理咨询中移情的分类和作用。

二、基本概念

（一）心理咨询中移情的类型

一般来说，移情包含两种类型：

第一种是负移情，是指来访者把咨询师视为过去经历中某个给他带来挫折、不快、痛苦或压抑情绪的对象，并在咨询情境中把原有的情绪转移到咨询师身上。

第二种是正移情，是指来访者把咨询师当作以往生活中某个重要的人物，并逐渐对咨询师产生了浓厚的兴趣和强烈的感情，表现出十分友好、敬仰、爱慕，甚至对异性咨询师表现出性爱的成分。

正移情又可以分为两类：一类是由于真正喜欢咨询师的“人格魅力”而产生的爱的倾向。这种基于鉴赏的情感，与正常情感很相似。如果是这样，这与处理被人不适当地爱上没有什么不同。第一，咨询师要表示对对方的理解与感谢；第二，咨询师要指出这种感情不可能转化为现实，从而消除对方爱的幻想。喜欢，往往是信任关系的最好说明。所以，在你这样做的时候，不能过分伤害对方的情感，以免让好不容易建立起来的咨询关系遭到损失或破坏。也许这类人是很能与你产生共鸣的，这也是心理分析具有成效而又有重大意义的一个内在因素。

另一类移情，则是由于来访者的不安全感而想有力地表达其对咨询师的依赖。来访者害怕失去咨询师的支持，就以这种方式来表示咨询师对他的重要性。其实这种人通常有严重的人格缺陷，即属于“依赖型人格”。他需要你给予更多的安慰，更多的保证，更多的理解与体贴照顾。也从某一方面说明了他在现实生活中的爱是严重匮乏的。对于这类移情，咨询师能做的，恐怕只有把移情作用及时挑明，并说明自己并不喜欢这样的态度，以防范其向深度发展。这种人一旦陷进移情的深处，他自己的生存状况也很有可能都要你负责。那就是说，如果你不能答应他不切实际的要求，不与他做亲密的朋友，他可能就不想活了，这是相当危险的。在抑郁症的来访者中，这种移情发生的可能性最大（图 10-3、表 10-2、图 10-4）。

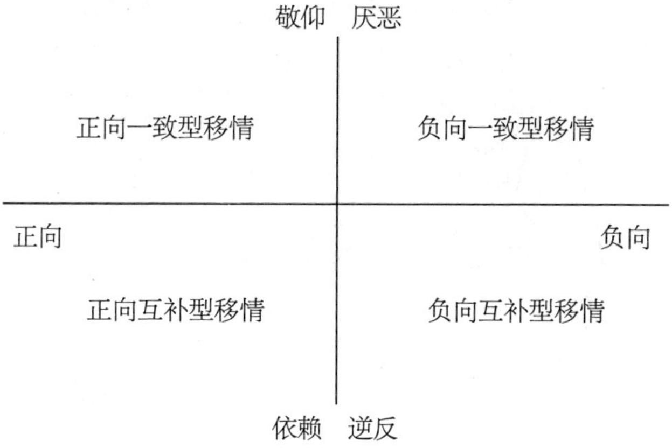

图 10-3 移情的分类

表 10-2 移情的类型

移情类型	定义	示例
正向一致型移情	来访者对咨询师产生的敬仰之情	把咨询师当作偶像
正向互补型移情	来访者对咨询师产生的依赖之情	把咨询师当作父母
负向一致型移情	来访者对咨询师产生的厌恶之情	把咨询师当作仇人
负向互补型移情	来访者对咨询师产生的逆反之情	把咨询师当作仇视的亲人

此外，如果咨询师自身有个人英雄主义的倾向，喜欢当“救世主”，则很可能与移情者一同陷入情感的旋涡。那么，咨询关系就会产生质变，这是需要严加防范的。

在咨询过程中，如果来访者对异性咨询师产生正移情，咨询师不必害怕，应当婉转地向对方说明这是心理咨询过程中可能出现的现象，但这不是现实中正常的、健康的爱。咨询师要有策略地、果断地及早进行处理。如果咨询师觉得自己难以处理移情现象，可以转介给别的咨询师。

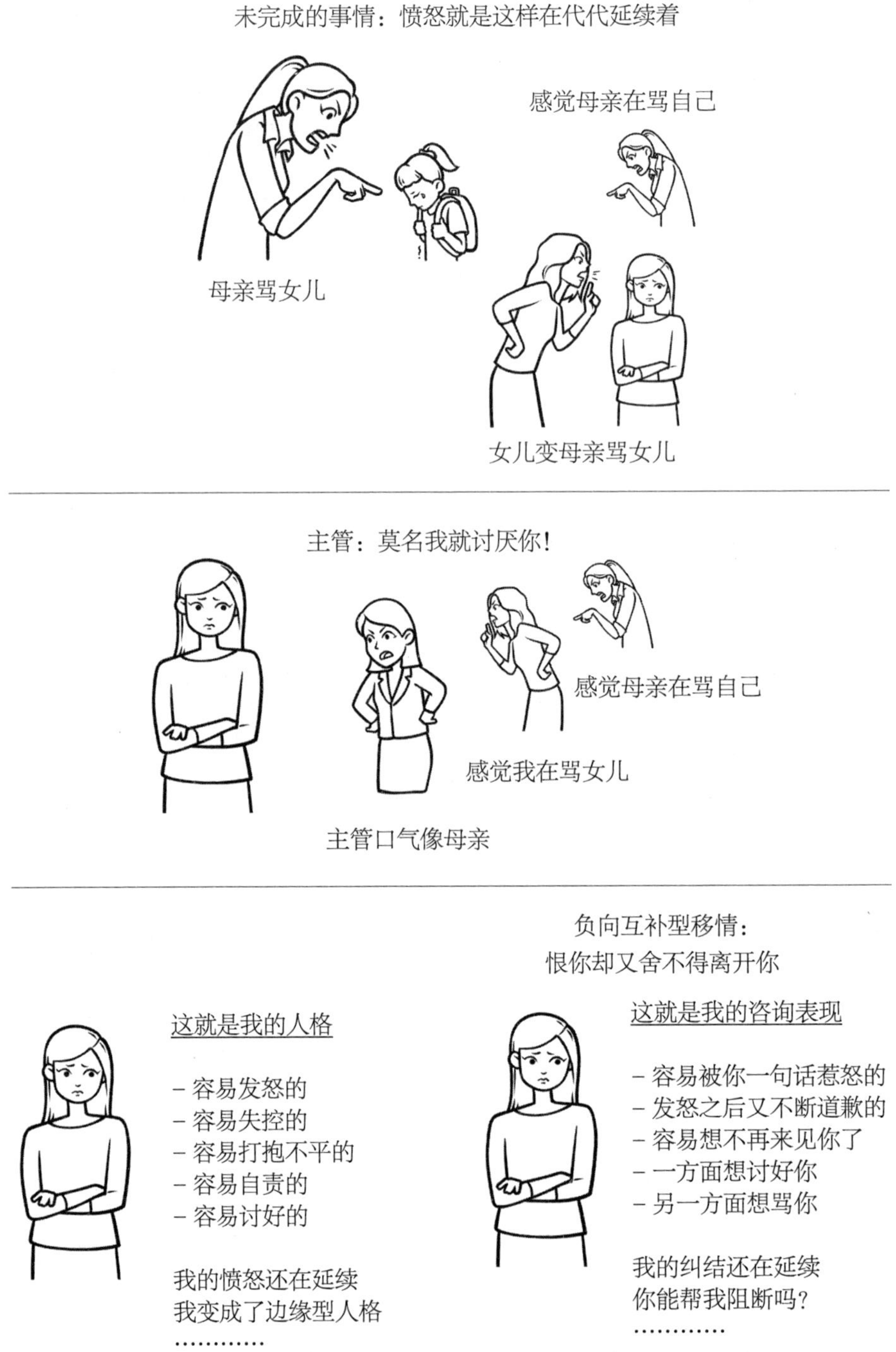

图 10-4　一个负向互补型移情的出现

（二）心理咨询中移情的治疗作用

在心理动力学看来，移情的发现与处理，是心理治疗的核心任务。

弗洛伊德曾表示："移情，决定了精神分析治疗的效果。"对于移情的治疗作用，弗洛伊德在其《精神分析纲要》中提出，随着移情的出现及其处理，精神分析会出现两种积极的变化：其一，如果患者把分析者看作自己的父亲或母亲，那么他就会把他的超我控制权交给分析者，而分析者作为"新超我"出现，就有机会对患者实施再教育；其二,一旦移情发生，病人就能充分且清晰地展现其重要的生活经历，这对于整个心理分析的进展帮助很大。

弗洛伊德还指出，患者期望从精神分析师身上获得满足的愿望，本质上是其童年与父母关系的重复，特别是当这种关系是以冲突为主的。通过移情，患者会在精神分析师身上重新体验其婴儿、儿童时期与父母的爱恋、怨恨、发泄与挫折。这就是移情的表现。而对此加以解释和处理，就要向患者充分说明，他对精神分析师的这种爱恋恨怨，其实是他对父母或重要他人的内心呼唤，也是在重复他以前的生活经历。而这种体验如果在当下获得了当初未获得的那种满足与交流，其遗留在内心深处（潜意识）中的心结就会被修通，神经症表现也就能够得到舒缓。

由此，20 世纪 40 年代，匈牙利裔美国精神分析学家弗朗茨·G. 亚历山大提出了"情绪矫正体验"（corrective emotional experience）的治疗理念，他强调精神分析的过程实质上就是让一个人去完成当初未完成的事情，以梳理其情绪并整合其人格。他指出："患者为了获得痊愈，就需要经历一次适合自己的情绪矫正体验，以修补以往生活经历中的创伤体验。至于这种矫正体验会在治疗中的移情关系中出现还是在日常生活中出现，则是次要的了。"由此，在心理动力学看来，任何咨询过程本质上都是情结再梳理的过程，也是移情再处理的过程。在这当中，分析师会引导患者充分领悟其眼下症状的早期意义，以觉察其问题核心之所在，并学会以成人的方式来应对。

当然，过分的移情修通也可能导致来访者依赖咨询师，这可能导致来访者在潜意识中就拒绝治愈效果，甚至对治愈过程产生阻抗。对此，弗洛伊德曾提出"节制原则"（abstinence rule），即精神分析师不能给予病人任何情感反应，而只能对病人移情的动机进行解释。也就是说，咨询师在扮演"新超我"角色的同时，要向来访者充分说明其处在移情状态下的反应其实是想象的，而不是真实存在的，否则患者的移情就会被转化为钟情甚至是恋情。

这就是为什么在心理剧的治疗和培训中，所有的角色扮演都会在最后向当事人郑重声明，我不是你以往生活中的某某某（如逝去的亲朋好友，当初的老板同事），我是现实生活中的某某某。其实，弗洛伊德认为，摆脱移情依赖的关键是患者症状的缓解。换言之，当来访者能够自立自助，解决好自身问题时，他就不需要再向咨询师借力了。这也是为什么心理咨询会一再强调，“学会自助”是心理咨询的宗旨和最高境界。

（三）心理咨询中移情的识别与处理

移情是精神分析的重要工具，移情的出现标志着心理治疗进入一个新阶段。咨询师要经常问自己：“来访者为什么在此时告诉我这些事？”“来访者今天的言谈举止有什么特别的含义？”“来访者今天为什么会这样打扮或望着我？”由此，咨询师既要时刻洞察来访者是否对自己的某一言行、观点产生了移情，也要觉察自己是否令来访者感受到不该出现的自我。美国咨询心理学专家约翰·麦克里奥德曾提出[1]，来访者在治疗过程中，往往会把咨询师内化为下列八种移情意象：

1. 成熟的母亲：咨询师可以满足来访者的需要，并立即建立信任关系。

2. 合作的母亲：咨询师代表慈善、温暖，可调和来访者的需要，并不否认来访者的意见。

3. 不称职的母亲：咨询师不能理解并支持来访者的需要，无法建立信任关系。

4. 实现不了的父亲：咨询师无法让来访者在治疗中感受到爱和理解，后者因而对治疗产生失望。

5. 严厉的父亲：咨询师令来访者感觉十分严厉、冷漠，无法从中获得父爱，一切努力都是徒劳无益的。

6. 被贬压的对象：咨询师令来访者完全感受不到被理解和被接受。

7. 被压抑的对象：咨询师令来访者感觉很压抑，无法重塑咨询师的意象。

---

1 ［英］约翰·麦克里奥德：《心理咨询导论（第 3 版）》，上海社会科学院出版社，2006。

8. 遥不可及的理想对象：咨询师令来访者感觉高高在上，遥不可及。

凡此种种，都决定了来访者对咨询师的态度，无论是接纳还是阻抗。咨询师如不加以觉察，就无法与来访者建立信任关系。

由此，移情是对咨询关系的无意识反应，也是心理咨询场合不可避免的。在这层意义上，移情的辨别与处理是心理咨询的重要任务之一。而通过移情修通，咨询师可以更好地认识来访者的内心呼唤，引导对方领悟自己的认知误区与人格欠缺，从而实现梳理情绪、整合人格的目的。

案例 10–1 心不在焉的女生

某女学生因学习压力太大而求助咨询师。在最初的两次会面中，她谈得很不专心，并时常对咨询师做出亲昵的动作。这使得咨询师倍感不适，故提出并讨论。结果发现，咨询师的相貌、口气与该女生过去的一位男友十分相似，致使她在咨询中不能专心讲话，而是倾向于两者的比较。

对此，咨询师决定先与该学生就其过去的爱情经历及其对当前咨询的影响展开讨论。结果使得该女生充分认识到这种联想对于她与咨询师的感情、思想交流的种种不利，终于帮助她从痛苦的回忆中挣脱开来，专心于当前学习压力的分析与解决。

点评：

以上例子说明，移情可能会对心理咨询产生直接或间接的阻碍。在某些情况下，移情本身就是来访者心理冲突与精神压抑的核心。而唯有使来访者深刻地认识到这种移情关系的存在及其对咨询关系的影响，才能使来访者积极配合咨询师的要求，并建立起充分的信任，以取得最大的咨询效果。

案例 10–2 对好友记仇的女生

来访者，女，高二学生，学习成绩在班级排名前 10 名左右。据班主任反映，该女生平时谨小慎微，半年来一直受疑似强迫观念的症状困扰，对一个好友十分记恨，导致学习成绩下降。

咨询对话	咨询技巧
学生：我最近感到很烦，只要一翻开书就会走神。 岳晓东：你感到很烦，具体指的是什么呢？ 学生：我发现自己嫉妒心很强，非常嫉妒比我学习好的同学。 岳晓东：哦，你说你嫉妒学习比你好的同学，你是指特定的某个人还是所有学习比你好的同学？ 学生：我不是很清楚，但我总是担心同学会超过我。 岳晓东：可否举一个例子说明？ 学生：有一次上晚自习，我在和同学讨论数学题，我的同桌过来责怪我说，讨论问题干吗不叫上她。这让我当时的心情立刻变得很糟。 岳晓东：也就是说你的同桌扰乱了你的心情，让你感到了自责。 学生：是吧！但我很矛盾，实际上我很怕她超过我。 岳晓东：这样说，你是怕你的同桌超过你？ 学生：是的，我很怕她超过我。 岳晓东：那她超过了你，对你会有什么影响呢？ 学生：我们本来关系很好的，她超过我了，那我不是很没面子吗？ 岳晓东：这是可以理解的。 学生：其实，我就这么一个好朋友，我也怕失去她。 岳晓东：请你说得具体一些。 学生：这学期我们的座位分开了，可不管是上课还是上自习，我都会看她在做什么。特别是有一次，我的新同桌说，她也在偷看我，还在模仿我。这番话搅得我更不得安宁了，所以我也格外留意她是不是在看我。 岳晓东：那你发现了什么吗？ 学生：我发现她确实在模仿我，我做什么她也做什么，特别是在上晚自习的时候。而且我感到周围好像有好多双眼睛也在盯着我，这让我无法专心学习。 岳晓东：那你们沟通过此事吗？ 学生：有。前几天，我们因一点小事发生摩擦，她突然对我说，“你有什么了不起，我一定要超过你，把你远远地甩在后面！” 岳晓东：你说了什么吗？ 学生：我说我才不怕呢，还有，你为什么总是在观察我？ 岳晓东：她怎么回答？	具体化技巧 解析技巧 共情技巧

咨询对话	咨询技巧
学生：她说“不对吧，我感觉是你总在观察我！”	
岳晓东：那你怎么看你们之间的关系？	探讨技巧
来访者：扯不清，就像我跟我妈的关系一样。	
岳晓东：噢，这很有意思啊，你为什么会这么说呢？	移情表现
学生：我跟我妈的关系就是爱恨交织。在一起吧，很容易闹矛盾；分开吧，就很容易想念对方。	
岳晓东：听你这么说，我感觉你在一定程度上，是将你对母亲的怨恨转移到你的这位同学身上了。	移情分析
学生：什么意思？	
岳晓东：也就是说，你在家里与母亲的关系很纠结，这种关系使得你在生活中遇到与母亲相似的人时，就会很自然地进入与母亲的对抗状态中，表面上是与某个同学发生冲突，实际上是你在与母亲继续发生冲突。在我们的专业上，这叫作移情表现。	澄清技巧
学生：唉，还真有一些道理啊。	
岳晓东：你觉得你的这位同学与你的母亲在什么方面比较像？	
学生：啊，她们长得都有些胖，性格都是直爽外向型的，说话不走脑子！可以说，什么都有些像。	
岳晓东：这就对了！因为在潜意识中你把这位同学当成了“母亲”，你把对母亲的抵触情绪发泄在她身上了，也把母亲的不好转嫁到她身上了，你说呢？	负向互补型移情表现
学生：你这样说，太有可能了！天啊，我今天才明白，我为什么对她既不想接近，却又离不开。	
岳晓东：是啊，想想看，这位同学与你非亲非故，你为什么会那么怕她超过你，在私下恨她呢？	
来访者：我没有恨她啊！	
岳晓东：没有恨她？恐怕你在心里不知骂过她多少回吧！	
学生：（笑了）嗯，确实是这样的！	
岳晓东：所以，由于你的移情表现，你对这位同学的态度存在某种“傲慢与偏见”，令你与她交往起来，无意识地进入了你与母亲的抗争状态，既要表达你的个人意见又不能失去她的关爱，所以你才那么在乎她，感觉那么纠结。在心理学上，这叫作“未完成事件”。	负向互补型移情表现
学生：老师你说得太对了！那下面我该做什么呢？	
岳晓东：我们先看一看你和母亲冲突的根源在哪里，因为解决好你与母亲的冲突也就能解决好你与这位同学的冲突。你先好好想一想，我们下周见！	

点评：

在上述对话中，我将该学生对好友的厌恶做了移情分析，发现其根源在于该同学对母亲的情感纠结。这样“变无意识为有意识”（弗洛伊德语），不仅帮助该学生觉察到自己对好友的焦虑与其母女冲突的潜在关联，而且下一步，她将更加清楚以后该怎么做才能处理好与同学的关系。

（四）识别移情表现的方法

在心理咨询中，咨询师要敏锐地识别移情表现，下面是一些识别移情表现的方法，供大家参考。

1. 眼神游离不定

当移情出现时，来访者的目光多游移不定，躲躲闪闪，眼神或充满深情或充满憎恨，眼光时而上抬时而低垂。当咨询师不与来访者对视时，来访者的目光会盯着咨询师；而当咨询师正视来访者时，来访者的目光会迅速移开。正常的来访者多会正视咨询师，从不躲闪咨询师的目光，也从不左顾右盼。

2. 动作拘谨不安

当移情出现时，来访者的行为多拘谨、不放松、好低头，面部表情做作，常有甩发动作，微笑亦较勉强，精神忧郁不安，双手不知放于何处且有许多小动作。正常的来访者大多行为自然，面部表情放松，态度认真，双手摆放自如，无小动作。

3. 说话心不在焉

当移情出现时，来访者常说话心不在焉，话题不集中，谈话时断时续，时常会问一些与咨询无关的问题，甚至会表现出对咨询师本人生活及家庭的热心与关注，个别来访者还会因咨询师要见其他人而心生嫉妒。正常的来访者大多在谈话中精力集中，话题多围绕自身，对话题外的事情不感兴趣，也不急于得到咨询师的回答。

4. 结束时恋恋不舍

当移情出现时，来访者会在咨询结束时表现出犹豫不决，欲走不忍，欲言又止，或没话找话，神情不爽，甚至眼光迷离，几步一回头。正常的来访者在离去时会干脆利索，心情轻松，且步伐轻快。

（五）处理移情表现的方法

在心理咨询中，咨询师要妥善处理移情表现，下面是一些处理移情表现的方法，供大家参考。

1. 观察细节，收集证据

当发现来访者有移情表现时，咨询师不要立即与来访者展开讨论，而是要观察细节，收集证据，无论是言语的还是体语的，日常用语的还是面部表情的，以便在日后的交流探讨中话出有因，言之有理。

2. 坦诚交流，直面原因

当咨询师与来访者探讨其移情表现时，咨询师要态度诚恳，语气坚定。咨询师要让来访者明白，对移情表现的探讨往往是咨询进展的突破口。无论是探讨来访者对咨询师的无名的火还是莫名的爱，这都说明咨询出现了转机，来访者的确触及了自己的灵魂深处、意识深层。只有积极面对，才能巩固咨询关系，增进咨询效果。

3. 寻求督导，加强交流

当初次面对来访者的移情时，咨询师往往不知所措，更不知道怎样做才能巩固咨询关系。此时，咨询师一方面要加强与督导的联络，明确自己的行动方案；另一方面也要多与同事交流心得体会。其实，接受来访者移情的表现，不是或有或无的问题，而是或多或少的问题，咨询师要早做准备，以便从容面对。

4. 区分身份，内化价值

移情的本质是亲密关系的重现，咨询师需要利用移情来寻求咨询关系的突破。但移情毕竟不是真情，而是真情关系的替代。由此，咨询师在接受来访者移情表现的同时，要帮助来访者区分这种关系的真伪，以帮助来访者在移情体验中更好地成长，并把对咨询师的爱慕内化为自我成长的动力。

三、相关知识：移情与依赖的区别

移情与依赖，有相同之处也有不同之处。两者的相同之处在于，正向的移情与心理依赖相同，因为当事人会在移情中获取昔日情感依恋的满足，如大一学生对咨询老师的依赖可能源自对异乡父母的依赖。从这层意义上来讲，移情是心理依赖的基础，而心理依赖又会反过来促进移情的表现。

移情与依赖的不同之处在于，移情是一种情绪体验，而依赖更多的是一种人格特质。具体地说，移情是个人偏好与偏见的流露，是主观意志的表现，它会使人在为人处世上我行我素，自以为是；而依赖则是没主见、缺乏自信、缺少独立思考与决策能力的表现，它会使人总感觉自己不行，遇事总想依赖他人，容易顺从他人的意见。

在心理咨询中，来访者对咨询师的信任或源自移情意识，或源自依赖心理，咨询师要对此有敏锐的洞察和觉察，并做出相应的处理。

综合而言，移情与依赖的区别主要表现为：

1. 移情是一种情绪体验，依赖是一种人格特质。
2. 移情是一种好感 / 恶感，依赖是一种信任。
3. 移情是为了弥补过去的感情，依赖是为了寻求当下的帮助。
4. 移情者是为了寻找替身，依赖者是为了寻找支柱。

第二节　心理咨询中的反移情

第一单元　心理咨询中的反移情表现

一、学习目标

了解心理咨询中的反移情表现。

二、基本概念

（一）反移情的概念

反移情，泛指咨询师对来访者所产生的一种潜意识的爱憎情绪体验。换言之，当来访者的某种外貌、性格特征或生活经历等使咨询师想起自己以往生活中的某个人或事件时，他就有可能对来访者做出某种超乎寻常的情绪反应。

同移情反应一样，反移情本质上也是一种心理定式的表现。它是咨询师对来访者无意识的反应倾向，因为咨询师也是人，也会像来访者一样，对其讲述的事情做出反应。在咨询过程中，反移情的价值在于提醒咨询师不要因为自己未解决的冲突而影响对来访者的态度。由此，反移情投射了咨询师的内心反应，它可能致使咨询师对来访者产生种种偏好与偏见。客体关系理论就认为，来访者原始的客体关系，通过投射认同，可以激活咨询师原始的客体关系。

反移情有广义和狭义之分，广义的反移情是指咨询师对来访者的无意识认知、情感、意志的反应取向，它在很大程度上由咨询师本人的生活经历和世界观所决定。狭义的反移情是指咨询师对来访者移情表现的反应。它源于传统的精神分析学说，并十分强调精神分析治疗者竭力克服反移情反应对患者移情表现的阻抗。

弗洛伊德曾提出："医生在病人面前应该是不透明的，就好像一面镜子，除了向病人显示自己外，不应显示任何其他的东西。"这就是在强调，咨询师应在来访者面前尽量保持中立态度，不让自己的世界观影响来访者的世界观。而咨询师要做到这一点，就必须对自己的反移情表现有敏锐的观察。

（二）反移情的来源

弗洛伊德当初在描述移情时，就发现来访者的情绪反应也会触发咨询师的情绪反应。例如，一名患者向咨询师表达敌意，咨询师会本能地感觉很生气，甚至试图辩护自己的行为。相反，如果一名来访者评论咨询师很有魅力时，该咨询师可能会感到十分受用或被奉承。弗洛伊德将这些反应定义为反移情，因为它满足了咨询师的某种内心呼唤。

在很长一段时间内，精神分析学家认为，反向移情是心理治疗师不称职、不熟练的表现，因为优秀的治疗师应该能对患者的反应持绝对中立的态度。20 世纪 50 年代，经过英国心理分析师海曼和西明顿等人的努力，反移情才开始被认为是心理治疗中的一种资源，它可以令心理治疗师在自己身上寻找治疗失败或进展不顺的原因。

海曼认为，反移情是精神分析中的一个最重要的工具，因为“精神分析师在潜意识中理解了患者的潜意识，这种一定深度水平上的和谐，其外表看是分析师对患者反应的感情”。西明顿则认为，“在某种水平上，分析师和病人能够一起分享幻想和白日梦”。无论怎样，反移情的觉察和处理可强化咨询师的觉察、自省与成长。

（三）反移情的正面意义

合理识别和处理反移情，可对心理咨询起到正面促进的作用，其具体理由如下：

1. 反移情是咨询师成长的反光镜

心理咨询的宗旨是——助人助己。这需要咨询师对反移情有很敏感的觉察和及时的处理。从这层意义上来讲，反移情就是咨询师自我成长的反光镜，它可以令咨询师随时随刻地觉察到自己的各种“未完成的事情”，以确保这些往事及其情结不会在咨询过程中对来访者的态度和服务产生不良的影响。

2. 反移情能够促进咨询师的参与意识

咨询师的任务是在治疗过程中扮演“积极参与者”的角色，这意味着咨询师既不能对来访者的情绪反应（特别是负性反应）表现得无动于衷，也不能对患者的移情表现出无所作为。咨询师唯有努力觉察自己的反移情，才能在咨询中扮演好“参与者”的角色。

3. 反移情能够促进咨询师的榜样作用

在咨询中，咨询师一直发挥着榜样的作用。咨询师向来访者分享自己的过往生活经历，不仅在于表现其同感和共情，也在于发挥其反移情的示范力量。它会促进来访者诚实、积极地面对自己的情感与事业挫折。

4. 反移情能够促进咨询师的咨询协作

咨询师与来访者探讨反移情，会提供“情感纠正经历”的机会。也就是说，当咨询师邀请来访者共同探讨反移情时，治疗关系就会变得更加平等且相互尊重。而咨询师放下身段，也是咨询一致性原则的实际表现。

总之，反移情的识别与化解不仅可以增进咨询师本人的觉察与成长，也可以大大减少来访者的心理防御和阻抗。这是咨询师功力的突出表现。

拓展阅读 10–2 移情的电影场景

在电影《异度空间》中，章昕（林嘉欣饰）爱上了她的咨询师占（张国荣饰）。占也爱她。但是他知道，与病人谈恋爱是违反职业道德的，因此犹豫不决。此时，章昕的姐夫说了一句话：“她已经不再是你的病人。”这一句话令占“醍醐灌顶”，不再犹豫，心安理得地接受了章昕的爱。

咨询师与病人谈恋爱，这样的镜头在中国香港电影和美国电影中经常见到。譬如《无间道》中的女咨询师与陈永仁，《爱德华大夫》中的女精神分析师爱上了一个男精神分裂症病人……

由此，可以引出两个问题：病人很容易爱上咨询师吗？咨询师能接受病人的爱吗？这就需要心理咨询师具有高度的职业道德与生活智慧。

三、相关知识：早期精神分析理论对反移情的认识 [1]

在精神分析的早期发展阶段，人们通常会把分析师或治疗师看作一个没有任何色彩的空白屏幕。在这个屏幕上，患者发现自己以往生活中种种未能解决的情感冲突。1950 年以后，人们越来越认为，治疗师对来访者的反移情是治疗的一种重要信息来源，要深入地思索与利用。但问题是，反移情来自哪里呢？

---

1 ［英］约翰·麦克里奥德：《心理咨询导论（第 3 版）》，潘洁译，上海社会科学院出版社，2006。

在有关精神分析的文献中，有三种有关反移情的不同观点：

第一种是经典的弗洛伊德学派观点，它认为反移情来自心理治疗师的人格，特别是其未能解决好的冲突。由于治疗师没有对这些冲突进行很好的分析和理解，它会干扰治疗进程。由此，反移情是空白屏幕上的一种扭曲图像。

第二种观点，把反移情解释为治疗师的一种反应，即治疗师对患者与他们相处的独特方式的反应。由此，治疗师所体验到的是与患者或病人有关的感情，是了解来访者人际关系或内心世界的重要线索。

第三种观点认为，反移情是由来访者和治疗师两人之间创建的一个共享空间。

无论怎样，一个训练有素的咨询师都应该把对反移情的觉察和处理当作个人体验和成长的重要内容。

案例 10–3　发无名火的咨询师

某女咨询师在给一名大四学生做就业咨询时，屡屡建议学生选择某一项她认为最适合该学生发展的职业。结果，该学生对她产生了阻抗，另找了其他咨询师求助。在接受我的督导时，该咨询师谈了自己的困惑。经过共同分析，我们发现，她在潜意识中把来访者当作了自己当初的男友，希望他从事他们两人原来确定的职业。不想，她的前男友改变了职业发展方向，这不仅给她带来了极大的困惑，也毁灭了他们的爱情基础，最终导致两人分手。

眼下，那个学生的出现让咨询师产生了强烈的反移情表现，使得她重温了当初她与前男友的价值观冲突与情感纠纷。通过此事，该咨询师不仅明白了反移情是怎样在潜移默化中影响一个人的思维模式，也明白了自己是怎样在咨询中一再触犯学生的自尊和自主，引起了学生的不满。

案例 10–4　想拥抱学生的咨询师

某男咨询师在给一名大一男生做就业咨询时，总感觉自己有一种强烈的愿望，就是想拥抱对方。他找我来做督导交流，经分析发现，他在潜意识中把来访者当作了自己的表哥，他表哥当初给了他极大的精神鼓励和指导，并一直是他模仿的榜样。不想前几年，表哥在一次旅行中意外身亡，这使他格外地思念他。

眼下，那个学生的出现让咨询师产生了强烈的反移情表现，似乎感受到他表哥的再现，因此有了想拥抱该学生的冲动。通过此事，该咨询师不仅明白了反移情是随处可见的，也明白了自己需要自我体验来提高对反移情的觉察和领悟。

第二单元　心理咨询中反移情的识别与处理

一、学习目标

了解心理咨询中反移情的识别与处理。

二、基本概念

（一）反移情的类别

在心理咨询与治疗中，咨询师的反移情有两种：一种是一致型反移情，一种是互补型反移情。在一致型反移情中，治疗师会把自己认同为来访者本人，对来访者十分同情，感觉自己非常能理解来访者；在互补型反移情中，咨询师把自己认同为来访者的父母、兄弟姐妹等，感觉自己体验到了来访者对某个亲人的感觉。

在精神分析治疗中，一致型反移情和互补型反移情都可能出现。在人本主义治疗中，主要出现的是一致型反移情，由此，咨询师会完全接纳、理解来访者，并尽量保持价值中立。人本主义治疗中也可能出现互补型反移情，这时，咨询师要意识到这种反移情，并给予必要的处理，否则会伤害来访者和自己。在反移情的处理当中，咨询师可以使用精神分析的技术。

无论是在精神分析治疗中还是在人本主义治疗中，咨询师都要分清哪些是移情表现，哪些是反移情表现。治疗师对来访者是有情绪反应的，处理这些情绪，是处理反移情的第一步。从治疗师的情绪和行为中，就能分析出反移情（图10–5、表10–3）。

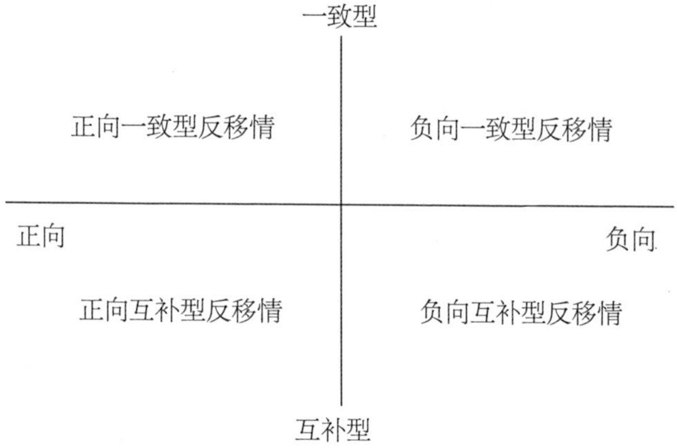

图 10–5　反移情的类型

表 10–3　反移情的类型

类型	定义	示例
正向一致型反移情	咨询师对来访者产生好感	把来访者当作恋人
正向互补型反移情	咨询师对来访者产生依赖之情	把来访者当作亲人
负向一致型反移情	咨询师对来访者产生厌恶之情	把来访者当作仇人
负向互补型反移情	咨询师对来访者产生逆反之情	把来访者当作仇视的亲人

（二）反移情的识别注意事项

反移情的认识与处理是心理咨询的重要内容，也是咨询师自我体验和成长的桥梁。弗洛伊德曾建议，精神分析家应每隔一段时间就做一次全面的自我体验和分析，以觉察其出现反移情产生的条件与基础。这是因为反移情表现了咨询师在心理咨询过程中的自我防御，具有很大的主观性和不可预测性。美国精神分析大师哈里·斯塔克·沙利文[1]则提出，任何心理医师都不可能摆脱其在精神分析中的反移情，因为他在治疗过程中充当着一个“参与观察者”。因此，只要咨询师能够积极觉察其反移情表现，他就可能变不利因素为有利因素，从精神分析中更好地了解自我和来访者。

图 10-6
哈里·斯塔克·沙利文

在心理咨询中，咨询师可通过下列反应来识别反移情表现：

1. 感觉坐卧不安

当互补型反移情出现时，咨询师会有明显的情绪与行为表现，如烦躁不定、坐卧不安，不愿意与来访者进行目光交流，也不能专注于咨询对话，大脑很容易走神，或是总想着早点结束咨询。

2. 感觉心旷神怡

当一致型反移情出现时，咨询师会对咨询过程产生极大的兴趣，感觉自己好像完全能够走入来访者的内心世界，与对方建立彻底的同感共情，对方说什么自己都能完全理解，自己说什么都会说到对方的心里去。来访者好像就是自己的另一个化身或替身。

3. 感觉心不在焉

当反移情出现时，咨询师会发现自己在与来访者交流中，话题不集中，回答不贴切，时常会关注一些与咨询无关的话题，会对来访者的个人生活及家庭关系过分关注，对个别来访者的迟到、失约表现得过分关注或无所谓。

4. 感觉恋恋不舍

当反移情出现时，咨询师会想方设法保持与来访者的咨询关系，对其离去或终止关系会感觉恋恋不舍，欲言又止，甚至总是在找另外的话题。

---

1 哈里·斯塔克·沙利文（Harry Stack Sullivan，1892—1949），美国心理学家，新弗洛伊德学派代表人物之一。

（三）反移情的处理注意事项

在心理咨询中，咨询师要妥善处理反移情表现。下面是一些处理反移情表现的方法，供大家参考。

1. 增强觉察，加强监督

当咨询师发现自己对来访者有反移情表现时，要加强对自我行为的观察，无论是言语的还是体语的，并做好咨询记录。

2. 寻求督导，加强交流

当咨询师发现自己对来访者有反移情表现时，要加强与督导的联络，以明确自己的行动方案。如果缺乏督导，咨询师要加强与同事的心得体会交流，探讨行动方案。其实，在咨询中出现反移情，不是或有或无的问题，而是或多或少的问题，咨询师要早做准备，以便从容面对。无论是探讨对来访者的无名火还是莫名的爱，都触及了咨询师的灵魂深处、意识深层。只有积极面对，才能自我成长。

3. 冷静面对，寻求转介

如果咨询师的反移情十分强烈，咨询师可以考虑转介来访者，以减少自己的心灵折磨。在谈论转介时，咨询师要态度诚恳，语气坚定，令来访者感觉仍然被尊重、关注和支持。

4. 定时休假，调整心态

反移情的出现与咨询的疲惫及职业的倦怠有很大关系。由此，咨询师需要给自己定时放假，以调整心态，愉悦心境，走出反移情带来的困境。试想，咨询师自己心态就不对，怎么帮助他人？

小结：岳晓东论移情、反移情

移情是一种对特定人物、事件、环境等的心理定式思维，或是一种因情感投射而产生的偏好、偏见的表现。它突出表现为来访者把自己对以往生活中人物或事件的爱憎情绪或态度投射到咨询师身上。

咨询师能否与来访者建立友谊甚至是恋情？答案是肯定的，但要有两个先决条件：一、必须在结束咨询关系一段时间后才可以建立这种关系；二、从此之后，两人再也不可能建立咨询关系。

咨询师期望通过先给家人做心理咨询来提高咨询能力，那真是误解了心理咨询的真谛！心理咨询只能给外人做，不能给家人做。

咨询师可以看清家人存在的心理、人格问题，却很难加以咨询治疗。这是因为家人关系的亲密性破坏了咨询关系的中立性，这与“清官难断家务事”是一样的道理。

病忌医己，师怕及亲，咨询师不可以给自家人做心理咨询。咨询师与来访者的关系走得越近，心理咨询就越难开展。从专业上来讲，这叫作“关系性无能”。

第 十 一 章

心理咨询的阻抗化解技术

阻抗犹如伤口，会对外界的刺激做出强烈的反应。

——岳晓东

第一节 心理咨询中的阻抗识别

第一单元 心理咨询中的阻抗概念

一、学习目标

了解心理咨询中阻抗的基本表现与原理。

二、基本概念

（一）阻抗的概念

阻抗本质上是指来访者在咨询过程中对自我暴露与变化、成长的抵触。阻抗多表现为来访者对咨询过程的焦虑体验，并导致来访者对咨询过程做出种种抵抗，如拒绝改变、拒绝接受问题、拒绝改变幼稚和冲动等，这都与防御模式直接相关。精神分析理论、行为主义理论、人本主义理论都对阻抗做过详尽的描述和分析。它们均认可阻抗对于心理咨询过程具有深刻的影响。人们只有积极地认识与化解阻抗，才能达到预期的心理咨询效果。如果对阻抗现象不加理会，或处理不当，则心理咨询的进展与效果将受到阻碍。因为阻抗是来访者必不可少的心理能量，没有阻抗的来访者，就像一个失去免疫能力的病人一样，对外界的一切都接受。

在医学上，当移植器官时，身体会有排异反应，同样，心理的排异反应也不可避免，在心理咨询与治疗中，我们要想尽办法减少或消除心理的排异反应。所以，咨询师发现，来访者不听取咨询师的建议，坚持自己的想法，这就是心灵的免疫系统反应。

在心理咨询中，咨询关系的建立首先要识别和化解各种阻抗的表现。换言之，敏锐地认识阻抗的各种表现，并有效地克服，可增加咨询师与来访者之间的心理沟通并促进前者助后者在思想、行为方式上的领悟。从这层意义出发，阻抗是心理咨询中的重要组成部分。

（二）精神分析理论的阻抗观

在精神分析理论中，弗洛伊德认为阻抗是不成熟精神防御的总和。它可以表现为个体对于某种心理咨询要求的回避和抵制，个体对心理咨询师或其他人的某种敌意或依赖，或个体的特定认知、情感方式以及对心理咨询师的态度等。弗洛伊德将阻抗定义为患者在自由联想过程中对于那些使人产生焦虑的记忆或认识的压制。因此，阻抗的意义在于增强个体的自我防御。

在人本主义心理学中，罗杰斯把阻抗看作个体对自我暴露及其情绪体验的抵制，其目的在于不使个体的自我认识与自尊受到威胁。这一观点体现了个体的认知对自我结构与发展的防护作用。此外，也有些行为主义心理学家对阻抗理解为个体对于其行为矫正的不服从。它或是由于个体对心理咨询存在疑虑，或是由于个体缺乏行为变化的环境条件。这反映了个体行为变化与环境控制的相互依赖。

阻抗的分析或“防御分析”是精神分析技术的重要组成部分。从某种角度来看，所有的梦都是“阻抗之梦”。因为梦反映了病人的特征性防御，病人用这类防御避开对不快的心理内容的感知。病人的防御是其心理结构的一个组成部分，而阻抗代表病人的企图，这种企图旨在保护自己免于受到因治疗所带来的心理失衡而产生的威胁。

此外，入睡、沉默也具有明显的阻抗特征。它们可视为被压抑的愿望、幻想或记忆的非语言的表达形式。极端的阻抗包含中断治疗、迟到、失约、沉默、赘述、装傻、心不在焉和入睡，以及自动排斥或曲解分析师说的一切。

（三）心理咨询中的阻抗成因

阻抗作为一个临床概念，最早出现于弗洛伊德对癔症患者“遗忘”记忆的研究。自由联想技术之前，弗洛伊德只是使用催眠和“压力”技巧研究阻抗。在治疗中，弗洛伊德将这些抵抗的意想视为对同一力量的反馈，使得病人痛苦的记忆与意识分离。他曾说："就是这个精神力量……最初将致病的思想赶出自由联想，抵抗它们再回到记忆中。"

德国心理治疗专家阿尔夫·葛拉赫指出："精神分析的实质就是处理好移情与阻抗。作为治疗师，每当我们在治疗中感到不顺时，就会联想到阻抗，如迟到、延期付费、无限的赞美或诋毁等，甚至包括治疗进展得太顺等，都会提醒我们是否出现了阻抗。"弗洛伊德曾将阻抗区分为移情型阻抗和压抑型阻抗，其中前者表现为病人对治疗师的关系阻抗，而后者则表现为病人对治疗师的情绪阻抗。移情型阻抗可能会随着治疗关系的改善而消失，而压抑型阻抗则可能随着情结的挖掘而不断深化，从而妨碍治疗的实施。

美国心理咨询专家卡瓦纳认为，阻抗主要来自三个方面：①成长的痛苦，即成长带来某种痛苦，当来访者在咨询中谈及痛苦往事时，必然产生阻抗反应；②功能性的行为失调，即来访者企图以失调的行为来掩盖更深层的心理矛盾和冲突；③对心理咨询或咨询师的期盼，即来访者只是想得到咨询师的某种赞许或想证实自己的某种想法合理。

凡此种种，咨询师都需要对阻抗的出现与表现有敏锐的观察与判断，以便及时识别和处理。

案例 11-1　一个不愿说话的来访学生

一名学生在第一次约见咨询师的时候，任凭咨询师提出什么问题他都拒不作答，如此僵持了大概 20 分钟。咨询师只能建议不再继续交谈，等他愿意交谈时再约见。

一个星期后，该学生果然再次约见。一见面他就为上次一言不发表示歉意，并解释说他那么做是因为当时被老师要求前来咨询，所以在来之前就下定决心不说一句话，以表示抗议。后来见咨询师并没有强迫他说话，而是另外寻求交流机会，才改变初衷，主动求询。

点评：

这个例子充分说明，沉默往往表示个体对于心理咨询的某种强烈的抵触情绪。来访者有可能非本愿地前来咨询，正如案例中的学生一样，只是听从老师的要求才被动前来。要缓解这种情绪，咨询师必须顺达，不可强求。另外，咨询师也需要注意将阻抗性沉默与反省性沉默区分开来，其中前者是敌对的表现，而后者是领悟的表现。

＞咨询师宝典秘籍谈 23　咨询破冰的 5 句话

抱歉让你这样难受地坐着，你看我们做些什么能让你放松一些？

抱歉让你来见我，不知道你想让我讲些什么？

感谢你来见我，虽然我看得出这好像不是你的本意。

感谢你没有走开，你看我们能谈些什么有用的事情？

你一定受了很大的委屈，能给我讲讲吗？

三、相关知识：正确对待依赖心理

来访者的另类阻抗表现是“依赖心理”，它一般有以下几种常见类型：

· 自己不思考，而是完全听从咨询师的意见；

· 无论事情大小，一有困难就总是寄希望于咨询师出主意甚至直接帮助其解决；

· 把咨询师和咨询场所当作避难所等。

由此，咨询师在咨询过程中发现来访者的依赖心态时要注意：

首先，咨询师要消除这样一种观念，即认为来访者有事就来找自己是对自己信任的表现，是好事；其次，发现来访者有依赖心理，咨询师应该明确地告知对方，只有靠自己来解决问题，才是自己的成长，才说明心理健康水平提高了；再次，对于依赖者，咨询师应让其多独立思考，自己去寻找解决问题的方案并积极地实施；复次，要逐渐减少其咨询的事件和次数；最后，由于有时来访者的依赖是由咨询师造成的，因此咨询师要注意纠正。

总之，阻抗大量存在于咨询中，它既是干扰咨询的影响因素，也是咨询突破的关键因素之一。它有各种各样的表现形式，咨询师要善于从各种表现形式中，做出实事求是的分析，并采取具有针对性的措施。在解决阻抗的过程中，来访者的积极参与是很重要的，只有来访者愿意接受改变，才能真正消除阻抗。

第二单元 心理咨询中的阻抗分类

一、学习目标

了解心理咨询中阻抗的分类。

二、基本概念

(一) 阻抗的分类

弗洛伊德在 1900 年提出，任何阻碍分析工作进程的表现都是阻抗。阻抗的运作方式与做梦时的“稽查”方式一样，阻抗的出现是为了防止那些不能被接受的情感或愿望变成现实。由此，弗洛伊德将阻抗分为有意识阻抗和潜意识阻抗两类。其中，有意识阻抗表现为来访者担心咨询师对自己产生坏印象，担心说错话，担心咨询师泄密。这些阻抗表现可经咨询师的分析实现消除。潜意识阻抗表现为对治疗的抗拒或不配合，而来访者未必会意识到这种阻抗的存在，即使意识到了，也不会公开承认。换言之，来访者往往在口头上对咨询表现得十分迫切，在行动上却表现得并不热心，甚至是抵触的。例如，来访者为了不愿改变其强迫动作（如强迫洗手、锁门等动作），而对咨询采取口是心非的做法，以化解因治疗给他带来的焦虑和痛苦。

美国心理咨询学者博伊特勒和克拉金提出，当来访者的“自由感、自我形象、安全感、心理完整性或力量感受到威胁”时，阻抗就会出现。换言之，阻抗的出现意味着来访者“正在努力防止或恢复受到威胁的损失”，这可能是来访者人格的一个持续，也可能是来访者面对威胁的一种情境性反应[1]。由此，阻抗会一直伴随着心理咨询过程。博伊特勒和克拉金还进一步提出，阻抗也可以分为防御型阻抗和移情型阻抗。防御型阻抗由威胁引起，可以被看作一种适应机制。潜抑阻抗是防御型阻抗中的特例。与潜抑阻抗不同的是，防御可导致阻抗的产生。潜抑阻抗，可以被认为是一种一直存在的内部力量，它与治疗目的相悖。它可以被视为个体防御冲动、记忆、情感需要的临床表现。移情型阻抗也是由威胁引起的。

美国心理咨询学家斯通曾指出：“患者拒绝、敌对或不服从的态度，有时会引起咨询师自然的敌对反应。”这可能源于下列因素：

· 本我的阻抗：来自患者对本能冲动的阻抗。
· 超我的阻抗：来自患者的内疚感的阻抗。
· 人格的阻抗：源于患者人格的特征“固着”或其人格中不可变的方面。
· 采用错误程序和不当方式而引起的阻抗。
· 生活中重要他人的关系处理不当而引发的阻抗。
· 对咨询关系结束的阻抗，来访者在潜意识中把咨询师当作保护神和父母。
· 因伤害来访者自尊自信、自我生存状态而产生的阻抗。
· 因放弃过去已经适应的防御机制而产生的阻抗。

总之，咨询师要对来访者的阻抗表现有敏锐的观察力，并有效地处理。此外，咨询师还要根据来访者的不同情况，对阻抗的出现做出有效的识别和处理。

（二）沉默的分类

沉默作为阻抗的常见方式，在咨询会谈中是不可避免的，也是不可忽视的。

---

1 ［美］科米尔、［美］葆拉：《心理咨询的问诊策略》，张建新等译，中国轻工业出版社，2004。

当沉默出现时，咨询师往往觉得必须说点什么或做点什么才能够打破沉默的僵局。其实，沉默可能具有不同的含义，咨询师要深刻理解，灵活应对。美国心理咨询专家卡瓦纳曾区分了3种沉默的类型：创造性沉默、自发性沉默和冲突性沉默（表11-1）。

表 11-1 沉默的类型

类型	表现形式
创造性沉默	来访者在会谈的过程中，对自己刚刚所说的话、体验到的感觉的一种反应
自发性沉默	来自不知该说些什么的情境，常出现在治疗过程的初始阶段
冲突性沉默	常由害怕、愤怒或愧疚情绪引起

1. 创造性沉默

创造性沉默是来访者在会谈的过程中，对自己刚刚所说的话、体验到的感觉的一种反应。在创造性沉默中，来访者往往“凝视着空间的某一点”。这往往是人们集中思考的一种表现。此时，咨询师可以什么也不说，只要在等待中注视着对方就足够了，也许此时此刻正是双方都有收获的时候。

如果咨询师这时打断沉默，就未免有些莽撞了，这会打乱来访者的思考，使他不能回到原来的问题上。这样，咨询师就不是在鼓励来访者的自我探索，而是破坏了他的自我探索和思考。

2. 自发性沉默

自发性沉默常发生在不知该说些什么的情境。在治疗过程的初始阶段，往往会出现这种现象。与创造性沉默相比，自发性沉默发生时，来访者的目光不是集中于一点，而是处于一种游离的状态，从一处看向另一处，来访者也可能会以征询、疑问的目光看着咨询师。

对于这种沉默，咨询师要慎重对待，如果允许这种沉默僵持下去，持续的时间越长，双方就会感到越紧张。这时，就需要显示出咨询师的能力了。咨询师要准确地判断出来访者的反应是不是创造性沉默，如果不是，就要加以相应的处理和对待。

3. 冲突性沉默

冲突性沉默常由害怕、愤怒或愧疚情绪引起。在有些情况下，来访者的情绪会让咨询师手足无措。正确的处理方式会使情况好转，变成对咨询师有利的一面。当这种情况发生时，咨询师首先要判断该情绪的诱因和来源。

如果来访者是由于紧张和害怕而造成的冲突性沉默，咨询师不妨用围魏救赵的办法，消除来访者的情绪。如果来访者的冲突性沉默是由愤怒引起的，而这种愤怒可能是针对咨询师的，或是出现了负向移情，那么咨询师就要用智慧和能力来处理这种愤怒了。

无论出现哪种沉默，咨询师都要冷静下来，真诚地面对来访者。

案例 11–2　考试作弊的反省[1]

明轩第一次来见我时十分被动。

他呆坐在沙发上，低着头什么话都不说，似乎是在挨时间。我们的对话进行得十分艰难。

“明轩，你想告诉我些什么吗？”我问道。

明轩默不作声，右腿不住地抖动着。

“明轩，你心里一定很不好受，可以给我讲一讲吗？”我又问。

明轩的嘴角动了动，还是沉默。

“明轩，你这两天吃饭、睡觉都好吗？”我接着问。

明轩点点头，眼睛呆望着窗外，下意识地抽着鼻子，右腿停止了抖动。

又沉默了一阵子后，明轩忽然抬头问我：“我可以走了吗？”

“我当然不能勉强你留在这里。但我们这样什么都没有谈，怎么能帮助你更好地认识并应付当前的这场危机呢？”我回答说，心里很高兴明轩总算开了金口。

“我不需要任何人的帮助。”明轩干脆地回答，并做出起身要走的动作。

1　岳晓东：《登天的感觉》，安徽人民出版社，2011。

见此，我缓缓地说："明轩，我不把自己看作神仙，可以解决平常人的所有问题。但老实说，你现在正面临着人生中的一个重大挫折，你需要一个可以理解你的人来伴你走过这段痛苦的历程。"

顿了一下，我又说："系主任也给我打了电话，他要我将我们会面的结果告诉他，你说我该怎样答复他？"

明轩听了这话，重重地靠进沙发里，双手抱着头，盯着地毯，半天吭出一句："我恨我自己，我实在是太愚蠢了。"

说着，他的右腿又开始抖动起来。

我靠近他，用手拍了拍他的肩头，轻声说："人都是在错误中成长，在挫折中变得聪明的。上大学时，我的好友在一次考试中，有一道题自己拿不准，就瞟了一眼邻座同学的试卷。结果那次考试虽然他的成绩很好，可那位同学到处对别人讲，我的好友是因为看了他的试卷才考得那么好。我的好友当时感到很屈辱——"

明轩突然抬起头，打断我的话说："他那次经历算得上什么？不过是被同学议论几句罢了。你知道我现在面临的压力是什么吗？是被哈佛开除的压力啊，唉！"

说罢，他连连摇着头，眉头紧锁，露出极为痛苦的神情。

看得出，明轩是在忍受着悔恨的煎熬。

点评：

面对明轩的沉默阻抗反应，我没有要求他主动说话，而是等他开口。因为"此时无声胜有声"，我的静默反应是对他此刻心境的同感、共情。当然，我理解他的心思并不是要去支持他的行径，我只是坚信，每个人都具有自我向善的能力，关键是怎样加以调动。而作为一个心理咨询师，我不需要教训他去认识自己所犯错误的性质，那样的效果可能会是很消极被动的。相反，我要启发他去谈对这一切的认识，则可能会更好地调动学生的积极性。这便是对阻抗情绪最有效的化解！

明轩之所以能有积极的转变，在很大程度上就是因为我尊重了他，信任了他，在他最自卑的时候给了他精神上的安慰。由此，明轩不但说出了我想让他说出的话，还感谢我能够真正理解他。这也是咨询关系确立的基础。

三、相关知识：怎样化解来访者的理论化表现

咨询中一个常见的阻抗表现，是来访者不断向咨询师讲述或炫耀自己对心理学知识的了解或与心理咨询行业大咖人物的交往经历，这可能是来访者在传递着下列信息：

· 我对你的业务能力很不放心。

· 我懂得的心理学知识一点都不比你少。

· 我不需要你在我面前炫技，我都见识过。

· 我与大咖们有过交往，可以随时与他们联络。

…………

凡此种种，都是理智化的表现，是当事人自我焦虑的流露，也是自卑情结的投射。对此，咨询师可以与来访者坦诚地交流他的咨询目标和期待，以做出必要的咨询调整或转介安排。在这当中，咨询师可以对来访者讲下面的话：

· 我十分感谢你对我的信任，你希望我能怎样帮到你？

· 我十分钦佩你了解这么多的心理学知识，也期待在咨询中与你交流这些理念的运用，我们可以共同成长。

· 我十分担心我的咨询套路是否符合你的要求，我们可以交流一下，然后决定我是不是你心目中理想的咨询师。如果不是的话，我们可以讨论怎样转介。

· 无论我们交流多久，我都希望能实实在在地帮到你。如果我做得不够好，也请你告诉我。

…………

总之，面对“盛气凌人”的来访者，咨询师只要做到以诚相待，同感共情，无论最后的结果是什么，来访者都会感受到温暖。

第二节 心理咨询中的阻抗化解

一、学习目标

了解心理咨询中阻抗的识别与化解。

二、基本概念

（一）阻抗的识别

阻抗的表现是多样化的，可以是言语的，也可以是非言语的，甚至是行动的。表 11-2 罗列了四种阻抗形式：讲话程度上的阻抗、讲话内容上的阻抗、讲话方式上的阻抗、咨询关系上的阻抗。这四类阻抗形式可以表现为个体对某种行为变化的抵触，也可以表现为个体对咨询师的某种敌对态度。但无论是哪一种阻抗形式，它们都是对个体的自我保护及因其痛苦经历而表现出来的精神防御。因此，它们对心理咨询的进展起着潜在的深刻影响。在很多情况下，对于阻抗的认识往往是心理咨询突破的开端。

表 11-2 阻抗的四种形式

阻抗形式	表现形式
讲话程度上的阻抗	沉默、寡语、赘言
讲话内容上的阻抗	理论交谈、情绪发泄、谈论小事、假提问题
讲话方式上的阻抗	心理外归因、健忘、顺从、控制话题、最终暴露
咨询关系上的阻抗	不认真履行咨询安排、诱惑咨询师、请客、送礼

1. 讲话程度上的阻抗

阻抗在个体讲话程度上的表现有三种：沉默、寡语和赘言。其中以沉默最为突出。

沉默表现为个体拒绝回答咨询师提出的问题，或长时间停顿。它是个体对心理咨询最积极的、最主动的抵抗，它往往需要心理咨询师通过耐心的解说和真诚的态度才能加以破除。寡语通常以短语、简句及口头禅（嗯、噢、啊）等形式表现出来。它同样会使咨询师产生困惑及挫折感，使其无法深入了解来访者的内心世界及其对心理咨询的态度。

赘言表现为来访者滔滔不绝地讲话，其潜在动机可能是减少咨询师讲话的机会，回避某些核心问题，转移其注意力等。其目的在于回避那些来访者不愿接触的现实问题，以免除由此而产生的焦虑与其他痛苦体验。

2. 讲话内容上的阻抗

在心理咨询过程中，来访者还经常通过对谈话内容的某种直接、间接控制，来表现他对心理咨询及其个人行为变化的阻抗。其常见形式有理论交谈、情绪发泄、谈论小事和假提问题等。理论交谈是来访者进行自我保护的有效手段之一。表面上，它似乎增进了来访者和咨询师的思想交流，但实际上它常常表现了前者对后者的某种疑虑及其企图加以控制的欲望。例如，有的来访者看了很多心理学方面的书，当他来看咨询师时，首先会展示他的心理学功底。

情绪发泄可表现为大哭大闹、泪流不止，或不自然地大笑，它旨在避开使来访者感到焦虑和痛苦的意念；谈论小事是最轻微的也是最不易被发现的阻抗表现，它的目的在于回避谈论核心问题，并以此转移咨询师的注意力；假提问题是指来访者向咨询师提出表面上适宜但实际上毫无意义的问题来回避谈论某一特定议题或加深某种印象。这些问题一般涉及心理咨询的目的、方法、理论基础及咨询师的私人情况等。常见的问题有：

- 我现在在接受什么疗法？
- 这个疗法的目的是什么？理论基础是什么？
- 这个疗法的成效如何？
- 你接受过什么样的心理咨询训练？
- 你倾向于运用哪一种流派的观点来进行心理治疗？

在心理咨询过程中，咨询师必须识别来访者的多话现象，它可分为下列类型：宣泄型、倾吐型、表现型、表白型、掩饰型、外向型。多话现象有两重性：一方面可能会影响咨询的正常进行，另一方面是充分认识来访者的机会。对此，咨询师应根据咨询目标、咨询安排及多话类型，做出相应的调整（表 11-3）。

表 11-3 阻抗的多话类型

类型	表现形式
宣泄型	来访者把咨询师作为情绪发泄的对象
倾吐型	来访者过多地讲述自己的个人感受
表现型	来访者不断讲述其掌握的心理学理论
表白型	来访者表达自己对咨询师的某种好感倾向
掩饰型	来访者有意识地回避关键问题，顾左右而言他
外向型	来访者的表现过于活泼，话题往往偏离主题

3. 讲话方式上的阻抗

讲话方式上的阻抗体现在来访者在交流过程中表现出的不同心理活动。它形式多样，又因人而异。常见的形式有心理外归因、健忘、顺从、控制话题和最终暴露等。

心理外归因，是指来访者将某种心理冲突与矛盾的原因完全归结于外界作用，而回避从其自身的角度加以认识。它本质上是一种心理定式的表现。心理外归因严重阻碍了个体的自我反省，是自我中心主义的表现。在心理咨询过程中，它可以使来访者对自我暴露与分析的要求产生强烈的抵触情绪。比如，一个容易生气的人常怪罪他人惹他生气，而不愿意从自身找原因。

健忘，是指来访者在谈论使人感到焦虑和精神痛苦的议题时所表现出的健忘现象，它是个体对于某种痛苦经历长期压抑的结果，具有很大的任意性。比如，性受害者往往不愿意提起往事或对细节表现出记忆模糊。

顺从，是指来访者对咨询师讲的每一句话都表示绝对的赞同和服从，致使咨询师无法深入了解其内心世界。因此，它具有隐蔽的特点，咨询师不易发觉其潜在的阻抗作用。

控制话题，是指来访者在谈话中一味要求咨询师讲自己感兴趣的话题，从而回避自己不愿意谈论的话题。此外，控制话题还可强化来访者在心理咨询过程中的自尊与地位。有的来访者在咨询开始的时候，夸耀、讨好咨询师，这有可能会使双方都感到高兴，愉悦情绪达到高峰。但很快，来访者的话就会让人听了不舒服，甚至扮演起咨询师的角色，开导或教训起心理咨询师。这时，作为咨询师就要明确与该来访者互动的意义，并决定是否有必要继续互动下去。一些求诊者还会反过来问咨询师“你有没有心理疾病”“你的家庭幸福吗”，想通过咨询师说出自己“也有病”“也不幸福”来证明人人“都有病”“都不幸福”，“有病”“不幸福”才是正常的，自己也是正常的。

最终暴露，是指来访者故意在咨询会面的最后时刻讲出某些重要事件，以使咨询师因为时间仓促而措手不及，来访者借此表达他对心理咨询的某种抵抗。

4. 咨询关系上的阻抗

咨询关系上的阻抗，是指来访者通过故意破坏心理咨询的一般安排与规定来实现其自我防御的目的。咨询关系上的阻抗最突出的表现有：不认真履行咨询安排、诱惑咨询师以及请客、送礼等。

不认真履行咨询安排，包括不按时赴约或借故迟到、早退，不认真完成咨询师安排的作业，不付或延付咨询费等。迟到是反映阻抗较为可靠的指标。来访者取消预约，或在预定时间缺席且事先不通知咨询师，这通常是极为严重的阻抗。不赴约的动机包括恐惧和怨恨。

诱惑咨询师，是指来访者通过引起咨询师注意其言行、装扮等来影响其心理咨询的进程，并提高自己在心理咨询中的地位，目的是控制咨询关系的发展。比如，有的来访者对咨询师产生兴趣，则会通过刻意打扮自己，或大谈自己的有趣经历来试图引起咨询师对自己的兴趣。

请客、送礼，可能是来访者某种自我防御需要的表现，也可能出自其操控咨询关系的欲望。

以上是阻抗在心理咨询过程中的四种表现形式。无论哪一种，都是来访者的自我保护及精神防御。很多情况下，对阻抗的认识往往是心理咨询突破的开端。

案例 11–3 一个不愿开口的来访学生

一名情绪低落的学生要求找咨询师咨询。在前 45 分钟的谈话中，他都表现得很平静，谈论问题时也很平静，似乎什么问题都没有。但当会面接近结束的时候，该学生忽然说出他近来常常有自杀的念头，并尝试过一次。咨询师此时不得不延长会面时间，又用了 20 分钟与他进一步交谈。这时才知道该学生长久以来一直情绪低落，却不愿意接受心理咨询与治疗。此次前来咨询完全是辅导员的安排，因此内心十分不满，故以此来发泄。

点评：

这个例子说明，来访者经常会在咨询的末尾才说出最关键的心理问题。而在这个时候，心理咨询师如若因为倦态或者接近咨询尾声而忽视来访者的述说，就会导致无法及时并准确地解决来访者的困扰。

案例 11–4 一个不断讲心理学的来访者

一名女士约见咨询师，想解决自己的婚姻问题。但在咨询中，她不断向咨询师诉说自己读过什么心理学的书籍，见过什么心理学界的名人，去过多少个心理咨询中心。而且在谈话中，她也十分愿意用心理学的概念做自我分析，还让咨询师肯定她的言论。

如此下去，好几个咨询师都中断了咨询。对此，她并不介意，而是继续寻求心理咨询服务，直到有一天，一个咨询师对她直截了当地说："你这样不断展现自己的功力，本质上是你在拒绝心理咨询的帮助，尽管表面上看你十分愿意见心理咨询师。"那个女士沉默了一会儿问道："你说得对，我确实是想为难你们这些心理咨询师，我为什么会这么做呢？这是不是你们心理学上所说的反向作用呢？”咨询师回答说：“我想也是，但针对谁呢？”

在后来的交流中，咨询师发现该女士的父亲是一位心理学者，两人关系很不融洽。女儿因为仇视父亲而不断为难心理咨询师，是在满足自己被压抑的反叛情结。咨询师对这一阻抗的觉察，为后来咨询的突破奠定了基础。

点评：

这个案例不仅是阻抗的案例，也是移情的案例。它说明阻抗和移情常常是你中有我、我中有你，是相互依存、相互验证的。咨询师不可不觉察。

（二）阻抗的化解

在心理咨询中，识别与化解阻抗，是咨询师的基本功。下面是一些化解阻抗的方法，供大家参考。

1. 增强觉察，加强记录

当咨询师发现来访者对自己有阻抗表现时，要加强对自我行为的观察，并做好咨询记录，以便日后交流和督导之用。

2. 寻求督导，加强交流

当咨询师发现阻抗表现时，要加强与督导的沟通与联络，以探讨阻抗的性质，明确行动的方案。如果缺乏督导，咨询师也要加强与同事的心得体会交流，探讨行动方案。

3. 坦诚面对，直面交流

面对阻抗表现，咨询师在做足准备后，要与来访者坦诚面对，直面交流。在这当中，咨询师要态度诚恳，语气坚定。咨询师要让来访者明白，对阻抗的探讨往往是咨询进展的突破口。无论是来访者对咨询师的无名火还是绝望感，深入探讨都有可能为咨询带来转机。咨询师只有积极面对，才能巩固咨询关系，增进咨询效果。

4. 冷静面对，寻求转介

如果来访者的阻抗十分强烈，咨询师也可以考虑转介来访者，以减少自己的压力感。在谈论转介时，咨询师要态度诚恳，语气坚定，以令来访者感觉仍然被尊重、关注和支持。

5. 调整心态，树立自信

在咨询中出现阻抗，不是或有或无的问题，而是或多或少的问题。咨询师不能因此放弃对自我的信念，怀疑自己是否有能力为来访者提供服务，甚至怀疑自己是否有能力从事心理服务行业。咨询师要明白的是，只要自己能够积极面对，并多方咨询、早做准备，就能从容面对，做好咨询。

6. 加强学习，不断充电

从事咨询行业的人，其实是很容易产生职业倦怠感的，而阻抗的不断出现，更会强化咨询师的挫败感。其克服不仅需要督导的帮助和自我觉察，也需要不断学习和培训。其实，每次参加咨询课程的培训与会议，都是与专家、同行交流学习的大好机会，其学习与收获都会给咨询师带来新的动力和激情，就好像充电一样，能令咨询师更加热爱自己的行业。

最后，咨询师不要认为咨询中处处有阻抗，时时有对立。其实，大部分来访者接受咨询，都希望与咨询师建立良好的咨询关系。咨询师只要能通情达理、真切关怀，就会解除来访者的顾虑，使对方开诚布公地谈论自己的问题，从而建立并巩固咨询关系。

三、相关知识：来访者的特征——功能缺陷和应对欠佳

美国心理咨询学者博伊特勒和克拉金提出，来访者大多存在两个问题：功能缺陷和应对欠佳。咨询师需要了解来访者在这两方面的表现，以确保咨询奏效。

（一）功能缺陷

来访者的功能缺陷主要取决于其社会支持的资源和成效。博伊特勒等人发现，来访者的功能缺陷水平受到三个指标的影响：

- 家庭关系出了问题：如原生家庭有问题，当前家庭有问题，或两个家庭都有问题；

· 社会支持系统出了问题：如缺乏亲朋好友的关怀与支持，不善主动求助；
· 社会孤立和社会退缩：如人际关系不佳、沟通有问题、遇到困难时退缩。

换言之，家庭问题、社会孤立和社会支持系统问题越多，来访者的功能缺陷就越大，对心理咨询的需求也就越强烈。除了评估来访者在这三个特定领域的功能之外，咨询师也可通过 DSM-IV[1] 的功能通体评估量表来了解来访者的缺陷水平。

（二）应对欠佳

博伊特勒和克拉金还区分了来访者“外指化应对”和“内指化应对”的应对模式。他们指出：“人们的应对通常采用不同的行为：一种行为使人直接逃离或回避所害怕的环境（外指化）；一种行为使人被动而简洁地控制像焦虑情绪这样的内部体验（内指化）。应对行为可能在两端之间变化或者将两者结合起来。”咨询师要善于识别这两种应对模式，从而学会有效应对。与外指化应对模式有关的问题多产生于“过度和打断性行为”。这些来访者常常会感到生气或恼怒，并表现出“过度”的行为。例如，总是骂人并常与人打架的孩子，或者不断对子女进行言语斥责的成年人，都属于具有这类行为的来访者。与内指化应对模式有关的问题，常表现为缺乏某些活动或行为。对这种应对风格的另一种描述是，这些来访者“难以做某些事”。他们常常“倾向于抑制冲动和情感，对寻求环境中的刺激的需要相对较低，且思想常常被自我反思、恐惧性苦想冥思主导”。普洛查斯卡和迪克莱蒙特的改变阶段模型中提到的“长期思虑者”就是来访者的例子，患有与应急压力有关疾病的患者也是这方面的例子。

具有外指化应对模式的来访者，常常不能自制且缺乏控制，他们很难抑制或控制自己的情感、想法和行为。这些来访者常有在各种情境和各种人面前表达自己的冲动。具有内指化应对模式的来访者，常比具有外指化应对模式的来访者更容易

1 ［美］美国精神医学学会：《精神障碍诊断与统计手册》（第五版），［美］张道龙等译，清华大学出版社，2014。

领悟。咨询师需要对来访者使用的应对模式有所了解，以有效地帮助来访者成长。

小结：岳晓东论阻抗

咨询师过分讲述其个人的生活经历，会转移来访者在心理咨询过程中的注意力，使来访者一味认同咨询师的行为方式而忽略其个人独立性的培养。这样会使来访者把咨询师看成英雄似的人物，一切唯其马首是瞻，将其奉若神明。

心理咨询的真正目的应该是，咨询师使来访者自树英雄形象，使来访者确信自己有能力去战胜生活中的困难，而非把咨询师打造成英雄人物。

有些参与或学习心理咨询的人态度不端正，他们期望通过“摆平”他人来“摆平”自己，或是通过致使别人产生问题来解救自己。这是恶性反移情作用的突出表现。

阻抗，可谓心灵的皮肤和免疫系统。

对阻抗的识别，往往是心理咨询突破的开端。

第 十 二 章

心理咨询的释梦解析技术

梦，是人内心呼唤的流露，也是人清醒状态意识活动的延续。

—— 岳晓东

第一节 心理咨询释梦解析的概念介绍

第一单元 梦与释梦的基本概念

一、学习目标

了解心理咨询释梦解析的基本原理。

二、基本概念

（一）梦的概念

梦是一种奇异的现象，做梦的经验是人类所共有的。

在人类文化中，无论古今中外，梦始终是一个谜。在未开化的部落社会里，人们往往把梦看成神的指示或魔鬼作祟。即使在现代化的文明社会里，仍然有着对梦的诸多迷信。在我国的历史上，有关梦的故事更是不一而足，如庄生梦蝶、黄粱一梦、梦笔生花、江郎才尽、南柯一梦等，都是历来为人津津乐道的梦的故事。

古希腊哲人柏拉图曾说，“好人做梦，坏人作恶”；而中国的祖先则相信“至人无梦”，至人者，圣人也，意指圣人无妄念，所以不会做梦。根据当今心理学家的研究，人人都会做梦。无论好人坏人，圣贤愚鲁，甚至有些动物也是会做梦的，因为动物睡眠时眼球也会快速跳动（有机会你可以观察一下狗的睡眠）。与人不同的是，动物不能在醒来之后像人那样“梦话连篇”。

总之，做梦是人体一种正常的、必不可少的生理和心理现象。人入睡后，一小部分脑细胞仍在活动，这就是梦的基础。那么，人为什么要做梦？不做梦会有什么反应呢？梦有什么意义？梦对人又有什么影响呢？

（二）梦的科学研究

人类对梦较为严谨的科学研究始于17世纪。1886年，梦学家罗伯特提出，人在一天的活动中有意或无意地接触到无数信息，必须经过做梦来释放一部分，这就是著名的“做梦是为了忘记”的理论。

之后，有人提出了“反常睡眠”，代表人物是法国里昂梦学实验室的神经生物学家米歇尔·儒韦。他通过脑电图测试发现，人平均每隔90分钟就有5至20分钟的有梦睡眠，仪器屏幕上反映的信号不同，显示了人在睡眠中大脑活动的变化。如果在脑电图的电波上显示无梦睡眠时把接受测试的人唤醒，他会说没有任何梦境；如果在显示有梦睡眠时唤醒他，那么他会记得刚刚做的梦。此外，研究人员采用X射线断层摄影仪测试发现，大脑在有梦睡眠阶段的图像接近清醒时的图像。

后来，科学家又做了一些阻断人做梦的实验。当睡眠者一出现做梦的脑电波时，就立即被唤醒，不让其梦境继续，如此反复进行，结果发现对梦的剥夺会导致人体一系列的生理异常，如血压、脉搏、体温以及皮肤的电反应能力均有增高的趋势，植物神经系统机能有所减弱，同时会引起人的一系列不良心理反应，如出现焦虑不安、紧张、易怒、感知幻觉、记忆障碍、定向障碍等。由此可见，正常的梦境活动，是保证机体正常活力的重要因素之一。

由此，人们得出了结论：梦也是协调人体心理世界平衡的一种方式。

最近的研究成果发现，无梦睡眠不仅质量不好，还是大脑受损害或有病的一种征兆，即梦是大脑调节中心平衡机体各种功能的结果，梦是大脑健康发育和维持正常思维的需要。倘若大脑调节中心受损，就形成不了梦，或仅出现一些残缺不全的梦境片段，如果长期无梦睡眠，就值得人们警惕了。

当然，若长期噩梦连连，也是身体虚弱或患有某些疾病的征兆。

拓展阅读12-1　12种梦境

国际梦境研究协会副主席帕特里茨娅－加菲尔德教授曾在美国波士顿举行的国际科学大会上公布了她花费了近半个世纪的时间所取得的一项研究成果。加菲尔德认为，无论是贫是富、是贵是贱，人们的梦境其实都相差无几——成十亿计的人无论是在噩梦中还是美梦中所经历的情景几乎都一样，其内容主要分为以下 12 种：

梦境	阐述
梦见被追	做噩梦时总有某种可怕的东西——野兽、暴行或怪物在追击我们，它们总是试图抓捕、吃掉或杀害我们；做美梦时，你可能会是在追别人，也许是在追邻居、电影明星，后来你可能会追上他并与之拥抱。
梦见受伤	有人向你开枪，你受伤了，你想还击，但枪怎么也不好使；有人要杀害你或你的亲人，你在梦中痛哭流涕；你的牙齿从嘴里掉出来了。有时候情况会好一点，你大病初愈获得新生，或者你成功地报复了别人。
梦见遇险	你的爱车（或轮船或飞机）失灵了，你坐在上面疾驰着，狂踩着刹车，可就是停不下来……在这种情况下很少会是美梦。
梦见丢失重要物品	你丢失的东西对你来说非常重要，也许是护照、贵重的戒指、票据，或者是房子失火、倒塌。相反的美梦，是你得到了值钱的东西，也许是一套住宅或一辆汽车。
梦见考试	你又回到学校参加考试，但试题答不上来；你登台演唱，却哑然失声……另一种场景是，你在这些场合都取得了巨大的成功。
梦见坠落	你从悬崖上掉下来，被巨浪压在下面，被激流卷入大海。在美梦中你会感觉自己在天空翱翔，或感觉自己摆脱了地心引力。
梦见出丑	你在大庭广众之下部分或完全赤身裸体，或赤脚走在街上。如果是美梦，你的衣服会突然找到了，或是你正穿着华丽的衣服在臭美。
梦见迟到	你正在往车站狂奔，可火车（或汽车等其他交通工具）已经开了。如果是美梦，你会梦见赶上了火车，你会感到非常高兴和轻松。
梦见电话断线	你在与死去的亲人通电话，但电话突然断线了。情况好的话，你会梦见听到死去的亲人的声音，梦醒后你却将他的话忘得一干二净。
梦见灾难	你亲眼看到飞机失事，或者是目睹其他令人恐惧的灾难，如地震或火山喷发。美梦中你会梦见自己来到一个仙境，但不知道这是什么地方。
梦见迷路	你在一个陌生的城市迷路了，你需要在那儿找到什么东西，但没有找到；你不能走路了，腿脚如棉花般无力；你陷入泥土里拼命挣扎，但最终仍摆脱不了；你不能再逃跑了，就像瘫痪了一样。
梦见死人	这种梦难以分出好坏。人们有时在梦中会遇到死去的亲人，梦醒后，人们宁愿相信死去的亲人的确会从另外一个世界来看望自己。

三、相关知识：梦境的科学解释

在心理学上，梦是睡眠期某一阶段的意识状态下所产生的一种自发性的心理活动。在此心理活动中，个体身心变化的整个历程，称为做梦。梦境与现实世界到底有多大联系呢？美国著名压力控制学家内莉斯·迪伊，就调查取样的 1 万个梦境进行了分析，并通过对我们常见的几种梦境的解析，揭示了梦境与现实的关联和梦的意义。

比如，他的研究表明，当人们梦见自己跌落，或在空间中坠落，常常是由清醒状态转入睡眠状态的感觉，这可能是身体的物理反应。这是因为当人入睡时，便开始进入 REM 状态，即眼球快速运动阶段。此时四肢可能经历猛烈、短促的抽动，这是肌阵性痉挛，它在现实生活中也有表现，比如人们从悬崖边上跌落下来时就有可能产生这种感觉。人的潜意识在不清醒的状况下把身体的这种物理反应理解成了梦境。

这种梦境告诉我们，我们害怕即将面对或者已经不得不面对的困难处境。其实，我们完全没有必要害怕在梦中坠落而在现实生活中就有可能死亡的预示，因为到目前为止，还没有这样的事例发生过。

又如，人们梦见自己被人追赶，却又不能动弹，这类的梦境其实是大脑幻想的另一种自然反应，这样的梦境通常出现在 REM 睡眠阶段。这时，人的身体其实已经麻痹了，是潜意识把这种麻痹转化为无助的感觉，就好像人们不能逃脱追捕一样。有时，人们可以把追赶者理解为自己对他人的敌意或他人对自己的敌意。一旦人们能辨别那些敌意究竟来自哪里，晚上就不会被这样的噩梦纠缠了。

总之，梦境与个人的生活和生理状况都有极大的关系。

案例 12-1 岳晓东释梦案例分析

梦境对话	解析
来访者：我最近做了一个梦，有一个星期左右，我都梦到自己站在一个无边无际的田野里，周围是一片平地，光秃秃的什么都没有，像一片刚被开垦的土地。我一个人站在那里，有一点点害怕，看不到边际。我拼命跑，但是跑不出来。我平时做梦很少有害怕的感觉，但在这个梦里，我看不到人，也看不到边，觉得很害怕。我不知道是什么意思。	这是一个惧梦，这是显意。你一个人身处一片空旷当中，有一种凄凉的感觉。我们首先来界定是什么梦，这不是正梦、喜梦，是担心、焦虑的梦。显意看得很清楚。从精神分析的角度来看，梦具有象征意义，这个梦是你生活的投射，是潜意识的释放，是在你的生活当中发生了什么事情让你感到有压力了。
岳晓东：那你现在有什么感觉呢？ 来访者：工作各方面的压力很大。	梦是有象征意义的，做梦肯定有隐意。从梦的表现来看，你的梦是孤独的，是你压力大，还是什么？到底是工作上的压力，还是做事时很孤独，大家不理解，或者是婚姻、友谊的状态使你感到被遗弃、被否定？白天时感到不安全、气馁、无助，则会产生焦虑和孤独感。
来访者：最近工作压力大，自己又在创业，我想是害怕的梦。我想知道我害怕什么。 岳晓东：释梦需要互动。你创业遇到压力，情感也遇到挫折，处于人生的低谷状态，所以会焦虑。现在想问你一个问题，人有各种各样的焦虑，你觉得自己为什么会梦到荒郊野岭？ 来访者：我也不知道。	引导来访者挖掘问题。

梦境对话	解析
岳晓东：其实显意很明显。害怕可以用各种各样的方法来表现，可以是在黑房子里，可以是在森林里……在成长的过程当中，你是不是有过在空旷环境中的体验？ 来访者：我老家在乡下，家的后面有一个空地，但是没有那么大，梦中看不到边际。 岳晓东：在你家后面有没有迷路过，或者碰到过让你紧张、焦虑的事情？ 来访者：很小的时候发生过一次。那时候上小学二三年级，晚上一个人走那条路，本来只要走十几分钟的路，后来却走了两三个小时。山上有很多坟。还有一个梦，希望您也能帮我解释一下。有的人是不是潜意识特别强烈？我以前特别明显，做了什么梦就会发生什么事。现在年纪大了，我梦见亲人病了，结果打电话问，亲人确实在医院。有时候，做梦逛商场看到一些东西，白天去商场的时候确实就能看到这些东西。	第一次梦到在荒郊野岭跑，是这个场景在你以前的记忆中被忽略了，我觉得这是你对小学经历的重新体验。这段经历好像是被放在一个大的仓库当中，但是并没有被遗忘，当你遇到同样的经历时，记忆会被重新找回来。这段经历有自我强化性，当你不断焦虑、紧张的时候还会不断地出现同样的场景，它就会循环出现。

点评：

来访者梦到什么，现实生活中就发生什么，这属于统计概率的问题。从精神分析科学的角度来看，来访者梦见谁病了，是因为他对那人担心、焦虑。这需要分析是对方先病了，再梦见，还是先梦见，后病了。如果来访者做十件事情，十件事情都发生，这说明来访者真的有这种能力；但如果只有两三件事情发生，这属于偶然。来访者的梦境是不是真的发生，需要抱着科学的态度来探究。

第二单元　欧洲历史上的释梦观

一、学习目标

了解欧洲历史上的释梦观。

二、基本概念

（一）欧洲人的释梦技术

欧洲人的释梦观，就是从梦的元素和情境中发现潜藏在梦背后的观念，即梦者的潜意识。在这里，意识就是梦的元素本身以及由此联想而得到的代替观念，而潜意识即潜藏在梦背后的观念。梦的元素（组成成分）本身并不是梦的原本对象或原有思想，而是梦者所没有意识到的某事某物的替代。

欧洲历史上的释梦方法就是利用这些元素的自由联想，使代替它的事物能进入意识之内，由未意识变成意识到，这就使潜意识层面调到意识层面，成为有意识的观念，然后再从这些观念推知有哪些隐藏在背后的原来的潜意识观念。这些思路与中国古代的释梦方法有异曲同工之妙。

下面我们来看看欧洲两种释梦方法的定义与案例（表 12-1）。

表 12-1 欧洲历史上释梦法的定义与案例

释梦法	定义	事例
符号法释梦	不是将整个梦作为一个整体来研究，而是以另一内容来取代或从某些现象来看，利用了“相似”原则。	《圣经》中，约瑟夫对法老的梦的解释，就是一个典型的例证。“先出现七头健壮的牛，后来又出现七头瘦弱的牛把前七头健壮的牛吃掉”，这被解释为暗示着“埃及将有七个灾年，并且这七年将会把过去丰收七年的储藏全部耗掉”。
密码法释梦	把梦看成一种密码。每一个符号，都可以用另一个具有确切意义的内容来解释。	我梦到一封“信”和一个“丧礼”等，我便查那“释梦天书”，于是我发现“信”是“懊悔”的代号，而“丧礼”是“订婚”。

（二）偶发性象征与普遍性象征

梦是无意识的象征性语言，这种象征通常以图像化的“素材”和“场景”呈现，但就象征本身而言，并不具备单一的意义，只能根据梦境的具体需要来确

图 12-1　艾瑞克·弗洛姆[1]

定。艾瑞克·弗洛姆把象征定义为“代表他物的某物”。对梦中出现的各种象征的理解是准确释梦的关键。因此，我们首先要注意区分梦中两种不同的象征类型，即“偶发性象征”和“普遍性象征”。

偶发性象征，是一种在象征与所代表的某物之间没有内在联系而只具有某种偶然联系的象征，这种偶然联系往往只有梦者本人才能理解，它与梦者本人的生活事件有直接的关系。例如，某人在某个城市曾经有过一段非常恐惧和沮丧的经历，以至于在以后的日子里他听到这个城市的名字就会与恐惧的情绪联系在一起，如同他把自己快乐的情绪和另一个让他经历快乐的城市的名字联系在一起一样。[1]

例如，有一位女性反复梦到自己家乡河岸边的沙滩地，并在恐惧中惊醒。梦中的“沙滩地”就是一个偶发性象征，这是因为在她 5 岁时，有一个男孩曾在沙滩地对她实施了性侵犯。因而梦中的“沙滩地”已不是沙滩地，而是“被侵犯的屈辱、恐惧、愤怒情绪”与“因不被保护而对父亲产生的怨恨”的象征。这是情结的表现，外人如果不经探索则无法发现。

由此，在特定背景下，象征与所代表的东西（意义）之间具有普遍的内在关联，这种关联深深地根植于人的情绪与情感体验中，并在潜移默化中影响着一个人的行为。例如，梦中出现的蛇、太阳、水、火、河流、桥梁与道路、房屋、车、人们熟知的各种动物、生活中人类共有的某些物品如电视机等，这些象征的心理意义不仅容易理解，而且不同的人对其意义的联想内容也基本相同。例如，河常在梦中出现，人们会感觉被水面隔离，不能到达彼岸。所以，每当人们遇到人际冲突或被误解时，就有可能梦见在河边，因为水意味着隔阂与距离。

1　艾瑞克·弗洛姆（Erich Fromm，1900—1980），美籍德国犹太人。人本主义哲学家和精神分析心理学家。

＞咨询师宝典秘籍谈 24 释梦探究的注意事项

探究梦的生成环境：了解梦是怎样生成的。

探究梦的重复元素：了解梦是在什么情况下重复出现的。

探究梦的移置元素：了解梦的显意在元素背后的隐含意义。

探究梦的积极意象：了解梦的积极元素和意象。

岳晓东寄语：

释梦的终极目的，是发现潜藏在梦背后的积极意象。

三、相关知识：中国古代梦的分类

我国的古人很早就发现，人的梦是有巨大的差异的。关尹子[1]就说："天下之人，盖不可以兆计。人人之梦各异，夜夜之梦各异。"同时，我们的古人也认识到，这些人人各异、夜夜各异的梦又可以根据一定的标准划归为一定类型。从现有的资料来看，中国古代最早对梦进行类型划分的是列子[2]、王充[3]、王符[4]。

王充将人的梦划分为直梦和征兆梦。就现有资料来看，对梦划分得最详细的是王符。王符在《梦列》中把梦分为 10 种。他说："凡梦，有直有象，有精有想，有人有感，有时有反，有病有性。"这 10 种梦实际上是交替运用两个标准来划分的：一是按照梦的原因，如精梦、想梦、感梦、时梦、病梦；二是按照梦的应验情况，如直梦、象梦、人梦、反梦、性梦。

特别值得说明的是，列子是最早研究梦的人，比弗洛伊德早了 2000 多年。列子将人的梦划分为正梦、噩梦、思梦、寤梦、喜梦、惧梦 6 种（表 12-2）。

---

1 关尹子：先秦天下十豪之一，周朝大夫、大将军、哲学家、教育家。

2 列子：战国早期道家代表人物之一，道家学派的先驱者。

3 王充：字仲任，今浙江人，东汉唯物主义哲学家。

4 王符：东汉思想家、哲学家。

表 12–2　列子对梦的分类

做梦类型	解析	举例
正梦	平居做梦	梦到平时生活中的平常事。
噩梦	惊愕而梦	梦到从高处坠落，但始终是还没落到地面就已惊醒。
思梦	思念而梦	十年生死两茫茫。不思量，自难忘。千里孤坟，无处话凄凉。纵使相逢应不识，尘满面，鬓如霜。夜来幽梦忽还乡，小轩窗，正梳妆。相顾无言，惟有泪千行。料得年年肠断处，明月夜，短松冈。
寤梦	悟道而梦	1865 年，德国的化学家凯库莱坐在颠簸的马车上打瞌睡，梦中揭示了苯的分子结构之谜。
喜梦	喜悦而梦	在梦中，淳于尊到了大槐安国，正赶上京城会试，他报名入场，三场结束，诗文写得十分顺手，发榜时，他高中第一名。
惧梦	恐怖而梦	总是梦见自己被人追杀，想跑却跑不动。但总是能像电影里的正面人物一样，甩掉他们或是打跑他们，最后自己很累。

在生活当中发生频率最高的是正梦、噩梦和惧梦。惧梦就是让人恐惧。列子说得很清楚，有些梦可以做，有些做不了。同时，列子又将梦做了如下归因（表 12–3）：

表 12–3　列子对梦的归因

做梦成因	梦境
阴气盛时	会梦见徒步过大海
阳气盛时	会梦见徒步过大火而被燔烧
阴阳气都很盛时	会梦到杀生
肚子饿时	会梦到向人求取
虚火上浮时	会梦见自己飞扬腾空
沉重湿气生病时	会梦到溺水
睡觉时缠着带子	会梦到蛇
哭泣以后	会梦见歌舞

第二节　精神分析理论的释梦观

第一单元　弗洛伊德的释梦观

一、学习目标

了解弗洛伊德的释梦观基本原理。

二、基本概念

（一）弗洛伊德对梦境的理解

如前所述，弗洛伊德主张人的精神活动的能量来源于本能（力比多），人类最基本的本能有两类，即生存本能和死亡本能或攻击本能。其中生存本能包括性欲本能与求生本能，目的是保持种族的繁衍与个体的生存。弗洛伊德是个“泛性论”者，在他的眼里，广义的性欲，是指人们追求快乐的一切欲望，性本能冲动是人一切心理活动的内在动力，当这种能量积聚到一定程度就会造成机体的紧张，机体就要寻求途径释放能量。

在弗洛伊德所提出的力比多中，有两种“不正常”的运动，其中一种就是压抑。所谓压抑，指的就是对本能的冲动，有另一种力量在压制它，不让它自由地释放。压抑的作用犹如大坝，它把力比多的水流堵截了起来。例如，明明喜欢一个美女却装作不爱理她，明明讨厌一个老板却装成很尊敬他的样子，明明是生气了却故意装作无所谓，这些都是压抑或反向作用的表现。

所以在弗洛伊德看来，梦是潜意识内容和冲动的反映，或者说是没有满足的欲望、愿望的替代性满足。所以梦更多的是反映了梦者心里底层或被压抑的情绪，如果咨询师和来访者为了达到共同体验和分析这种被压抑的情绪的目的，那么他们一定要赋予这种情绪一个或几个意义，用语言故事的形式来交流和认同——通过认同梦的故事来理解和认同故事背后的情绪和动机。所以，说什么样的故事不太重要，重要的是故事背后所反映的东西。

荣格对性压抑举过一个精彩的例子。他发现在有的原始社会部落中，人们在舂米的时候，一面舂米，一面唱着色情的歌谣，歌词大意是把手里舂米用的木棒说成是男性生殖器，而把凹进去的臼说成是女性的生殖器，表达了部落中人们平常羞于表达的性。

弗洛伊德在与许多精神病人的接触中，发现这些病人的精神病都同梦有关系。在给病人治疗时，大多数病人都谈到了梦（表 12-4）。

表 12-4　弗洛伊德的释梦观

	理论要点	简单定义	典型事例
梦境分析	显梦分析	说出来的未经分析的梦，指梦的表象分析。再联想实际，分析梦的隐含意义	分析梦见自己被人追赶、迷路、掉进了深渊等是惧梦
	隐梦分析	对梦里的图像化的“素材”和“场景”进行分析，象征本身并不具备单一的意义，具有偶发性和普遍性	对惧梦的情景与现实的关系做深入剖析，以发现其内在关联
	象征意义分析	利用相关元素自由联想，使代替它的事物能进入意识之内，使潜意识层面调到意识层面，成为有意识的观念	对梦中的深渊、山洞做深入的意象分析，探知其特殊含义

（二）弗洛伊德对梦境的分类

弗洛伊德认为，人不停地产生着愿望和欲望，这些愿望和欲望在梦中通过各种伪装和变形表现释放出来，这样才不会闯入人的意识，把人弄醒。也就是说，梦能够帮助人排除意识体系无法接受的那些愿望和欲望，是保护睡眠的卫士。

从人的本能角度推断来说，应该承认，梦一定有某种意义，就算是一种晦涩的“隐意”在取代某种思想的过程，也有其意义存在。所以，只要我们能正确找出这种“取代物”，就能正确地解释梦的“隐意”了。

——弗洛伊德

弗洛伊德在分析时，把梦分为显梦和隐梦。对梦的解释并不是对梦的表面内容进行解释，而是探查梦里所隐藏的潜在内容。

弗洛伊德说：“我们必须假设每个人在其心灵内均有两种心理步骤：第一个

步骤是在梦中表现出愿望的内容；第二个步骤则扮演着检察官的角色，它促成了梦的伪装变形。凡能为我们所意识到的，必须通过第二个步骤的认可，否则，第一心理步骤的材料是无法通过第二关的，无法为意识所接受，它必须由第二关加以各种变形到它满意的地步。”

由此看来，显梦是指说出来的未经分析的梦，而隐梦是指其背后隐含的意义再加以分析和联想。梦的显意是隐意的一部分。这一部分从梦的潜意识里闯入梦中，成为梦的片段或暗喻。释梦，就是要整理它们，并追寻潜意识中那部分意义，从而使片段或暗喻成为完整的文本。显梦和隐梦好像猜谜语一样，谜面是显梦，谜底是隐梦。释梦就是要猜破谜底，谜面只提供线索。如果把显梦和隐梦对照着进行研究，就不难发现梦仍是愿望的变形满足。

下面我们通过几个梦境来看看弗洛伊德是如何解释显梦与隐梦的（表 12-5）。

表 12-5 弗洛伊德关于显梦与隐梦的解释

梦境	显梦	隐梦
一个女人说自己在儿时总是梦见上帝头上戴着一顶尖尖的帽子。	这个女人想掌控别人。	女人说自己是小女孩时，常在吃饭时戴上帽子。因为她想偷看兄弟姐妹盘中的食物是否比她的多。梦中的帽子显然有遮盖的作用。
一个男人梦见他的兄弟手中拿着竹节。	这个男人想到了中秋节。	他的兄弟正在节省开支。在这个梦里是用一个事物来暗示其他的东西。
一个肥胖的女人告诉弗洛伊德：“我梦见我想请客人在家中吃晚饭，但手头有些拮据。我想去采购，但这天所有商店都关门了。我想再打电话给餐馆，偏偏电话线又断了，因此只好死了这条心。”这位病人做梦前一天曾去拜访她丈夫经常称赞的一位丰满美貌的女友，这使她对这位女友有些妒意。这次她发现这位女友瘦多了。女友告诉她，她恨不得长胖些，并问：“你什么时候能再邀我吃饭呢？你做菜那么好吃。”	这个女人请人吃饭的愿望没有满足。	不想请客吃饭才是这位女人的真正愿望。因为请女友吃饭，会让她丈夫更喜欢丰满美貌的女性，所以请女友吃饭自然令她感到焦虑。

（三）弗洛伊德对梦境与性关系的探讨

弗洛伊德认为，梦中大多数事物都是性的象征。从这些象征作用可以得出四个结论：

1. 梦者对于某种象征并不知道，在清醒时，根本不知道是什么意思。这说明梦者所有关于象征的知识是潜意识的，是依附于他的潜意识的心理活动。

2. 这些象征的关系并不是梦所特有的，而是散见于文化生活和日常生活之中的。梦的象征只占一小部分。

3. 象征和性有着特殊的关系，因为动物在进化过程中，最早是通过声音来召唤异性的。因此，言语的最初功能本属于性，而梦原本保留着原始情形的一部分，所以梦会有很多性的象征。

4. 象征作用是梦的化装的一个独立因素。它与检查作用都使梦变得奇异难解。

由此，在弗洛伊德的分析中，女性生殖器一般以一切有空间性和容纳性的事务为象征。妇人的象征则为各种物质，如木头、木材、各种原料、纸张及其制品，如桌子、书本等。在动物界里，蜗牛及蚌无疑可视为女性的象征。此外，教堂、小礼拜堂、市镇、城墙、城堡、炮台等也都为女性的象征。

三、相关知识：蛇的意象分析

蛇，有什么象征意义呢？弗洛伊德认为，鱼类及蛇类都是男性的象征，特别是男性生殖器，从形状上看也的确相像。

一位女士曾做过这样一个梦："我梦见走进一座房子，这座房子的顶和壁都是玻璃的，像个花房似的。房子中间有一条大蛇，被扣在盆子里，好像上面有一个玻璃罩子。蛇在用力动，我很害怕它会冲出来。"这个梦反映了女性经常会有的担心，担心因避孕套破裂而意外怀孕。

这是因为蛇是男性象征，玻璃罩和玻璃房象征着避孕套，房子同时又是女性的性象征。

此外，毒蛇往往象征着有害的性，例如被强奸。但是毒蛇或蛇也可以表示与性无关的毒害、伤害，表示憎恨、仇怨等。例如，有人梦见自己和一个名人在一起，发现从地下冒出了许多毒蛇要咬他们。那个名人跳起来避开了，而他却跳不起来。经分析，蛇表示别人对梦者的嫉妒。他认为，如果自己是个名人，就可以不被嫉妒或者让嫉妒者“咬不着”，但是作为无名小辈则无法避免嫉妒者的伤害。某人梦见自己被一条小白蛇咬了一口，经分析，这表示他被一个穿白衬衫的同学伤害了，蛇表示他对那个同学的仇视，又表示那个同学对他的憎恨。

蛇，还代表着邪恶、狡诈、欺骗以及诱惑。这与许多神话和民间传说中的蛇的形象相同。在《圣经》中，就是蛇诱惑夏娃吃禁果的。蛇往往被看成地狱中的动物、魔鬼的使者。它把人拖向黑暗、堕落和邪恶，而它采用的手段主要是诱惑。民间传说，蛇吃青蛙不是主动捕捉，一旦蛇发现青蛙，就用眼睛盯着它。而这时的青蛙就像被催眠了一样，会一步步自己跳进蛇的嘴里。

在人们心目中，蛇正代表了这样一种催眠性的诱惑力量。因此，当人们发现某个人有诱惑力且很邪恶时，就会称之为“毒蛇”。如果这个诱惑者是个女人，则称之为“美女蛇”。由此，梦中的蛇也许象征着邪恶、狡诈、欺骗、诱惑等。

拓展阅读 12–2　一个离婚女人的梦境[1]

我今年 48 岁，3 年前离婚，与女儿一起生活。去年女儿结婚了，剩下我一个人。这些日子，不知道是怎么回事，老梦见和前夫在一起，说出来怪难为情的，情节都连不上，一会儿在这儿，一会儿在那儿，稀奇古怪的。醒来一回味，还挺温馨。

我生在乌苏里江边，“文革”时期知青到我们农场插队，就认识了我家那口子。好了 4 年，就结婚了。一直到 1988 年返城，我俩的感情还都特好。他把我的户口办到北京，到今天，12 年了。我家那口子跟一群哥们儿经商，有了点小钱，开始不着家了，也不愿意和我说话。人家在外边早发展了个小情人，比我小 8 岁，确实比我年轻漂亮，保养得好，也会来事儿，会讨他妈欢心。还是他妈从中牵的线，可能他妈一直就看不上从农村来的我……这些都不说了。我现在只关

1　阳辉编著：《单亲家庭：现代生活新热点》，中国纺织出版社，2001。

心那些怪梦是怎么回事。

那些梦，我以前连想都不敢想，更没有做过。

第一次做那种梦，把我吓醒了。我梦到在深蓝色的月夜，海边高大的椰树下，白白的沙滩，软软的。老公搂着我，尽讲些坏故事……

后来隔三岔五会梦到我俩来到一个山顶，风和日丽，野草有一人多高，一点声音都没有。我俩坐下来，一边欣赏绿油油的草地和蓝蒙蒙的远山，一边相互依偎着，含情脉脉地对视。前夫深情地亲我，抚摩我，让我感到一阵阵激动以至眩晕……

我还会梦到前夫带我去参加一个新年狂欢会，身边都是外国人。

这种梦我最近每个月都会做个两三回。在这种梦里，我居然会达到高潮。醒过来，有几回全身湿透，枕头上全是汗水。我从来不知道做梦可以这么舒坦，醒了以后，真不想起床，打心眼儿里发软，哪怕睁着眼睛回味一遍，都特舒坦。难怪有人赖床……

第二单元　弗洛伊德的释梦方法

一、学习目标

了解弗洛伊德的释梦方法。

二、基本概念

（一）弗洛伊德的梦境生成理论

弗洛伊德认为，成人的梦大多是象征的、经过化装的，其意义在于逃避超我的压制。由此，梦中的景象全都是梦的化装，而不是梦的真面目。具体地说，梦的化装被称为“梦的显意”，而潜藏在梦的意象、情景后面的真实欲望才是“梦的隐意”。换言之，把梦的隐意化装成显相是“梦的工作”，而从梦的显相中寻找出梦的隐意才是“梦的解析”。隐梦变作显梦的过程叫梦的工作，反过来说，释梦就是由显梦推知、回溯到隐梦的历程。

弗洛伊德还进一步提出，梦的生成过程有四道工序，即凝缩（condensation）、移置（displacement）、意象化（symbolization）和润饰（secondary elaboration）。其中凝缩是将某种隐意通过特定的象征暗示出来；移置是指通过意象材料的删略、变更或重新组合，用无关的或不重要的情景替代隐意；意象化是指把抽象的观念和欲望演绎成具体可见的视觉形象；润饰是指通过修饰、润色，使混乱的、不够一致的材料进一步条理化，形成连贯的情节。四道工序详见表 12-6。

表 12-6　梦的生成

方法	描述	举例
凝缩	凝缩即显梦的内容比较简单，好像是梦的隐意的一种压缩体似的。凝缩的表现形式可以分为三种：某种隐意的成分完全消失；隐梦的许多情结中，只有一个片段侵入显梦之内；某些不同的隐含成分在显梦中混为一体	一个混合而成的人的形象，样貌像甲、衣服像乙，职业又像丙，但是你始终知道他是丁
移置	移置作用有两种方式：一是一个隐含的元素不以自己的一部分为代表，而以无关系的其他事项替代；二是其重点元素由一重要的元素，移置到另一个不重要的元素之上，梦的重心移置了，于是梦就呈现出一种异样的形态	一个人总是梦见考试，这是因为考试象征着焦虑和不自信。所以，一旦有工作压力，就会做考试的梦
意象化	为了表示某种隐秘意念，在梦中这种思想观念往往以视像方式表示出来，如破坏婚约的观念变成了断臂或断腿	一个人梦见自己在牢房里，这是因为他不愿出门或与人打交道
润饰	梦的材料中有时各种元素是片段的，不是相互连贯的。润饰就是把琐碎、混乱的片段串通起来，使梦顺利地进行下去	一个人梦见自己在不同场合被人追赶

（二）弗洛伊德的梦境投射理论

弗洛伊德还认为，所有的梦都是一种对现实的投射。

这是因为梦是人类最普遍的精神现象，也是人压抑在内心深处的最普遍、最重要的意识活动。由此，所有的梦都是一种对于现实的投射，当这种投射是正面形式时，梦会与“欲望”有关；当这种投射是负面形式时，梦则与“焦虑”有关。

弗洛伊德在1897年就开始分析自己的梦，并发现梦中经常出现很多幼儿时期早已被遗忘的经历。他认为，梦既不是神秘的超自然力量的表现，也不是毫无意义的、反常的精神现象，而是一种与实际生活相关的潜意识的表现形式。

比如，一个3岁多一点的小男孩看到父亲从前线归来时并不激动。有一天早晨，他醒来后带着不安的神色问：“为什么昨晚我梦见父亲用盘子托着他的头？”这样一个看似恐怖血腥的梦，其实是做梦人内心深处强烈潜意识的表达。原来，这个小男孩怀有严重的恋母情结，他认为父亲是他与母亲之间的“第三者”，应当远远地走掉永不出现。但这种想法在清醒状态下必然受到父母双方的严厉“镇压”，因此只有在不受制约的梦境中才能以“死亡”的形式表现出来。

人有各种欲望，在生活中也有许多愉快或痛苦的经验。这些愿望和情绪有些可以通过有意识的活动表现出来，有些则被压抑在内心深处，逐渐成为潜意识。而睡眠状态中，“有意识”的思维活动会有所减弱，潜意识的愿望就乘机表现出来。而释梦就是要发掘梦境背后的“潜意识”。

总之，释梦的过程就是剥去梦的伪装形式，挖掘梦的象征隐意，借以洞悉人的心灵世界。弗洛伊德还以梦的工作方式来解释文艺创作过程，用梦的解析方法来破译文本形式背后的深层意蕴，分析其中隐藏的艺术家的无意识动机。

（三）弗洛伊德的释梦三原则

弗洛伊德在《释梦》第一版的序言中写道：“凡不能解释梦意象来源的医生，都不能指望对恐惧症、强迫症或妄想症有所了解，自然也谈不上对它们施加影响了。”弗洛伊德认为，梦可分为愿望梦、焦虑梦和惩罚梦，其本质都是愿望的满足。梦的材料主要来自以下几个方面：

1. 做梦前一天的残念，如白天发生的一些事情；

2. 睡眠中躯体方面的刺激，如睡眠时身体受压、着凉等；

3. 幼年经验，如儿时的一些喜悦和恐怖场面；

4. 人类历史经验的累积，如对黑夜的恐惧。

由此，一个梦需要材料与被压抑的欲望相结合才能形成。弗洛伊德把它称为力比多，主要包括死亡本能、生存本能等。弗洛伊德认为，梦的内容结构分为显梦和隐梦两个层面，通过稽查作用和梦的伪装，隐藏的愿望才能进入意识组成显梦。梦是被压抑的欲望的变相满足。

这样，梦的动力是本我内在的冲动，本我、自我、超我的冲突：梦中的情感反应总是“真实”的，如果梦的情感反应与显梦内容不协调，说明其形成时发生了转化和象征，而与隐梦一致。梦是通往无意识的捷径，通过释梦可使压抑的本能冲动意识化，有助于揭露病人症状的真实含义，破除阻抗，达到治愈。释梦的具体操作是治疗师利用患者对梦中原意的自由联想，揭示出隐梦的意义。

弗洛伊德认为：“梦不是一种躯体现象，而是一种心理现象。”他还指出梦是愿望的满足，其功能一方面是使由愿望冲动造成紧张的心理能量得以宣泄；另一方面，由于消除了心理刺激，睡眠能够连续下去。所以，他认为梦起到一种安全的作用，既满足人的愿望，又保护了睡眠。对于释梦，弗洛伊德提出了三大原则：

1. 开放性原则：表面的意义无论是合理的还是荒唐的，明确的还是模糊的，都不必追究。因为表面的意义不是所要探寻的潜意识思想。

2. 包容性原则：分析工作主要是随时唤起那些被各种元素替代的个体观念，至于这些观念表面上是否合理，可不必追究。

3. 等待性原则：要耐心等待那些隐藏的潜意识思想逐步清晰地显现出来。

总之，弗洛伊德坚信释梦的因果法则，即人的精神活动是有规律的，无论是意识活动还是潜意识活动，都遵循一定的因果规律发展变化。梦表面上极其紊乱怪诞，但同样是有规律的活动，任何梦都有其意义和价值。咨询师通过对梦转化机制的分析，揭开显梦所蕴含的潜在意义，找出来访者的内心冲突及情结所在，从而加速对来访者的心理治疗（表 12–7）。

表 12–7　弗洛伊德分析梦的治疗作用

梦的作用	具体内容
检查作用	在梦中，自我的检查仍然在发挥作用，所以，梦中所表达的潜意识，要经过伪装才能通过检查，以最终呈现于梦中
凝聚作用	梦的内容大多是一个压缩或者简化的版本，凝聚着丰富的隐含内容。梦的凝聚作用，也可以表现为现实生活中几个人的特征，在梦中凝聚到了一个人身上
移置作用	梦中的“替代物”或位置的移换以及相类似的暗喻等，都是移置作用的表现。因此，类似“双关语”的作用或启示，更加蕴含了其背后所包含的深刻寓意
象征作用	梦的元素本身就是梦的深层次象征，梦的象征作用也就可以说明梦的元素与梦的解释之间所存在的固定关系

案例 12–2　弗洛伊德释梦观案例解析

这个梦重复出现过四五次：我爸爸被敌人追捕，我和妈妈要到寺庙里避难。寺庙在一条大河的另一边，河上有一座优雅的竹桥。我和妈妈在竹桥上与爸爸告别，敌人也在桥上拉扯爸爸。我只想快快和妈妈下桥，而爸爸注定是要被敌人带走的。下了桥就是极乐世界了，没有纷争，只有安宁。

梦的背景材料：

女梦者：我 21 岁，要读大四了，跟爸爸妈妈关系都很好。爸爸很疼我，妈妈是我的朋友。爸爸不爱说话，妈妈这几年有点歇斯底里，但可能是更年期的症状。家庭条件一直不错。我爸爸是大学文凭，妈妈是中专文凭。我梦里的那座桥很优雅，配在那个情景里，像一幅山水写意画。河那边的寺庙很古朴，很有感召力。寺庙后面还有山，朦胧又连绵起伏的山。敌人至少有两三个吧，并不是太凶。旅游的时候去过不少寺庙，它们让我感到心里很安静，并没有产生其他的想法。在那个梦里我能感觉到，到了桥的那一边，就是我的归宿了。但有一次还梦到我是要到那里暂时当尼姑，躲开这一段时间，等爸爸回来好团聚。我有过几次遇到流氓的经历，这其实让我对男性觉得有些厌恶。我的恋父情结确实挺重的。我找的男朋友是我崇拜的对象，可后来我发现我们性格上有那么多不协调的地方。每次妈妈歇斯底里地发泄的时候，我和爸爸虽然不说话，但内心必定是相互同情的，因此虽然没有过沟通，但我和爸爸的感情是异常深厚的。我小时候得过严重的气管炎，吃药吃得肾都不好了。

小结：岳晓东论释梦

梦，是人类最普遍的精神现象，也是压抑在人的内心深处的潜意识活动的最普遍、最重要的表现。

梦，是人某种愿望的达成表现，也是清醒状态精神活动的一种延续。

梦的显意是隐意的一部分，这一部分从梦的潜意识闯入梦中，成为梦的片段或暗喻。

梦像一本小说有 1—9 章，但是最后回想的时候只有第 9 章，前面的 8 章都想不起来。

释梦需要有互动。

释梦不应该谈梦的本身，不是梦见什么就会发生什么，这是不良的自我暗示。咨询师要做统计分析梦境成真的次数，有时候可能真的是偶然。

第 十 三 章

人本学派咨询技术

在我的早年实践中，我总是在问：我怎样才能治疗、治愈、改变我的来访者？现在我把这个问题改变为：我怎样才能构建一种关系，让我的来访者来寻求自我成长？

——罗杰斯

人本主义心理学于20世纪50年代在美国兴起，它既反对行为主义把人等同于动物，只研究人的行为，不关注人的本性，也批评精神分析理论只研究神经症和精神病患者，不研究正常人的心理，所以被称为心理学的第三种运动（the third force）。人本主义心理学还十分强调人的心理与人的本质的一致性，主张从人的本性来研究人的心理。在咨询实践中，人本学派的心理咨询强调咨询师要尊重来访者的个人价值和自我实现潜能，把来访者打造成英雄。在本章中，将介绍人本学派的来访者中心疗法和叙事疗法。

第一节 人本学派来访者中心疗法的概念介绍

第一单元 罗杰斯心理咨询的理念介绍

一、学习目标

了解来访者中心疗法的基本原理。

二、基本概念

（一）来访者中心疗法倡导的咨访关系

来访者中心疗法（client-centered therapy）也称为个人中心疗法（person-centered therapy），是20世纪60年代由人本主义心理学大师罗杰斯所倡导的，它主张每个来访者都有奋发向上、自我肯定的成长潜力，在很大程度上都能理解自己并解决自己的问题，无须咨询师进行直接干预。所以咨询师的角色是引导来访者成长，而非主导来访者成长。

罗杰斯曾言："在我的早年实践中，我总是在问我怎样才能治疗、治愈、改变我的来访者？现在我把这个问题改变为我怎样才能构建一种关系，让我的来访者来寻求自我成长？"[1]在此基础上，罗杰斯曾倡导咨询师在咨访关系中要做好以下三项任务：去权威化、去说教化、去指导化。下面将详细描述。

1. 咨询去权威化

去权威化是人本流派心理咨询的主旨，心理咨询大师罗杰斯、格拉泽等人都强调咨访关系应该是平等关系，而不是权威关系。所谓咨询师去权威化，就是咨询师在与来访者的对话中，不是以专家权威的姿态而是以同侪的姿态出现，与来访者平等对话，共同思考，借以强化来访者的自尊自信。

2. 咨询去说教化

去说教化也是人本流派心理咨询的主旨，心理咨询大师罗杰斯就特别强调，在咨询中，咨询师不要扮演来访者决策的主导者，而是辅导者。所谓咨询去说教化，就是咨询师在与来访者的对话中，不去说教、劝说来访者什么是正确的，什么是不正确的，而是一起思考、共同判断，借以强化来访者的自我效能感。

3. 咨询去指导化

去指导化也是人本流派心理咨询的主旨，心理咨询大师罗杰斯曾强调，在咨询中，咨询师不要替来访者决策，而要帮来访者决策。所谓咨询去指导化，就是咨询师在与来访者的对话中，不去指导、指令来访者该做什么、不该做什么，而是一起思考、共同决策，借以强化来访者的自立性。

罗杰斯的咨访关系理念彻底改变了咨询师的权威角色，也大大拉近了与来访者的工作距离。简单来说，罗杰斯就是把病人当客人看，把指导变辅导，这极大地调动了来访者在咨询过程中的主观能动性，也激发了他们自立自强的决心。罗杰斯的人本主义理念还深刻影响了后来的"叙事疗法"（narrative

---

1　罗杰斯这句话的原文是：In my early professional years I was asking the question: How can I treat, or cure, or change this person? Now I would phrase the question in this way: How can I provide a relationship which this person may use for his own personal growth?

therapy）及“接纳—承诺疗法”（acceptance and commitment therapy）等疗法的理念。

（二）来访者中心疗法的咨询理念

自罗杰斯在20世纪40年代开创来访者中心疗法以来，它就在心理咨询界广受认可，一直风行到如今。在中心理念上，罗杰斯有如下主张：

1. 人都能自我向善

人都有能力发现自己的缺陷和不足，并加以改进。所以心理咨询的目的，不在于操纵一个人的外界环境或其消极被动的人格，而在于协助来访者自省自悟，充分发挥其潜能，进而达到自我实现。罗杰斯将此称为自我实现的趋向。

2. 人都有两个自我

人都有现实自我和理想自我，其中前者是个人在现实生活中获得的自我感觉，而后者是个人对“应当是”或“必须是”等的自我概念。两者之间的冲突导致了人的心理失常。人在交往中获得的肯定越多，则其自我冲突越少，人格发展也越正常。罗杰斯将此称为自我一致性。

3. 人都渴望被接纳

咨询师要建立具有治疗作用的咨访关系，以真诚、尊重和理解为基本条件。罗杰斯认为，当这种关系存在时，个人对自我的治疗就会产生作用，而其在行为和人格上的积极变化也会随之出现。所以，心理咨询人员应该与来访者建立相互平等、相互尊重的关系。这样可使来访者处于主动的位置，学会独立决策。罗杰斯将此称为无条件地接纳。

4. 人都能自立自强

罗杰斯十分反对操纵或支配来访者，主张在谈话中采取不指责、不评论、不干涉的方式，鼓励来访者言尽其意、直抒己见，以创造一种充满真诚、温暖和信任的气氛，使来访者无忧无虑地放开自我。

总之，罗杰斯主张，来访者的自我概念与实在经验之间的不协调是心理失调产生的原因，个人为了保持自我对环境的适应，或为了符合别人的期望而否认和改变自己的价值观，这种改变就与自我的意愿发生了冲突。所以来访者中心疗法的目的在于重构个人在自我概念与实在经验之间的和谐，或达成人格的重建。

在咨询中，罗杰斯主张心理咨询要启发来访者主动思考，要相信来访者的自愈和自我康复能力，要在咨询中不断强化来访者的自助能力，使其充分发挥自我向善的潜能。

第二单元　来访者中心疗法的技巧介绍

一、学习目标

了解来访者中心疗法的操作技巧。

二、基本概念

（一）罗杰斯倡导的咨询技巧

在来访者中心疗法中，罗杰斯强调咨询师要自始至终贯彻三个原则：积极关注的原则、同感共情的原则和一致性的原则。同时，它们也是来访者中心疗法的操作技巧。

1. 积极关注

咨询师应以积极肯定的态度来看待来访者，对其言语和行为的积极面、光明面或长处都予以及时的关注和肯定，最终利用其自身的积极因素促成其自身的变化。在罗杰斯早期的文章中，他曾把它称为“无条件积极关注”。

罗杰斯强调，如果咨询师没有这样的信念，他就失去了帮助来访者成长的前提条件。咨询师对来访者的积极关注不仅有助于建立良好的咨询关系，也会强化来访者的自尊和自信。

2. 同感共情

咨询师应能深入来访者的心灵世界，具有情感对焦、思维并轨的能力。罗杰斯在各种论述中都始终对同感共情高度重视，他提出应用以下角度来培养咨询师的共情能力：①有能力与来访者全面沟通；②做出的回应都切合来访者想表达的意念；③平等地看待所有来访者；④能够了解来访者的内心感受；⑤设法掌握来访者的思路；⑥在语调上能体会来访者的内心感受。

在操作中，罗杰斯还十分强调沉默原则的运用，就是在来访者正在考虑想表达的念头或话语时，采取必要的沉默回应，以给对方足够的思考时间和空间。这种“此处无声胜有声”的做法会给来访者传递充分的共情和理解，令对方感到不被干扰。因此，沉默也是咨询师传递共情的有效方式。

总之，在罗杰斯看来，同感共情是学会设身处地地以另一个人的思想与情感去感受、体会周围的人和事物，它以真诚与平等待人为先决条件。

3. 一致性

咨询师应在来访者面前抱持真诚、开放的态度，并竭力在来访者面前表现得表里如一，恳切实在。咨询师是否把来访者当作一个值得坦诚相对的人来对待，对于咨询师获取其信任尤为重要，可谓建立和巩固咨访关系的关键。罗杰斯曾特别强调，咨询师要在来访者面前真诚地表现自己，既不故弄玄虚，也不装腔作势。由此，一致性最突出的特征为：咨询师给人真实的、真切的、真诚的感觉。

总之，人本主义流派的来访者中心疗法很强调给予来访者充分的积极关注和信任，并通过同感共情和真诚一致的表露来强化来访者自我改变的愿望和能力，从而达到咨询中的自我完善与自我实现。

＞咨询师宝典秘籍谈 25　卡尔·罗杰斯的共情表现

- 面目慈祥，令人倍感亲切。
- 话语精练，令人听得明白。
- 同感一步到位，令人感到温暖。
- 反馈及时无误，令人感到被理解。
- 亲切中有距离，令人感到肃然起敬。
- 沉默中有交流，令人感到温馨。

· 肯定但有所指，令人感到实事求是。
· 面质但不伤人，令人感到被尊重。

岳晓东寄语：
罗杰斯的咨询对话如行云流水，不断地给来访者自我醒悟的体验和快乐。

（二）伊根的积极关注技巧

积极关注是来访者中心疗法的重要技巧，其表现不仅是在言语上的交流，也是在体语上的交流。这包括坐姿与角度，面部表情，动作频率，声音特点，手脚活动，目光接触等。在这当中，咨询师可参考美国著名心理咨询专家伊根的SOLER贯注技巧（表13-1）。

表13-1　伊根SOLER贯注技巧

英文表述	中文翻译	具体说明
sit squarely	呈直角入座	采取这个坐姿可以让来访者感觉到你很关注他。谈话时，如果你的身体远离对方，将会使来访者觉得你并没有融入谈话
open	姿势开放	腿的交叉和手臂的交叉要特别注意，因为它会提示你并不很关注来访者和他所说的话
lean forward	略微前倾	身体前倾代表你对对方很感兴趣，而后倾则代表相反的意思，表明你很厌恶对方，不愿意做听众
eye contact	目光接触	目光接触表明你感兴趣，你很愿意听；如果盯着对方，则会使他觉得不舒服
relaxed	适当放松	姿态放松会让来访者感到惬意

总之，来访者中心疗法是最早关注咨询中非言语交流的流派。伊根本人也是罗杰斯学派的大弟子，他倡导的SOLER贯注技巧旨在给来访者温暖、抱持的感

觉，令来访者十分享受整个咨询过程，也能使来访者在咨询中获得自我潜能的充分开发及自我的充分整合。

图 13-1 吉拉德 · 伊根

三、相关知识：态度一致化与言语一致化

态度一致化，是指咨询师要在来访者面前实话实说，真情表现，并不故弄玄虚，硬扮专家。在这当中，咨询师要学会用恰当的方式来表现自己的判断，让来访者知道你真正理解了他的语言。态度一致化的运用，在于防止让来访者有被欺骗、被愚弄、被利用的感觉。表 13-2 展示了一致化技巧的运用。

表 13-2 态度一致化的运用

技巧表现	特点描述	事例说明
实话实说法	对来访者提出的难题，咨询师真实地说明自己的实际能力，不硬扮专家	对不起，婚姻咨询不是我的专长，如果你需要，我可以为你做转介
坦白交代法	对来访者可能出现的疑惑，咨询师做出公正的说明，不隐瞒事实	我们公司要求您接受咨询前先付费 × × 元，这是公司的规定
换位思维法	对来访者表现出的移情反应，咨询师给予同感共情的理解	把我自己放在你的境地，我想我也会有同样的疑惑和担心

言语一致化，就是指咨询师要善于捕捉来访者的言语和关键词，学会用他的语言模式来描述眼下的事情。在这当中，咨询师要学会用来访者的口吻说出自己想说的意念，以最大限度实现与来访者的同感共情。表 13-3 展示了言语一致化的运用。

表 13–3　言语一致化的运用

技巧表现	特点描述	事例说明
寻找关键词	寻找来访者话语的关键词	我发现你在说话中常用“无能为力”这个词，让人感觉你很无助
寻找常用语	寻找来访者话语的常用语	我发现你在说话中常说“我认命了”这句话，让人感觉你想放弃了

案例 13–1　我不知道为什么感到孤独

咨询对话	咨询技巧
岳晓东：欢迎你！	
来访者：老师您好！	
岳晓东：你是哪个系的学生啊？	
来访者：我是物理系的学生，现在读大二。	
岳晓东：今天你来找我，是想谈什么方面的问题呢？	
来访者：主要想向您咨询一下人际关系方面的问题。	
岳晓东：你具体指的是什么呢？	具体化技巧
来访者：因为我们还有一年就要毕业了，我感觉自己在人际交往方面的能力很薄弱。就是对人与人之间的交流等诸如此类的问题，我没有什么自信。	
岳晓东：哦，你能举几个具体的例子吗？	具体化技巧
来访者：比如说我们系的同学，我和他们很少讲话，他们也很少和我讲话，很少有人主动来和我讨论问题。	
岳晓东：所以你感到比较孤独。	同感共情回应
来访者：对啊，我感到比较孤独，而且在大家一起举行一些活动的时候，我总是觉得自己好像被孤立起来了。	
岳晓东：哦，你有这种感觉多久了？	
来访者：从大学二年级的时候开始的吧。	
岳晓东：那真是难为你了，为什么大学二年级开始有这种感觉呢？	同感共情回应
来访者：因为一年级的时候我刚进大学，对未来有憧憬，对各类活动都很积极地参加，应该说自己是比较活跃的。当时我对学习就比较放松，所以一年级的时候成绩不是很好。从第二学期开始我就努力学习，之后各种活动我就参加得少了，到二年级以后就更少了。现在学习比较自如了，我再想参加那些活动的时候，一些同学好像已经把我淡忘了的样子。	

咨询对话	咨询技巧
岳晓东：你有一种被拒之门外的感觉？ 来访者：对，是这样的。 岳晓东：这给你带来一种困惑、一种很不舒服的感觉？ 来访者：我就感觉自己和别人交往出了问题，而且我觉得现在仅仅是在学校里面，如果以后在社会上求职或者工作了，再不能做到人与人之间良好交流的话，肯定会被社会淘汰的。	同感回应
岳晓东：所以你担心你在人际交往上的孤独感和困惑会对你将来的求职和工作带来不好的影响。 来访者：是的。	解析型同感共情
岳晓东：那我想知道，虽然你说这种感觉是从大学二年级开始有的，那你以前有没有这种感觉呢？ 来访者：以前在中学里面没有，我感觉就是因为……应该说是距离产生美，同学之间只有上课的时候才能接触，或者只有下课的几分钟能够交流一些，比如聊足球赛、歌星之类的。交流这类事情的时候，觉得大家都有共同语言。现在我住在学校里面，人与人之间的接触非常多，尤其是在宿舍，从早上起床到晚上睡觉大家都在一起，就觉得没有什么话可讲了。	同感共情回应
岳晓东：哦，这很有意思，因为你刚才运用了很好的一个比喻，就是“距离产生美”。我的理解就是你觉得中学的时候没有这种障碍，因为你刚才讲了，中学时大家上课在一起，有的时候下课一起活动，不像现在大学大家朝夕相处，使你觉得和同学们接触起来对大家各个方面都看得很清楚，那就是说你对现在的同学有一种无所适从或者不能融洽相处的感觉。但我想知道，你跟同班或同室的同学是不是都有这样的感觉，还是对于某些人你能融洽相处，而某些人你不能融洽相处？ 来访者：我觉得对于一些性格比较开朗的同学，或者大家只是在一起玩，或者一起参加一些表面上接触比较多的活动时，应该说我们还是能够相处得挺融洽的。但是如果别人想和我深交，做知心朋友，我就觉得自己对他们有一种抗拒的感觉。 岳晓东：那好，这件事情我很感兴趣，为什么你和这些人走近了就有一种抗拒感，走远了反而有一种舒服感呢？	解析型同感共情 寻找关键词/ 言语一致化

点评：

在上述咨询对话中，我通过给予来访者充分的共情回应，与来访学生迅速建立信任和理解关系，也通过寻找关键词等技巧为咨询方向做了必要的探索，令学生愿意进一步袒露自我。

第三单元　叙事疗法的技巧介绍

一、学习目标

了解叙事疗法的基本概念和操作技巧。

二、基本概念

（一）叙事疗法的基本概念

叙事疗法由澳大利亚著名临床心理学家麦克·怀特及新西兰的大卫·爱普斯顿共同开创。他们以现代哲学为理论依据，认为无论事实真相如何，叙事才是“人们理解自我生活和经历的方式”。叙事疗法旨在帮助来访者从传统的故事中区分出自己的故事，进而重新建构个人的生活故事。它摆脱了传统上将人看作问题的治疗观念，而是通过“故事叙说”“问题外化”“由薄到厚”等方法，使人变得更自主、更有动力。其主要的理念有：

1. 问题才是问题，人不是问题

关注问题是怎样被描述的。在生活中，人们总是用外界获得的信息来构建认识。如果个人认知建构不合理，问题就会接踵而来。在心理咨询中，当来访者内化了不合理的价值观或是非观，对周围的人和事物的态度就会变得消极、偏颇，从而给个人成长带来负面影响。叙事疗法就是将人与问题分开，使得个人可以重新审视自己的问题或困境。

传统的心理治疗往往以一些既定的标准来评判来访者的问题呈现，这往往会导致来访者将问题内化或固化，给自己贴上“问题”的标签。叙事疗法就是要发现其中的谬误，给问题以新诠释。

2. 问题源自主控叙事与生活经验之间的冲突

叙事疗法认为，每个人都有自己的主控叙事。它是诠释个人生活意义的依据，也是指导个人生活方式的依据。叙事疗法的创始人怀特认为，真理都是个人建构的，也是个人自我认同内化的故事，个人认为可以的行为。人的生活经验非常复杂，主控叙事会有选择性地建构主流文化，在这一过程中有主动也有被动，而当个人的主控叙事与生活经验产生矛盾时，心理问题就会滋生。

3. 问题解决需要放下主流文化的量尺

叙事疗法的创始人麦克·怀特曾说："个人问题，在很大程度上是由主流文化的压制而形成的。"（如孩子必须上名校、考大学、挣大钱等），这种主流文化的压迫性忽略了个人生活的多样性和独特性，将原本丰富多彩的生活压缩为简单的"例行公事"，很多人就在这种极端压抑的氛围下滋生了各种各样的心理问题。如果能换一个评价角度来看问题，个人原来的挫败感和心理问题将不复存在。

4. 问题解决也要靠自己

叙事疗法主张，每个人都是自己的问题解决专家，即人的一生都是一路披荆斩棘过来的。这意味着每个人都一定有属于自己的支撑着自己成长的成功经验和资源，它们原本就蕴藏在人们的生活之中，积极地挖掘和调动这些经验和资源，就有可能使来访者继续披荆斩棘，创造不一样的生命故事。由此，每个人都是自己的问题解决专家，都是自我命运的主人。虽然对于眼下的问题还没有找到答案，但是慢慢地去找，一定会找到属于自己的答案和生命力量。

5. 问题解决中咨询师与来访者是合作伙伴

在传统的咨询访问关系中，咨询师是专家。这种态度会让来访者在咨询过程中滋生被动依赖的情绪，希望咨询师帮来访者解决所有问题。在叙事疗法中，咨询师与来访者的咨访关系是一种合作关系，并且坚信来访者是自己的问题解决专家，因为没有比来访者更了解自己人生故事的人，只有让来访者确认自己的专家地位，才能真正打开来访者自我成长的视窗。

（二）叙事疗法的操作技巧

叙事疗法在操作上有如下几个技巧：

1. 问题重新诠释技巧

就是让来访者讲述自己的生命故事，再通过咨询师的观察加以重新解读。来访者讲述其生命故事本身就具有宣泄作用，而重新诠释也会促进来访者去发现新的思考角度，新的故事意义，从而获得新的生命力量。简单地说，就是来访者讲述自己的故事，咨询师帮助来访者给故事以新的解读，来访者原来感觉自己的故事很悲惨，但经过咨询师的重新解读，来访者忽然发现自己的故事可以很精彩。咨询师可以通过问题重新诠释技巧，为来访者强烈意识到的故事加以“重新编排”，帮助来访者找到生命的力量。

2. 问题外化技巧

就是咨询师帮助来访者将自身的问题与人分开，把贴上标签的人还原，好让问题成为问题。也就是说，问题是环境变化造成的，不是来访者无法改变的。如果问题被看成和人是一体的，就会增加个人希望改变困境的难度。问题外化之后，问题与人分家，人的内在本质就会被重新看见与认可，转而有能力与能量去解决自己的问题。

3. 合作评估技巧

就是咨询师与来访者合作评估来访者的故事创作。一旦形成共识，问题也就有了解决方案。在合作评估中，咨访关系是平等的，这将有助于两者共同承担责任，避免相互指责等不利于问题解决的情况。而且，所有评估与治疗之间没有绝对界限。以合作叙事作为评估手段，可以大大调动来访者的参与意识和积极性。

叙事疗法与传统心理治疗最大的不同是，叙事疗法相信来访者才是自己的问题解决专家，咨询师只是陪伴者的角色，而当来访者对自己充满自信时，来访者就能看清解决问题的方法。

4. 独特结果技巧

就是咨询师帮助来访者根据需求更改自己原有的故事情节，并赋予它更积极的意义和解读。这不是简单的“积极思考”，而是让来访者学会怎样谱写积极的人生故事。这当中不限于某个故事情节的改写，而是基于多个潜在的故事情节，找出其中最有意义的故事情节。这就像阅读一本书，从一个角色切换到另一个角色，可以有多条故事线，直至找到独特的思路来改写故事。

总之，在叙事疗法中，咨询师帮助来访者不断总结、梳理有助于自身问题解决，让来访者由小到大，由薄到厚，在积累当中找出自我的能量。一般来说，如果来访者的人生经历大多是成功的经验，就会形成正向、积极的自我认同；如果大多是挫折的经验，就会形成负面、消极的自我认同。咨询师要努力在来访者身上找力量，把来访者打造成解决自身问题的英雄。

法国哲学家萨特曾言：“人类一直是一个说故事者，他总是活在自身与他人的故事中。他也总是透过这些故事来看待周围的事物，并且以好像在不断地重新诉说这些故事的方式生活下去。可以说，故事创造一种世界观，一种人生价值。”叙事疗法就是在寻找每个人故事中的乐观态度，及其乐观态度下的人生故事，最终把自己的人生谱写成一个传奇故事。

＞咨询师宝典秘籍谈 26　叙事疗法的四大提问法

1. 叙事重构性提问法

就是从另一个角度来重新讲述来访者的故事，可借此搜集到不同的信息，并促进来访者重新体验故事。常用的问句有：

· 你经历的困境，你的父母 / 妻子 / 丈夫 / 同事怎么看？

· 为了走出眼下的困境，你的亲朋好友会提出什么建议？

· 你觉得自己在化解当下困境中做得最好的是什么？

2. 叙事外化性提问法

就是把问题拟人化、物化，并把问题和人分开，让来访者尝试用另外的角度来看待问题。常用的语句有：

· 面对你的经历 / 困境，你还能做些什么？

· 在化解当前的困难 / 困境上，你已经尽力了。

· 你面临的困难 / 困境，不是自己造成的。

3. 叙事独特性提问法

就是寻找问题解决的独到之处及成功经验。常用的问句有：

· 当你感到愤怒时，有哪次你是成功控制自己的？

· 你说你考试成绩差，之前有没有考得好的时候？那是怎么做到的？

· 你一直说自己不想做事，可上次是怎么获得主管的表扬的？

4. 叙事改写性提问法

就是寻找可以改写的替代故事，加入必要的角色和成分。常用的问句有：

· 回过头来看，你觉得自己怎样可以做得更好？

· 如果今天让你回到当初，你会怎么做？

· 你觉得这个经历给了你什么启示？

三、相关知识：后现代哲学思潮的兴起

后现代主义哲学兴起于 20 世纪 60 年代，它也被称为激进性的后现代主义哲学，主要的流派有：以法国哲学家德里达、福科为代表的后结构主义，以德国哲学家伽达默尔为代表的哲学解释学和以美国哲学家蒯因、罗蒂为代表的新实用主义。其理论来源虽各有不同，分析方法也迥异有别，但他们有共同的理论前提：从否定物质与精神、主体与客体的对立统一关系出发，拒斥形而上学与理性主义，宣扬对事物认知的多变性、易逝性、零散性，推崇主观性和相对性。

为了论证自己的理论观点，他们采取了一些迥异于传统的方式、方法。例如，德里达用解构的方法，即从内部突破的策略，通过揭露近现代哲学文本的矛盾，拆解其原有的结构，颠倒中心与边缘的关系，消解中心和主体，从而颠覆文本原有的结构。德里达曾指出，在传统的形而上学体系中，人们总要认定一种不受质疑的“真言”（理性的声音或上帝的旨意），总得有一种语言文字与其语意不可再分的“逻各斯”（logos）。

这种“逻各斯中心主义”，恰恰正是传统形而上学体系的致命弱点，可以说是一切结构的致命矛盾。既然这些“中心”都是置身于结构之外的，那就说明这些结构是“中心消解”的。一旦“中心”不复存在，那么结构系统中原先在价值论上被认为是主要和次要的对立关系，不就可以颠倒过来了吗？例如，言说与书写、存在与非存在、本质与表象、真实与谎言、所指与能指等，一般认为前者比后者更加重要。然而，一旦认识到这些结构是一个中心消解的结构，那么人们在价值判断上就不妨把后者看得更为重要。

总之，后现代流派的哲学强调人对知识的认知和获取永远是相对的，不是绝对的，恰如物理学中有相对论一样。所以我的幸福我做主，不是别人说了算。

案例分析 13–2　初中生怎样重构自己的信心

来访者：男，15 岁，初三学生，学习成绩差，厌学。

对话内容	咨询技巧
来访者：上学真是无聊透了！	
岳晓东：那难为你了。	同感回应
来访者：我不想上学了。	
岳晓东：能说得具体一些吗？	具体化技巧
来访者：学习完全跟不上，上学就是浪费时间！	
岳晓东：那你是怎么坚持下来的呢？	独特性提问
来访者：唉，我每天早上都不想去学校，结果还是去了，我也不知道。	
岳晓东：那真是太难为你了，每天不想去，最后又去了，是什么让你坚持上学的？	重构性提问
来访者：你是第一个这么问我的老师，之前别人都嫌我没有责任心，总是唠叨要让我退学，你这么问我，让我感觉挺舒服的！	
岳晓东：我是真心这么看你的，真的，每天上学都感觉是受罪，却坚持每天到学校去受罪，你就是传说中的打不死的小强啊。	重构性提问
来访者：老师，你真的这么看我，我真是太喜悦了，我总是感觉自己很没有出息，你真的这么看我？	
岳晓东：真的，我感觉你一直没有放弃努力。其实，我一直也想知道，你说自己学习困难，主要指的是哪些科目？而你如果已经尽力，再自我谴责就是对自己的不公平了。	外化性提问
来访者：总的来说，我的成绩都不好，但理科成绩比文科成绩更差一些。	
岳晓东：你能说得再具体一些吗？	重构性提问
来访者：唉，就是上课基本听不懂，所以也就不想再听课了。	
岳晓东：那有没有你能听懂的科目？	
来访者：其实文科还能听得懂，只是理科成绩差，文科也不想好好学了。	

对话内容	咨询技巧
岳晓东：那就是说，只要你努力，文科的科目你都能跟得上？ 来访者：可以这么说吧。 岳晓东：那真是要向你致敬了，你其实是在一直努力着啊。 来访者：老师，你真是太会说话了。 ……	改写性提问

点评：

在上述对话中，岳晓东对来访者的每句话都重新解读，给了对方充分的温暖，也帮他找到了他的自我力量，强化了他继续努力的信心。

小结：岳晓东论人本流派的心理咨询

人本流派的心理咨询技巧是成长性咨询的底色。

咨询师只有经历了人本流派心理学的开悟，才会懂得在咨询中淘宝的重要性。

人本流派的心理咨询依托后现代哲学，简单来说，就是世上没有绝对的真理，凡事都是相对的，所以在别人眼里的伤心事，在另一个人眼里就可能是一件幸福的事。

人本流派的心理咨询强调现象学哲学，说白了就是“我思故我在”，我的幸福我做主。

人本主义心理学使心理咨询的操作有了天翻地覆的变化。

第 十 四 章

心理咨询的认知治疗技术

认知疗法力图通过矫正错误认知和自我信号来消除心理压力。而通过矫正错误信念，我们也能降低过度反应。

——贝克

认知治疗于20世纪50年代在美国兴起，它主张心理治疗的任务是辨认出个人的非理性认知，并采取适当的方法与技术来加以矫正。所谓非理性认知，泛指个人歪曲的、不合理的、消极的信念或执念。它会导致个人的情绪障碍和行为问题。认知疗法的目的就是矫正这些不合理的认知，使患者的情感和行为得到改变。认知疗法不同于传统的精神分析疗法，它十分强调通过改变患者的非理性认知来调整其心身的状况。换言之，认知疗法只关注患者在自我挫败事件中的意识作用，而非其潜意识作用。本篇将介绍认知疗法中的理性情绪疗法和贝克认知疗法。

第一节　理性情绪疗法的概念介绍

一、学习目标

了解理性情绪疗法的基本原理。

二、理性情绪疗法的基本概念

理性情绪疗法（Rational Emotive Behavioral Therapy，简称 REBT）是由美国著名心理学家阿尔伯特·艾利斯在20世纪50年代中期创立和发展起来的，其要点如下：

（一）人既是理性的，又是非理性的

人的精神烦恼和情绪困扰大多来自其思维中不合理、不符逻辑的信念。它使人逃避现实，自怨自艾，不敢面对现实中的挑战。当人们长期坚持某些不合理的信念时，便会导致不良的情绪体验。而当人们接受更加理性与合理的信念时，其焦虑与其他不良情绪就会得到缓解。

（二）人的非理性思维三大特征

①“绝对化要求”，就是对人或事都有绝对化的期望与要求；②“过度概括”，就是对一件小事做出夸张、以偏概全的反应；③“糟糕透顶”，就是对一些挫折与困难做出强烈的反应，并产生极其严重的情绪反应。凡此种种，都会使人对挫折与精神困扰做出自暴自弃、自怨自艾的反应。

（三）“ABC 理论”

就是在诱发事件 A（activating event），个人对此所形成的信念 B（belief）和个人对诱发事件所产生的情绪与行为后果 C（consequence）这三者关系中，A 对 C 只起间接作用，而 B 对 C 则起直接作用。换言之，一个人的情绪困扰的后果 C，并非由事件起因 A 造成，而是由人对事件 A 的信念 B 造成的。所以，B 对于个人的思想行为方法起决定性的作用。最后，进行辩论 D（dispute）会使人挑战原有的不合理信念，代之以合理的信念，从而改变当事人的情绪和行为。

总之，艾利斯曾说“有三个‘必须’阻碍了我们的人生：我必须做得好，你必须对我好，这个世界必须轻松。”[1] 所以，人生的烦恼由此不断滋生。

三、非理性思维的表现

（一）非理性思维的表现

认知泛指个人的认知活动或认知过程，包括个人的信念和信念体系、思维和想象等。认知过程一般由三部分组成：①接受和评价信息的过程；②产生应付和处理问题方法的过程；③预测和估计结果的过程。

认知行为疗法需要化解的问题是个人的非理性思维或不良的认知思维模式，这通常有下列表现方式：

---

1 这句话的原话是“There are three musts that hold us back: I must do well. You must treat me well. And the world must be easy”。

·糟糕透顶：个人认为某种境遇是一场灾难，坏到极点，难以挽回。

·绝对化要求：个人对自己的要求极高，不达标就等同于失败。

·低挫折耐受：个人无法忍受挫败的痛苦，或长久不能接受失败，如果不成功就毫无快乐可言。

·低个人价值感及自我贬低：个人过度地贬低自我，不能看到自己的优点和长项。

由于这种非理性和极端化思维的作用，当事人的行为也很容易走向极端，形成一种自动化的思维、行为模式。

（二）非理性思维的形成

艾利斯认为，一个人的非理性思维的形成，绝非一朝一夕就可以实现，而是一个长期积累的过程。这一过程通常包括下列因素：

1. 个人的不良成长经历

例如，原生家庭的不利作用、负性生活事件的发生、重要他人关系恶劣等因素的影响，父母离异、不断搬迁、天灾人祸等事件。

2. 个人挫败事件的积累

例如，学习成绩不佳、考试接连失利、人际关系不断恶化、家庭关系剧烈冲突等。

3. 个人消极人格特质的作用

例如，敏感、脆弱、内向、自卑、求完美等不利的人格特质。

这些因素都可能使一个人形成自卑情结，或不断养成悲观的人格特质，如图14-1所呈现的那样。

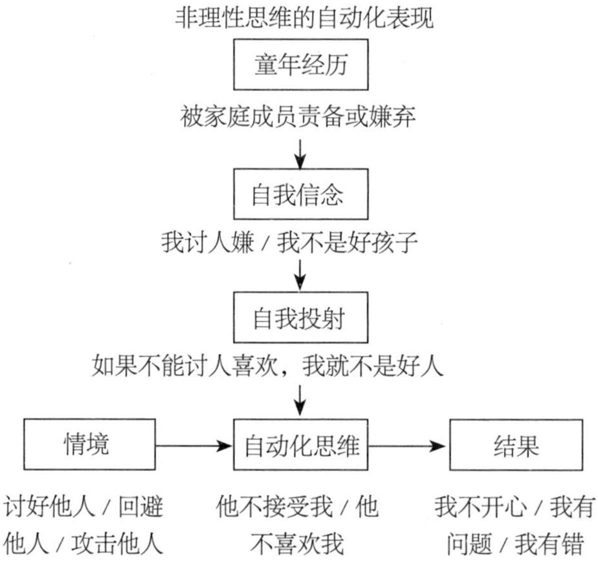

图 14-1　自卑情结的养成图

四、理性情绪疗法的基本流程

在具体治疗上，理性情绪疗法分为以下几个步骤：

（一）心理诊断

在治疗的最初阶段，咨询师要了解患者的心理问题，并加以必要的心理测量和概念化表述，然后与患者建立良好的工作关系。之后，咨询师需要根据患者问题所产生的情绪反应，从最迫切希望解决的问题入手，帮助患者改变认知，建立自信心。

（二）领悟

咨询师帮助患者认清自己的不合理情绪和行为表现是什么，产生的原因是什么，并找出其根源症状的思想基础，即找出它们的非理性信念。

（三）修通

咨询师主要采用辩论的方法挑战患者的非理性信念，发现对 A 事件不同的看法。通过反复不断论证，患者会发现其自圆其说的不合理、不现实和不合乎逻辑。最终分清什么是理性的信念，什么是非理性的信念，再用理性的信念取代非理性的信念。

（四）再教育

这是治疗的最后阶段，咨询师为了帮助患者摆脱非理性信念，对他进行一些相关的知识传授和技能训练，如问题解决的训练、社会技能的训练等。

总之，在理性情绪疗法的过程中，与非理性信念进行辩论是改变患者非理性思维模式的关键。为固化其成就，艾利斯后来还加入了“E”（effects），以确保疗效达到新的高度。由此，理性情绪疗法可用五个英文字母来概括其整体模型，即：A 诱发事件；B 由 A 引起的信念（对 A 的评价、解释等）；C 情绪和行为的后果；D 与不合理的信念辩论；通过治疗达到的 E，新的情绪及行为的治疗效果（图 14-2、14-3）。

近年来，还有人提出了理性的情绪想象技术（Rational Emotive Imagery，REI），也是帮助来访者进行想象的技术。

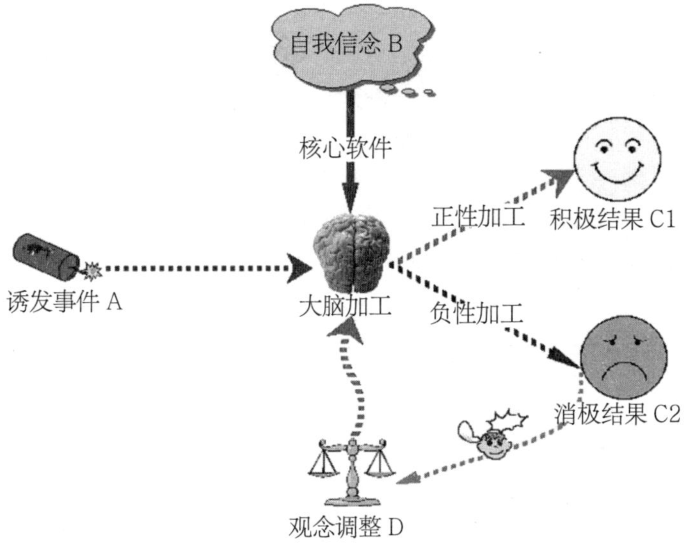

图 14-2 艾利斯 ABC 图

例如，某女士因为失恋（A）而感觉很沮丧，感觉自己很无能、很无奈，也很倒霉（B），由此她可能会感觉心灰意冷，甚至厌生，时常觉得人生毫无意义（C2），倒不如一了百了。长此以往，该女士就很容易患上抑郁症并脱离社会，乃至产生自杀行为。但是，她主动寻求心理咨询师的帮助，宣泄自己的负性情绪，接纳自己的不良现状，并挑战自己原有的一些非理性思维和不良的行为（D），她就有可能振作起来，重新展望自己的人生（C1），寻求下一个值得托付终身的人。这就是一个完整的理性情绪疗法的治疗过程。

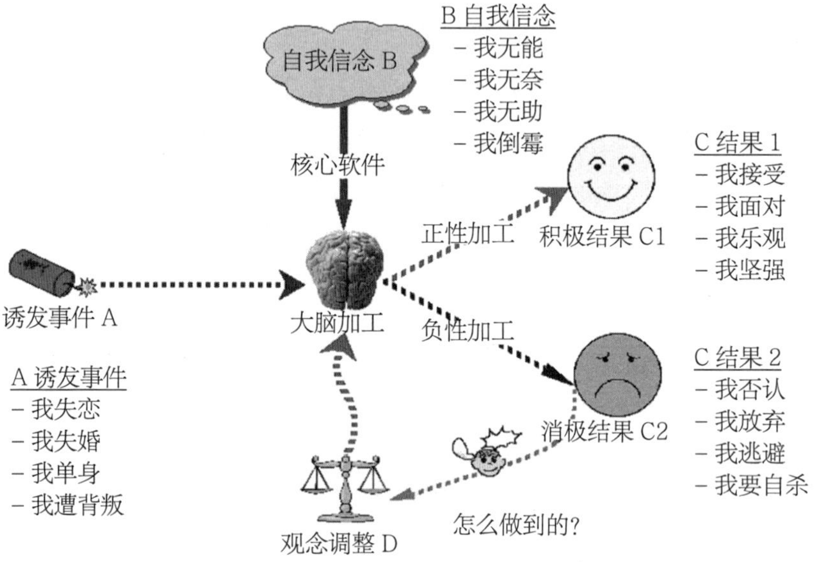

图 14-3　艾利斯 ABC 图

五、理性情绪疗法的常用技巧

在具体的非理性思维的修通或治疗上，理性情绪疗法常用的技巧如下：

（一）苏格拉底诘问技巧

就是咨询师引导来访者进行非理性思维辩论，用自己观点的漏洞来自我驳斥，相当于“用子之矛，攻子之盾”，以发现其中的自相矛盾之处。苏格拉底主张，透过对话可使对方澄清自己的理念、想法，使谈论的话题清晰化。特别是对于个人的一些不完全、不正确的执念，与其反复不断地说服对方，倒不如启发引领他去发现其思维中的矛盾之处，以最终找到真理。这种对话模式犹如戏剧，具有无比大的张力。尤其穿插轻松、诙谐的语调，屡屡让人陷入推理的自我矛盾中，达到使谬论澄清的效果。所以这也被称为苏格拉底反诘法（Socratic irony）。

（二）理性情绪想象技巧

就是咨询师通过引导来访者想象一个引发自己不爽的情境，先体验自己的情绪不适，再通过重新认识这种不当的情绪反应来改变自己对此反应的夸大或过度担心。这个过程可以让来访者认识到，想象中的恐惧并不等于真实的情况，从而改变之前的非理性认知，并消除对此的不良自我暗示。换言之，理性情绪想象技巧就是消极意象的积极重构，犹如朱建军创立的意象对话一般。

（三）认知性家庭作业技巧

就是咨询师让来访者在回家后也对自己的非理性思维进行自我观察和自我分析，以巩固咨询师的治疗效果。来访者可在咨询师的指导下制作各种理性情绪自助表和自我分析报告。来访者还可根据自己在生活中遇到的难题引发消极情绪的刺激事件（A）及其情绪和行为的结果（C）；找出与此相关的非理性思维和自动思维（B）；找出一些新的理性思维或合理信念（D）来替代原来的 B；以此全新的信念和思维方式来重新看待事件 A；最后看看情绪和行为可能会发生什么变化（E）。这样就建构了一个“A—B—C—D—E”的自我认知治疗模式。

（四）负性自动化思维识别技巧

就是咨询师让来访者学会自我识别其非理性思维是怎样藏匿在某些认知图式（cognitive schema）中的。例如，“如果……该怎么办？”就是焦虑图式引发的自动思维，结果会使自己处于持续的紧张体验中。如果来访者学会使用垂直下降技巧，则来访者就会觉察这些负性情绪背后的潜在信念，并有效地加以控制。具体做法是，来访者不断地反问自己：“如果那是真的，将会发生什么呢？”如此询问下去，来访者可觉察到那些意识不清的非理性思维是怎样引发自我焦虑的。

（五）语义分析技巧

就是咨询师让来访者觉察当他给自己贴上“失败者”的标签时，其含义是什么。来访者的非理性思维常常会表现在一些抽象的自我概念语句中，如“我是一个毫无价值的人”“我肯定做不好的”等。咨询师要对来访者的非理性自我概念句式进行“主—谓—表”的语义分析，帮助来访者分析句式中的主语（如“我”）与表语（如“什么都学不好”）如何不恰当地搭配，从而导致错误的结论。而如果将“我”换成与“我”有关的具体的事和行为，再将表语换成可以依据标准进行评价的词，那么“我”“什么都学不好”的句式就可被改写为“我”“数学没学好但语文能学好”。

（六）真实想法验证技巧

就是咨询师让来访者为自己的特定想法提供支持与反对的真实性证据，以挑战或验证其想法的可靠性。具体的做法是，让来访者选择一个想评估的信念（如“我很不讨人喜欢”等），制作一张左右对称的两栏表格，在表格的左栏写上“支持的证据”，右栏则写上“反对的证据”，请来访者将与此信念不符的证据记录下来，即使它们看上去微不足道。随着来访者的不断努力，有意义的证据会不断积累，自我信念矫正的愿望就会越来越强。而当来访者将抽象的信念转换为证据十足的陈述时，他常会发现，非理性信念的反对证据远远多于其支持的证据。

（七）角色扮演和互换技巧

就是咨询师让来访者扮演其正性和负性想法的角色，以学会换位思考，同感共情。在这当中，咨询师和来访者可以互扮正性或理性想法的角色，让来访者感受其自动化思维。特别是让来访者尝试用理性的想法来辩驳和说服自我，会很有戏剧和喜剧效果。如此几轮角色扮演训练，可大大强化来访者对自我非理性思维的察觉。

总之，理性情绪疗法旨在修通人的各种非理性思维，寻求变通和自我接纳，最终走出自怨自艾的泥潭（表 14-1）。

表 14-1 非理性思维—行为模式

非理性思维	非理性行动
我不可爱	我害怕见人 / 我怀疑你在糊弄我
我无能	我逃避 / 我不愿做自己无法做的事情
我无法自我控制	我害怕失控 / 我不在乎你怎么看我 / 我破罐破摔
我很脆弱	我害怕受伤害 / 我不愿你走近我
我长得很丑	我恨自己的相貌 / 我害怕你对我的相貌评头论足
我不被人爱	我不配有人爱 / 只要你爱我，我什么都可以做
我总是被人抛弃	我主动抛弃我自己 / 我的人生就是这样的
我总是失败	我不想尝试 / 既然做不好，就干脆不做了
我有很多缺点	我一点都不可爱 / 我生来就讨人嫌
我总是不合格	我什么都不做 / 你也不要开导我

六、相关知识：理性情绪疗法的七栏表制作

一般来说，当一个人在面对某种压力而受到非理性思维的干扰时，他通常会滋生一系列的情绪和躯体化的表现。理性情绪疗法主张，咨询师帮助来访者改善其负面情绪，首要调整其负面联想，并加以干预和评估。这个过程可以通过制作以下的 A—B—C—D—E 七栏表来加以呈现。例如，一个学生厌学情绪的理性情绪疗法可通过表 14-2 呈现：

表 14-2 A—B—C—D—E 七栏表

1	2	3	4	5	6	7
诱发事件（A）	对事件的非理性评价（B）	引发的负性情绪（C1）	引发的不利行为（C2）	引发的生理反应（C3）	认知调整（D）	结果评估（E）
学习成绩不佳	认定自己笨，怎么也学不好	忐忑不安	厌学	上课时会头晕烦躁	我尽力无愧 我努力无错	我无愧则会坚持上学
考试成绩欠佳	认定自己怎么复习都考不好	焦虑不安	怵考	考试时会手心冒汗	我尽力无悔 我死磕到底	我无悔则可考出自己的最佳成绩

续表

1	2	3	4	5	6	7
诱发事件（A）	对事件的非理性评价（B）	引发的负性情绪（C1）	引发的不利行为（C2）	引发的生理反应（C3）	认知调整（D）	结果评估（E）
遭老师批评	认定老师就是讨厌自己	愤愤不平	回避接触	遇见老师会心慌	我心诚无怨 我心宽无恨	我无怨则可忘却烦恼忘却纠结
被同学议论	认定同学就是针对自己	恍惚不定	回避交流	遇见同学会烦躁	我心定无虑 我心平气和	我无虑则可原谅同学，去除疑虑

咨询师可以参考这个七栏表来制作自己对于来访者主述的咨询判断、咨询观察、咨询目标设定及咨询评估等。

＞咨询师宝典秘籍谈 27　利弊分析法

利之分析的角度	弊之分析的角度
眼下的收益 长远的收益 个人的收益 他人的收益 已有的资源 ……	眼下的损失 长远的损失 个人的损失 未来的损失 欠缺的资源 ……

岳晓东寄语：

与来访者共同做利弊分析，是面质来访者非理性思维的有效方法。因为利在当下，弊在未来，让来访者在决策中先谈弊而后谈利，会引领来访者逐步回归理性，摒弃偏见。

第二节 贝克认知疗法的介绍

第一单元 贝克认知疗法的概念介绍

一、学习目标

了解贝克认知疗法的基本原理。

二、贝克的认知行为矫正理论

贝克曾在 20 世纪 60 年代接受了精神分析的培训，但深感其治疗进展太慢，在 1970 年提出了自己对“认知疗法”的概念，并提出了三个重要的原则：1. 思想会导致情绪和行为的障碍；2. 情绪问题源于负面思想；3. 情绪问题可以通过改变负面思想而得到改善。

贝克还提出了自动化思维（automatic thoughts）和潜在信念（underlying beliefs）两个概念。所谓自动化思维，是指一些非自愿性的想法和意象。其中包括“内化陈述”（internalized statement）、“自我陈述”（self-statement）和“自我对话”（self-talk）。潜在信念是代表思想和意象所产生的信念和假设，是自动化思维的内容。非常负面的自动化思维或潜在想法，便会带来负面的情绪，对很多事情会产生负面的评估和看法。

此外，核心信念在基本层次运作，可以说是全面而高度概括的、必然的和泛化的；中介信念在核心信念与自动化思维之间，也代表我们对事物的“态度”“规则”和“假设”。中介信念也决定了一个人独特的自动化思维。

贝克还指出，个体会出现负面思想内容是因为个体在信息处理上存在偏差和错误，即存在认知歪曲。此外，贝克亦提出个人的思想、情绪、行为和生理是相互影响的。当面对生活压力事件时，个体会启动负面思想，而负面思想会导致负面情绪、行为和生理的问题。导致认知歪曲的常见系统推理错误有：

1. 任意推断

就是指来访者在证据缺乏或不充分时便草率地给出结论。举例：我是无用的，因为我无论学习什么，都是学不懂的。

2. 选择性概括

就是指来访者仅依据个别细节而不考虑其他情况便对整个事件做出结论，这是一种瞎子摸象式的、以偏概全的认知方式。举例：我班上有许多学生都跟不上学习进度，这是我做班主任的过错。

3. 心理过滤

就是指来访者只接受单一方面的情况而忽略整体或其他信息，以致结果和实际情况产生偏差。举例：我既然数学学不好，其他理科的科目也一定学不好。

4. 过度引申

或称过度泛化，就是指来访者在单一事件的基础上做出关于能力、操作或价值的普遍性结论，也就是说从一个琐细事件出发引申做出的结论。举例：因为我听不懂这堂课的内容，所以我就是一个蠢货。我打碎了一个奶瓶，这说明我当不好母亲。

5. 夸大或缩小

就是指来访者对客观事件的意义做出歪曲的评价。举例：我今天上午考试没考好，下午也一定考不好。我平时成绩这么差，找任何辅导和家教都是没用的。

6. 极端化思维

就是指来访者看待事物要么全对，要么全错，把生活看成非黑即白的单色世界，没有中间色。比如，没有受聘就立即联想：我感到很沮丧，没有人会聘用我了；我这个人就是这么倒霉。

7. 过分自责

就是指来访者在毫无根据的前提下，把外界事物都和自己联想到一起，把所有错误都归咎于自己。举例：孩子与人闹矛盾，家长会不问青红皂白地批评孩子不懂事，并自责没有管教好孩子。

8. 灾难化

就是指来访者对将来的事情易做出最坏的预测和打算，并自认发生的概率很大，无视任何客观的证据。举例：我忘了关车门，我的车一定被人偷走了。

9. 认知偏差

就是指来访者忽略了生活上一些重要的事实，而做出脱离实际的判断。举例：我觉得老师就是看我不顺眼，我无论做什么好事，在老师眼里都一文不值。

10. 绝对化

就是指来访者强调凡事都是“一定”“必须”“应该”的套路，当无法达到这些“应该”或“必须”的要求时，人就会感觉十分内疚和挫败。举例：这次考试我必须考到班里前五名，否则就是没考好。

11. 断章取义

就是指来访者凡事容易寻找消极、负性化的信息，并据此做出灾难化的结论。举例：我妈很偏心，她只喜欢弟弟不喜欢我！每次送给他的礼物都特别珍贵，给我的礼物都很普通。

12. 完美主义

就是指来访者做事务求完美，不能容忍任何瑕疵，结果给自己带来巨大的压力。举例：我每次考试都必须彻夜地复习功课，务求考出前三名的成绩。

13. 外化的自我价值感

就是指来访者十分看重别人对自己的评价，完全看别人的眼色行事。举例：我妈说我好我就好，我妈说我不好我就不好。

14. 乱贴标签

就是指来访者随意给自己或他人进行负性的评价。举例：我是个不受欢迎的人。

15. 后悔倾向

就是指来访者总是沉浸于自己对错的纠缠中，而不愿肯定自己做得好的方面，不满意或害怕任何答案。举例：我中考怎么就发挥失常，来到眼下的破学校?

16. 冗思 / 反刍思维

是指来访者经历了负性事件后，个体对事件、自身消极情绪状态及其可能产生的原因和后果进行反复、被动的思考。

抑郁症患者通常表现为对未来丧失信心，对工作丧失兴趣，并伴有生理功能的丧失（如性欲、食欲、娱乐欲望等）。在认知上，来访者常以“负性认知倾向”为认知特征，“他们往往把自己看成被剥夺了的、失败的或者是有缺陷的人；他们周围的世界充满了荆棘和艰难，几乎没有一丝成功的喜悦；他们的前途没有一点自我满足的希望，只有痛苦和挫折”。这些观念被称为抑郁认知的三联征。由此，他们的思维趋向偏执和偏颇，在理智的天平上失去了平衡。

患者往往在认知范围的大小、内容和本质上都有歪曲，形成的看法往往是固执和消极的。已经有许多实验研究证实并支持认知理论的一些主要论点，如已经证实抑郁和非抑郁患者之间在下列几方面存在差异：对前途的期望、梦的内容、对想象情境的解释、认知功能的问卷调查评分。认知指导技术就是要对抑郁心境及其消极思维进行干预，力求去绝对化要求、去灾难化思维、去片面化认知、去盲目悲观、去盲目乐观，使患者最终回归理性（图 14-4）。

图 14-4　回归理性图

三、相关知识：认知行为治疗的发展阶段

认知行为治疗的发展可以分为以下几个主要阶段：

1950 年到 1970 年，“行为治疗”在英国和美国两地同步发展。两国虽然在理论和方向上有差异，但两地学者成功地把行为治疗应用到不同心理和行为问题上，也为行为医学稳固了科学的根基。

从 20 世纪 60 年代中期开始，以艾利斯和贝克为代表人物的“认知疗法”在美国逐渐被治疗师认同并应用于临床，成为心理治疗的另一股新兴力量。

20 世纪 80 年代末期，“认知治疗”和“行为治疗”开始整合，成为现今的“认知行为治疗”。这两种治疗的融合，是经过了将近 10 年的反思和重组，把心理治疗推上了一个新的纪元，也使得认知行为治疗成为现代最可循证和最易操作的临床治疗手段。

20 世纪 90 年代是认知行为治疗发展的黄金时期。随着科学研究的发展和知识的积累，学者们推出了一连串的认知行为理论去解释不同的精神和行为障碍，出版了不少指导性、操作性极强的治疗手册，帮助心理咨询及治疗师更加准确和有效地进行认知行为治疗。认知行为治疗的对象包括抑郁症、惊恐障碍、恐惧症、强迫症、双相障碍、人格障碍、药物滥用、妄想及幻听等。

21 世纪，认知行为治疗已经在国际上确立了重要的科研和应用地位，成为循证医学里的中流砥柱。

第二单元　贝克认知疗法的操作技巧

一、学习目标

了解贝克认知疗法的操作技巧。

二、基本技巧介绍

贝克认为，抑郁症患者有其各自的思想陷阱、扭曲认知，而这些都是童年时

期通过经验产生的。而欲加以改变，咨询师需要给来访者做各种认知调整训练，这主要包括下列技巧：

（一）分级暴露技巧

就是咨询师为来访者制定逐步提升的治疗目标，并每天进行减缓焦虑的练习。在这当中，咨询师可把治疗目标细分为一个个步骤，由此来达到既定的治疗目标。而把治疗目标步骤化的过程就是分级暴露，它可帮助来访者树立信心，逐步实现治疗的效果。

（二）角色扮演技巧

就是咨询师揭示来访者的自动化思维，并修改他的核心执念。例如，来访者缺乏社交技能，或恐惧某些交流方式或场合，咨询师可用角色扮演的技巧来强化来访者的应用策略和技巧。角色扮演还可用来促进来访者的自信和自我效能感。

（三）成本—效益分析

就是咨询师让来访者检查他某一信念的结果，包括其正性的和负性的结果，用以思考是维持原有的信念还是用另一个信念来代替。换言之，成本—效益分析就是让来访者写出他现有信念的成本和效益各是什么，然后肯定其正性想法，否定其负性想法。还可以让来访者绘制表格加以完成，在表格左边写出有利之处，在右边写出不利之处，当不利之处远远多于有利之处时，来访者就会觉察到其原有信念的不合理性，并做出必要的信念转变。

（四）饼图分析技巧

就是让来访者将自己的焦虑在图中分隔出大小不同的份额，以代表它们在某个事件中所占的重要性及所承担的责任。接着让来访者指出事件的原因，以及每种原因在图中所占的比重。这与成本—效益分析一样，都可敦促来访者认真思考其在当下所应该承担的责任。很多时候，人们看问题要么全盘否定，要么全盘肯定。制作饼图技巧会让人直观地发现自己原有的非理性思维是什么。

贝克曾总结说“认知疗法力图通过矫正错误认知和自我信号来消除心理压力。而通过矫正错误信念，我们也能降低过度反应”。在这个过程中，咨询师要学会熟练运用上述技巧，帮助来访者走出极端化、灾难化思维的深渊。

三、相关知识：卡巴金的正念放松七要领

“正念”由美国心理学家乔·卡巴金提出，是指个人有意识且不带评判地观看当下，以非评判的态度面对世界，摒除意图、执着与偏见，将注意力放在当下。在正念练习中，卡巴金提出了7条注意事项：

（一）学会不评判

就是指来访者学会以“不评判”的态度看待生活，既充分尊重他人对自己的看法，也尊重自己对他人的看法，专注于当下，学会放手。

（二）学会接纳

就是指来访者学会接纳自己和他人，按照事情的内在规律去认知事物。特别是当负面情绪来袭时，不要去刻意抵抗，而是承认它的存在，开启接纳它的调节作用。

（三）学会耐心

就是指来访者学会耐心面对不能改变的事情，并学会享受当下的每一刻。这可以提高来访者专注于当下的能力，有助于使来访者凡事保持冷静。

（四）学会不强求

就是指来访者学会凡事“顺其自然”，不做无谓的控制或改变局面，而是学会与焦虑共存。

（五）学会感恩

就是指来访者学会以一种谦卑和愉悦的态度看待难以改变的事实，注意关注

生活中的积极面。

（六）学会放下

就是来访者学会“放手”和“顺其自然”，放下不愉快的记忆。“既不要紧紧抓着不放（沉浸积极情绪），也不要拒绝体验到的一切（回避负面情绪）”，这可以给当事人的生活带来解脱感。

（七）学会不忘初心

就是来访者学会把每次冥想练习都当作第一次，从身体的“底部”开始，感受自己“此时此刻正在发生什么”，这也是初学者心态。

案例 14-1　小丽的复学之路——一个认知疗法的完整个案

小丽今年 16 岁，在南方某三线城市生活，家有父亲、母亲、妹妹共 4 个成员。其父亲是工程师，经常在外边跑工程；母亲是护士，工作十分繁忙，身体不大好，时常失眠；妹妹才 1 岁半，虽十分可爱却令小丽喜欢不起来。

小丽曾就读市里的一所重点中学，但因学习压力过大而休学在家一个多学期。那天来见我，是母亲陪她来的。小丽给人感觉平静、秀丽，却不敢与人对视，大多时候是半低着头与我对话。

小丽自述，休学是因为无法适应学校的功课压力。开始时，只要每天去上学就会感觉胃部隐隐作痛，无法集中精力听课。后来，上课时也感觉胸口发闷、呼吸困难。据此，家人带她去市里和省城的大医院都做了检查，结果没有查出任何器质性病变，医生只是开了一些简单的治疗胃痛和头痛的药，吃了之后症状没有明显改善。然后，医生建议她去看看精神科大夫，或至少是心理咨询师。

小丽曾在父母的带领下，断断续续地接受了三位心理咨询师的咨询。第一位咨询师就是让她摆沙盘，没有对她的问题做任何解释，所以去了两次也就不去了；第二位咨询师不断询问她与家人的关系，甚至一直追溯到曾祖父母那里，令她没有任何收获感，所以去了一次也就停了；第三位咨询师上来就告诉她，现行的教育制度有极大的问题，不上学也罢，自学照样可以成才，并举例说自己就是自学成才的，这令她无所适从，所以去了一次也停了。更令小丽和家人困惑的是，三位咨询师都没有对她的学习困难问题做明确的解释，也没有给她提供一个明确的解决方案。

小丽在父母的带领下，去当地医院的精神科也做了检查，医生诊断她是中度抑郁症，并建议她住院治疗，还说有一种物理治疗的方法很管用。大夫还说，她已经用物理治疗法帮助好几位患者摆脱了抑郁症的困扰，相信对她也会立竿见影的。

小丽的父母询问一位医生亲戚该怎么办，不料亲戚坚决反对让小丽接受物理治疗，劝小丽只接受药物治疗（服用舍曲林）。不料小丽服药后反应很大，每天嗜睡，醒来时头也是昏昏沉沉的。可以说是未见药作用，先见副作用。由此，小丽十分抗拒服药。

后来，小丽的母亲又带她去了省城一家大医院的精神科，大夫不同意采用物理治疗，坚持要小丽采用药物治疗，并强调必须坚持服药一个疗程（3 个月）。这令小丽及其父母十分为难：服药吧，小丽十分抗拒；不服药吧，小丽又无法控制厌学情绪。于是那位精神科大夫提出了一个折中方案，就是让小丽先休学一个学期看看，因为休学可以阻断小丽的压力源，也会启动小丽的自愈能力，如果不行再继续试药物疗法。大夫还强调，以小丽的现状，不需要采用物理治疗，那只是针对重度抑郁症患者的，反复使用会产生很大副作用，如反应迟钝、记忆衰退、痉挛等。小丽一家人十分庆幸当初听了医生亲戚的话。

就这样，小丽在 10 月开始休学，已有一个多学期。虽情绪有所好转，却仍然不能面对复学。在这种情况下，小丽的家人找到了我，希望我能帮助小丽复学。

小丽的心理问题表现与分析：

第一次见小丽，我们就谈了两个小时。她给我的感觉虽有些情绪低落，但缺乏心境障碍的核心症状表现，如目光呆滞、思维缓慢、言语迟钝、鲜有笑容、自我仇视等。所以我感觉她虽有抑郁倾向，但尚未发展成一个完整的抑郁症患者。

为保险起见，我还是请她做了 SCL–90 量表[1]、贝克抑郁自评量表[2]等，测试结果也证明了我的这一推断。因此，我更多从情绪困扰、人格缺陷、行为不利等非病理性、非器质性角度来看待她的厌学行为及其成因。

概括来说，我发现小丽的心理问题主要有如下表现：

1. 厌学情绪严重：不能忍受上学，经常一想到上学就感到胃部隐隐作痛，往往是去了学校后又请假回来，直至不能跟上学习进度；

2. 抗拒权威：对权威人物颇为抗拒、反叛，不能接受指令性话语，但其反叛形式颇为斯文、含蓄，很少有激烈的反应；

3. 暴食垃圾食品：每每遇到烦恼时，就会不断吃薯片、饼干、巧克力等食物来化解烦恼，结果更加烦恼；

4. 不愿与人交往：对于老师和同学，她不愿深入交往，避免接触，尤其不愿和大家一同讨论问题，对表达个人见解感觉不适；

5. 在乎别人的态度：一方面很在乎别人怎么看待自己，很想替别人着想；另一方面又很执着于个人的想法，不想顺从他人的意志；

6. 喜欢独处：喜欢一个人待着，或一个人做事情，不想有他人参与。

在判断小丽的心理问题时，我首先排除了精神层面的因素，即按照小丽的描述及 SCL–90 量表和贝克抑郁自评量表的测试结果，我推断小丽的厌学问题本质上是认知有误导致的，而非情绪低落导致的，且夹杂了焦虑的躯体化表现，如胃疼、头疼、失眠等。由此，我断定她的心理咨询本质上是成长性咨询，而非障碍性咨询。根据我与小丽的交谈，我对其厌学情绪的成因做了下面的推断：

1. 缺乏自信：看待自己颇为低落，就是自己的长项也不愿、不善表露；

2. 有完美主义倾向：对自己十分苛求，做事时因为一点小错就会全盘否定自己，认为“既然做不了或做不到，就干脆不想做了”；

3. 缺乏安全感：在成长经历中，有过关爱挫败体验，对重要他人缺乏信任，

---

1 SCL–90 量表是世界上最著名的心理健康测试量表之一，是当前使用最广泛的精神障碍和心理疾病门诊检查量表，将协助人们从 10 个方面来了解自己的心理健康程度。

2 贝克抑郁自评量表（Beck Depression Inventory）有 21 个条目，可依据总分检测个人抑郁的程度如何。

妹妹的出生更加强化了她的这种感觉；

4. 人格退行：面对人生困境与不如意之事，多采取颇为儿童化的处理方式，如回避、逃离、拖延、不直接应对等方式，行为举止偏向儿童化；

5. 恋父倾向：对父亲颇为依恋、依赖，对母亲颇为反叛，但不会正面顶撞母亲。

在此基础上，我认为小丽的行为问题是人格退行或自我力量弱化的表现。她也有回避型人格的特点，这使得她在为人处世中表现得颇为敏感、焦虑、退行，并不善原谅自我。但小丽并没有明显的抑郁症表现，当小丽独处时，她会表现得十分愉悦。虽然她时有强迫意念的表现，但是没有明显的神经官能症表现。

此外，小丽的胃痛和头痛也都是厌学情绪的躯体化表现，乃至到了癔症的地步。也就是说，小丽每次出现厌学情绪，她的胃就会隐隐作痛，头也会感觉发胀。这些症状表现开始出现时，可能有一定的生理基础，后来不断被强化，就成了连锁反应、自动化反应。到头来，生理的反应大于心理的反应。

在与小丽的对话中，我还发现了几个细节：

1. 小丽是在妹妹出生后出现的问题。对于妹妹的出生，小丽远没有父母那样期待，甚至有些厌恶，因为妹妹的出生减少了家人对她的关爱。虽然小丽也觉得妹妹挺可爱的，但每每心情不好时，小丽就会禁不住想：为什么要让妹妹来到这个世界，难道这个世界的烦恼还不够多吗?！

2. 小丽尤其在乎父亲对她的肯定，每当看到父亲抱妹妹，她就渴望父亲也可以亲亲她。但父亲不解女儿的心思，很少主动亲近她，也很少鼓励她。

3. 每当她与父亲单独外出时，她的情绪就很愉悦，甚至不想回家，哪怕是在街头漫步，都能使她觉得开心。

凡此种种，都加强了小丽的人格解体和适应不良。

小丽的人格解体：我怎么退化成了一个小孩子。

小丽在对休学这件事的态度上，经历了一个人格解体的过程，其核心是去道德化和去人格化。所谓去道德化，就是小丽刚开始不上学时，曾伴有强烈的自责和负疚感，感到自己愧对父母的教养和老师的期望。所谓去人格化，就是随着自己不上学的常态化，小丽渐渐摆脱了这种负疚感对她的折磨，越来越习惯不上学的事实，直到她对此完全见怪不怪。

从精神分析的理论来看，小丽的人格解体是她从原来那种追求完美、力求上进、以超我为主的人格状态退化为力求解脱、即时满足的以本我为主的人格状态。也就是说，小丽原来的人格状态基本上是超我—自我一体化的状态，而现在她的人格状态基本上是本我—自我一体化的状态。这本质上也是一个人格退行的结果。

从行为主义的理论来看，小丽的人格解体是一个不断强化的历程。也就是说，小丽在休学这件事情上，不断获得了即时解脱、及时行乐的成功体验，致使她表面上很厌恶自己的人格退化，而事实上又很享受她现在的休学成果。

就认知疗法的理论而言，小丽的人格解体也是非理性思维的结果。也就是说，小丽对于自己不上学的事实，有着种种合理化的认知或解释，如她不上学是因为妹妹出生导致的，父母的注意力都放在哺育妹妹上了，从而忽略了自己。所以自己上不了学，也是父母忽略自己的报应。

凡此种种，都使得小丽甘于目前的休学状态，尽管她口头上一再声称自己不愿休学在家，还想复学就读原来的那所中学。慢慢地，小丽变得越来越像儿童那样，勇于承诺却少于行动。对自己不愿意面对的事情，大多采取否认、隔离、回避的防御机制，到头来能便宜一时，却无法便宜长久。

小丽不知道自己怎么就变成了今天的样子，直到我为她解释清楚。

小丽该怎么做才能摆脱今天的困境呢？下面是我为她提供的咨询方案。

小丽的咨询方案与实施：

面对小丽的厌学情绪及由此引发的人格解体，我决定采取成长性咨询的模式为她服务，而非障碍性咨询或病理性治疗。这是因为，我认为对于一个16岁的孩子，采用非药物疗法比药物疗法更适合她。非药物疗法的实施分两大内容：一是谈话疗法，即心理咨询，意在帮助她改变认知、完善人格、优化行为；二是自然疗法，就是在她身上找力量，总结她自己抗压的有效方法，并加以有效实施。

对于怎样帮助小丽成长，我的终极目标是“了解自我，强化自我”。在具体实施中，我为小丽的个人成长设立了短期目标、中期目标和长期目标（见下表），并与小丽及其家长交流了我的咨询方案，并得到了他们的认可。

小丽的咨询目标	见面次数	具体目标达成
短期目标（1个月）	4—6次	能够全方面了解自我，认识自我的成长历程 能够觉察自我的退行表现，并有改变自我的意愿 能够强化自我的成熟防御机制，用于表达个人的意愿 能够强化与人交往的愿望，能够突破自我的束缚
中期目标（3个月）	4—6次	能够回到学校，继续学业 能够突破人际交往的束缚，不再有过多的焦虑 能够改善与家人的沟通模式，不再回避沟通 能够培养自信，不再消极负面地看待自己
长期目标（6个月）	6—9次	能够参加高考，继续升学 能够找回自信，继续学业上的辉煌 能够彻底改善与家人的沟通模式，学会主动沟通 能够完全树立自信，彻底告别眼下的心理纠结

小丽的认知调整：休学只是人生的一个驿站。

对于自己休学之事，小丽一直耿耿于怀，认为自己不够坚强，不够有毅力，不够忍受身体的疼痛。虽然已经休学一个学期了，但小丽还是怪自己当初没有坚持上学，毕竟学校里像她这样的同学不在少数，可只有极少数人像她一样选择休学。小丽在咨询中经常提到她的一个同学，跟她一样厌学，还在服药，却带病上学。每每提到那位同学，小丽总是怪自己不能像她一样坚强。对此，我采取了苏格拉底谈话法，帮助她做了一次彻底的认知调整，让她发现了许多自相矛盾的地方。此外，自我疗愈是非药物疗法的一个重要部分，也是我的咨询目标之一。

小丽的去灾难化思维训练	小丽的自信强化训练
接纳自己的情绪低落，把它当作人的正常情绪反应 接纳自己的休学状态，把它当作人生历程中的一个驿站 接纳自己的躯体化表现，把它当作厌学情绪的连锁反应 区分看待自己的学习困境，不以偏概全、一概而论 区分看待自己的家庭关系，接纳妹妹的出生，并尽量发现妹妹的优点	充分肯定自己采用非药物疗法来化解眼下的烦恼 充分肯定自己改变现状的决心和勇气 充分肯定自己主动求助的愿望和努力 充分肯定自己不断挖掘有效减压方法的努力 充分肯定自己顾全大局的愿望和努力

据此，我从一开始就努力挖掘适用于小丽的压力管理方法，并根据其常用性和有效性的综合效力来加以排列（1最有用，并依次递减），并鼓励小丽在烦恼出现时加以有效运用。下面是小丽的“压力管理自助餐”：

1. 跑步 / 散步：每天确保5公里的活动量，并借此接受日光的沐浴。

2. 读书 / 看电视：看愿意看的书籍 / 电视等，如《黑猫警长》，虽然是动画片。

3. 看美剧 / 喜剧片：《越狱》《老友记》等电视剧。

4. 听音乐 / 听书：听古典音乐和轻音乐，有时候也可以听书。

5. 吃零食 / 冰激凌：吃饼干之类的食品，包括冰激凌等。

据小丽自己总结，在烦恼时，做其中任何一两件事，都能起到缓解压力、转移注意力的作用。这种做法是对谈话疗法（心理咨询）的有效补充。所以，我鼓励小丽自己多加运用，并举例说明，这就好比“压力管理自助餐”一样，正因为你知道自己需要什么，就会在压力管理上获得对症下药、因人而异的成效。

在上述5种常用方法中，最令小丽纠结的方法是吃零食 / 冰激凌，因为在获取情绪爽快的同时，身体却胖了起来。所以小丽有时不得不通过催吐的方法来化解长胖的焦虑。对此，我建议小丽把吃零食改为吃蔬菜，把吃冰激凌改为吃水果。因为这同样有满足食欲的功效，却不会带来肥胖的焦虑。更重要的是，多吃蔬菜和水果还可以起到清肠胃、益心情的作用。而沙拉则是对两者的完美结合！

小丽听了我的建议，眼睛都亮了，因为她也一直在寻找一种既健康又令她开心的零食，沙拉便是这种完美零食。用小丽的话来讲，真是“踏破铁鞋无觅处，得来全不费功夫”。

小丽就此坚持下去，后来肤色都开始发亮了！更重要的是，小丽也深刻地了解到，原来自己身上是有很大资源可以调动和利用的，而其价值一点儿不亚于心理咨询的作用。

提高对抑郁情绪的自愈力，就是在“压力管理自助餐”的不断运用中完成的。

小丽的家庭治疗：改善家庭的沟通模式。

由于休学，小丽近年来与父母的冲突日益激烈，这严重影响了家庭气氛及与父母的沟通效果。小丽的母亲是护士，平时工作繁忙，还要时常加班；小丽的父亲是工程师，经常要外出跑工程。小的时候，小丽基本是与爷爷奶奶住在一起的。长大之后，小丽总觉得父母对她爱得不够，没有像对待妹妹那样全力以赴地关爱。

小丽在咨询中不止一次指出，妹妹的出生让她看到了父母的偏心，也因此时常向父母发无名火，令父母感到莫名其妙。而每每发泄后，小丽又禁不住感到愧疚，因为妹妹是无辜的，可她看到父母对妹妹的关照还是受不了，搞得父母只能偷偷对妹妹好。

小丽的母亲也直言，虽然小丽目前很多问题的呈现与自己以前的教养失误有关，可是小丽有时候的无理取闹令所有人无所适从，妹妹虽然年纪小，也要小心翼翼地对待姐姐。

据此，我深深地感到，帮助小丽成长，需要从改变家庭气氛做起，而要改变家庭气氛，就要从改善家庭的沟通模式做起。为此，我与小丽的母亲做了专门的咨询，让她在与小丽发生冲突时，注意做好以下几个方面：

1. 摆事实、讲道理：对于小丽的偏执想法，要以具体事实来反驳，而不是一概而论。

2. 态度和蔼、语气坚定：在与小丽沟通中，态度要既不生硬粗暴，也不轻描淡写。

3. 捕捉契机、一次说透：对于小丽的突出毛病，要抓住典型事例，严肃批评，一次说透。

4. 换位思考、将心比心：对于小丽的出语伤人，要与她做同感练习，让她感受别人的刺痛。

5. 就事论事、不设前提：对于小丽的不良做法，要就事论事，不牵连过去的事情。

在我的引导下，母亲与小丽的沟通有了很大的改善，学会了在小丽闹情绪时，沉住气、封住嘴，不把事情扩大化，力求之后的有效沟通。

在这当中，我尤其让小丽父母亲注意观察小丽的五大口头禅的潜台词和对应语（见下表）：

小丽的五大口头禅	潜台词、话外音	对应的话
你在装聋作哑	你在忽略我	那你希望我说什么？ 你觉得我怎样做，才会令你感觉好？
你不了解我	你不想了解我	那好，我想知道你的真实想法。 你想让我了解你什么？
你不真诚	你没有真心对待我	你希望我怎样待你？ 你觉得我能做到这一点吗？
你在敷衍我	你虚伪，没有真心待我	你告诉我哪一点做得不够。 你觉得我怎样做才算没有敷衍你？
我受够了	你不理解我	告诉我，你有哪些方面感觉受不了？ 你遇到了什么不开心的事情？

更重要的是，小丽的父母亲开始学会与孩子平等对话，再也不把她当成一个“长不大的孩子”或是一个正逢青少年反叛期的“刺儿头”。他们开始学会对孩子的想法有同感但不全部同意，理解但不纵容。

这也是家长需要的成长。

小丽的里程碑事件梳理：我要做个黑猫警长。

在与来访者的交流中，我一向主张要不断梳理来访者的里程碑事件，并积极地解读和诠释，以总结其成功体验，挖掘其优势人格。在与小丽的交流中，我帮助她梳理了一段人生往事，获得了全新的解读，也给当前的心理咨询带来了突破。

小丽回忆说，她在幼儿园升小学时，曾经哭闹了一段时间，每天都不想上学，一个多月后才适应。由此，她时不时地就说自己从小就不喜欢学校，每天上学都盼望着放学。

对于这段记忆，小丽总是拿它来说明自己从小就有厌学的倾向，只是到了高中才爆发。在小丽的描述中，我看出了她的元认知[1]，就是自己从小就不喜欢学校，这也可以产生一种消极的心理暗示，就是学校从来就不属于自己，自己也不喜欢学校。

据此，我决定采取叙事疗法，为小丽的这一里程碑事件做重新梳理。首先，我启发小丽回忆当初是怎么适应学校生活的。小丽想了半天，想起一件事情，就是一天早上，爸爸对她说，你要是今天上学不哭，长大后就会像黑猫警长[2]那样机智勇敢。

小丽开始明白，黑猫警长在她心目中一直是勇敢、智慧的化身！而向黑猫警长学习，就是在暗示自己变得勇敢。

小丽的闪光点挖掘：其实我是个很乖巧的孩子。

在我多年的心理咨询与教学实践中，我主张咨询师要学会在来访者身上淘宝，就是学会在来访者身上发现闪光点，并以此作为来访者自我成长的杠杆和自我激励的基石。这正如心理咨询大师罗杰斯所说的，“在我的早年实践中，我总是在问：我怎样才能治疗、治愈、改变我的来访者。现在我把这个问题改变为：我怎样构建一种关系，让我的来访者来寻求自我成长。”这也正是我为

---

1 元认知又称反省认知、监控认知、超认知，是指人对自己的认知过程的认知。

2 黑猫警长，动画片的主角，带领警察伙伴同森林罪犯做斗争，力求森林的和平。

小丽做咨询的宗旨。

所以在与小丽的交流中，我努力挖掘她的闪光点，并总结出如下几条：

1. 尊重他人的感受：小丽十分渴望得到权威人物的肯定、鼓励、赞赏。

2. 愿意付出努力：小丽对自己看重的事情，愿意付出努力，如学习弹钢琴。

3. 不张扬自我：小丽为人低调，不喜张扬自我，如对自己当初的学业成就总是抱着谦虚的态度。

4. 做事有一定韧性：小丽对于自己在意的事情有韧性，如学弹钢琴。

5. 对自我行为的悟性颇高：小丽颇有自我批评精神，勇于承认自己的缺点和弱点，并不介意别人加以批评。

用小丽自己的话来讲，“我可以变得很乖巧的”。

在一次咨询中，我问她这句话是什么意思。

小丽答：“也就是说，每当我看到父母因为我不上学而流露出失望的眼神时，我都会深深地自责。我会把家里收拾得干干净净，有时候还会把饭做好。当然，我知道这并不能使他们真正开心起来，因为我心里深知，唯有继续上学，才会令他们真正开心。但我现在就是做不到啊，我也不知道我怎么会变成今天的样子……”

在小丽的话语中，我听出了她愿意改变自己的深切愿望，这点对于她的复学很重要。所以我继续启发她说：“你在内心深处无时无刻不在呼唤复学，在行动时却迈不开步伐，想通过做家务等来补偿你内心的负疚感，这真是难为你了。”“是啊，我真是一个矛盾体！”小丽回答，“但我就是无法面对学校的压迫感，也许我迈出第一步就好了！”

那小丽该怎样迈出第一步呢?

小丽迈出的第一步：参加暑期补习班。

为了帮助小丽迈出复学的第一步，我建议小丽在暑假期间参加全天的补习班，力求为复学做预演。这得到了小丽全家人的支持。

暑期一到，小丽家人就为她找到了一个合适她学习进度的补习班：课程共有10天，全天上课，共开设10个科目，由学生任选3个科目学习。小丽报名参加了这个补习班，并选修了数学、物理和英文这3门课。为了监督小丽的复学，我为小丽实施了“打卡”制度，就是每天上学、放学，小丽都向我汇报，谓之“打卡”。

打卡，就是给小丽提供一种心理监督和鼓励。这是一种心理的助力，既需要小丽的配合，也需要我的指引。头3天，小丽感到十分不适应，毕竟她已经有大半年的时间没有这样集中上课了。虽然一上学她就不由自主地感到胃痛、头痛、失眠，但她还是硬着头皮挺了下来，要知道她以前总是告诉自己，学不好就不要学了……

小丽坚持了下来，因为她很在乎每天向我“打卡”，而我也很在意小丽每天的突破。在这10天中，小丽只有一天请了假，因为那天是妹妹的生日，她要回去帮忙准备生日会。但小丽有过5次迟到，她还是无法每天早上强迫自己起床，对此我采取了理解的态度。我一再告诉她，无论多晚，只要去上学了，就是胜利！

为了确保小丽去上学，我专门为小丽做了一段一分钟长的微信录音。在一段黑猫警长的乐曲中，我告诉小丽：

小丽，你早，今天开始了一天的学习。

我知道，此时此刻，你可能感觉自己在胃痛、头痛，在不舒服。

然而，我想告诉你的是，你已经成长了，坚强了，勇敢了，你是能够迈出这艰辛的一步的，虽然你还在动摇。

但今天，你就是黑猫警长，而且你确实像黑猫警长那样坚强、勇敢、无所畏惧！

小丽后来告诉我，每每听我这段配乐录音，她就感觉有一股无形的力量在推动自己。

在这里，我使用了催眠暗示的方法，令小丽对上学充满了期盼！

完成了10天的课程，小丽深深地感到复学并不像她想象的那么艰难。特别是英文课，原来就是自己的长项，现在捡起来，很快就进入了状态。而在结业考试时，小丽的英文考试成绩竟然在100多名补习生中名列前茅，这极大地激发了她的学习热情和自信心。

“岳老师，我真没想到，我的英语竟然还可以这么出色！”这是小丽给我发的短信。

“A real gold will glitter no matter where it is”（是金子总会发光的），这是我的英文回复。

小丽的正式复学。

经过了大半年的努力，小丽终于迎来了开学的一天。

那天小丽穿戴整齐，一早就来到了学校。虽然她休学了一学期，但她并没有因此就自卑自怜，感到自己不如他人。相反，小丽深深地为自己能够扛过这段时间而感到无比骄傲。因为在这段时间里，她获得了如下成就：

她坚持了非药物疗法，用心理咨询和自我疗愈的方法调整了自己的心态，乃至成功复学；

她改善了与家人的关系和沟通模式，不再怨恨父母当初没有给她足够的爱，也不再嫉妒妹妹的出生与受宠，更重要的是，她感觉父母更加懂她了，而且更加善于与她沟通，她也就没有那么多的无名火了；

她发现自己还是有学习能力的，特别是在文科方面，这使得她对复学充满了期盼，因为她急于赶上同学的步伐，早日考上大学。

小丽就是在这样的不断努力中，恢复自己的毅力，强化自己的学习能力，最终走向自己的人格整合。

小丽后来回到学校，参加了高考，取得了理想的成绩，最后在北方某一本大学读书。

小丽心理咨询的点评。

对于她的人格退行表现，我采取“认知疗法”和“精神分析疗法”，通过发现并调整非理性思维的突出表现，以及正面鼓励与巧妙批评来逐步矫正其退行表现。在这个过程中，我利用她的优点来推动她走出人格退行的困境，强化自我的力量。

在与小丽家长的沟通中，我特别强调两点：第一，这只是一个咨询计划，它会随着小丽情况的改变程度而加以调整；第二，如果小丽及家长对咨询成效有所不满，可以直接提出，甚至可以退出咨询关系。具体地说，作为咨询师，我向小丽和家人做了下列说明：

1. 每次见面，我将交流该次咨询的目标和评估，并做阶段性小结和评估。

2. 要求小丽的家人积极配合我的咨询，这包括：①保持联系，交流成效评估；②适时参加家庭治疗，履行咨询承诺；③增强自我觉察，改变原有的沟通模式。

3. 我会根据咨询进展不断给小丽和家人提供学习资料和作业，请小丽和家人予以配合和重视。

4. 同时，我也对小丽家人的下列活动表示理解：

①如果小丽本人或家长对我提出的咨询判断、咨询目标、会面次数有异议，请与我或机构联系，我们可共同商讨如何调整咨询目标与会面次数 / 时间。

②如果小丽本人或家长在咨询进行到一定阶段后，认为咨询目标已经达到，请与我或机构联系，商讨咨询收尾或减少咨询次数 / 时间的事宜。

当然，为小丽的咨询并非一帆风顺，其中也有过反复，特别是在上补习班和正式复学后，小丽都有过动摇和退缩。每到这时，小丽及其家人都会与我联系，以寻找原因，商量对策，调整方法，补充能量。无论怎样摇摆，小丽都坚持了下来，最终回到了学校，坚持以自我疗愈的方法来排解烦恼，调整心态。这一过程，也是小丽强化自信、培养自我力量的历程。用乔布斯的话来讲，历程就是回报（the journey is the reward）。

在这一历程中，小丽也逐渐学会进退自如：当自己心情十分恶劣时，就不要苦逼自己去上学；当自己心情不错时，就严格要求自己，力求学习有效率。特别是在考试的时候，即使再难受，也要力求参加；平时如果不能在学校上学，就力求在家里多学一些。

这就是自我力量的强大，不再会因为超我的强力呼唤而把自己逼疯，也不会因为本我的强力诱惑而放纵自己，这也正是我为小丽提供的成长咨询的终极目标。

小结：岳晓东论认知治疗

认知治疗首先要训练心理洞察与概念化的功夫。

改变认知就是引领来访者走出自我中心的陷阱。

认知疗法就是帮助来访者学会摆脱纠结，也就是人对自我和他人的傲慢与偏见。

面质是认知疗法的核心技术，特别是面对严重的人格障碍者，咨询师一定要有足够的心理准备，就是无论咨询师怎么摆事实、讲道理，来访者都不会加以认同。

心理咨询当中经常会掺入决策咨询的部分，帮助来访者发现其绝对化思维中的种种后果，以及绝对化思维中的种种陷阱。

第 十 五 章

心理咨询的行为训练和治疗技术

来访者外显行为的变化，正是心理咨询与治疗的疗效之所在。

—— 岳晓东

行为训练和治疗是心理咨询的核心目标，理论基础包括巴甫洛夫的经典性条件反射理论、斯金纳的操作性条件反射理论和班杜拉的社会学习理论。本篇将介绍行为训练和行为治疗的基本概念和操作技术。

第一节 行为训练的理念和技术

第一单元 行为训练的原理

一、学习目标

了解并掌握行为训练的原理。

二、基本概念

（一）行为主义的强化理论

行为主义心理学主张：①一切学习都是条件反射的作用，都是在刺激和反应之间建立直接联结；②在刺激和反应的联结中，个体学到的是习惯，而习惯是反复练习与强化的结果；③习惯一旦形成，只要原来的或类似的刺激情境出现，习得的习惯性反应就会自动出现。

行为主义心理学十分强调环境的支配作用，认为人的行为养成与行为改变都是靠“强化”来完成的，这堪称斯金纳理论的核心概念之一。具体地说，强化决定了个人行为方式的形成、转化和消退的过程，也决定了其行为学习的进程和效果。由此，个人的性格、社会规范、价值观等实际上是被强化了的行为范式的积淀和积累。

操作性条件反射又可划分为两个方向相反的连续象限：操作（施加或移除环

境中的刺激）与效果（目标是增加或减少行为表现）。分成四种行为改变策略，即正强化、负强化、正惩罚和负惩罚（表 15-1）。

强化的类型主要包括：

· 正强化：为了增加所期待 / 塑造行为的出现。例如，好好学习就会得到老师的表扬、奖状等。

· 负强化：为了避免某种不快的刺激而增加所期待 / 塑造行为的出现。例如，好好学习也是为了躲避老师的批评、家长的唠叨等。

· 消退：为了不再提升所期待 / 塑造行为的出现。例如，无论学与不学，家长都予以冷漠对待。

· 惩罚：为了减少所期待 / 塑造行为的出现。例如，不好好学习就会面临学校的严厉处罚，如停学或退学等。

此外，强化物可分为以下两大类：

· 初级（一级）强化物：食物、水、空气等生命需求。简单来说，初级强化物多是与生理需要满足相关的，对生命的维持非常重要。

· 次级（二级）强化物：微笑、赞美、金钱、奖赏、等级、表彰等。简单来说，次级强化物多是与心理需要满足相关的，对自尊的维持非常重要。

表 15-1　塑造孩子行为的正强化、负强化、正惩罚、负惩罚对应表

正强化：旨在直接增加特定行为的出现	负强化：旨在间接增加特定行为的出现
提供令人喜悦的东西： – 好吃的东西 – 好玩的东西 – 娱乐时间 – 娱乐活动 – 优秀成绩 – 奖状、奖品 ……	去除令人生厌的东西： – 批评 – 唠叨 – 坏成绩 – 低名次 – 开家长会 – 干家务活儿 ……

正惩罚：旨在直接降低特定行为的出现	负惩罚：旨在间接减少特定行为的出现
提供令人恐惧的东西： – 动手打 – 破口骂 – 罚站立 – 罚写字 – 见家长 ……	剥夺令人愉悦的东西： – 不给零花钱 – 不许玩游戏 – 不许上网娱乐 – 不许看电视 – 不许看电影 ……

拓展阅读 15-1　斯金纳怎样在特制的婴儿床上训练自己的孩子

1944 年，斯金纳的二女儿德博拉出生，斯金纳为她特制了一张婴儿床，叫作“婴儿嫩床”。它像一个隔离间，底部装有门，前面装有玻璃窗。这为德博拉提供了一个温暖的场所，不必在明尼苏达州寒冷的冬天包裹多层的衣服或毯子。所以德博拉 2 岁半前都睡在这个婴儿床中。斯金纳强调，他的“婴儿嫩床”可包含下列训练：

– 让孩子不穿衣服，可训练孩子舒服的活动方式。

– 让不同玩具从隔间的天花板上悬挂下来，可训练孩子的观察力。

– 让孩子独自一人玩玩具，可训练孩子的适应能力。

特别的是，斯金纳把一个指环从一个修改过的音乐盒上悬挂下来，孩子可以通过向下拉环来弹奏音符，而一系列快速的拉动就可播放出《三只盲鼠》的音乐。7 个月后，孩子还会抓住脚趾上的戒指，伸展腿部，用脚部来演奏音乐。斯金纳指出，这一系列的安排会激发孩子的兴趣。对比那些因无聊而哭泣的婴儿，在这个隔离间，婴儿醒着的时间总是很活跃且快乐的。

1945 年 10 月，《女士家庭杂志》（*Ladies' Home Journal*）刊登了斯金纳“婴儿嫩床”的报道，标题为《盒子里的宝贝》（*Baby in a Box*）。这立即引起了轩然大波，因为单凭看照片，读者会感觉它就像是一个小监狱，虽提供生理上的温暖感，却剥夺了心理上的温暖感，一点都不能给孩子提供安全的生长环境。由此，大家争论不休。

德博拉·斯金纳多年后对睡“婴儿嫩床”的经历做出了下面的回应：

“爸爸的意图很简单，就是消除一般父母认为婴儿在睡眠中的糟糕方面：不断添加衣服、床单和毯子。这些不仅需要清洗，而且限制了婴儿手臂和腿部的运动，使婴儿感觉很不舒适。所以妈妈很高兴，因为她可以少给我洗澡，也可少洗衣服和毯子。那样她会有更多的时间来关注我，不用担心我跑来跑去出危险。

“我也很高兴，尽管在这个阶段我没有什么印象。我只记得我从未反抗被放回‘婴儿嫩床’，我可以透过玻璃观看房间里的一切，我还记得半裸着身子很暖和、很舒服。”

虽然这样的婴儿睡眠方法现在看来仍具有争议，但斯金纳能把行为主义的理论运用于自身的育儿经历中，这是值得肯定的。

（二）强化与惩罚的内在关系

强化和惩罚之间存在着很多内在关联。首先，负强化也称取消性惩罚，是指某种行为的养成，不是出于获得某种认可的愉悦，而是出于逃避某种不快的刺激。在这一点上，负强化等同于“解脱”，即指一种释然或释放。

负强化与惩罚很容易被混淆，因为许多负强化物也被视作惩罚，如唠叨、做家务、禁止玩游戏、不许看电视等。而如表 15-2 所示，负强化是为了增加某个期待或适当行为的出现，而惩罚则完全是为了减少某个不良或者非期望行为的出现（如直接打、骂、羞辱）。所以，负强化会比惩罚给来访者带来更少痛苦的反应。

惩罚是为了减少所期待 / 塑造的行为，它有正负之分。其中正惩罚是指给当事人以某种不快的刺激或体验来减少其不当行为的发生，而负惩罚则是指通过消除或撤销当事人所喜欢的某种愉快体验来促使其减少不当行为的发生。举个实例，面对孩子不做作业的行为，打骂孩子都是正惩罚，而孩子不完成作业就不许玩游戏或看电视则是负惩罚。

消退有时需要配合强化一起用，才会有好效果。因为消退使用起来不太容易，即使来访者的某项不当行为减弱了，偶尔还会重新出现。

表 15-2 强化与惩罚

	定义	举例说明	
		初级强化物	次级强化物
正强化	当事人为了获得期待的强化物而增加所被期待/塑造的行为	获得吃、喝、睡、性等的快乐体验	获得奖状、奖金、晋升、提升待遇等的快乐体验
负强化	当事人为了避免因接受某种不快刺激而增加所被期待/塑造的行为	被提供噪声、严寒、酷热、饥饿、睡眠等的不快体验	被提供批评、唠叨、公开尴尬等的不快体验
正惩罚	给当事人以某种不快的刺激来减少其不当行为的发生	不给吃、喝、睡、性等的快乐体验	体验被开除、降级、公报批评等的痛苦
负惩罚	当事人为了避免被消除或撤销所喜欢的强化物而减少其所被期待/塑造的行为	被剥夺吃、喝、睡、性等快乐体验	被剥夺玩游戏、看电视、购物、喝酒等的快乐体验

（三）行为训练中强化物运用的注意事项

强化和惩罚是行为训练技术的关键，可以说所有心理咨询都包含行为训练或塑造的元素。所以，了解和掌握行为训练的技术，是心理咨询的基本功。具体地说，咨询师在力图改变来访者的某个不当行为或不良习惯时，或者在塑造来访者的某个期待的行为模式或习惯时，要深入了解强化物的性质与作用，以发挥最大的成效。在这当中，咨询师要注意以下几项：

1. 强化要有匹配性

美国心理学家朱利安·罗特曾提出了强化物预期理论（reinforcement expectancy theory），就是强调强化物越是能满足个人的心理需求，其对所训练行为的强化作用就越大。所以，咨询师在训练来访者习得或去除某个特定行为时，一定要注意强化物是来访者十分看重或在意的东西，无论是其带来愉悦还是痛苦。例如，对于在监狱的服刑人员，及早出狱是他们最渴望的事情，延长服刑是他们最痛苦的事情，所以狱警就以此来训练服刑人员的亲社会行为（如守规矩、去暴力、去喧嚣等）。又如，对于一个10岁的男孩，给他买一块巧克力显然不如让他玩游戏更能强化他学习的愿望。这种强化物与当事人需求的匹配往往是行为训练成功的关键。所以，强化物对当事人越是具有稀缺性和独特性，它就越会受到其喜爱。

2. 强化要有连续性

强化物的使用要有连续性，否则就不能充分起到强化作用。行为主义心理学大师斯金纳曾提出，强化有连续性（每次行为都受到强化）和间歇性（只是部分行为受到强化）。间歇性强化又可按照时间和比率的不同分为四种（表 15-3）。如果强化的时间和比率不同，强化作用的效果也会大不相同。所谓强化程式，就是指反应受到强化的预先安排形式。

表 15-3　间歇性强化比率

强化	特征	举例说明
固定时间强化	强化是定期的	计时给工资，过时不多付
固定比率强化	强化按一定比率进行	计件给奖励，多劳多得
变动时间强化	强化是不定期的	奖励时有时无，不确定
变动比率强化	强化按随机比率进行	彩票得奖、赌博输赢

总之，连续性的强化比间歇性的强化更令当事人配合。

但从行为的消退来看，连续性和间歇性强化的效用也不尽相同。间歇性强化停止后产生的反应消退，远远低于数量相同的连续性强化停止后产生的反应消退。例如，一个家长不定期地对孩子的良好行为予以鼓励（如赞美孩子努力做作业、复习考试等），其在停止后，这种良好行为的保持要比每一次良好行为后都给予肯定要久。换言之，孩子期待继续得到家长赞美的愿望可能推动继续表现好。斯金纳认为，当手头的强化物有限时，这一差别具有实际意义。

3. 强化要有针对性

强化要根据个人的年龄、性别、性格特点而有所不同。例如，一般来说，男孩子看重的强化物大多与游戏、运动型玩具有关，而女孩子看重的强化物则大多与服饰、益智类玩具有关。所以家长要培养孩子的某一特定的品行（如自律、勤奋、做事不拖拉、玩乐不过头），就需要根据孩子的性别、年龄、性格等特点来决定。其实，孩子最喜欢的物件（如网络游戏、新手机、服饰、美容），往往也是最能驱动孩子改变自己的强化物。咨询师也好，家长也好，要积极因势利导，从而改变孩子最令人头疼的习惯或行为。

4. 强化要有及时性

强化要及时，不能拖延。当强化明确而稳定时，当事人的配合程度也会随之明确而稳定。即使强化不能按时按数付出，也应该给予充分的说明。如此方能“言出法随”[1]，定出规成，当事人才愿意充分配合，其特定的行为训练或塑造才能得到最有效的强化。行为获得及时奖励，不但可以产生新的行为训练或塑造，还可以强化之前的行为训练或塑造。

5. 强化要有协商性

强化要事先征得双方的同意，否则奖励就是有名无实。特别是权威的一方（如家长、教师等），没有事先与当事人沟通好，让他做力所不及或勉为其难的事情，势必引发当事人忽略事先承诺过的事情，视说话算数如无物，到头来一事无成。

三、相关知识：家庭教育中的代币行为训练法

代币行为训练法，又称“标记奖酬法”，就是用奖励强化的方法训练期望的行为，并消除不良的行为。在操作中，咨询师首先要帮助来访者选取必要的代币，它可以是一些特殊式样的卡片、金属或塑料片，也可以是记分册等。然后，咨询师会根据来访者的努力程度，让他换取所喜爱的实物，或者换取从事所向往活动的特权。

在家庭教育中，它是一种有效的激励/惩罚系统，可促使孩子积极地从事与家长约定的活动，并培养某种良好的品行或消除某种不良的品行。

---

1 “言出法随”出自（清）林则徐《奉旨前往广东查办海口事件传牌稿》。

孩子良好品行塑造：代币计划。

××家庭奖励代币计划

（从×月×日开始执行）

一、学校表现：拿到6朵大红花，可奖励家乐福玩具卡车一辆。

二、家中表现（做到任何一项，即可奖励一颗五角星）：

1. 独立穿衣穿裤；
2. 独立睡觉，不用大人陪；
3. 每次玩玩具后都能收好，并可把玩具放回原处，保持客厅与门厅整洁；
4. 用筷子吃饭，不用勺子；
5. 晚上8：30之前上床睡觉，周末可延迟至晚上9：00。

一周之内，达到以下五角星数量，则可获得如下的奖励：

- 15颗：可获得1盒大块巧克力，或自选的零食；
- 20颗：可逛超市，买喜欢的玩具；
- 25颗：可逛万达童梦楼，或可玩碰碰车，或其他外出游玩一次；
- 30颗：可奖励大红花一朵；

得到6朵大红花时，即可获得神秘礼物一份。

注：这份代币方案适用于幼儿园时期的孩子。

最后，在代币行为训练中，咨询师要注意以下几点：

1. 代币训练的行为需要家长与孩子共同协定。
2. 代币换取的奖品要对孩子有使用价值。
3. 代币换取的奖品可根据情况加以调整。
4. 代币获取的难度要不断提高。
5. 代币议定的计划要严格执行。

案例 15-1 小勇的"以玩促学"训练

小勇的情况介绍：

小勇，男，11 岁，小学四年级，成绩一般，主要问题是写作业拖拉和玩游戏失控。他的父亲是医生，母亲是护士，家境比较优越。孩子最大的乐趣是玩网络游戏，规定玩游戏时间是周中每天半小时（下午 5 点到 5 点 30 分），周末每天一个小时（下午 3 点到 4 点）。但据小勇妈妈说，他周中玩游戏每天都大于 1 个小时，周末玩游戏也都大于 2 个小时。可以说，孩子几乎是手机不离手，只要有机会就开始玩。而做作业、复习考试都是抽空才做，用时要么越快越好，要么越拖越好。加上周中还参加了书法和围棋的兴趣班，所以时间总感觉不够用。

小勇的咨询目标：

小勇在母亲的陪同下来咨询，他给人感觉十分活泼、好动，并十分愿意获得别人的赞美。他的学习成绩在班上位居中列，据小勇妈妈说，只要用心一点，成绩就会有所提高。所以，小勇母亲的咨询目标有两个：一是控制玩游戏的时间，说好每次半个小时，玩到半个小时就打住；二是增加学习时间，特别是务求完成每天的作业，不要拖拉并应付了事。

对于妈妈提出的两个要求，小勇一再说自己都做到了，只是妈妈没有看到。妈妈承认说他确实大多数情况下都做到了，可就是不用心，所以成绩一直上不去。眼看就要升学考试了，以他现有的成绩，肯定是考不上重点学校的，那将来参加高考也肯定考不出好成绩……说着说着妈妈的眼泪都落了下来。

见此，我请妈妈出去一会儿，单独与小勇聊聊。待妈妈出去后，小勇也哭了，他说妈妈总是说他成绩上不去，全是因为玩游戏浪费时间造成的。可事实上，小勇玩游戏没有费那么多时间，也没有影响学习。而且，就是不玩游戏，也会做其他事情，如看电视、找朋友聊天等。见此，我问小勇，他平时喜欢玩什么游戏，他不假思索地告诉我，《王者荣耀》。我又问他喜欢玩哪个角色，他告诉我他尤其喜欢阿古朵和蒙恬这两个角色，接着滔滔不绝地讲述着自己在玩这两个角色中的乐趣……

听着听着，我忽然有了一个念头，就是使用代币行为训练的方法来提升他的自控力。

小勇的代币行为训练：

据此，我与小勇妈妈商讨，可否将她对孩子玩手机的厌恶当作培养孩子自控力的手段。具体来说，我的思路如下：

孩子这么喜欢玩游戏，应该把它变成自我激励 / 奖励的机制，而非打击的手段；

孩子在乎什么，应该认真琢磨，而非简单打压；

孩子大了，要求他做什么要有民主协商，而非单边指令；

孩子学习好坏，是自己的事情，要调动他的主观能动性；

建立家庭契约，亲子双方共同履行。

小勇妈妈一开始对此甚不理解，质疑怎么可以把玩手机当作自我激励 / 奖励的机制。我给她讲了心理学的强化原理，包括正强化、负强化、正惩罚、负惩罚四种形式，听得她眼界大开。特别是对于孩子喜欢的游戏，越是限制他玩耍，就越有可能激发他的玩耍行为。这就造成了巨大的亲子关系冲突，而唯有因势利导，才能使玩游戏变成培养孩子自律的有效手段。为此，我特地为小勇妈妈做了下面的表格（表 15–4），让她理解其中的原理：

表 15–4　小勇玩游戏的强化 / 惩罚对应表

正强化：让小勇玩得很尽兴	负强化：让小勇玩得很压抑
– 越是学习好就越让玩 – 越是考得好就越能玩升级版 ……	– 限制时间玩 – 限制地点玩 – 玩时不断唠叨 ……
正惩罚：让小勇玩得很放纵	**负惩罚：让小勇玩得很自律**
– 可以随意玩 – 可以随时玩 – 不予任何限制 ……	– 不守约就扣时间 – 不完成作业就不能多玩 – 不规律地生活就扣时间 ……

小勇母亲看了我的示意图，先是连连点头，后是连连摇头，再问我："我可以理解正强化、负强化和负惩罚的作用，但我不理解怎么让孩子放开玩游戏是对他的正惩罚，那不应该是对他的正强化吗？"我向她解释，其实孩子在玩游戏时都带有一定的愧疚感，都会有停下来的内心呼唤。此时，若家长限制他玩，这会强化孩子继续玩耍的欲望。而让孩子放纵地玩，反而会让孩子玩得很困扰、很纠结，因为孩子心里都知道游戏过度的代价是什么，那就是学习落后，甚至留级、休学、退学等。这其实并不会让孩子玩得开心，反而会让他玩得更纠结，所以说这是对孩子的一种惩罚。

小勇母亲听完重重地点点头说："想不到孩子玩游戏会有这么多的学问，我以前就是简单粗暴，开始时还能管用，现在越来越不管用了。今天听了你的话，我真是茅塞顿开啊，原来我完全可以用游戏来激励他学习啊！"

"对的。"我点点头，接着说，"其实，孩子玩游戏不是问题，问题是他能上不能下。如果他能在游戏玩耍中做到能上能下、上下自如、进退有据，那岂不是在培养孩子以玩促学的超级自律力吗？"

"那敢情是太好了。"小勇妈妈接连鼓掌。

我提醒小勇妈妈，在自律训练中，要在正强化和负惩罚的操作上着重下功夫，因为正强化会激励小勇通过玩游戏来更好地学习，提高成绩；而负惩罚会提升孩子做事情的契约精神，即凡是承诺的都要尽力完成，否则随意违约是要付出代价的。

小勇的代币行为训练方案：

回家后，小勇与妈妈经过充分协商，制定了一份"以玩促学"的家庭契约，规定了双方在这一框架的责任，并议定先试行一个月。

小勇"以玩促学"合约

（从 2016 年 1 月 9 日开始执行，先试行 1 个月）

小勇与妈妈经过协商，就通过以玩游戏来提高学习成绩的事情，达成下面的共识：

一、学习方面：小勇为争取提高在班里的成绩排名，会努力做到：

1. 上课认真听讲；

2. 考试认真参加；

3. 作业认真完成。

二、家里配合：小勇会以学为主、娱乐为辅，会努力做到：

1. 周中在家玩游戏 40 分钟自动停止，超时不过 5 分钟；

2. 周末在家玩游戏 1 小时自动停止，超时不过 10 分钟；

3. 准时完成作业（晚上 8：00—10：00）；

4. 早上 7：00 起床，周末可延迟至早 8：00—9：00；

5. 晚上 10：30 前就寝，周末可延迟至晚 11：00。

三、奖惩计划：

（一）奖励计划：一周内，根据达标情况，奖励如下：

1. 一周内完成所有任务，奖励周末多玩 1 小时游戏；

2. 单科成绩考入班级前 5 名，奖励周末多玩 1 小时游戏；

3. 整体成绩考入班级前 5 名，奖励购买一部新的平板电脑。

（二）惩罚计划：一周内，根据不达标情况，惩罚如下：

1. 玩游戏超时了多久，次日游戏时间就减少多久；

2. 早、晚不按时起床就寝，游戏时间就减少 10 分钟；

3. 不履行单项合约，小勇自觉罚站（10 分钟）；

4. 完全不履行合约，小勇自觉上缴平板电脑。

四、合约执行：小勇和妈妈各自承诺信守合约，否则合约作废。

小勇签字：　　　　　　　　妈妈签字：

在具体执行上，我还向小勇妈妈详细说明了四种训练方法的呈现（表 15-5），为的是让小勇妈妈懂得怎样分层次地训练孩子“以玩促学”的行为。

表 15-5 小勇玩游戏的强化及惩罚

	心理学定义	举例说明	
		初级强化物	次级强化物
正强化	奖励小勇履行合约的努力 奖励小勇履行合约的自律行为	不适用	表扬、奖励，买玩游戏用的平板电脑
负强化	奖励小勇为避免因玩得不爽而履行合约的努力	罚站 10 分钟（小勇提出）	限制小勇玩游戏的时间和地点
负惩罚	奖励小勇为怕被扣除游戏时间而履行合约的努力	不适用	扣除游戏时间
正惩罚	惩罚小勇不履行合约的行为	不适用	上缴玩游戏的平板电脑

此外，在与孩子的言语交流中，我也教授小勇妈妈注意和改变说话的口吻，以更加肯定、积极的范式来实施“以玩促学”的行动方案。每当孩子不能履行合约时，就用下面的语言提醒孩子（表 15-6）。小勇妈妈反馈说，要是早知道这些沟通方式，就不至于当初与孩子的关系搞得那么僵。对此，我的总结是：有话好好说，定能事情好好办。

表 15-6 小勇妈妈与孩子的积极交流范式

	事例说明
商讨式	孩子，你说好了就玩 40 分钟，现在时间已到了，你说什么时候停止？ 孩子，妈妈不想抢你的平板电脑，希望你别让妈妈做出令我们都不爽的事情。 孩子，妈妈知道玩游戏对你很重要，但你能理解妈妈敦促你学习的苦心吗？ 孩子，我们都能说话算数，好吗？ ……
赞美式	孩子，每次主动停止玩手机，我都超级喜欢你。 孩子，今天你自动停止玩手机啦，你太有自觉性了！ 孩子，你的自律表现太令我为你骄傲了。 孩子，妈妈就是超级喜欢你能管理好自己。 ……

续表

催眠式	孩子，你向来说话算数，别玩了。 孩子，你是不会令妈失望的，对吧？ 孩子，你最能理解妈的好心啦，是吧？ 孩子，妈妈就是喜欢你很自律。 孩子，妈妈最相信你了。 ……
自省式	孩子，你想想看，妈妈为什么要限定你玩游戏的时间？ 孩子，你说说，这么玩手机有什么问题？ 孩子，你知道怎么做会让妈妈最开心？ 孩子，你说说，怎么做才算是自律？ ……

我要成为“赵子龙”。

小勇喜欢玩《王者荣耀》，我专门做了研究，也下载了《王者荣耀》的软件，还观看别人玩了一两把，知道了其中的要领。我这么做是为了与小勇同感共情，在他的“地界”商讨怎样“以玩促学”的事情。

一天小勇来见我，我提出看他玩游戏，他愣了一下，笑着问我：“岳老师，你真想看我玩？”

我说是真的，接着就打开了游戏。小勇熟练地开启了游戏，并开始扮演赵云的角色，很是过瘾。我看着表，看他用了 14 分 23 秒就完成了游戏任务，然后长吁一口气，就向我大讲特讲玩游戏给他带来的快感……简单来说，就是游戏使他忘却了一切烦恼，上学、作业、考试、兴趣班、妈妈的唠叨、爸爸的狠眼神，难怪孩子会那么痴迷于此。而且，对小勇来讲，减压方法莫过于玩一把《王者荣耀》。我想如果我能给他做个快乐指数的测试，玩完了游戏，孩子的多巴胺[1]一定会飙升。

看着孩子兴奋的样子，我有一丝悲哀，让孩子这么开心的事情，为什么要一

1 多巴胺是大脑中含量最丰富的儿茶酚胺类神经递质，调控中枢神经系统的多种生理功能。多巴胺主要给人带来兴奋和满足，在游戏中它会使人的大脑活跃起来，提高人的紧张度和兴奋度，由此产生极大的欢愉和满足感。

再禁止呢？特别是眼下孩子都学习得如此疲惫不堪，为什么不能让他们尽情释放压力？！而这个最佳方法，恰恰是玩游戏！

一次，我与小勇妈妈聊起此事，顺便问她平时最爱的减压方法是什么。“是SPA[1]。”小勇妈妈脱口而出。我接着请她讲述这给她带来的感受，她滔滔不绝说了10多分钟SPA的好处。结论是每周必须做一次，不然浑身上下都觉得不自在。然后我问小勇妈妈，如果现在不让她做SPA了，会有什么感受。“不可能！”她坚定地回答。我接着说：“你限制孩子玩游戏，就像有人限制你做SPA。”

小勇妈妈瞪大眼睛望着我，喃喃地说道：“难怪玩游戏对孩子那么重要。”

我就此鼓励小勇妈妈也陪着孩子玩游戏，感受其中的奥妙，感受孩子的快乐。

此外，鉴于孩子喜欢游戏角色赵云，我专门找高手请教赵云有什么特色。简单来说，赵云的战术特点是善穿插、搞突袭，经常把人打得措手不及。

我把这个观察与小勇分享，他笑着对我说：“是这样的，你是怎么知道的？”接着又说，“我真是太服你了，我爸妈只知道限制我玩游戏，你却和我一起研究游戏，早知道你这么可爱，我早就来见你了。”

下面，我提出了给小勇做咨询最关键的问题：怎样在学习上也搞个穿插突袭，令同学们都对他刮目相看。为此，我又从《王者荣耀》对赵云的描述中找出一段念给他听：

（赵云）有杰出者脱颖而出，人称他为“龙”。龙不仅收钱杀人，更以强烈的领袖气质将亡命之徒们团结起来，发展为强大的组织。曹操多次雇龙为自己效命，看到龙的组织壮大后，产生了让他们永远归属自己的念头。但龙拒绝了。

所以怎样在学习上也做赵子龙，我启发小勇思考。小勇表示，那就是上课认

---

1 “SPA”一词源于拉丁文“Solus Par Agula”（health by water）的字首，就是用水来达到健康的目的。SPA结合了沐浴、按摩、涂抹保养品和香薰来促进新陈代谢，可满足人体视觉、味觉、触觉、嗅觉和思考，使人获得一种身心快感。

真听讲，下课认真做作业。我连声称赞，并告诉他，你妈妈说只要你用心学习，成绩步步高升，她就会给你买更好的平板电脑玩游戏。“真的？”小勇兴奋地跳了起来，连声说，“那我一定好好学！”

就这样，小勇开始了与妈妈约定的“以玩促学”的家庭计划。

…………

后续：

小勇与妈妈的合约整整履行了一年。在此期间，小勇不但没有变得游戏成瘾，反而学习成绩步步提升，最后中考的成绩名列年级前10名，考上了市重点中学，真正成“龙”了，完全感受到了一个“王者的荣耀”。当然，因为小勇的出色表现，妈妈也给他买了两部平板电脑，一个比一个好用。

更重要的是，小勇妈妈与孩子的关系得到了很大的改善，这在很大程度上有赖于妈妈表达方式的改变，以前都是谴责式的，或者是抱怨式的，令小勇听了就头昏脑涨，想立即玩游戏来宣泄烦恼。现在不了，现在是赞美式的、理解式的，令孩子听了很舒服。用小勇自己的话来讲，以前妈妈从早到晚都在开他的“批斗会”，数落他的各种毛病；现在妈妈从早到晚都在开他的“表扬会”，令小勇看妈妈越来越亲切，一如上幼儿园时的感觉。就是开“批评会”，也不会是没完没了地说，而是适可而止，令小勇听得进去。

小勇妈妈也说，眼下这一年的变化，让她学会了爱孩子的艺术，也提前结束了小勇“青春期逆反”的烦恼。还有，妈妈也学会了玩《王者荣耀》，虽然打打杀杀的事情不能令她兴奋，但与孩子有了共同语言！

点评：

在这一案例中，我成功地运用了行为训练的方法，给一个11岁的男孩子做了“以玩促学”的自律训练。在这当中，除了让孩子学会了合理玩游戏之外，还提高了他的学习成绩，并使其学会了信守承诺，违约必罚。此外，我还教小勇妈妈学会了凡事与孩子民主协商，有话好好说。

在咨询中，我除了运用行为训练的技巧，还用到了共情技巧（理解孩子的感受，研究游戏）、催眠技巧（激励孩子在学习上也做赵子龙）、淘宝技巧（发现孩子的长处)、抱持技巧(让妈妈学会以爱的言语与孩子对话)。

最后应该说,这种“以玩促学”的代币训练法对初中以下的孩子是容易见成效的,而对于进入青春期的孩子,则不会那么有成效。所以,咨询师在运用中,要注意年龄差异的使用效果。

>咨询师宝典秘籍谈 28　儿童良好行为训练注意事项

1. 家长为孩子确立明确的行动目标。
2. 家长为孩子确立明确的奖励方法。
3. 家长为孩子逐步提高目标难度。
4. 家长为孩子逐步提高行动难度。
5. 家长与孩子共同商定行动计划。
6. 家长与孩子共同履行行动计划。
7. 家长要注意培养孩子的自信心。
8. 家长要注意让孩子有成就感。

第二单元　社会学习理论的原理

一、学习目标

了解并掌握社会学习的原理。

二、基本概念

社会学习理论是由美国心理学家班杜拉于 1952 年提出的,它认为个人的行为是其认知与环境交互作用的结果,而非绝对是环境影响或强化的结果。具体地说,行为主义的刺激 - 反应理论无法解释人类的观察学习现象。因为刺激 - 反应理论既不能解释为什么个体会表现出新的行为,也不能解释为什么个体在观察榜样行为后加以模仿而不求获得任何奖励。换言之，如果社会学习是建立在奖励和惩罚基础上的话，那么大多数人都无法在社会化过程中生存下去。为了加以证明，班杜拉进行了一系列室内观察实验，并逐渐形成了自己的社会学习理论。

换言之，班杜拉强调，以往的行为主义理论家都忽视了社会变量对个人行为的制约作用，这是因为他们通常是用动物实验的方法和结果来推测人类的行为表现。这是狭隘、片面的，所以班杜拉主张在自然的社会情境中而不是在实验室里来研究人的行为。

为了证明自己的理论，班杜拉做了著名的波波玩偶实验（Bobo doll experiment），来研究攻击性行为是怎样被习得的。波波玩偶是与儿童体形接近的一种充气玩具，班杜拉让斯坦福大学幼儿园 3—6 岁的 36 名男孩和 36 名女孩观看一位殴打波波玩偶的成人模特。孩子们分为三个实验组，第一实验组和第二实验组各包括 24 名儿童，分别观看攻击性行为和非攻击性行为。第一实验组和第二实验组再按性别再次分组，然后再分别观看同性模特和异性模特。

结果发现，成人模特不在场时，观察暴力行为一组的孩子们会模仿他们所看到的所有行为；无论被观察的成人模特是同性还是异性，孩子们都会模仿攻击性暴力行为。这说明，成人的暴力行为的确可以引发儿童的暴力行为。在 1965 年做的另一个实验中，班杜拉还发现，当成人模特对其暴力行为表示赞赏时，儿童就会增强其模仿，而当他们看到成人模特的疯狂行为受到惩罚时，儿童就会减少其模仿。由此，班杜拉总结，在个人的行为塑造与训练中，咨询师要注意以下因素的作用：

1. 观察模仿的作用

人的行为塑造是借助观察他人的行为而习得的，所以，人可以通过观察学习掌握特定的行为和技术。但这有赖于观察对象或榜样是否具有魅力、是否拥有意义、榜样模仿的复杂程度等因素。

2. 自我调节的作用

人的行为塑造不仅受外界行为结果的影响，也受自我引发的行为结果的影响，即自我调节的影响。具体地说，自我调节主要是通过设立目标、自我评价，从而引发动机功能来调节行为的。

3. 自信培养的作用

人的行为塑造也受其自信程度的影响。如果一个人对自己的能力有较高的预期，他就会在困难面前勇往直前、坚持不懈；如果一个人对自己的能力缺乏自信，他就会在困难面前迟疑不决、动辄放弃。因此，改变一个人的回避行为，建立自信心和自我效能感是关键。

总之，在行为训练和治疗中，个人的榜样作用，无论是来自某个特定人物，还是来自咨询师，都是训练与治疗的一部分。班杜拉提出，榜样学习或模仿是行为训练的有效手段，特别是当来访者认可咨询师时，他们就会模仿咨询师的态度、价值观、信仰和行为。

事实上，行为疗法的一大特点是为咨询师的行动提供了明确的程序系统，可以在明确的角色范围内使用，而这个执行者本人就是最大的角色。

第二节 行为治疗及干预技术

第一单元 行为治疗技术的原理

一、学习目标

了解并掌握行为干预治疗的原理。

二、基本概念

（一）行为治疗的一般目标

行为治疗法用科学研究方法，为来访者制定有针对性的治疗目标，明确治疗步骤和策略，通常包括以下目标：

1. 降低问题行为的发生率

力图减少来访者身上的那些不良的、不需要的、不希望出现的、不符合要求的行为表现。例如，游戏成瘾、赌博成瘾、酗酒成瘾、厌学、偷窃等。

2. 提高期待行为的发生率

力图提高来访者身上的那些良好的、需要的、希望出现的、符合要求的行为表现。例如，按时/认真上课、做作业、参加考试、参加必要的社会活动等。

3. 强化刺激控制

力图使来访者控制环境中不良、不利情况的发生，并强化必要的行为。例如，训练孩子如何有效面对火灾、学校欺凌，训练女生如何有效面对性侵、性骚扰行为等。

4. 改变认知模式

力图使来访者在面对不利环境和情况时，不受负性认知和情绪的影响，通过改变认知来矫正不当行为。例如，通过正念、放松练习以改善原有的焦虑、求完美行为等。

5. 强化自我管理

力图使来访者在面对不利环境和情况时学会自我情绪管理，矫正异常行为和不良习惯。例如，通过学习、训练，掌握必要的减压方法和情绪自控手段等。

6. 实施榜样学习

力图使来访者通过观察、模仿示范性行为而改变自己的不当行为，在同样情况下做出相应的行为反应。例如，通过向某个模范人物学习，提高个人的学习效率和工作效率等。

总之，咨询师要根据来访者的具体要求和检测结果，制订有针对性的治疗方案，并与来访者商讨具体的执行方法，决定开始治疗或重新拟定目标或转介。

（二）行为疗法的一般程序

行为治疗非常强调治疗过程的标准化、结构化和程序化。一般来说，行为治疗过程要经历以下几个步骤：

步骤 1：准备与沟通阶段。

在这一阶段，咨询师需要了解来访者的基本状况，主要的工作包括：

（1）详细询问来访者的问题行为的特征与背景；

（2）了解来访者解决自身问题的动机与预期；

（3）建立良好的咨询与矫正关系；

（4）就时间安排、矫正过程、具体要求等达成治疗契约。

行为治疗大师约瑟夫·沃尔普说：“对来访者所说的，咨询师不能有疑问，也不能做批评，而是需要全部接纳，好让对方感到咨询师是与他在同一立场的。”这一立场与人本流派心理咨询强调接纳、共情、同情如出一辙。唯此才能调动来访者开放自我的愿望，建立良好的工作联盟。

步骤 2：问题行为解析阶段。

在这一阶段，咨询师要对来访者的问题行为做出诊断，主要的工作包括：

（1）界定问题的性质：了解来访者的问题行为是如何滋生的、有什么特点等；

（2）查清个人情况：了解该来访者的问题行为是如何习得的，又是如何被巩固的，必要时还要做一定的量表测试；

（3）确定矫正目标：根据来访者的情况确定矫正目标。

步骤 3：制订矫正计划阶段。

在这一阶段，咨询师要对来访者的问题行为做出治疗规划，主要的工作包括：

（1）根据治疗目标选择矫正方法：与来访者交流、商定矫正计划；

（2）治疗时间和过程的安排：与来访者商定细节安排；

（3）矫正过程中如何记录与评定：与来访者商定细节安排；

（4）矫正效果的评价等：与来访者商定细节安排。

步骤 4：具体矫正阶段。

根据矫正计划，实施对问题行为的矫正，并做必要的方法调整。

步骤 5：效果评估阶段。

待行为治疗结束后，咨询师要对来访者的行为矫正做必要的评估，比对治疗前后记录的数据来测定矫正效果，并安排进一步巩固效果的措施。

总之，行为治疗的过程一般具有如下特点：

（1）治疗针对来访者的外显、具体的行为；

（2）精确地罗列治疗的目标；

（3）采用各种方法重新安排来访者的环境和日常活动，以帮助他们在未来的生活中更好地适应；

（4）治疗结果可以做出具体而客观地评估。

三、相关知识：朱迪·贝克[1]五步减肥法

行为治疗师朱迪·贝克开发了一个五步减肥程序，可以帮助节食者掌握节食要领。其步骤为：

第 1 步：培养节食前的技能

学习保持动力，养成良好的饮食习惯，应对饥饿和渴望，并从之前的饮食失误中恢复体能。这为节食减肥做了很好的铺垫。

第 2 步：进食规律化

尝试按照特定或议定的时间表进餐，使饮食朝着节食的方向规律化。

第 3 步：更改食物选择

尝试选择一些有利于减肥的食物，并一生都以此为主食。

第 4 步：为特殊场合做计划

提前做出节食安排，并学会灵活地进餐，以强化节食的成效。

第 5 步：保持生活动力

坚持不懈地努力，无论体重秤上有怎样的浮动，都不要放弃努力。

1　朱迪·贝克（Judith Beck）是认知—行为疗法大师亚伦·贝克（Aaron Bec）的女儿，她原来是一个小学教师，后来在父亲的感召下，学习和操练认知—行为疗法，出任贝克治疗中心的主任，并开创了自己的治疗技术。

最后，当节食者的体重达到平台期时，他们需要抱持信念，坚持以积极的减肥方式进食。只要能持之以恒，他们必将在节食上取得理想的成果。

第二单元 行为治疗的常用技术

一、学习目标

了解并掌握行为治疗的常用技术。

二、基本概念

行为治疗旨在通过运用行为主义心理学之经典性条件反射理论、操作性条件反射理论和观察学习的理论来帮助来访者摆脱或矫正其不良的行为表现或心理障碍。概括来说，行为治疗的常用疗法有系统脱敏疗法、内爆疗法、满灌疗法、厌恶疗法等。

（一）系统脱敏疗法

就是咨询师通过一系列的、逐步接近问题的刺激程序使来访者降低对某种事物的恐惧或依赖。具体来说，系统脱敏疗法有三个主要步骤：

1. 咨询师了解来访者特定焦虑的刺激源，并把这些刺激源按照引发来访者焦虑的程度进行等级排列。

2. 让来访者接受渐进式深度的肌肉放松训练，学会区分紧张和放松肌肉的感觉，以便使躯体和心理能够达到放松的状态。

3. 让来访者处于放松状态，从最弱等级的刺激开始进行生动的想象，直到来访者在其想象中不再对该刺激感到不安，然后进行下一个等级的刺激训练，直到完全去除特定的恐惧行为。

系统脱敏疗法具有易操作、好上手、见效快的特点，经常被用来治疗个人的惊恐症（如怕狗、怕蛇、怕蟑螂等）、焦虑症（如怕家里失窃、失火，学校恐惧症等）。

（二）内爆疗法

就是咨询师让来访者一开始就暴露在恐惧等级最高级、最强烈的刺激下，直面恐惧，但不会造成实际伤害。具体操作如下：

1. 咨询师了解来访者的特定焦虑的刺激源，并加以生动想象。

2. 咨询师让来访者接触特定的恐惧物，并一再给予来访者鼓励和支持，直至恐惧逐渐消失，由此来访者躲避该刺激的行为也随之消失。

内爆疗法就是让来访者有勇气面对刺激，无法否认、逃避、回避，从而让来访者理解其担心的负面情绪并不会出现，或不具伤害性。

内爆疗法与系统脱敏疗法相反，但都是治愈恐惧症的方法。它经常被用来帮助来访者克除对某种动物的恐惧（如对狗、蛇、老鼠的恐惧）。

（三）满灌疗法

也称冲击疗法或泛滥疗法，就是咨询师使来访者真正置身于其恐惧的情形中，来去除特定的恐惧行为。满灌疗法又分为想象暴露和实景暴露。

其中想象暴露就是让来访者想象最令他恐惧的场面，或由咨询师反复给来访者讲述最令他恐惧的场面，或用录像、视频、幻灯放映这一恐惧情景，且不许来访者采取堵耳朵、闭眼睛、哭喊等逃避措施。在此反复刺激下，来访者因焦虑会出现心跳加剧、呼吸困难、四肢发冷等反应，但暴露结束后，最可怕的灾难并没出现，焦虑反应也就会消退。

实景暴露就是把来访者带入其最恐惧的情境去重新体验，当来访者感觉无所谓时，恐惧也就消退了。

满灌疗法经常被用来治疗恐惧症、强迫症、焦虑症等。

（四）厌恶疗法

厌恶疗法又称对抗性发射疗法，就是咨询师对来访者应用具有惩罚的厌恶刺激来矫正或消除某些适应不当行为。其目的在于将目标行为与不愉快或需惩罚的刺激结合起来，通过厌恶性条件反射，来消退目标行为对患者的吸引力，使其症状消退。厌恶疗法常被用于治疗某些变态行为，如露阴症、窥阴症、恋物症等，它对酗酒、吸烟、暴力倾向的治疗也有一定的效果。

三、相关知识：如何评估问题行为

就来访者问题行为的测定，咨询师可在其频率、强度和持续时间上加以评定。

（一）频率

就是指当事人的问题行为会多久发生一次，每次发生有多严重，与常态的频率偏离有多大等。例如，学生的网络游戏成瘾行为，成人的赌博、酗酒、家暴等行为多久发生一次，每次持续多久，偏离常态行为有多少等。其频率测定也可通过相关的行为量表完成，如《网络游戏成瘾量表》（IAT）[1]、《手机成瘾指数量表》[2]。

（二）强度

就是指当事人的问题行为发生时会有多严重，对自己及周围人的影响有多深等。如果强度不大，则不需要介入或干预，否则就需要做直接或间接的干预。例如，成人的赌博、酗酒、家暴行为发生时有多严重等。同样，其频率测定也可通过相关的行为、情绪量表或物理、生理测试手段来完成。例如，酒驾也会经吹气来检测其体内的酒精成分。

（三）持续时间

就是指当事人的问题行为在发生时会持续多久，与常态的持续时限偏差

---

1 金伯利·杨的《网络游戏成瘾量表》（Kimberly Young, *Internet Addiction Test*, IAT），有 20 个条目，可用于测量青少年网络成瘾的程度。

2 《手机成瘾指数量表》（MPAI），有 17 个条目，分失控性、戒断性、逃避性、低效性 4 个因子。

有多大等。同样，其测定也可通过相关的行为量表、情绪量表及生理和物理性测量手段来完成。例如，抑郁症的检测就可通过《贝克抑郁自评量表》来确定。

总之，咨询师可通过检测来访者问题行为的频率、强度和持续时间，拟定治疗目标，并选择相应行为治疗策略与手段。

当使用想象暴露时需要注意五个要点：

1. 利用环境提示以创造畏惧性刺激的鲜明形象；

2. 加入使用认知重塑、放松训练、思考中断等各类认知行为治疗的方法，以减少焦虑、去除负面的想象和思考；

3. 以分级形式呈现这些想象，要求来访者首先选择特定的目标；

4. 训练来访者应对焦虑的方法；

5. 重复想象暴露直到焦虑几近消除。

如果来访者愿意在现实生活的情境中面对原先的畏惧性刺激，暴露治疗将会达到最佳疗效。所以心理师通常可以建议，尽量尝试让来访者参与后续的现场暴露。

案例 15–2　我在课上做行为治疗的示范

我在香港城市大学开设了咨询心理学的课程，每次在讲行为疗法的课前，我都会留出 20 分钟，在课上现场示范怎样做对某种动物或事物的恐惧治疗。在此之前，我会招募志愿者，并邀请他们把恐惧是怎么形成的，怎么影响了生活写成一个报告交给我。下面举一个例子：

一个女生十分惧怕蟑螂，每次见到蟑螂她就惊恐万分，甚至浑身发抖。她的恐惧来自一次回乡的经历。那年她 10 多岁，随父亲去乡下探望奶奶。当晚就住在一间农房里，第二天中午她在打盹，感觉脸部痒痒的，睁眼一望，看见一个大蟑螂正从她睡着的床上爬过。自此，每次看见蟑螂她就惊恐不已，甚至浑身发抖。她希望在课上解决这个问题。

据此，我先在网上搜寻了一批大小不同的蟑螂照片，打印出来；又在网上下载了一段蟑螂爬动的视频；我还特意到玩具市场买了一个假蟑螂。

到了上课那一天，我请这名学生上前坐下，还请了一个跟她要好的同学一同上来坐下。然后我按下列步骤给她做行为治疗：

第一步：与她谈论蟑螂，如果她感觉不适，可以握住同学的手，或是抱住她。果然，她说着说着就紧张起来，紧紧握住同学的手。此时我请她评估此刻的紧张程度，1 是最低，10 是最高。她给自己的评估是 9。我指导她做放松练习，直至紧张程度降到 5。

第二步：给她看蟑螂的照片，如果感觉不适，也可握住同学的手，或是抱住她。果然，她说不敢看，紧紧握住同学的手，偷望着照片。我再次请她评估此刻的紧张程度，她说又是 9。我再次指导她做放松练习，直至紧张程度降到 5。

第三步：给她看蟑螂的视频，如果感觉不适，可以握住同学的手，或是抱住她。果然她又开始紧张起来，握住同学的手，但没有之前那么紧张了。我再次请她评估此刻的紧张程度，她说是 7。我又指导她做放松练习，直至紧张程度降到 5。

第四步：我请她触摸蟑螂玩具，她立马就抱住了同学。说什么都不继续了，并开始哭泣。

见此，我停止了当天的治疗，邀请她下周上课时继续治疗，并给予她极大的赞美，也邀请同学们都为她鼓掌。

第五步：待下次上课时，她主动告诉我愿意继续治疗。最后，我邀请她上前，并问她是否还愿意请个同学一同上来。她说不用了，我请她坐定，自报紧张指数，她说是 9。我还是指导她做放松练习，直到她的紧张指数降到了 5。我再拿出那个蟑螂玩具，请她轻轻触摸。她缓缓睁开了眼睛，颤颤巍巍地触摸了蟑螂玩具。此刻我邀请大家热烈鼓掌，然后问她的紧张指数，她主动说是 5。我邀请大家鼓掌，并请她拿过来那个蟑螂玩具，她没有迟疑地拿过来，开始呵呵地笑，大声宣布："我再也不怕蟑螂啦！"

点评：

这是一个经典的系统脱敏的治疗过程，学生在很短的时间内摆脱了困扰她10多年的蟑螂恐惧症，现场效果甚佳。整个治疗过程步步放纵，经历了谈蟑螂—看蟑螂图片—看蟑螂视频—摸蟑螂玩具4个步骤，每一步都要她做紧张自评和放松练习。紧张自评可以让她感受自己紧张程度的转变，放松练习可以让她学会在蟑螂面前消除紧张和焦虑。当然，最后一步时，她不能继续配合，我就停止治疗，但仍积极鼓励她，直到下一次她来继续治疗，说明她愿意突破自我，最后也完成了自我突破。

所以咨询师要根据来访者的情况做好事前准备（如图片、视频、玩具等），并在现场灵活安排，定可帮助来访者治疗好其恐惧。

小结：岳晓东论行为训练和行为治疗

所有的心理咨询都可谓行为训练。

懂不等于会，懂与会之间的桥梁是练习。

来访者觉察到自身问题之所在，绝不意味着他就会自行加以解决了。来访者需要经过不断操练才能养成良好的行为模式与习惯。

认知—行为疗法之所以汇合，就是因为心理咨询的前辈经过多年的实践终于明白了一个道理，就是认知改变与行为改变完全是两码事。

在咨询中不做行为训练，咨询的成效一定不会持久。

第十六章

心理咨询的家庭治疗技术

生活不总是那么美好……但是你的生活方式会让这一切变得不同。

——萨提亚

第一节 家庭治疗运动的核心概念

第一单元 家庭治疗运动的兴起

一、学习目标

了解家庭治疗运动的兴起。

二、基本概念

家庭治疗是以家庭为单位，通过治疗性会谈、行为作业及其他非言语性技术来消除个人或家庭冲突，促进个体和家庭系统的心理治疗方法。

家庭治疗诞生于20世纪40年代的美国，50年代中期系统性家庭治疗开始流行。到了20世纪六七十年代，家庭治疗与心理动力疗法、行为疗法及人本流派的疗法开始整合。到了80年代，系统性家庭治疗趋于成熟，开始与精神分析治疗、来访者中心治疗、认知—行为治疗并驾齐驱。到了90年代，家庭治疗理论更趋于融合，以处理家庭人际关系为目的，并以人际系统（最普遍的即为家庭系统）为干预对象。

进入20世纪以来，不同取向的家庭系统治疗纷纷崛起，形成了心理咨询领域的“第四势力”。其代表性的理论有客体关系治疗、系统家庭治疗、经验家庭治疗、结构家庭治疗、策略家庭治疗等。结构家庭治疗自2000年前后被介绍到中国以来，就广受欢迎，影响日益扩大。

家庭治疗的最终目的是帮助家庭成员改善沟通，并且解决家庭成员之间的冲突。家庭治疗的重点在于了解和处理特殊家庭状况，如家庭成员死亡、患有严重身体或精神疾病、儿童及青少年行为偏差等复杂问题。家庭治疗能够创造一个更好的家庭环境，让成员其乐融融。此外，家庭治疗也可以成为一种教育机制，例如，家庭治疗可增进人们对有关疾病知识的了解，或当儿童受到负性情绪干扰时，父母知道应该如何面对孩子，学会亲子相处之道。

总之，家庭治疗能够增强家庭凝聚力，促进家庭成员间的良好沟通，了解家庭的动力模式，寻求有效的方法来化解家庭冲突，并培养家庭成员之间的同理心和理解力。

拓展阅读 16-1　家庭治疗的兴起历程

年份	重大事件
1910 年	德勒库尔斯把儿童指导中心扩展为家庭咨询中心
1920—1929 年	社会心理学家的小组动力学的研究对于家庭理论产生了极大的影响
1937 年	阿克曼发表了第一篇有关于家庭治疗的研究论文
1945—1955 年	第二次世界大战结束后，很多军人不能重新融入家庭生活，这导致许多家庭产生了适应问题，部分家庭开始寻求专业辅助
1948 年	赖希曼提出父母在孩子精神分裂症状的发展过程中起了很大的作用
1954 年	杰克逊提出了家庭互动疗法
1961 年	贝尔开始定期为整个家庭提供治疗，而不只针对患者本人
1962 年	米纽庆提出了两种陷入困境的家庭常见模式：一、陷入纠缠状态；二、陷入脱离接触
1964 年	萨提亚创立了联合家庭疗法理论
1968 年	行为家庭疗法首次出现
1970 年	婚姻咨询与家庭治疗开始融合
1975 年	杂志《婚姻与家庭疗法》（*The Journal of Marital and Family Therapy*）开始发表相关文章
1976 年	哈利与麦德尼斯共同建立了家庭治疗研究所
1977 年	美国家庭治疗协会成立

续表

年份	重大事件
1981 年	米纽庆成立了一所家庭治疗培训中心
1986 年	美国心理咨询协会（ACA）成立了国际婚姻和家庭辅导员协会，并制定了婚姻和家庭咨询培训计划的培训标准。同年，美国心理学协会成立了家庭心理学系

第二单元　家庭治疗的主要流派

一、鲍恩的家庭系统治疗

鲍恩式家庭治疗有别于以往关注个体心理的模式，采用了将个体放在家族的立场和角度。这是一种全新的思维方式，不是单纯的干预技术。治疗注重家庭对个人、情感和情绪的塑造。鲍恩理论提出了两个主要理论假设：

（一）家庭的自我分化理论

家庭的自我分化是家庭成员成长的目的，是必不可少的。这与家庭成员之间过度的感情联系和家庭功能失调有着直接联系。自我分化是鲍恩式系统家庭理论的核心概念，是指一开始某个或者某些家族成员把自己与家人混为一谈、缺乏界限感，到后来产生比较清楚的自我定位和他人确立明确界限的过程。

其中包括两层含义：①理智与情感的分化，要具备理智与情绪分离的能力，要在特定时刻能够分辨和选择使用理智或情绪去支配；②自我与他人的分化，个体除了要体验与其他成员的亲密感外，还要作为一个自主的个体，才能避免陷入家庭情绪纠纷。在鲍恩理论中，若个体能够在思想和情绪中获得平衡，也能够独立于家族情绪之外，保持客观和灵活性，可被视为良好的分化。

（二）家庭的传承理论

家庭的传承理论是指在上一代没有结束的问题会传到下一代或者多代来解

决。可解释为，未解决的依恋状态在家庭中遗传。在自己原生家庭投入很多情感、分离不良，以至于对自己新的家庭产生破坏，例如，“凤凰男”“灰姑娘”“妈宝男”等各类家庭。

另外，鲍恩还提出了家庭三角关系的想法，他认为家庭情绪系统的基本就是一个三角关系。虽然人际关系中两人之间的情感关系最为直接，但是当两人情绪系统不稳定或焦虑时，第三人的加入会减少原有两人的交流，并形成更稳定的结构。比如，当夫妻之间出现矛盾时，孩子的出现可以转移他们的注意力，从而缓解夫妻间的压力与焦虑，但同时可能把孩子识别为焦虑的理由，从而把这种焦虑感转移到孩子身上，获得心理能量的平衡。

三人三角虽然稳固，但当面临不能负荷的焦虑时，也有可能激发出更多的人加入这层关系中。鲍恩指出三角关系至少有四种可能性：

第一种：本来稳定的二人关系因第三人加入而变得不稳定，如夫妻关系因为有了孩子就不再亲近；

第二种：稳定的二人关系因为第三人的动摇变得不稳定，如母子关系好而动摇了夫妻关系；

第三种：不稳定的二人关系因为第三人的加入变得稳定，如夫妻关系差因为关注孩子而变好；

第四种：除掉第三人的不稳定，让二人关系变得稳定，如夫妻因为孩子上大学而关系变好。

所以鲍恩式系统家庭治疗主张识别三角关系和去除三角化以达到家庭成员情绪稳定的目的。

二、米纽庆的结构式家庭治疗

结构式家庭治疗起源于20世纪60年代，由米纽庆等人创建，治疗的重心是重建家庭结构，通过改变相应的规则，使原本已僵化或模糊的家庭系统变得清晰起来，是一种改变家庭问题和症状的家庭互动模式。结构式家庭治疗认为，个人是在家庭环境系统中了解个人的，而个人行为不仅仅是个人的事情，也和周围环境有着密不可分的联系。以下是结构式家庭治疗的两个特点：

（一）以家庭为单位

结构式家庭治疗不太关注个人内在心理结构，亦不会对个人行为动机、潜意识和欲望等个人原因做深入讨论。结构式家庭治疗着重于整个家庭系统，希望通过家庭内部结构、界限、家庭成员的关系和互动等因素去考察家庭不良功能与情况，从而改变内部结构，对不良功能进行矫正，共同完善家庭系统和个体行为。

（二）视家庭为系统

结构式家庭治疗以系统作为中心，以系统的角度看待问题，系统内的所有组合和关系都是相连的，构成一个整体。也就是说系统一部分的变化会牵连到系统另外的部分，也会引起相互影响的效应。这种影响不再是针对一个个体，而是整个家庭系统。这个系统能塑造一种归属感和个别感，不仅可以为家庭成员提供一种心理社会保护作用，同时能传递社会文化。

三、萨提亚的系统式家庭治疗

萨提亚的转型系统式家庭治疗也被称为萨提亚疗法，是指通过解决家庭成员的互动模式和情感交流的方法来改善家庭结构内部的关系。治疗师帮助家庭成员化解过去的创伤和冲突，增强家庭的和睦统一，促进各家庭成员的内心平和。

萨提亚提出，人生来向善，并具有积极的生命能量。人们也都渴望在家庭生活中体验到精神上的满足。而面对家庭生活的烦恼，人天生就有应对的能力和资源。她认为“问题实际上不是问题，因为问题的出现源于人们应对的方式有误，而不是问题本身”。由此，她认为治疗应该着重于健康、可能性及希望，而不是病理和问题，因为生命能量可以促进自然愈合过程，相反，关注病理和问题也许会带来反效果。

萨提亚还认为，每个家庭成员都具有自我改变的能力，即使外部条件一时不成熟，个人也会有突破的。在婚姻和家庭生活中，人们不可能改变过去发生的事情，但可以改变这些事情对我们的影响，而通过解决过去的创伤，我们会过上更积极的生活。萨提亚曾言："生活不总是那么美好，有时候就是这个样子。但是你的生活方式会让这一切变得不同。"[1]

四、贝特森的策略式家庭治疗

策略派的家庭治疗是由贝特森和艾瑞克森使用的一种家庭治疗模式。他们的目标是观察家庭，而不是改变家庭，他们倾向于改变家庭的关系和结构，而不是去改变人本身。而这种家庭治疗方式经常与催眠结合，可以加速作用，缩短整体疗程。

策略派的治疗师认为，问题是真实存在的，治疗师需要有一套策略来解决问题，所以治疗师的权威性在这种治疗中会起到很大的作用。因为治疗师需要下达指令，要求家庭成员执行他制定的互动关系，从而改变家庭内部存在的问题。

简短治疗模型的代表人物是杰克逊，他主张治疗师注重观察成员之间的互动，从沟通和信息反馈当中看待家庭内部的问题，并且着重于错误反应如何导致家庭问题被强化。因此，他们相信只要维持问题的错误减少，家庭问题就会随即减少或解决。这个模型的首要任务是去界定家庭内部发生了什么问题，发现错误的解决方式，并提出和干预这种错误，找到正确支配和修改的解决方式。策略派家庭治疗的治疗师和其他派别的治疗师不一样，他们掌控全局、实施干预，并且主要负责对家庭的改变。

五、米兰系统派家庭治疗

系统派家庭治疗也被称为米兰派家庭治疗，是从策略派家庭治疗衍生和发展出来的一个流派，并且受到策略派的影响，发展出"循环提问"的技术。系统派

1　这句话的原话是"Life is not what it is supposed to be. It is what it is. The way you cope with it is what makes the difference"。

主要通过解决和改善家庭成员之间的互动系统来减少家庭中的困扰与冲突，这种治疗方式可涉及家庭中的任何成员。系统派的目的是发掘出家庭成员之间根深蒂固的问题相处模式，并替代以良好的沟通和行为模式。

系统派家庭治疗假设，个人情感问题来自家庭关系中的问题和困难。系统派家庭治疗不会将问题视为个人的问题，而是整个家庭及更广泛的问题。系统派的特色是“反矛盾”，治疗师不会要求家庭过早地改变，以避免扩大家庭成员之间的矛盾。

此外，系统派家庭治疗使家庭成员间可以安全地表达和探索关系中的困难、思想和情感，有助于更深入地了解彼此的想法与经历，了解彼此的需求和愿望，从而建立家庭优势并改善家庭关系。

第二节　米纽庆家庭治疗的核心概念

第一单元　米纽庆家庭治疗的核心概念

一、学习目标

了解米纽庆家庭治疗的核心概念。

二、基本概念

（一）结构家庭治疗的创立

结构家庭治疗的创始人米纽庆和哈利强调，家庭的结构影响了家庭关系。米纽庆出生在阿根廷，后移民到美国，早年接受过精神分析的训练。当他在纽约给新移民和黑人家庭进行治疗时，很快发现精神分析方法对这类家庭完全适用。1965 年，他来到费城的儿童指导中心工作，面对那些“过分有条理”的白种人中产阶级家庭，发现家庭是由不同角色、不同功能和权利分配组织起来的一个实体。后来，他来到美国加州的帕罗奥多心智研究所（MRI）工作，在家庭沟通模式的系统思想上创立了“结构家庭治疗”。

（二）结构家庭治疗的内涵

结构家庭疗法与其他家庭疗法一样，十分关注家庭的整体背景而不是家庭的个体成员。其疗法的主要论题是：

1. 个体的症状只有在家庭交互作用的模式背景中才能得到最好的理解；

2. 家庭组织或者结构的改变必须发生在症状减轻之前；

3. 治疗师在改变症状所植根的结构或背景中必须担当一个指导性的角色。

这些主题对许多家庭治疗师的实践产生的巨大影响至少持续了 30 年。[1]

米纽庆认为，每个家庭都有内在的组织或结构。家庭结构通过其子系统之内和之间的相互作用，产生稳定的维持和调节。这些子系统之间则有界限来区分。在结构性家庭治疗中有三个关键性的概念，即结构、子系统和界限。

结构是指家庭内的相互作用模式、规则及权威的分配。每个家庭都有一些隐形的功能需求或规则，整合家庭成员彼此互动的方式。此模式可以预测行为反复出现的系列，可以涉及两名或更多的家庭成员。每个家庭也包含使家庭成员相互学会与适应的内部规则，当家庭面临新的问题但未能产生相应的必要的内部规则时，就会出现家庭功能障碍。最后，家庭结构在家庭内进行权威分配，形成一个等级组织。

子系统是指以一定方式建立起来的角色与功能的亚系统。子系统可以是明显的群集，如“父母”或“孩子”，也可以形成潜在的联盟，如父亲和子女形成联盟而排除母亲等。

界限是指家庭中亚系统之间的界限。界限掌控家庭成员彼此间接触的性质和频率。在功能良好的家庭中，某些子系统的界限是十分清晰的，但仍具有充分的可变性，以便适当地输出进入子系统。例如，婚姻的界限可使夫妻能有时间离开孩子相处，但仍可有效地实现父母的功能。另外，界限可能是过分僵硬或过度模

---

1 ［美］戈登堡等：《家庭治疗概论》，李正云等译，陕西师范大学出版社，2005。

糊的。这种情况下的边界使得其他人可以任意入侵，这将导致纠结状况。

纠结是指家庭成员过度关切和卷入彼此的生活，虽然支持性很高，但也必须付出很大的代价，即牺牲彼此的独立性。结构性家庭治疗注重家庭的组织、关系、角色与权利的执行等结构。治疗方式就是使用各式各样的具体方法，来解决家庭结构上的问题，以促进家庭的功能运转良好。

例如，父母作为家庭的管理者，一直处在权威的地位，在孩子的早年成长中无法与孩子平起平坐，也不习惯与孩子平等对话。这就成了亲子冲突的根源。

（三）结构式家庭治疗的基本假设

米纽庆对家庭治疗有两个基本理论假设：

假设一，家庭是一个系统，由成员组成。在家庭系统中，每个家庭成员都有特定的角色，彼此相互影响、相互依赖。

假设二，家庭结构是一个抽象的范畴，但是有基本的框架，家庭内部应该存在一定的界限，角色分工明确，权利构架合理。否则，家庭结构就不合理，就有可能产生问题。

第二单元　米纽庆家庭治疗的操作方法

一、学习目标

了解米纽庆家庭治疗的操作方法。

二、基本概念

家庭治疗一般分为三个步骤：

（一）进入家庭

就是进入家庭的现实环境。在被接纳后，通过观察家庭成员之间的交往、互动过程，了解家庭结构的基本情况，包括家庭成员之间的边界、当前成员所扮演的角色、权利的分工等。

（二）进行评估

就是对家庭结构做出一个基本诊断，其内容包括：家庭结构是否合理，即家庭内部是否存在边界、角色是否明确、权利分工是否合理等；家庭系统的支持程度，即家庭成员是否互相了解、关心与支持；家庭成员的问题与家庭结构之间的关联，即问题是如何形成的等。

（三）进行干预

干预的目标有两个：一是改变家庭观念，让家庭成员意识到问题的产生是由不良的家庭结构造成的，并主动承诺改变；二是改善家庭结构，包括协助建立一定的边界、明确各自的角色、构架合理的权利等。

结构式家庭心理治疗的焦点在于确定家庭成员间的关系是否有合适的角色与地位扮演，是否有上下适合的等级，彼此是否能沟通，是否可以相互支持与配合，关注维持一个家庭的结构。

总之，结构式家庭治疗从结构观点出发，致力于分析、调整家庭结构以达到心理治疗的目的，为心理治疗开辟出一个新的视角，为有效解决人们在现实生活中所遇到的困扰提供更多可选择的方法。

在中国社会中，家庭文化的基本准则，如重视家庭、注重权威、强调等级等，都为结构性家庭治疗理论与技术在中国的应用提供了发展的契机和基础，而结构家庭治疗则进一步发扬了中国文化中人文精神和家庭本位的思想，二者的有机结合将为家庭治疗在我国的应用开拓一个新的发展领域。

拓展阅读 16–2　米纽庆发展家庭治疗的心路历程

萨尔瓦多·米纽庆（1921—2017）是一位精神科医生，他帮助推动发展家庭治疗，并开创了结构性家庭疗法的领域。1921 年，他出生于阿根廷；1947 年，获得医学学位并短暂开设了儿科诊所。在他接受分析师培训的时候，曾为一个犯罪男童担任精神分析的工作并了解到传统的精神分析方法未必能为人们提供足够的治疗，所以他开始尝试家庭治疗，从男孩的家人入手，为男孩提供治疗方案。

1965 年，米纽庆被任命为宾夕法尼亚大学营运的费城儿童指导中心主任，并同时担任儿童科学和儿童心理学教授，但是他的方法被中心内大部分员工认为过于激进。不过，随着他的指导，该中心已发展为世界上最受尊敬的儿童指导和家庭治疗培训中心之一。虽然中心和大学里都有很多人对米纽庆的方式发出挑战并向美国心理学会（APA）提出了投诉，但美国精神病协会最终给出的结论是，米纽庆的家庭治疗方法是有效的，可以继续使用。直到现在，米纽庆提出的结构性家庭治疗被称为家庭疗法中的一大流派，为家庭疗法提供了崭新的理论并做出了不少贡献。

米纽庆的家庭治疗技术也为中国香港的家庭治疗发展做出了很大的贡献。他唯一的中国学生是李维榕博士。她自 1993 年在香港开始教授家庭疗法，并把西方理论应用到中国文化中，运用适合中国文化的方式来发展家庭疗法的技术。此外，李维榕还积极推动米纽庆来香港做学术交流。1996 年和 1998 年，米纽庆曾两次来到香港参加当地的家庭治疗会议，并开设工作坊。李维榕也在 1996 年成立了香港家庭研究中心，提供课程培训和监督，培养新一代的家庭治疗师。

第三节 萨提亚家庭治疗模式

第一单元 萨提亚家庭治疗的核心概念

一、学习目标

了解萨提亚家庭治疗模式的基本概念。

二、基本概念

（一）萨提亚的家庭治疗理念

维吉尼亚·萨提亚是美国第一代家庭治疗师，20 世纪 50 年代已居于领导地位。由于她建树良多，她的两所母校——威斯康星大学和芝加哥大学都授予她荣誉博士学位及“对人类的杰出贡献”金质奖章。她后来成为美国最具影响力的家庭治疗大师之一，《人类行为》（*Human Behavior*）杂志曾将她喻为“每个人的家庭治疗大师”。她一生致力于探索人与人之间，以及人类本质上的各种问题，在家庭沟通方面的理念和方法，备受事业人士的尊崇与重视。

1964 年出版的《联合家族治疗》（*Conjoint Family Therapy*），被誉为家庭治疗的《圣经》。萨提亚后来加入了伊沙兰学院（Esalen Institute），研究人文心理学，了解“个人内在自我”与“家庭关系”之间的互动作用，使其创立的治疗法更充实和完善，最终自成一家。

萨提亚在《联合家族治疗》中倡导的家族治疗理念受到重视后，她开始在世界各地演讲、教学、举行研讨会。到 20 世纪 70 年代，美国精神医学会列出了 21 位最具影响力的治疗师，萨提亚是名单中唯一的女性，且位居前列。

萨提亚之所以备受推崇，是因为她有一套异于传统疗法又相当完整的理论，更有她深具个人魅力的实务运作方法。她曾担任美国人本心理学会会长一职，倡导凡事皆以人为本位，以人为关怀。她认为真正的人本主义注重“你和我”，而不是“你或我”，关心的是“我们”，而不是“我”，否则便沦为自私自利了。

萨提亚强调每个人都是独特的，都是不可复制的，人们原本就应以自己的方式去生活。萨提亚所做的，只是提醒人们要尊重生命，相信生命是可以改变的，希望每个人都能以更好的方式生存于世上。

（二）萨提亚家庭治疗模式

萨提亚家庭治疗模式也被称为联合家庭治疗，是一种典型的经验性家庭治疗模式，亦是家庭治疗的鼻祖。萨提亚模式强调扩大家庭成员的成长和学习，强化自我成长和潜能开发，而非动辄将家庭成员的问题贴上病态化的标签。

在萨提亚家庭治疗过程中，家庭中的所有成员都可以看见家庭内每一位成员如何面对和回应问题。萨提亚提倡教会人们通过了解自己去肯定自我价值，学会沟通技巧或改变行为从而达成与他人的互动。她主张家庭治疗要使人在一个被关注和尊重的环境中学习如何对待人生的种种逆境，并掌握生命的意义。萨提亚的家庭治疗模式有以下特点：

1. 家庭治疗要提高家庭成员的自信

萨提亚提倡的核心价值是实现高度自我价值，无论经历多少不顺意也要衷心地接纳，要明白自己无法主宰万物，所以要学会与外界对话和应对。人们要丰富个人资源和能量，感受资源的存在，让自己变得自信、自我和坚定。

2. 家庭治疗要改善家庭成员间的沟通

沟通往往能影响人际关系和生活质量，萨提亚提出通过发掘个人资源，为自我价值获得提升的基础，使人活得更人性化，不只是消除症状，而且让外在的言语和行动联结内在的感受和需求，为个人带来更有效的人际关系与互动沟通，实现身心一致。

3. 家庭治疗要促进家庭成员的身心整合

当个人达到身心整合、内外一致的境界时，人与人之间自然可顺畅地表达自己内心的想法和愿望，并且被对方接纳，心与心之间的距离缩短，有助于建立真诚的关系，实现最大化的个人潜能。

（三）萨提亚的冰山理论

萨提亚的冰山理论，实际上是一个隐喻，把一个人的“自我”比作一座冰山，我们能看到的只是冰山表面露出水面的很小一部分——行为，而大部分的内在世界却藏在更深的水面之下，就像冰山一样，不为人所见。这包括应对方式、感受、观点、期待、渴望和自我等七个层次。

萨提亚冰山理论的隐喻（图 16-1）：

1. 行为：家庭成员的行动、活动、故事内容等。

2. 应对方式：家庭成员在沟通中采取的姿态等。

3. 自我感受 / 对感受的感受：

感受：家庭成员在沟通中所体验到的喜悦、兴奋、愤怒、恐惧等；

感受的感受：家庭成员感受到的关于感受的决定。

4. 观点：家庭成员的信念、假设、价值观等。

5. 期待：家庭成员对自己的、对他人的、来自他人的期待等。

6. 渴望：家庭成员对爱、接纳、归属、自尊、自爱的渴望。

7. 自我：家庭成员的生命力、灵性、核心、本质等。

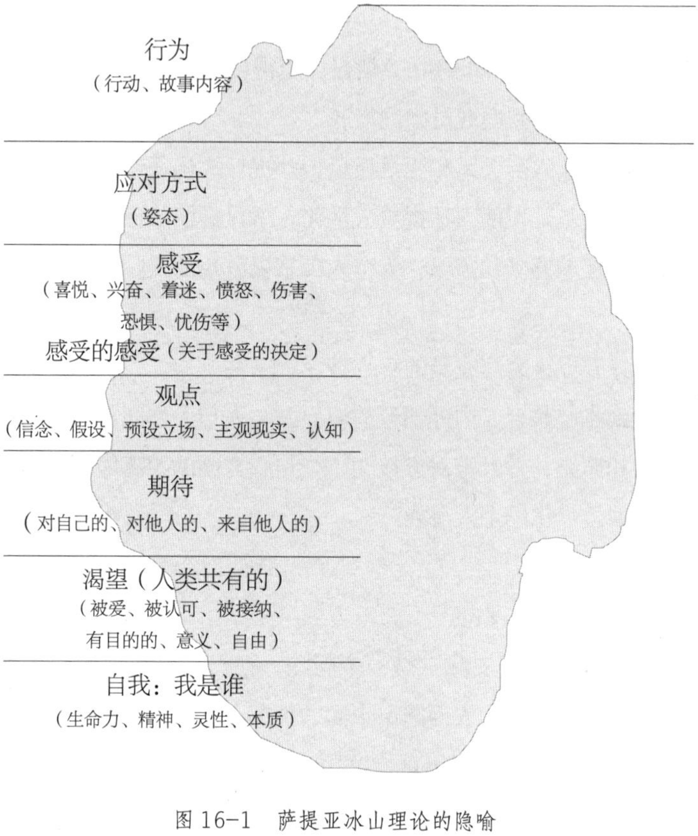

图 16-1　萨提亚冰山理论的隐喻

一般来说，我们看见的都只是冰山一角，也就是外在行为的呈现。但在行为的背后，还蕴藏着应对方式、感受、观点、期待、渴望和自我。在与人沟通时，我们往往忽略冰山下的大部分，而只看到表层的行为表现。很多时候，甚至连自己都很难觉察到自己冰山下的部分。

（四）萨提亚的家庭冲突的类型

萨提亚提出，家庭成员之间的不良互动与沟通常会呈现以下四种模式：

1. 指责型沟通

这类人喜欢控制他人，更喜欢批评他人。他们几乎对身边的每个人都不满意，并认为他们都无法满足自己的要求和期望。由此，愤怒是他们对生活不快的防御机制，也通常给人感觉脾气暴躁、虐待狂。其实，愤怒也是为了掩盖他们内心的脆弱，因为他们无法直接表达恐惧。

2. 讨好型沟通

这类人讨人喜欢，是一种令人愉悦的人格。他们往往会把别人当成比自己更重要的人。他们不喜欢和任何人说“不”，也时常感到无助和毫无价值。他们会不惜一切代价，只求换来别人对他们的认可。他们主要依靠他人的自我意识，在他人从内而外的认可中获得自我价值。他们甚少表达愤怒，只会将对自己的情感埋在心底，这很容易让他们深感沮丧。

3. 超理智型沟通

这类人往往给人感觉超级冷静，希望做事有据可循，并希望他人都能高效率且守规则。他们喜欢引用事实、数据、权威来说话，并不愿承认自身的错误。一方面，他们会详细记录别人的失误，并在争论中加以引用。他们还认为情绪是不可靠的，因为情绪是无法预测的。由此，他们经常会被认为是自恋的、麻木不仁的、不善换位思考替别人着想。另一方面，他们又渴望获得正义与公平，希望被人接受，害怕被人发现自己的不完美。

4. 打岔型沟通

这类人往往给人感觉十分健谈，但并不专心，因为他们在对话时会表现得十分不稳定，容易脱离实际。他们害怕问题的出现，也常常忽略问题，这让他们觉得问题会自然消失，但实际是掩耳盗铃。当面对问题时，他们会感觉既痛苦又冒险。他们喜欢不断转移话题来减少尴尬，以转移别人的注意力。

表 16-1 总结了这四种模式的表现特点。

表 16-1 萨提亚的四种应对压力的沟通方式

类型	定义	例子
指责型沟通	语言当中充满了指责，虽然表面上看有理，但内心十分恐慌，并感到无助	都是你的错 你怎么做什么都做不好 你永远都做不好
讨好型沟通	总是用息事宁人的态度去面对家庭成员间的冲突，强调重视别人，牺牲小我	都是我的错 我不该这样做 我的想法不重要，你的想法才是最重要的
超理智型沟通	只会讲道理，不喜欢流露一丝情感， 认为情绪是不可靠的，逻辑才是最重要的	就以事论事，这个事情的道理是什么
打岔型沟通	总是喜欢避开问题，不愿意直接回答，也不能专注在一件事情上	不敢直视对方眼睛 一边说话一边做着自己的事情

（五）萨提亚的家庭一致性沟通

与上面四种不良沟通模式相对立的模式是一致性沟通，就是在沟通当中，既考虑自己的权利和感觉，也考虑对方的权利和感觉，以争取双方权利平衡与理性沟通的最大化。一致性沟通有别于被动性沟通和攻击性沟通。被动性沟通主要表现为回避冲突，易被说服，以取悦对方，顾全面子；攻击性沟通则表现为力图控制对方，施加压力，以获得个人利益的最大化。

一致性沟通的核心元素包括真诚、公平、明确、机智、诚恳等，可以使家庭成员之间更好地交流思想和情感。

如果家庭成员之间的沟通是指责型＋指责型，则其沟通必然陷入各执一词，相互争吵不休的局面，最后无法正常交流。

如果家庭成员之间的沟通是超理智型＋超理智型，则其沟通必然陷入冷冰冰的对话局面，最后无法顺心交流。

如果家庭成员之间的沟通是打岔型 + 打岔型，则其沟通必然陷入混乱不堪，相互争论不休的局面，最后无法达成一致。

如果家庭成员之间的沟通是一致型 + 一致型，则其沟通必然以诚相待，最后交流顺畅，且充满理解和爱意。这可谓是萨提亚家庭治疗的终极目标。

第二单元　萨提亚家庭治疗的操作技术

一、学习目标

了解萨提亚家庭治疗模式的操作技术。

二、萨提亚家庭治疗的常用技术

萨提亚家庭治疗中的应用技术很多，主要有以下技巧：

（一）温度读取技术

通过提升家庭成员之间的积极互动，换位思考，营造安全和信赖的情境，改进家庭成员的沟通技巧。

（二）心理隐喻与雕塑技术

唤醒家庭成员的潜意识，让人们以不同的方式来看待其信念，改变也就随之发生了。

（三）家谱图制作技术

通过利用图形、线条、关键词，来深入了解家族的个人信息、重大事件以及相互影响，以制作出家庭的关系图。

（四）影响力车轮技术

绘制、展示当事人生命成长中，给予他智力、情感或是物质方面影响的人。

（五）家庭生活编年史技术

通过家庭生活中重要信息的记录，呈现较为完整的家族发展史。

（六）交流姿态转换技术

将家庭关系中的不良交流姿态转变为一致性沟通，将“情感与理性”有机结合，促进成长。

（七）家庭重塑技术

重新还原并建构过去生命中缺失、澄清困惑的原因；认识父母的人格，承担自我的责任；运用个性部分，整合优化自我资源，促进人格完善和不断成长。

总之，萨提亚的家庭治疗力图把积极能量带回亲密关系中，通过给配偶讲爱的语言、在亲密关系银行账户中存款、说出对配偶的欣赏、赞美他的优良品质、学会接纳他的不足等方法来加以实现。

三、萨提亚家庭治疗的雕塑技术

家庭雕塑是指让家庭成员肢体呈现其家庭关系及冲突模式，并加以修正的技术。它会生动地呈现家庭关系中的各种形态，包括家庭成员之间的距离、姿势及表情。这种空间隐喻会象征家庭关系中的亲疏容拒和易接近与不易接近等主题，帮助个人觉察家庭关系中的问题。

家庭重塑中，肢体雕塑的方法可传递不同的内心状态或人际互动模式，这是一种非常有效的技巧，直接由身体引发内在的深层感受，同时可以帮助其他成员快速了解及同理雕塑者的心境。萨提亚在治疗中，经常使用雕塑，创造夸大的沟通姿态（讨好、指责、超理智、打岔）来传达她对沟通姿态的观察，邀请成员摆出不同沟通姿态后询问其感受，并邀请他们重新以放松的方式来摆出理想的沟通姿态，之后再教导他们做一致性沟通练习。

家庭雕塑可实施于家庭治疗中的个人、夫妻、父母子女、兄弟姊妹等主系统与次系统。近年来，它还被运用于公司的内部培训、亲子夏令营等，其表现形式会因服务对象而有所调整。

一般来说，家庭雕塑中的角色包括：雕塑者（当事人）、催化者（治疗师）、角色扮演者（被雕塑者选出来扮演原生家庭成员的人）、观众（观察并给予反馈），若团体成员很少而需扮演的角色很多，也可用椅子、玩具来充当角色。

整体来说，家庭雕塑大概可包含以下几种类型：

1. 原生家庭的雕塑：雕塑自己与父亲、母亲及其他兄弟姊妹的关系。

2. 延伸家庭的雕塑：雕塑大家庭或祖孙三代的家人关系。

3. 现在家庭的雕塑：雕塑目前家庭成员关系，包括夫妻子女等，也可包括过世的伴侣、前任伴侣等。

4. 自我面貌的雕塑：雕塑当事人自我的多个部分（面貌）及其内在关系等。

5. 工作伙伴的雕塑：雕塑自己与同事、主管、属下等人的关系。

6. 支持团体的雕塑：雕塑可能给当事人带来爱与支持的人，如亲朋好友或治疗师等。

总之，家庭雕塑是一种表达性心理治疗的技术，早期曾通过物体来替代人物，后来演化为用人来隐喻性地呈现家庭冲突的抽象形态。在这层意义上，家庭雕塑的优点是通过肢体行为的示范将家庭沟通精确地显现出来，比语言描述更入木三分。家庭雕塑的另一个优点是可以将过去的家庭经验于此时此刻重现。

拓展阅读 16-3 萨提亚发展家庭治疗的心路历程

萨提亚被称为家庭疗法的先驱。她于 1916 年出生在美国威斯康星州，1936 年，于美国密尔沃基州立师范学院（现威斯康星大学）获得教育学学士学位，曾担任教师 6 年。1948 年完成硕士学位后，她开始私人执业，并在几年后获得美国伊利诺伊州精神病学研究所的聘用，与其他治疗师合作，教他们在治疗过程中解决家庭内部问题的重要性，而不是只针对客户本身。因为她在私人执业时期认知到个人问题扩展到家庭的原因主要来自家庭整体本身。

1959年，萨提亚在美国加利福尼亚州设立了家庭治疗心理研究所，和员工们一起开发了第一个专门培训家庭治疗技术的培训系列，并逐渐推广给全国各地的心理治疗师和临床医生，受到广泛的接纳。特别是萨提亚提出的转化型系统疗法，为心理疗法提出了一个全新的角度，即患者或来访者的问题检查和改变是针对整个家庭的，而非只针对个人的。萨提亚还致力于帮助人们想方设法来满足其内心的一致性和家庭的和谐性，并在1970年建立了国际人类学系资源网络，又在1977年创建Avanta网站，为精神卫生工作者提供足够的资源与支持。在她的职业生涯中，萨提亚提供了数百次有关家庭治疗的方法讲座和培训，成为非常重要和有极大贡献的社会工作者和治疗师。

案例16–1　一个跨国婚姻的烦恼化解

我曾做过一个跨文化婚姻的咨询，情况如下。

男方背景：

36岁，新加坡裔南亚人，广州某跨国公司高管，原生家庭的成员都在新加坡生活。男方在新加坡长大，家族来自印度，父亲是一位商人，性情暴躁，掌控感强，经常对孩子施以暴力沟通。男方有一兄一妹。他从小就十分反叛，来上海发展也是为了远走他乡，不受父亲的掌控。男方与女方在工作中相识，女方原来是公司的高管，后来退出公司，与男方结婚，并育有一儿一女，成为家庭主妇。

女方背景：

32岁，江苏人，原来是英文翻译，曾任跨国公司人事部门主管，与男方相识并结婚。婚后曾工作一段时间，随着两个孩子的出生，女方辞掉工作在家带孩子。随着家庭负担的不断增加，女方对男方的不满情绪日益增加。尤其不能忍受丈夫回来挑三拣四，不能体会自己带孩子的辛苦，也不能忍受丈夫下班泡酒吧而不早回来一起用餐。夫妻双方每年回新加坡一次，但女方与婆婆关系紧张，与小姑子关系尚可。

男方的咨询诉求：

希望下班回家前，妻子能把房间收拾得很整洁、很温馨，并把饭做好，不要喋喋不休地诉说她的烦恼，特别是她回归职场的愿望。

女方的咨询诉求：

希望男方回家时态度温和，不要动辄发脾气，要理解自己带孩子的辛苦和烦恼，也要支持自己重归职场，增添家庭收入。

双方都愿接受咨询，改善关系，且每次都同来。

双方的冲突焦点：

女方是家里的独生女，从小父母扮演的是“虎妈猫爸”的角色，母亲对她要求严格，父亲对她宠爱有加。与男方不同的是，女方的父亲非常随和，女方母亲总是处于强势。

女方说自己从小到大一直学习优秀，本科考入上海的高校，进入职场后也一直是一个女强人。但这也给她带来了烦恼：“身边人都羡慕我有孩子有家庭，但其实我最想要的就是回归职场，为此我特别焦虑。”

男方与女方当下的冲突，源于两人原生家庭不同造成的人格不匹配，体现在男方在女方身上的移情表现。女方认同自己母亲在父亲面前一贯的强势，母亲几乎是作为她的榜样存在，让她成了职场和家庭里的女强人。但这种强势恰恰是男方所排斥的，因为这会让他联想到自己的父亲，唤醒了他童年的伤痛记忆。他开始觉得“妻子和父亲越来越像”，于是把情绪转移到妻子身上。所以，女方和男方的矛盾冲突，本质上是男方儿时与父亲的冲突的重现和延伸。

通过比较两人的原生家庭背景，我发现他们的婚姻本身就是带着问题开始的，所以也难怪婚姻的激情很快就消磨殆尽，变成琐碎的烦恼与矛盾了。

为此，我为他们进行了家庭治疗，制定的咨询目标是：

· 增进婚姻中的共情能力：换位思考、同感共情；
· 增进婚姻中的人格互动：权威关系的转换；
· 增进婚姻中的自我觉察：夫妻关系、文化差异；
· 增进婚姻中的角色互补：家务事、带孩子；
· 走出对婚姻中的“习得无助感”：停止对彼此的怨恨；
· 走出对婚姻困难的逃避心理：履行家庭协议；

·唤醒当初的激情：找出让彼此开心的事情；

…………

在这个案例中，我通过家庭雕塑，让他们各自看到了自己的沟通姿态（指责型＋指责型），也教会他们怎样运用“一致性沟通”来替代之前的不良沟通范式，取得了咨询的突出进展。在最后的咨询中，我还运用了家庭关系重塑技术，并产生了神奇的效果。

在具体操作中，我采用了温度读取、隐喻与幽默、冥想等技巧，下面是我的三项活动。

夫妻唤醒激情活动 1　回忆当年

活动要求：背对背坐，每人轮换说下面的话：

回忆最初的见面（我想起……）；

回忆最有趣的一幕（我想来……）；

回忆最激动的一幕（我现在还激动的是……）；

回忆最感动的一幕（我现在还感动的是……）；

回忆最抱歉的一幕（我现在还抱歉的是……）；

转过身来谈彼此的感受；

邀请双方相抱（视情况而定）。

夫妻唤醒激情活动 2　我感谢你

动作要求：背对背坐，每人轮换说下面的话：

一方先说：“我感谢你……”

另一方说：“我感谢你……”

如此循环 8—10 次；

转过身来谈彼此的感受；

邀请双方相抱（视情况而定）。

夫妻唤醒激情活动 3　请你不要再伤害我

一方先说："你曾说的 ××× 话，曾令我很受伤害，现在我放下了。"

如此循环 8—10 次；

谈彼此的感受；

邀请双方相抱（视情况而定）。

小结：岳晓东论家庭治疗

家庭治疗是个人治疗的延伸。

家庭治疗的核心问题是沟通，而沟通的核心问题是共情。所以，家庭治疗的目标就是让家庭成员放下成见，换位思考，找回当年的真情与真诚。

萨提亚的家庭治疗让我们看到了家庭系统的力量有多大，而米纽庆的家庭治疗让我们看到家庭结构的作用有多大。

全家总动员，家庭好起来。

第十七章

心理咨询的投射分析技术

投射性测验的目的重在交流，而非解释，否则会陷入“对号入座”的困局。

——岳晓东

第一节　心理咨询的投射分析技术介绍

第一单元　心理咨询的投射分析概念

一、学习目标

了解心理咨询投射分析的基本原理。

二、基本概念

（一）投射的概念

在心理学中，投射泛指个人把自己的态度、愿望、情绪等投射于环境中的事物或他人的现象。换言之，投射是一个人将内在生命中的价值观与情感好恶影射到外在世界的人、事、物上的心理现象。由此，我们所感受到的客观现实往往受到我们内心活动的影响。投射是一种不自觉的过程，也是一种普遍的生活现象。客观世界通过我们的感官形成知觉、表象、观念、情感等反应。但是，人的心理跟镜子和照相机不尽相同，它不仅会反映客观事物的存在，还会把个人的情感和价值观投射到客观事物上。例如，当我们心情愉悦时，会感觉花在笑、鸟在唱；而当我们心情郁闷时，会感觉花在凋、鸟在哭。

弗洛伊德最早提出了投射的概念，是指个人把自己不愿承认的情感、意图和观点等错误地归之于别人的现象。在弗洛伊德的精神理论中，投射是防御机制的常见表现。例如，自卑的人明明是自己看不起自己，却经常认为是别人看不起他，又找不出任何证据；爱批评别人自高自大的人往往很自恋，而经常骂别人自私自利的人自己却很自私。荣格的集体潜意识理论告诉我们，人类最深层的心理体验往往是世代遗传的，不易觉察却一直在影响着我们。

总之，投射是把个人不能接受或认同的东西在自己的内心世界排除，“投掷”

到外界去。

（二）投射的分类

按照精神分析理论，投射是人类最基本的心理现象和防御机制。

在自体心理学的框架内，投射有依赖型、迎合型、权威型、性欲型、负向攻击型等类型。表 17-1 详加叙述。

表 17-1　投射分类

投射类型	具体表现
依赖型投射	来访者对咨询师形成依赖或依恋关系，并在咨询中对咨询师不断加以理想化
迎合型投射	来访者对咨询师形成理想化移情关系，并在咨询中努力扮演乖孩子的角色，讨好咨询师
权威型投射	来访者对咨询师形成权威抗拒的移情关系，把咨询师当作那些曾压制过自己的权威人物，并在咨询中控制或贬低咨询师
性欲型投射	来访者对咨询师形成俄狄浦斯情结等关系，把咨询师当作性欲或性爱的对象，并在咨询中不断诱惑或贬抑咨询师
负向攻击型投射	来访者对咨询师形成攻击性关系，并在咨询中因不断感到被忽略而产生强烈的情绪反应

自体心理学当代领袖之一的伍尔夫认为，在负向攻击型投射中，常有一种具有自恋特点的敌对型移情关系存在，它会使来访者错误地认为，咨询师一直在反对他，且不会提供任何支持，这会使得来访者在咨询中表现得十分焦躁且充满敌意，这是不健康的投射。与此相反，健康的投射主要有两个特点：第一，来访者有觉察自省，即来访者会意识到自己总是带着某种情感和价值观去看世界，使世界染上了主观的色彩。例如，我们知道，花既不会含笑，也不会发愁，只不过是看花人的心情不同罢了。第二，投射认同具有建设性，甚至具有升华性和创造性。例如，文艺创作中的投射可以将个人的痛苦转化为成长的动力。

总之，在心理咨询中，投射的概念就像移情、阻抗一样，既是时刻展露的，又是潜移默化的。咨询师需要全面掌握其测验和分析方法，以在咨询中熟练地运用。

三、相关知识：投射测验大事记

1879 年，英国人弗朗西斯 · 高尔顿（达尔文的表弟）在一次报告中首次提到联想程序的研究，并认识到这一方法的意义："它们异常清晰地揭示出一个人思想的基础，而其展现个体精神内容的生动与真实性可能超出了个人意愿。"

1882 年，德国心理学家冯特等人在不同领域研究或使用了联想法。1910 年，瑞士分析心理学家荣格首次将单词联想作为临床检测来揭示患者情绪的方法。

1910 年，德国人肯特和罗萨诺夫用词语联想法诊断精神病人，并发表文章。词语联想法的准投射应用从这年开始。

1921 年瑞士人赫尔曼 · 罗夏出版了《心理诊断法》一书，介绍了最著名的投射技术——罗夏墨迹测验。

1935 年，美国心理学家亨利 · 亚历山大 · 默里等人设计了主题统觉测验（Thematic Apperception Test，TAT），它大大推广了投射技术在临床心理学中的应用。

第二单元　心理咨询的投射测验

一、学习目标

了解心理咨询投射分析测验的基本原理。

二、基本概念

（一）投射测验的概念

投射测验是指采用某种方法绕过被试者的心理防御，在他们不防备的情况下探测其真实想法。在投射测验中，给被试者一系列模糊刺激，要求被试者对这些模糊刺激做出反应。例如抽象模式，可以做多种解释的未完成的图片、绘画。分别要求被试者叙述模式，完成图片或讲述画中的内容。被试者的解释会带有自己潜意识的思想，这种方式能在一定程度上了解被试者内心的想法。

投射测验依据测验目的的不同、测验材料的不同，测验的编制、实施和对结果的解释方法的不同，以及被试者的反应方式的不同，有着不同的分类。但是，罗夏墨迹测验和主题统觉测验是最常见的两种基本形式。

投射法的具体做法是：向被试者呈现一定的刺激材料（一般是没有明确意义的材料），让被试者加以解释或者要求他们将这些刺激材料组织起来。其基本假设为：

1. 人们对于外界刺激的反应都有其原因而且是可以预测的，不是偶然发生的；

2. 这些反应虽受制于当时的刺激或情境，但是个人的心理特点、人格结构、生活经验、对未来的期望，都会对当时的知觉反应产生巨大的影响；

3. 人格结构的大部分处于潜意识中，个人无法清醒地觉察，但当个人面对某种不明刺激时，常常会借此将隐藏在潜意识中的欲望、需求、动机冲突等“泄露”出来，使人推论出其个体人格结构的一些特点和问题。

总之，投射分析具有“反光镜效应”，即被试者会看着图片中的人物，讲述自己的故事，包括自己的喜怒哀乐、忧愁烦恼、成长往事、关注焦点等。在这当中，咨询师可以帮助来访者找到与当前困惑和自我成长相关的焦点话题，并以此制订后面的咨询方向与行动方案。在解读来访者的投射作品时，咨询师要善于给来访者做人格素描（简单的洞察分析）。

（二）投射测验的方法

投射测验技术，是每个心理咨询师的必备功夫，其运用得好坏，导致结果差异很大。这是因为一方面，投射分析的理论繁杂，包括弗洛伊德的精神分析理论、荣格的分析心理学理论、凯利的社会认知理论等；另一方面，投射的操作技术多种多样，如罗夏墨迹测验、主体统觉测验、沙盘测验、房树人测验等。简单来说，投射分析可根据性质分成四大类型，简述如下：

1. 联想法投射测验：让被试者根据刺激说出自己所联想到的内容，如对重要他人的投射法。

2. 构造法投射测验：让被试者根据他看到的图画，编造出一个故事，如主题统觉的投射法。

3. 表露法投射测验：让被试者通过绘画、游戏或表演来表露他的心理状态，如房树人投射法。

4. 完成法投射测验：让被试者补充完成一些不完整的句子、故事等材料，如语句完成投射法。

在这四类投射分析方法中，以下四种投射分析方法用得最多，它们分别是罗夏墨迹测验、主体统觉测验、沙盘测验、房树人测验（表 17-2）。

表 17-2　投射测验四大方法

投射分析方法	内容要点
罗夏墨迹投射测验	墨迹图片的故事编制、事物解读、背景想象、修改程度等因素与被试者内心感受的投射关系
主体统觉投射测验	测验图画的故事编制、人物解读、背景想象、修改程度等因素与被试者内心感受的投射关系
沙盘 / 庭箱投射测验	放置物的选材顺序、整体布局、比例关系、重复程度等因素与被试者内心感受的投射关系
房树人投射测验	绘画物的先后顺序、大小比例、复杂程度、涂改程度、位置设定等因素与被试者内心感受的投射关系

咨询师可根据来访者对上述任何一种投射测验的作答回应，给来访者做一人格素描（运用咨询师洞察技巧），可包括下列内容（表 17-3）：

表 17-3　通过投射测验来为来访者做人格素描

素描方面	心理要点	举例说明
人格洞察	1. 内向 / 外向 2. 焦虑 / 轻松 3. 自信 / 自卑 4. 求完美 / 不求完美 5. 合群 / 索居	画 / 摆 / 讲 / 写一个人还是许多人 画 / 摆 / 讲 / 写恐惧的情景 / 轻松的情景 画 / 摆 / 讲 / 写自己很细致 / 含糊、很大 / 很小 画 / 摆 / 讲 / 写一气呵成还是不断地修改 画 / 摆 / 讲 / 写是一个人还是一群人等
意识洞察	1. 内心期盼 2. 内心恐惧	画 / 摆 / 讲 / 写阳光、小鸟、河流、花草树木 画 / 摆 / 讲 / 写魔鬼、野兽、围墙、栅栏、门锁
情绪洞察	1. 喜悦之情 2. 悲伤之情	画 / 摆 / 讲 / 写个人或家人欢乐、娱乐的场面 画 / 摆 / 讲 / 写个人或家人沉闷、恐惧的场面
认知洞察	1. 认知风格 2. 认知误区	画 / 摆 / 讲 / 写人物、房子、树木特别大 / 特别小 画 / 摆 / 讲 / 写人物、房子、树木与众不同

简单描述如下：

1. 罗夏墨迹测验

罗夏墨迹测验是由瑞士精神科医生罗夏于 1921 年创制的一种人格测量工具。测验的材料由 10 张墨迹图组成，其中有 5 张黑白图片，3 张彩色图片，2 张黑加红色图片。这 10 张图片都编有一定的序号，测试时，主试者每出示一张就问被试者："你看这像什么"或者"这让你想起了什么"被试者会按照自己想象的内容做出自由描述。在具体操作中，主试者要做的事情如下：

（1）记下被试者讲的每一句话；

（2）记下被试者每次反应所需要的时间以及行为表现；

（3）记录完毕，询问被试者是根据墨迹的哪一部分做出反应的，以及引起反应的因素是什么并对回答内容做详细记录。

罗夏墨迹测验主要应用在精神医学的临床诊断方面，是临床心理学工作者不可缺少的工具。但是它存在计分困难、结果的解释带有主观性、经验成分太多等缺点。罗夏墨迹测验在 20 世纪 40 年代至 60 年代达到鼎盛时期，几乎成了临床心理学不可缺少的工具。此后，罗夏墨迹测验被列为临床心理学的重要训练课程，而且其资格认定也越来越标准化。心理学者以善用罗夏墨迹测验为荣。

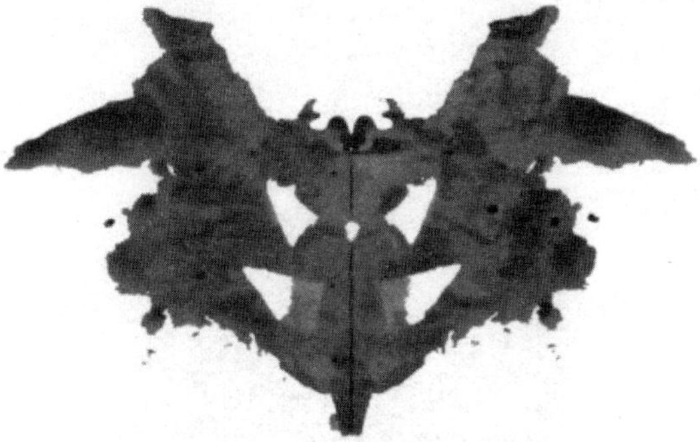

图 17-1 罗夏墨迹图

2. 主题统觉测验

主题统觉测验是由美国心理学家亨利・亚历山大・默里等人于 1935 年设计的。它包括 30 张内容模棱两可的图片和一张空白卡片。图片内容多为人物及部分景物。主题统觉测验认为，个体对图画情境所陈述的内容与其生活经验有着密切的关系。在被试者的讲述中，虽然有一部分内容受当时知觉的影响，但想象部分包含个人意识以及潜意识的反应。在具体操作中，主试者要做的事情如下：

（1）要求被试者按照图片上的人物讲述一个故事；

（2）如实记下被试者讲的每一句话，不加任何评论；

（3）让被试者评价他对故事陈述的满意程度。

被试者在讲述图片故事时，常常会不自觉地将自己内心的冲突和欲望融入故事情节中，并借图片中人物行为的描述宣泄出来。这就是把个人的内心世界投射于故事中。咨询师可以通过对被试者讲述内容的分析，来了解其内心的呼唤和焦虑。比起罗夏墨迹测验，主题统觉测验更接近人类的精神与情感世界，计分方法也更简便。

案例 17–1

请对下面的图画做 100 字的描述：

	描述	人格素描
被试者一	这是一个充满期待的女人，她大学刚毕业，找不到理想的工作。她感到很忧虑，家里人为她的求学花了很多钱，她却没有机会报答他们。所以她想尽早找到一份理想的工作，尽早帮助家人。所以，她也是一个很有孝心的人……	这投射了被试者本人是一个待业的大学生，十分焦虑，并很想报答父母的养育之恩。
被试者二	这是一位美丽、优雅、知性的女性。她的生活很幸福、满足。此时，她一边沉浸在幸福感中，一边在思考：怎样让自己未来的生活更有意义呢？	这投射了被试者本人现在很闲适，在思考下一步的人生计划。
被试者三	有一扇洒满落日余晖的窗子，她静静地坐在窗前，眺望着远方，思绪似乎也飞到了天边。她思念着出差在外的丈夫和在外读书的孩子，他们都还好吗？她多么渴盼亲人们早日归来！	这投射了被试者本人在关心远方的家人。
被试者四	聆听着清晨的鸟鸣，做完工作的年轻女郎，坐在厨房或餐厅的椅子上，享受着清晨的阳光。脑海中浮现着恋人的形象，幸福、轻快并满足。	这投射了被试者本人在渴望爱情及温暖。
被试者五	一个气质优雅的女孩坐在椅子上，托着腮思考：我今后会做何打算呢？她目前是每天都在忙碌的状态，但个人收获和成长并不多。她现在的专业挺好，别人都想往这个方向努力，她已经有了这个优势。但由于惰性，她失去了许多机会和宝贵的时间，跟着别人混日子。她是该找找自己的方向，该出点成果了。	这投射了被试者本人在担心自己的现状。

值得强调的是，上面的分析只是假设，而非结论。咨询师需要与被试者互动交流，才能确保投射分析的可靠性和真实性。

3. 沙盘游戏治疗

沙盘游戏治疗又称箱庭疗法，以荣格心理学原理为基础，是目前国际上具有重要影响力的心理投射治疗方法。沙盘游戏不仅是一种心理测验手段，也具有很好的治疗功能。沙盘游戏治疗通过主动想象和创造性象征游戏的运用，搭起了从潜意识到意识的桥梁。多年的实践证明，沙盘游戏疗法在培养自信与人格、发展想象力和创造力以及健康心理维护、个人成长等方面发挥着积极作用。在具体操作中，主试者要做的事情如下：

（1）让被试者在沙盘上按照自己的意愿做随意摆设、选择，不做任何引导；

（2）让被试者对自己的摆设描述自己的故事；

（3）让被试者评价他对沙盘摆设的满意程度。

被试者在沙盘摆设及故事讲述中，常会不自觉地融入自己内心的冲突和欲望。咨询师可以借此来了解被试者内心的呼唤和焦虑，并做相应的治疗。按照荣格的分析心理学理论，沙盘游戏是采用意象的创造性治疗形式“集中提炼身心的生命能量”，在所营造的“自由和保护的空间”（治疗关系）中，把沙子、水和沙具运用在富有创意的意象中，便是沙盘游戏之心理治疗的创造和象征模式。一个系列的各种沙盘意象，反映了沙盘游戏者内心深处意识和无意识之间的沟通与对话，以及由此而激发的治愈过程和人格发展。

沙盘测验及治疗具有高创造性、高娱乐性、高互动性等特点，近年来深受心理咨询与治疗行业的喜爱和运用。

案例 17–2

在此沙盘摆设中，人物的部分较多，共 9 人，并将一个孩子保护在中央，背靠一座房子，通过三道栅栏等物体的设置形成了三层鲜明的“防线”，这投射了被试者内心的恐惧和厌恶，以及他对家人的依恋。此外，盘面比较失衡，恐龙在一角，与人泾渭分明，这更加投射了被试者正面临着巨大的压力，需要亲朋好友的大力支持。值得强调的是，上面的分析只是假设，而非结论。咨询师需要与被试者互动交流，才能确保投射分析的准确性。

图 17-2 沙盘测验

4. 房树人测验

房树人测验（House-Tree-Person，HTP）是由美国心理学家约翰·巴克于 1948 年在美国《临床心理学》杂志上提出的。在操作中，主试者会给被试者铅笔、橡皮以及几张白纸，要求他们在白纸上任意描绘房子、树木、人。在具体操作中，主试者要做如下事情：

（1）让被试者随意画房子、树木、人，不做任何引导；

（2）让被试者评价他对故事陈述的满意程度；

（3）让被试者按照其绘画讲述一个故事。

之后，主试者会按照一定的标准，对这些图画进行分析、评定、解释，借以探索被试者的潜意识动机、愿望及心理活动的正常或异常程度等。比起前面几种投射测验方法，房树人的投射测验具有操作简单、成本低廉、非言语性等优点。此外，它还涉及被试者人格特征中的感受性、成熟性、灵活性、效率性和综合性等方面，且具有一定的创造性，所以近年来深受心理咨询师和治疗师的喜爱。

案例 17-3

被试者：女，30 多岁，已婚，有一个孩子。

人格素描：

在本幅画中，人在画中间，而且画得很仔细，房、树在两边，没有老公也没有孩子。树画得较简单，但房子有许多修改。它给人的感觉是当事人比较关注自我，也自我陶醉，对家人有所忽略（丈夫、孩子都不在画内），对家庭关系不大满意（房子修改得多可能投射了她对家庭关系的不满），人也比较纠结（画中有不少涂改）。

5. 语句完成测验

语句完成测验（Sentence Completion Test，简称 SCT）是字词联想法的一种改良，它以未完成的句子作为刺激，让被试者自由地给予语言反应来完成未完成的部分。依据被试者的反应内容来推断被试者的情感、态度以及内心冲突等。例如：

（1）我最好的个性特点是（我很自信 / 很自强 / 很自卑 / 很内向）；

（2）我的母亲（很懦弱 / 很善良 / 很暴躁 / 很小心眼）；

（3）我的父亲（很强势 / 很自私 / 很要强 / 很有责任心）；

（4）我的朋友（都对我很好 / 很少 / 很多 / 跟我都一样）；

（5）我最大的恐惧（我考不上我想上的大学 / 得了什么绝症 / 被人看不起 / 做不好眼下的工作）。

这种语言联想的方法起源于德国，最初用于测查儿童的智力，后来美国使用这种方法测查人格。这种方法被广泛地运用于临床，而且它的使用比较方便，易于掌握，既可施测个人，也可施测团体。目前，世界上最流行的语句完成测验是“罗特语句完成测验”（Rotter incomplete sentence blank），它共有 40 句话语，其计分方法是：计算整个完成语句中的冲突语句“C”（conflict sentences，如我喜欢我的工作，但我担心做不好）的百分比，积极语句“P”（positive sentences，如我有很多朋友，他们都喜欢我）的百分比和中性语句“N”（neutral sentences，如我的个头很高）的百分比。这样，如果一个人冲突语句的百分比越高，积极语句的百分比越低，则一个人的自我形象就越低。相反，一个人的冲突语句的百分比越低，积极语句的百分比越高，则一个人的自我形象就越高。

我在实践中发现，该测验带出思考题的价值要远远高于其评分的价值。

值得强调的是，上面的分析都是假设，而非结论。咨询师需要与被试者互动交流，才能确保投射分析的真实性。

总之，就精神理论而言，投射测验的核心任务是发现被试者的心理防御表现，在他们不防备的情况下探测其真实想法。由此，一个训练有素的投射分析主试者，一定要对精神分析理论的防御机制表现得了如指掌，以灵活运用在投射测验的解析当中。

三、相关知识：房树人投射分析的具体意象分析

（一）房子的意象投射思考点

房子表示个体出生、成长的家庭状况，也指个体对家庭、家族关系的想法、

感情、态度。

通过对屋顶、窗户、门和地面线等构成部分的分析，可以了解个体在家庭中的自我形象，空想与现实之间的关系，家庭亲子关系，安全感，家庭与环境之间的关系等（表 17-4）。

表 17-4　房子的投射思考点

内容	要点
房顶	投射幻想空间、压迫感、与现实之间的距离
门户	投射人际沟通、安全感、自我保护
窗户	投射人际沟通、防御状态、自我保护
楼层	投射幻想空间、安全感、审美感觉
烟囱	投射人际沟通、安全感、性需求
涂改	投射安全感、焦虑
笔迹	投射安全感、焦虑

（二）树木的意象投射思考点

树木投射个体的无意识自我形象、姿态，表示其内心的平衡状态，显示出个体的精神及性的成熟性；树木投射个体与环境的关系，具有生命意义的象征，所以可称为生命树，表现出个体生命成长的历程（表 17-5）。

表 17-5　树木的投射思考点

内容	要点
树干	投射生命的活力，个体与环境之间的协调性，人格的完整性
树皮	投射个体与外界或他人接触的部分
树枝	投射环境的满足，与他人的交际，象征着实现目标的力量与适应性
树根	投射个体与现实的关系、安全感、对环境的支配能力
树叶	投射个体的事业、学业、身体等方面的成就
果实	投射个体的事业、学业、身体等方面的成就
地面	投射安全感、与现实相关的内容

（三）人物的意象投射思考点

人物的描画投射着个体的心理防御机制。人物的描画还投射着个体的自我现实像，心理上和躯体上的自我，当然还表现着个体的理想像，印证着自我的人格内容（表 17-6）。

表 17-6　人物的投射思考点

内容	要点
头部	投射个体自我存在的关键器官，是幻想和对人关系的象征
面部	投射个体的自我形象，与外界的交往
上肢	投射个体与环境的关系，控制的还是被动的，力量的表达
下肢	投射个体的力量、安定性和对性的态度
躯干	投射个体的自我形象、力量感、原始和成熟心理的区别

第二节　心理咨询的投射分析技术的运用

第一单元　心理咨询投射分析的局限

一、学习目标

了解心理咨询投射分析技术的局限与灵活。

二、基本概念

（一）心理咨询中投射测验使用上的局限

心理咨询投射分析技术虽然广受欢迎，但是有不少突出的局限，概括如下：

1. 无法建立信度和效度

所有的投射测验，作为人格测验的手段，从一开始就都无法建立起可信的信度[1]和效度[2]。就测量学来说，任何不具理想信度和效度的量表，都不可能被标准化处理，也就被视作不可信或不可靠的测量手段。投射分析的主要量表，如罗夏墨迹测验、主题统觉测验等，在最初被推出时，都试图建立可信的信度、效度，但最终都失败了，因为投射分析所带出来的结果实在是变幻莫测。

2. 无法测定特定的人格特质与意识活动

所有的投射测验，都无法测定某一特定的人格特质和意识活动。例如罗夏墨迹测验、主题统觉测验等，通过被试者对图画的反应或图画中的表现，主试者从中所了解到的心理活动其实是很有限的，无法从中准确判断被试者的某项欲测定的人格特质（自信、自卑、内向、外向、敏感、乐观等）或意识活动（对某种事物与人物的恐惧、期盼等）。这使得主试者对投射测验的解释变得十分不准确。

3. 无法测定稳定的人格特质与意识活动

投射测验具有情境性的特点，它能测到的心理活动或反应都是此时此刻的，无法稳定不变。比如说，所有的被试者都不可能完全一模一样地摆出自己曾摆过的沙盘内容，或是画出自己曾经画过的图画。由此，投射分析测验的结果，都是当下的结果，而非持久的结果。这使得主试者对投射分析测验的解释变得十分不稳定。

4. 无法控制评分的高成本

投射测验的计分和解析需要花费大量人力、物力、财力、时间等。这一点可以说是情境测验最大的局限。从情境测验的设计，到道具、场地、助手、时间的安排，从评分者的培训，到组织评分者经过讨论得出统一的评估结论，花费的人力、物力、财力和时间比问卷技术、投射技术均要多得多。

1　信度（reliability）是指测验结果的一致性、稳定性及可靠性。信度系数越高即表示该测验的结果越一致、稳定与可靠。反之，随机误差可能导致不一致性，从而降低信度。信度可以定义为随机误差影响测量值的程度。

2　效度（validity）是指测量工具或手段能够准确测出所需测量的事物的程度，是所测量到的结果反映所想要考察内容的程度，测量结果与要考察的内容越吻合，则效度越高；反之，则效度越低。

（二）心理咨询中投射分析上的局限

1. 缺乏一致性，不知以何为准

所有的投射分析测验，都无法摆脱主试者在解析上主观性和经验性的影响。也就是说，由于投射分析测验无法建立起统一的计分标准，主试者在解析被试者的投射内容时往往各执一词，千变万化。这就使得同样一幅画会有完全不同的解析，从而丧失了测验的客观性和一致性。

2. 莫衷一是，不知谁说了算

由于投射分析的测验无法摆脱主试者的主观性和经验性，这就使其解析极为多元，不知谁说了算。例如，目前市面上有关房树人测验的书籍极多，但人们普遍不知道该以哪本书为准。同样，市面上也有大量的沙盘游戏测验的书籍，却没有什么人按照荣格的分析心理学来对摆设的物件做阴影的意象分析、阿尼玛与阿尼姆斯的意象分析、集体无意识的意象分析等。这就偏离了沙盘分析以分析心理学的概念为指导的主题，成了作者的一家之言。

3. 对号入座，不能表现个性

市场上有许多种投射分析的书籍，对沙盘和房树人的布局进行了十分详尽的描述。表面上，这似乎为主试者的解析提供了一个“辞典”，可以让主试者在解析被试者所摆的沙盘或画的房树人时立即找到所需的答案。但事实上，由于被试者之间的个体差异极大，对同一个物件或图画的摆设或创作可能有截然不同的意象表达。如果主试者在解析中完全对号入座，按图索骥，就不能捕捉被试者在投射分析测验中的个体差异，也无法给出令人信服的解析。

4. 以己度人，不能辨别真伪

投射分析测验的主旨是通过对被试者投射内容的分析来探测其内心的呼唤和焦虑。但许多初用者，由于不知道怎样才可以有效地进行投射分析的对话，所以说着说着变成了主试者看着被试者创作的沙盘和图画，讲述主试者本人内心深处的焦虑和愿望。

5. 暗示成真，不知何以为实

有的主试者在解析中不断提问，使得被试者完全按着主试者的意愿来描述自己所创作的沙盘和绘画。结果是被试者无法得知自己到底在想什么，而是随着主试者的暗示语来描述自己的内心感受，这其实是对投射分析技术的莫大讽刺。

（三）心理咨询中投射分析的灵活使用

虽然投射分析技术在使用中存在许多缺陷，但只要咨询师能够推陈出新，大胆尝试新的方法，就可摆脱局限、走出误区，在心理咨询临床实践中发挥巨大的威力。以下是几点建议，供大家思考：

1. 找思路，不找答案

由于投射测验的内容解析缺乏一致性和客观性，也无法建立信度和效度。所以主试者在投射分析技术的使用上不必拘泥于某种计分与解析方法的条条框框，不必对被试者的人格特质与意识活动说出一个所以然来，而应采取灵活多变的策略，力求在与被试者的对话交流中找到下一步咨询的思路和方向。在这个过程中，思路大于答案，探索大于结论，这样才会使解析结果更令人信服。

2. 求话题，不求正误

投射测验的宗旨是揭示个人潜意识活动，所以发现问题比解决问题更重要。换言之，主试者可在投射测验的使用中，以发现被试者的人格特质和意识活动为目标，而非一定要给它一个明确的解析。由此，主试者除了需要某种投射测验的计分方法外，更需要与被试者共同探索其投射测验结果所引发的思考。在这个过程中，主试者要多提开放式问题，少提封闭式问题；多启发被试者做自我剖析，少对被试者做灌输讲解。此外，主试者还要注意在解析中排斥任何一种假设，不能将假设当事实。如此，投射测验才会更具启发性、互动性、探索性。

3. 四法结合，交互使用

所有投射测验的根基都是精神分析理论，都是力图使被试者“变无意识为有意识”（弗洛伊德语），所以投射测验中的联想法测验、表露法测验、完成法测验、构造法测验完全可以灵活运用，互为补充。也就是说，这四类测验方法可以交互使用，互为验证。例如，用沙盘游戏所揭示的问题，完全可以在房树人的测验中得到验证。或者说，有条件就用沙盘游戏，没条件就用房树人测验。如此，可使咨询师摆脱“沙盘游戏是沙盘游戏，房树人测验是房树人测验，它们是两种不同的测验方法，不可混为一谈”的狭隘思想，追求大胆创新，灵活多样，使得投射分析技术更加简易方便。

4. 探索治疗，相得益彰

正如所有的投射测验都可以交互使用，其探索性与治疗性也可相互结合。具体地说，如果早期的投射测验纯粹是为了测量某种人格特质或意识活动，那么眼下的投射测验则不仅是为了探索某种人格特质或意识活动，也是为了加以治疗和整合。所以，咨询师在投射分析技术的运用中，要解放思想，大胆创新，对投射性测验的结果做多元解释和运用，不拘泥于某种理论的框架或模式。

总之，对于投射分析的运用，我们可以做下面几点总结：

1. 投射性测验背后的机理是一致的，都是为了“变无意识为有意识”（弗洛伊德语）。

2. 投射性测验可以有多种使用方法，而且彼此可以相互渗透。

3. 投射性测验的目的重在交流，而非解释，否则会陷入“对号入座”的困局。

4. 投射性测验是为了寻求共识，而非单向解析。

5. 投射性测验的解释应该令人信服，而非给人以牵强附会、强加于人的感觉。

6. 任何一种投射性测验，都具有探索性、独特性、趣味性、互动性和暗示性的特点。

投射分析技术是每个咨询师的必备功夫，但其运用得好坏差异很大。大家都十分盼望能掌握投射分析的精髓，以举一反三，触类旁通。我根据多年的教学与咨询经验积累，提出在对投射测验的解析上（除罗夏墨迹分析），可按照下列模式展开分析（表 17-7）、拓展思路，供大家参考。

表 17–7 不同投射测验思考点

投射测验	探索切入点	心理分析点
主体统觉测验	顺序分析：先说什么、后说什么 细节分析：细说什么、粗说什么 回避分析：回避什么、讨厌什么 联想分析：联想什么、表现什么	先占效应、内心呼唤 关注焦点、内心呼唤 创伤经历、内心恐惧 发散思维、内心渴望
沙盘测验	布局分析：整体安排、布局 顺序分析：先摆什么、后摆什么 细节分析：摆设细节、比重 缺失分析：忽略内容、特点 修改分析：内容增删、修改	先占效应、内心呼唤 关注焦点、内心呼唤 关注焦点、内心呼唤 创伤经历、内心恐惧 完美倾向、内心渴望
房树人测验	布局分析：整体安排、布局 顺序分析：先画什么、后画什么 细节分析：细节描画、比重 比例分析：大小比例、对照 增添分析：附加内容、信息 缺失分析：忽略内容、特点 涂改分析：内容增删、修改 线条分析：线条粗细、特点	先占效应、内心呼唤 关注焦点、内心呼唤 关注焦点、内心呼唤 人格特点、思维模式 关注焦点、内心呼唤 创伤经历、内心恐惧 完美倾向、内心渴望 人格特点、思维模式
语句完成测验	冲突分析：外显切入、内隐剖析 乐观分析：看好什么、怎样描述 回避分析：回避什么、讨厌什么 联想分析：联想什么、怎么表现 用词分析：用词特点、常用词语	意识流露、内心冲突 心态特点、内心呼唤 创伤经历、内心恐惧 思维模式、心理定式 言语习惯、交流特点

三、相关知识：荣格做词语联想测验

荣格曾给一位 30 多岁的正派人士做了词语联想测验，结果发现了他的一桩秘密。

荣格看完他的测验结果后说："对不起，我怀疑你曾有过很不愉快的经历。"那人盯着荣格说："我不知道你在说什么。"荣格说："但你知道，你曾喝醉酒，并有过一桩以刀伤人的不愉快的纠葛。"那人十分惊讶地说："你是怎么知道的？！”接着他说，“我出身于一个受人尊重的家庭，家人都很正派。我曾出过国，有一天因喝醉酒与人发生争吵，用刀刺伤了对方，结果蹲了一年班房。可来到本地后，没人知道这件事，你却探知了此事。”

荣格回答说，他发现那人对“刀”“矛”“打”“尖锐”“瓶”这5个单词的反应时间明显比其他单词要长。而一个人对“刀”“矛”等类似词语的反应时间越长，越说明他内心有许多与此相关的纠结。此外，“尖锐”一词既可能涉及瓶，又可能涉及刀。所以，这里有刀、有瓶，刀可以伤人，瓶用来装酒，酒后伤人加上“打”，应该是打人、打架。

虽然只是几个单词，却足以把那人的内心秘密揭露出来。

自由联想，貌似简单，其实学问可大了！

第二单元　岳晓东重要他人投射测验

一、学习目标

了解岳晓东重要他人投射测验的基本概念。

二、基本概念

（一）重要他人的概念

在心理学中，重要他人泛指在个体社会化以及心理人格形成的过程中具有重要影响的具体人物。重要他人可能是一个人的父母长辈、兄弟姐妹，也可能是老师、同学，甚至是萍水相逢的路人，或是虚幻的人物。心理学的研究表明，重要他人，诸如偶像、榜样等可以对青少年的人格成长与自我确认带来决定性的影响。而对重要他人的研究，可以探究与洞察青少年投射认同的内容、方式与手段。

（二）重要他人投射测验的概念

岳晓东经过多年的教学与咨询实践，结合荣格的自由联想测验和凯利的角色建构测验，设计出一个重要他人的投射测验。它通过被试者对 5 个重要他人及自我的性格描述来揭示：

1. 被试者对重要他人的心理认同；
2. 被试者与重要他人的心理距离；
3. 被试者的理想自我追求与定位；
4. 被试者的亲密关系定位与追求；
5. 被试者的自我和谐与自卑自信。

该投射测验操作简单，运用方便，深具心理咨询的指导性。它经过 10 多年的教学及临床实践，渐臻完善，不仅是单纯的投射分析技法，也是心理治疗的有效手段。

（三）重要他人投射测验的意义

通过对重要他人的投射测试，我们可以洞察被试者的不同亲朋好友、偶像榜样是怎样被赋予丰富的心理内涵的。富有心理内涵的人物关系体现在生活中，影响着人的心理。这样，通过对重要他人的投射认同分析，我们可以洞察被试者的种种潜意识需求，以进行相应的心理咨询、治疗与调节。

（四）重要他人投射测验的步骤

第一步：请被试者用 6 个人格描述词语（如善良、粗暴等）来描述下列人物，时间不限，顺序不限：父亲、母亲、最好朋友、一般朋友、钦佩人物、自己。

第二步：请被试者对所填写的词语进行下列处理。

步骤	要求
1	请圈画出所有的同义词（善良、好心；生硬、粗暴；乐观、豁达等）
2	请在每个褒义词（如善良、好心、乐观、豁达等）旁加 +
3	请在每个贬义词（如生硬、粗暴、自私、小心眼等）旁加 -
4	请在每个中性词或其他非人格性词语（如马马虎虎、爱好体育、个子高等）旁加○
5	请在没有任何描述词语的人物（如对敬佩人物没有任何描述词）旁加 ×

第三步：请被试者对词语描述的结构进行下列处理。

步骤	要求
1	请找出所有的同义词，并根据所有填写词语的总数来算出其百分比
2	请统计你描述词的 + 数量，并根据所有填写词语的总数来算出其百分比
3	请统计你描述词的 - 数量，并根据所有填写词语的总数来算出其百分比
4	请统计你描述词的○数量，并根据所有填写词语的总数来算出其百分比
5	请统计你描述词的 × 数量

第四步：测验结果分析。

符号	意义
+	代表印象好、自信、正面理解、关系和谐等
-	代表印象坏、自卑、负面理解、关系不和谐等
○	代表印象模糊或某种特别印象
×	代表印象模糊、冷漠或逃避
人物描述	投射点与象征意义
父亲描述	投射被试者的权威关系、自我形象、自信心、家庭关系和谐程度等
母亲描述	投射被试者的权威关系、自我形象、自信心、家庭关系和谐程度等
最好朋友描述	投射被试者的理想自我、心理认同、择友标准、个人缺憾等
一般朋友描述	投射被试者的关注焦点、择友标准、理想自我、个人缺憾等
钦佩人物描述	投射被试者的理想自我、自我实现方向、未完成情结等

第五步：解读重要他人与自我关系的结果。

人物描述距离		投射点与象征意义
靠近父亲的投射分析	儿子	父亲认同、男性认同、权威顺从、自信表现
	女儿	恋父情结、男性认同、权威顺从、渴望父爱
靠近母亲的投射分析	儿子	恋母情结、女性认同、权威逆反、渴望母爱
	女儿	母亲认同、女性认同、权威认同、自信表现
最好朋友的投射分析	等同自我	你中有我、人格完善、气质相投、兴趣相投
	互补自我	你有我无、人格完善、气质不同、兴趣互补
钦佩人物的投射分析	钦佩男性	理想自我、人格完善、性别认同、奋斗方向
	钦佩女性	理想自我、人格完善、性别认同、奋斗方向
自我与父亲的距离		投射认同之恋父情结、依恋关系、性别确认、权威接受/反抗等
自我与母亲的距离		投射认同之恋母情结、依恋关系、性别确认、权威接受/反抗等
自我与最好朋友的距离		投射认同之亲密关系、自我完善、性别确认等需求
自我与一般朋友的距离		投射认同之人际关系、自我完善、性别确认等需求
自我与钦佩人物的距离		投射认同之自我成长、个人奋斗、未完成情结等需求

总之，国内外大量的研究表明，人际关系在人类成长及社会化过程中起着极为关键的作用，尤其是那些在我们成长过程中意义重大的重要他人，与他们人际关系的好坏会对我们产生相当重要的影响，甚至会直接导致我们人生轨迹的改变。

经过多年的研究实践后，笔者总结了5类对我们有着非凡影响的重要他人，分别是父亲（或父系形象）、母亲（或母系形象）、伴侣（或亲密朋友）、朋友（或同事、同学等）、偶像。这5类重要他人与自我构成了一个类似于人形的关系网络（图17-3）。其中，父亲与母亲就像我们的两条腿一样给我们提供支撑，而伴侣和朋友则如我们的两只手臂一样为我们提供帮助（伴侣为优势手，朋友为非优势手），偶像则让我们知晓前进和奋斗的方向，自我则像一个人的心脏。笔者认为一个健康成人在重要他人关系网中，自我应当处于离优势手较近的心脏位置。

在重要他人投射分析测验中，通过对这5类重要他人和自我的词语描述以及自我在关系网中的位置，可以对被试者进行一个初步的评估。在这5类重要他人的人际关系中，若被试者对某一方过于偏近，远离或缺失了某一方的话，都可能产生人际失衡的情况，很可能会导致相关心理问题的出现。

值得一提的是，这5类人际关系中还有着千丝万缕的联系，有时甚至可以通过转化来对其他重要他人关系进行修复甚至补偿。比如，伴侣的形象有时代表着理想的父亲或者母亲，而偶像则可以代表理想父母或理想伴侣。

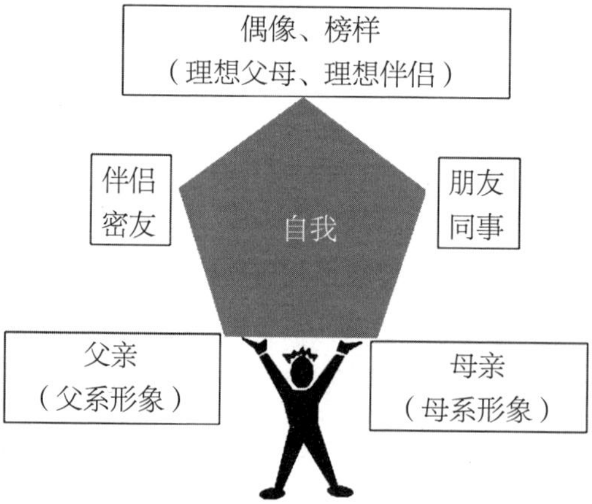

图17-3　重要他人投射关系图

案例 17–4

重要他人	描述	投射解读
母亲	善良、好心、不自私、为子女着想	对母亲认同高
父亲	心地善良、温和、不自私，但少与我们沟通	对父亲认同高，但较疏远
最好朋友	亲切、和蔼、可亲、对人友善、关心别人	在亲密关系中看重亲和、友善、关心他人等特质
自己	心地善良、能帮助人（希望家人开心）、有时小心眼、对家人和朋友好、很想和朋友在一起聊天	描述矛盾，渴望亲近别人，渴望被接纳，但不敢说出心里话。另外，写自己先于写钦佩人物和一般朋友，表现出对自我的关注
钦佩人物	心里尊重他、不敢说出心里话、很想跟他说出自己想说的事	是自己的丈夫，很渴望接近他却不得
一般朋友	随意应付	不是很愿意交友

案例 17–5

重要他人	解读	投射解读
父亲	暴力、权威	对父亲不认同，压抑
母亲	软弱、固执	对母亲不太认同，同情
钦佩人物	睿智、节制、不卑不亢	一个同事：理想自我的呈现
最好朋友	没有	缺乏友谊的滋养
一般朋友	没有	缺乏交友的愿望
自己	爱学习、不知天高地厚、执着、回避人格、不接纳自我	自我认同矛盾，很容易纠结

第 十 八 章

心理咨询的催眠暗示技术

催眠术将人们分散的思想聚集起来，它既不是昏迷状态，也不是睡眠状态，而是一种似沉浸在阅读一本小说中而听不见别人说话的状态。

——弗雷德·弗兰考

第一节 催眠的基本概念与操作方法

第一单元 催眠的概念

一、学习目标

了解催眠的概念与发展简史。

二、基本概念

（一）催眠的定义

依照美国心理学会心理催眠分会的定义，催眠（hypnosis）是个人接受健康专家和咨询人员的指令，在认知、想法和行为方面改变状态。催眠是在诱导状态下，达到放松、冷静、感觉良好的状态，普遍做法是引导被催眠者想象和体验幸福的经历。换言之，催眠就是指催眠参与者在完全自愿的条件下，接受催眠师导语引起的一种似眠似醒状态。

古往今来，人们对催眠的认识各有不同。一些人认为催眠是一种改变的意识状态。另一些人则认为催眠是正常的专注状态，他们会感到非常平静和放松。其中一些人对催眠的指令回应非常积极，另一些人则较少回应。对催眠的常见误解所产生的恐惧和担心可能影响接受催眠暗示的能力。与书、电影、电视中描述的催眠相反，人在催眠中不会失去控制，通常都很清楚自己在做什么，除非患有失忆症。由此可见，催眠并非一种治疗技术，而是一种可以促进治疗效果的过程。催眠治疗只能由健康专家在保密条件下使用，该专家需要经历过实际的催眠训练并且在相关专业领域工作过。

催眠可用来治疗疼痛、抑郁、焦虑、压力、习惯混乱等，但并非对所有心理问题和患者都起作用。催眠治疗只能由经过专业训练的健康专家提出，只能被用作治疗。研究催眠，就要了解更多催眠本身的属性，了解催眠是如何影响感觉、认知、学习、记忆和心理社会学的。研究者在生理、心理问题的治疗中，也会学到催眠的价值。人们对催眠通常有两种认识：一是认为催眠是一种特殊的过程，是心理学现象；二是认为催眠是世俗存在的，是社会学现象。

在脑神经学上，催眠通过有效的引导与暗示方法，可使受导者放松情绪，使其脑波频率达到 α 波（频率 8—13Hz）或 θ 波（频率 4—8Hz）的范围。这种状态正是我们睡眠方醒的状态。当我们处于较浅的睡眠状态，或是静坐、禅定状态时，我们的脑波也处于 θ 波。因此，人在催眠中，会产生一种由衷的放松感，但这一状态又不是完全的睡眠状态。换言之，催眠是一种介于睡眠与觉醒之间，犹如聚精会神做某事的状态。哈佛大学医学院催眠专家弗雷德·弗兰考曾说：催眠术将人们分散的思想聚集起来，它既不是昏迷状态，也不是睡眠状态，而是一种似沉浸在阅读一本小说中而听不见别人说话的状态。

另外，催眠可使人失去痛觉，接受无痛手术；可以减轻心理压力，强化生存意志；可以消除心身疲惫，矫正不良习惯等。催眠还可以大幅提高人的记忆力和意志力，这已被大量实验证实。这是因为在催眠状态下，受导者的思维同催眠师的指令形成了“单线联系”，对外界因素产生了“屏蔽”效应，从而使注意力和头脑清晰度达到最高限度。换言之，催眠是由不同技术引发的意识替代状态。在催眠中，人们对催眠师的诱导语极具反应性，会进入一种高受导性状态，并在知觉、记忆和控制中做出相应的反应。

催眠的意义在于帮助来访者在潜意识状态下处理自己的情结与纠结，从而发挥出个人的巨大潜能。虽然催眠的历史要远远长于精神分析的历史，但催眠的机理与精神分析的机理是相通的，都是试图在一种轻松、自然的状态下处理当事人的内心创伤，发挥其巨大的心理能量。

（二）催眠的主要理论

虽然催眠有着悠久的历史，但是其理论研究只是近 200 年的事情。概括来说，对催眠的理论研究和解释有如下 6 个理论。

1. 动物磁力

该理论由奥地利精神科医师弗朗兹·安东·麦斯麦在18世纪末提出。他认为，人体内存在着一种磁流，在正常状况下，它维持着动态平衡。催眠师在对患者施行催眠术时，其体内的磁流可通过磁屑、铁棒等导体传递给患者，也可通过催眠师用手抚摩患者的病痛部位，直接以其自身强健的磁流来纠正病人体内磁流的非正常状态，达到磁流的平衡运作，从而消除病情，恢复健康。

该理论有许多争议，如今也已不再使用，但它是后来众多理论（如分离理论等）建立的基石。

2. 病态理论

法国人让-马丁·沙可认为，催眠状态实际上是人为诱发的一种精神病态，是癔症的一种表现形式，而不是正常人格的表现。催眠参与者都是精神病或神经症患者。沙可还提出，催眠现象可以分为两类：一类是大催眠状态，即完全性催眠，在这种状态下，催眠参与者的表现为类似于癔症发作的样子，可出现强直、昏睡和梦游三种状况；另一类是小催眠状态，属于不完全性催眠，也就是中、轻度催眠状态，当催眠参与者处于小催眠时，会表现出癔症小发作的样子。

该理论虽然也争议颇多，但如今仍被用来解释催眠现象。

3. 生理学理论

该理论由俄国人伊万·彼德罗维奇·巴甫洛夫提出。他试图用高级神经活动学说来解释催眠现象。巴甫洛夫从实验中发现，单调、长期和重复的刺激可以导致睡眠。对人而言，不仅是单调的物理刺激，言语也能成为引起睡眠的刺激。由此，巴甫洛夫提出，催眠是觉醒和睡眠之间的过渡状态，因为抑制过程是普通睡眠的基础，也是睡眠的条件。由此可知，催眠与睡眠并无本质的区别，催眠是部分的、不完全的睡眠，或是局部的睡眠。他提出，“如果在人大脑两半球皮层中的抑制过程没有遇到任何障碍的话，人就可以获得普通的睡眠，也就是完全性睡眠；如果抑制过程只笼罩在大脑两半球部分皮层的话，人就可以进入局部性睡眠，通常称之为催眠”。

该理论至今仍被用来解释催眠现象。

4.分离理论

分离理论的主要代表人物是法国心理学家皮埃尔·让内。他认为，可被催眠的人都有精神病基础。这是因为正常人的活动受意志支配，而人的整个意识和人格由许多分离的部分组成。正常人会依靠一种强有力的综合心力将各个分离的部分组合在一起，但如果一个人的心力太弱，就无力统一整体中分离的部分，就会出现人格和精神的分离。

该理论在很长时间内被用来解释催眠现象，直到后来被新分离理论取代（表18-1）。

表 18-1　催眠中的分离表现

	特点	事例说明
分离表现	是一种离开了现在的状态。	某人在催眠中面对一个意象回想到自己童年时的某个情境，进入了彼时的状态并感受到了那个状态，这就是分离状态。
	分离的质量是催眠的一个标准，分离质量越好，说明来访者进入催眠状态越深。	某人在催眠中，明显感觉到身体不听使唤，不能动弹，就像过电一样。其反应越明显，就越会产生一种自我确认——我被催眠了。
	制造分离是催眠最核心的一点，主要是为了削弱意识，活跃潜意识。当潜意识开放了，暗示才会起作用。	某人手臂受了伤，利用手指分离做诱导，在催眠中接受暗示，感觉手臂麻木，这时候做疼痛转移，暗示将痛感全部转移到支架上，人就感觉手臂不痛了。

5.新分离理论

该理论由美国人欧内斯特·R.希尔加德提出。他认为，每个人都有一系列的认知系统，它们按级别排列着。尽管我们的自我控制系统主宰着我们在社会允许的范围内的行动，但也有一些心理过程在这些正常的自我控制系统之外。对此，新分离理论的解释是：①人类正常行为和意识控制机构并非高度一致地结合在一起，它们就像松散的格式塔一样，各行为系统之间存在着不一致性，感觉、思维和行为之间也存在着不一致性；②意识流在一个以上的通道中流出，并且可以同时从一个以上的通道中流出；③某些行为很少需要意识的注意，是自动化的，而某些行为则需要意识的积极参与；④许多意识过程的发生，无论是在性质上还是在顺序上，都不需依靠正常的自我控制，如夜梦、白日梦以及幻想等。希尔加德认为，一些催眠现象，如催眠后遗忘、催眠性自动书写、年龄倒退、对抗性运动项目、痛觉丧失、幻觉等，都是意识分离强有力的证明。希尔加德的分离理论还强调，各个分离结构并非完全独立，所有的分离只是程度上的问题。

最后，新分离理论认为意识可一分为二,一个层面是接受催眠暗示的扭曲经验，另一个层面则是催眠参与者的真正感觉，可以暂时被掩盖。例如，曾有人在舞台上被催眠了，可有一个人故意捣蛋，在台下大吼一声“失火了”，结果所有催眠参与者都马上醒来，跳到台下逃命去了。这是因为第二个层面的意识，即生存的念头，不会被第一个层面掩盖，所以做出了该做的事情。

该理论是当今解释催眠现象的经典理论。

6. 角色理论

该理论由美国人西奥多·沙宾在 1950 年提出。沙宾及其追随者们认为，催眠现象的出现与社会心理因素有关。在催眠过程中，角色是由催眠师的指示或暗示导演的，催眠参与者知道该如何扮演这个角色，如何去行动。沙宾强调，催眠参与者并不一定是刻意装扮成某种角色去蒙骗别人的，而是渐渐地进入了角色，并全神贯注于某一狭隘意识而失去了对现实的自我意识。这主要基于以下 5 个因素：①角色期望，即参与者对自己处于被催眠情境下的角色的期望；②角色知觉，即对催眠师要求体验的角色行为的理解；③角色扮演技能，如丰富的想象力；④自我角色一致，即自己的一些行为方式、思想方法与角色相吻合；⑤对角色要求的敏感性，即对催眠这一事实的认识，能对催眠师的暗示做出反应。社会角色论认为，催眠参与者会自愿配合催眠师的指示，进入了假戏真做的状态。例如，曾有演员在录完影后，因一时无法脱离原先的角色而毕恭毕敬地奉茶给扮演老板的演员，这显示了社会角色论有其真实性。

沙宾还认为，催眠是一种角色规定形式，而不是由意识变更所致。催眠参与者完全相信由催眠师的暗示所引起的意向性体验，其中，催眠感受性高的人能深入角色，戏剧性地表演规定的角色，以至于不能区分他们自身和表演的角色。这也一直被用来解释诸如洗脑、传销中的集体催眠现象。

（三）催眠的“不是”与“是”

1. 催眠不是什么

（1）催眠不是睡眠。

催眠不等于睡眠，因为睡眠既不是催眠的目的，也不是催眠的结果。其实，在大部分催眠状态下，催眠参与者都保留了控制其行为的能力，也可拒绝对催眠的暗示语，甚至做相反的行为。

（2）催眠不是幻觉。

催眠可能会给人带来某些美妙的联想，但这绝不是幻觉或妄想。这是区别催眠反应病理性与非病理性的关键。其实，催眠参与者都不会把自己的体验描绘成一种幻觉，而是一种在暗示下的专注状态。

（3）催眠不是失忆。

催眠会诱使人产生一时的记忆障碍，但这不意味着永久的记忆障碍。事实上，自发性失忆是十分罕见的，也不是催眠术能完全实现的。催眠参与者只要努力回忆，大多能回忆起以往的事情。

（4）催眠不是梦游。

催眠可使人进入一种高度自我关注或松弛的状态，催眠参与者不会因此进入梦游状态。因为梦游是一种睡眠障碍，是无法通过催眠来引发或治疗的。

2. 催眠是什么

（1）催眠是一种专注状态。

催眠可使参与者进入一种自我专注的状态，可全神贯注于对某种意念或情绪的认知加工，如对某种生活创伤事件（丧亲、失恋等）的情绪梳理或对某种不良生活习惯（吸烟、赌博、网络成瘾等）的意念控制。在此状态下，催眠参与者一直保留着其行为的控制能力。

（2）催眠是一种恍惚状态。

催眠可使参与者进入一种意识恍惚的状态，并可在催眠师的指导下进入一种美妙的联想状态（对过去的回溯、对未来生活的幻想）。催眠参与者需要进入这样一种恍惚状态，才能对催眠师的指导语做出积极的回应与配合。由此，催眠的成功，与其说是依靠催眠师的技术，倒不如说是依靠参与者的配合。

（3）催眠是一种放松状态。

绝大多数催眠，特别是治疗性催眠，都会经过一个放松的前奏部分。这既可使催眠参与者进入一种自然的松弛状态，也可使催眠参与者对催眠师的指导语产生积极回应。没有这样一个过渡，就不可能诱发参与者对催眠的专注与恍惚反应。

（4）催眠是一种内观。

催眠其实也是一种内观状态。在禅修中，内观的意思是如实观察事物的真正面目，以净化自身的心灵。催眠术的常用方法之一是呼吸导入，这与内观中由观察自然呼吸来提升专注力有异曲同工之妙，都是为了提高觉知的敏锐度，以体验无常、苦及无我的普遍性实相。因此，内观也是自我催眠与自我暗示所追求的境界。不管什么人，在任何时间、地点都可以修习，没有任何限制。

案例 18–1　瑜伽松弛入静法的指示语

请脱下你的鞋子，解下腰带和领带，如有眼镜也请摘下，伸直身子躺在褥垫上。

请把手放到两侧，请放松你的背脊、双肩、手指，感觉全身放松。

请闭上眼睛，把精神集中在两脚的脚尖上，让脚尖放松。

请想象你的脚、膝盖、大腿都泡在水中，感到全身肌肉都放松了。

请放松你的脸颊、下巴，感觉脸上的肌肉很放松。

请想象你的身体渐渐沉重，深深地陷在褥垫中，你也感觉不到自身的重量了。

请想象你是一朵云彩，一朵特别轻盈、万念俱空、飘浮在辽阔蓝天上的云彩。

请想象你感觉自己飘浮得很疲惫，很想落地歇息下来。

请想象你感觉很有困意，很想睡觉，很想睡觉。

我数 5 下，你就入睡了：1、2、3、4、5，入睡。

第二单元　催眠的导入方法

一、学习目标

了解催眠的导入方法。

二、基本概念

（一）催眠治疗的常用导入方法

催眠导入可分为直接法（或自然法）和间接法。前者是通过简短、低沉的言语或轻柔的抚摩，使对方进入催眠状态；后者是借助光亮的小物体或单调低沉的声源，让催眠参与者凝视、倾听，或以“催眠物”接触头或四肢，催眠师则在一旁反复暗示催眠参与者进入催眠状态。其常用方法描述如下。

1. 视觉导入法

此法又称凝视法，就是让催眠参与者聚精会神地凝视前方的某一物体（一个光点或一根木棒等），数分钟后，催眠师便用单调的暗示性语言开始进行暗示，语气要十分平缓、低沉。

你的眼睛开始疲倦了，疲倦了。

你已经睁不开眼了，闭上眼吧。

你的手、腿都开始放松了，放松了。

你的全身都已放松，眼皮发沉，头脑也开始模糊了，模糊了。

你要睡了，睡吧，睡吧。

如果催眠参与者接受暗示性高，此时就会很快进入催眠状态。如果催眠参与者的眼睛未闭合，催眠师应重新暗示，并把凝视物靠近催眠参与者的眼睛，以加强暗示，使其眼皮变得沉重起来。

2. 听觉导入法

就是让催眠参与者闭目养神，注意倾听单调的节拍器声或水滴声，几分钟后，再给予类似上述言语暗示，还可以加上数数等。

你感觉有一股舒服的暖流流遍你的全身，

你感觉头脑有些模糊了，

你感觉越来越困倦了，

你感觉要睡了，睡吧。

…………

3. 触觉导入法

就是让催眠师在催眠参与者面前把手洗净、擦干和烤热，然后让催眠参与者闭目放松，用手轻微触摸催眠参与者的皮肤，从前额、两颊、两眼到双手，按同一方向反复地、缓慢地、均匀地移动，同时配以类似上述的言语暗示，以增强催眠效果。

催眠师有时也可不用言语暗示，仅用诱导按摩进行催眠。催眠师也可以不接触催眠参与者的皮肤，只是用双手的移动引起温热空气波动，给皮肤以温热感，从而达到诱导性催眠的目的。

4. 药物导入法

如遇到暗示性低、不合作的催眠参与者，催眠师可使用合适的药物进行静脉注射，在催眠参与者进入半睡眠状态时，再导入催眠状态。

5. 艾瑞克森握手导入法

此法由艾瑞克森提出，简称“握手法”。就是要求催眠参与者将一只手伸到身前，好像正要与人握手。保持手臂悬在空中，这感觉虽不寻常，却仍然是舒服的。催眠参与者可以自行决定将视线保持在伸出的手上，或将眼睛闭上。如果开始时决定将眼睛闭上，催眠参与者可在脑海中想象伸出手的样子。之后，催眠师可发出下面的指令，以促使参与者尽快进入催眠状态：

接下来将出现信号，将提醒你已经进入催眠状态。

我每数一个数字，手臂就开始变轻一些。

好像每数一个数字，都是在你的手臂上系了一只氢气球。

你的手臂被提起来了，每多数一个数字，就多系一只气球，手便越来越高，指向天空。

你的手臂变得越来越高，好像被升上了天空。

你的手臂变得越来越高，升上了天空。

…………

拓展阅读 18–1　不同的催眠方式

催眠的方式可分为集体催眠、个别催眠和自我催眠。

所谓集体催眠，就是催眠师对病情或问题相似的催眠参与者共同实施催眠。这样既可同时治疗多人，也可消除催眠参与者的孤单感和恐惧心理。此外，集体催眠还可使催眠参与者之间相互影响、相互模仿，以促成催眠的到来，强化催眠参与者对催眠效果的信服。

所谓个别催眠，就是催眠师对单个催眠参与者进行催眠。这样可使催眠参与者处于更加松弛和专注的状态。特别是对于对外界环境极为敏感的人，个别催眠的效果会明显好于集体催眠。

所谓自我催眠，就是催眠参与者在催眠师的指导下对自己进行催眠。催眠一般是在安静、昏暗的房间内进行。催眠参与者舒适地坐下或躺下，安静、放松数分钟，然后进行催眠。实践证明，90% 以上的人能进入程度不等的催眠状态，30% 左右的人可进入深度催眠状态。

（二）催眠导入的注意事项

催眠，是语言的艺术表现，催眠师要注意下列几点内容。

1. 催眠语速要平缓

催眠师在指令中，要做到稳步推进，把握节奏。特别是在开始诱导阶段不宜太快，最好与呼吸频率同步，后期可逐渐提升语速。

2. 催眠语调要平稳

催眠师在指令中，要做到平稳低沉，可以有一定的节奏或抑扬顿挫，以起到反复暗示的效果。

3. 催眠语音要平静

催眠师在指令中，要做到吐字清晰，语言简洁，意义明确，忌用方言与烦琐的言语。

4. 催眠语气要平和

催眠师在指令中，要做到语气柔和，不用权威语气和教诲语气，不用命令语气。

总之，催眠的交流，要给人以诗歌朗诵的感觉，令人为之倾倒。

（三）催眠脚本写作的注意事项

催眠是语言艺术，催眠师能否成功带领催眠参与者进入催眠状态，不仅取决于语气的表现，也取决于催眠脚本的表现。在催眠脚本的写作中，要注意如下事宜。

1. 脚本要突出要点

在催眠脚本的写作中，要突出要点，无论是针对某种不良情绪，还是不良习惯，都要围绕其形成、后果、调整、矫正提出明确的说法，令人印象深刻。

2. 脚本要重复要句

在催眠脚本的写作中，要对重点的部分不断重复，意在强化，令人感受深刻，记忆强烈。

3. 脚本要写作简略

在催眠脚本的写作中，要做到语言简洁，意义明确，忌用方言与烦琐的语言，并有明显的段落感。

4. 脚本要有节奏感

在催眠脚本的写作中，要多用排比句（三四个词一起用），给人以强烈的节奏感和音乐感。

总之，催眠治疗的脚本写作，要简洁明快，给人以诗歌感，令人陶醉其中。

案例 18–2

我曾治疗过一位内疚的长者。他是一家医院的院长，在业务上有很大的成就。但他一直有一个纠结之处，就是他生在农村，长年在外学习、工作，没能很好地陪伴父母，眼下自己功成名就，却再无机会报答父母了，为此他时常有人生毫无意义的感觉。

我听了他的描述后，根据他特殊的人生经历，写了下面的脚本，要他在放松、闭眼的状态下听我宣读：

我感到对不起父母，因为在他们身体好的时候，我没能陪伴他们。

我时常感觉很内疚，因为我再也没有机会给他们尽孝了，真的没机会了。

我这样做是不得已的，确实是不得已的，因为我需要在外边打拼，挣钱赡养他们。

我这些年来行医、搞科研，取得了许多成果，这不但令我开心，也令他们引以为豪。

我虽然不常回家，但一直与父母保持联系，给他们写信，打电话，从未间断。

是的，这些年来，我一直给父母写信、打电话，从未间断过。

我回到家中，父母都告诉我，他们都很好，不需要我回来看他们。

而且我的两个哥哥也一直在照顾父母、呵护父母、陪伴父母。

我的两个哥哥真的给了父母很好的照顾，照顾他们、呵护他们、陪伴他们。

而他们照顾父母的钱，都是由我来出的，对此我一直引以为豪。

是的，他们照顾父母的钱，都是由我来出的，我引以为豪，引以为荣。

如果我在家乡工作，就不会有这样的成就和这么多成果。

如果是那样，我也不会有这样的财力来为父母盖新房子，添置新家具。

我也不会有这么多钱去为父母治病、养生，提高他们的生活质量。

所以我是尽了孝的，只是我尽孝的方式与哥哥们不同。

是的，我是尽孝了，只是我的尽孝多在财力上，这也很重要。

我记得父母常说，他们很为有我这么个儿子感到自豪，感到骄傲。

这其实也是尽孝的方式，因为一想起我，他们就会开心。

所以对于父母，我没有什么可悔恨的，因为我尽力了。

真的，我没有什么可悔恨的，因为我确实尽力了。

我的尽力也是父母的幸福源泉，他们也没有什么可悔恨的。

所以我不再恨自己长年在外了，因为父母也希望我安心工作。

我不恨自己长年在外了，因为父母真心希望我安心工作。

因为只有我安心工作，他们才感到幸福、踏实。

…………

我做这个催眠暗示，是为了帮助他摆脱他对父母的愧疚感。在催眠过程中，他很配合，眼里不断在流泪，也在不断地点头。待我唤醒他时，我请他谈一谈对我刚才催眠话语的感受。他告诉我，随着我的话语，他感到了一种前所未有的解脱感和轻松感。他甚至感觉，刚才听到的话，不像是出于我之口，而像是出于他父母之口，让他听了备感温暖和喜悦。

此次催眠治疗，虽只有两次，但效果奇佳：一是因为他十分配合，二是因为我的暗示脚本写得非常有针对性。

三、相关知识：测试受暗示性的 4 种方法

咨询师在从事催眠治疗之前，应测试催眠参与者的受暗示程度。下面介绍 4

种简单的方法。

（一）嗅觉测试法

事先备好 3 个装有清水、淡醋、稀酒精的瓶子，请催眠参与者分辨哪个瓶子装的是清水，哪个瓶子装的是淡醋，哪个瓶子装的是稀酒精。分辨不出得 0 分，辨别出后两种中的一种得 1 分，辨别出后两种的得 2 分。

（二）平衡测试法

让催眠参与者面墙而立，双目轻闭，平静呼吸两分钟后，催眠师用低沉的语调缓慢说："你是否开始感到有些前后（或左右）摇晃，你要集中注意力，尽力体验自我的感觉，是否有点前后（或左右）摇晃。"停顿 30 秒，重复问 3 次后，要求催眠参与者回答，或观察催眠参与者。未感到摇晃者得 0 分，感到轻微摇晃者得 1 分，感到明显摇晃者得 2 分。

（三）记忆测试法

让催眠参与者看一幅画，上面有一个房间，内有 2 扇窗户并有 3 把椅子。10 秒后拿走画。问："房间里有 3 把还是 4 把椅子？""房间有 2 扇窗户还是 3 扇窗户？"若回答与画面一致，则具暗示性，每一问得 1 分；若回答与画面不一致则得 0 分。此项测试的得分为 0—2 分。

（四）视觉测试法

在白纸上画两个直径均为 4 厘米、间距为 8 厘米的大圆圈，圆圈中分别写 12 与 14 两个数字。然后问催眠参与者哪个圆圈大。若回答一样大得 0 分，若回答其中之一大得 1 分。

通过 4 项测查，催眠参与者可得 0—7 分，分数越高表示催眠参与者暗示性越强，被催眠的可能性就越大。

第二节 催眠治疗的操作方法

第一单元 催眠治疗的概念

一、学习目标

了解催眠治疗的概念与方法。

二、基本概念

（一）催眠治疗的概念

催眠治疗（hypnotherapy）是指通过言语暗示使催眠参与者处于类似睡眠的状态（催眠状态），然后进行必要的心理暗示治疗。其中，催眠参与者的受暗示性、合作态度、接受治疗的积极性是催眠治疗成功的关键。

具体地说，催眠疗法通过催眠技术，先将求治者诱导进入一种特殊的意识状态，再将催眠师的言语整合进入求治者的思维和情感中，从而产生预期的治疗效果。在操作上，催眠师会运用不断重复、单调的言语或动作向求治者进行感官刺激，诱使其意识渐渐进入一种恍惚的状态。在这种状态下，人的认知判断能力会降低，防御机制会减弱，并会表现得十分被动、顺从。

此外，催眠参与者的情感、意志和行为也会根据催眠师的指令而转换，对周围事物的感受性也会大大降低。在催眠状态下，求治者会回忆起早已被“遗忘”的某段生活经历，或是畅述内心的隐私。在催眠理论上，人在催眠状态下会呈现出一种意识分离状态，只与催眠师保持密切的感应关系，并顺从地接受其指令。在此状况下，催眠师会对求治者进行必要的心理疏导，或采取模拟、想象、年龄倒退、临摹等方法来进行心理治疗（表 18-2）。

表 18–2 催眠治疗的范围

治疗范围	举例
精神疾病	1. 神经症（如焦虑症、恐惧症、强迫症等） 2. 睡眠障碍（如睡行症、梦魇、失眠症等） 3. 心境障碍（如抑郁症、躁狂症、双相情感障碍等） 4. 儿童行为障碍（如多动症、品行障碍等）
心身疾病	1. 心理生理障碍（如溃疡、高血压、胃肠功能紊乱、牛皮癣等） 2. 某些神经系统障碍（如面神经麻痹、偏头痛、小儿麻痹症等）
其他用途	1. 改善情绪、缓解压力（如烦躁、郁闷、焦虑、孤独等） 2. 纠正不良的行为习惯（如抽烟、酗酒、暴食、厌食等） 3. 开发潜能（如提高记忆力、行动力、自我管理能力、学习技巧等）

案例 18–3

我小的时候，有一次去医院打针。平时我对打针充满了恐惧和焦虑，而那一次打针又是在胳膊上，痛感会更强。所以面对医生手中的针管，我快要哭出来了。

看着我一脸紧张的样子，注射的医生对我说："小朋友，不要怕，你是男孩子，要表现得像个男子汉。下面打针，我会给你背一段诗词，等我背完了，针也就打完了。好不好？"

"好。"我机械地回答。然后他大声背诵。

就这样，针打完了，我从那之后也不怕打针了。奇怪的是，后来再接受针管注射的时候，我的痛感也没有那么强了。因为我要向人们证明：我是一个男子汉！

（二）催眠治疗的分类

简单来说，催眠治疗的程度可分为浅度催眠、中度催眠和深度催眠。

所谓浅度催眠，就是通过催眠导入而令催眠参与者感到浑身倦怠、肌肉松弛、呼吸深缓、无力睁眼，醒后对催眠中发生的事情有回忆能力。所谓中度催眠，就是通过催眠导入，催眠参与者会感到睡意甚浓、浑身无力，醒后对催眠中发生的事只保留部分记忆。所谓深度催眠，就是通过催眠导入，使得催眠参与者除对催眠师说的话有反应外，自己基本没有知觉，且四肢僵直，甚至对针刺刀割也无痛觉，可施行外科手术。

一般来说，浅度催眠状态时进行心理治疗的效果最好。这时，催眠师可根据催眠参与者的症状，回忆参与者遗忘的过去经历，宣泄其创伤体验。催眠师也可以询问催眠参与者的病史、生活和工作中的挫折等，为治疗收集资料，可以暗示其做一些动作或讲话，如通过讲话来纠正缄默症，也可以告诉催眠参与者某些症状很快就会消失等。

总之，催眠方法各异，众说纷纭，至今仍无统一的分类。笔者根据以往的研究，对催眠的方式做出下面的简单分类（表 18-3）。

表 18-3 催眠的方式分类

催眠条件	简单描述
以催眠手段划分	1. 药物催眠：使用麻醉药物来催眠（如麻醉药物） 2. 非药物催眠：使用非麻醉药物来催眠（如使用葡萄糖酸钙等）
以催眠程度划分	1. 浅度催眠：参与者进入浅层催眠状态（如出现宁静、肌肉松弛状态） 2. 中度催眠：参与者达到中层催眠状态（如出现无力、迷茫状态） 3. 深度催眠：参与者达到深层催眠状态（如出现僵直或梦行状态）
以催眠技巧划分	1. 言语催眠：催眠师运用语言来进行催眠 2. 动作催眠：催眠师运用动作来进行催眠
以催眠人员划分	1. 他人催眠：由催眠师施行催眠 2. 自我催眠：由参与者对自己施行催眠
以催眠速度划分	1. 快速催眠：对参与者进行瞬间的催眠 2. 慢速催眠：对参与者进行逐渐的催眠
以催眠人数划分	1. 个别催眠：催眠师对单一参与者进行催眠 2. 集体催眠：催眠师对群体参与者进行催眠

续表

催眠条件	简单描述
以催眠距离划分	1. 近距离催眠：面对面地对参与者进行催眠 2. 远距离催眠：催眠师对参与者进行远距离催眠（如电话催眠、书信催眠和遥控催眠等）
以催眠环境划分	1. 自然催眠：受环境影响而产生的自然催眠现象（如在参加演唱会时的群体亢奋状态） 2. 人工催眠：催眠师实施的专业催眠
以意识状态划分	1. 觉醒时催眠：对参与者在意识清醒时进行催眠 2. 睡眠时催眠：对参与者在睡眠状态下进行催眠

总之，催眠可令人做事更专注且更有精力，特别是在成功学的培训上，自我暗示的力量得到了淋漓尽致的发挥。比如，有些患有考试焦虑的学生，在经过催眠暗示后，会在考场上超常发挥，轻松答完考题，也没有感觉那么紧张、疲累。

案例 18-4

一位长期失眠的神经衰弱患者来求助，我在催眠状态下对他进行暗示：

你很容易接受催眠，说明你大脑功能良好！
催眠已使你轻松、愉快，焦虑紧张状态已经消失了，已经消失了。
只要你放松你的大脑，放松你的双眼，放松你的手脚，
你就会有睡意，有困意，你就会入睡的。
你的失眠就会被治好，会消失，到时你就不会再失眠了！
以后你每晚 9 点一定会睡熟的……直至次日早晨六七点方醒。
醒来后你会感到精力充沛……你的失眠就会痊愈了，就会痊愈了。
…………

治疗结束后，我唤醒该患者，或让其睡完觉后逐渐醒来，又用了下面的指导语：

好了，治疗结束了，今天晚上你就可以舒舒服服地睡一觉。

睡醒后，你一定会精神饱满，头脑清醒。

从此之后，你就会自然睡好，睡得好。

…………

此时，我根据其病症，用肯定的语言向他指出有关症状将会消失，并就其神经衰弱的心理成因进行了精神分析，找出其心理根源在A型人格特质上，并与他商讨了一套很有针对性的放松训练方法。

如此两次治疗之后，患者的症状有了很大的缓解。

案例 18–5

一名戒烟者做了几次咨询后，我给他安排了一次催眠治疗，以加固其积极习惯的养成。我先暗示他说：

你已经做了停止吸食有毒纸烟的决定。

你感觉非常自豪，你将疾病和死亡终身替换为健康和幸福。

吸食有害的纸烟，就好像把嘴巴搭到汽车肮脏的排气管上，吸入大量有害的废气，你永远都不想这样做。

…………

听到这里，来访者眉头深锁，一脸厌恶的表情。

接着，我又暗示说：

你的愿望是获得健康，从现在开始。

你热爱吃健康的食物，你拥有锻炼的动力。

你的肺每天都享受着新鲜空气，你制订了一个停止吸烟的计划。

你开始计划并要确保变得长寿且健康，再也不受毒烟废气的危害。

你来到了海边，手里握着最后一包烟，你把它狠狠地投入大海，感到无比解脱。

你看到那包烟被海水冲走了，消失了，不见了。

真的，你看到那包烟被海水冲走了，消失了，不见了。

你的不良习惯也就一同消失了，不见了，没有了。

你感到自己变得越来越健康，越来越自信，越来越可爱。

你吸入一口新鲜无比的空气，感觉呼吸是那么快乐。

你为自己感到自豪，因为你做了一个精彩的健康决定，从此开始积极快乐地生活。

…………

此时，我看到来访者深锁的眉头渐渐舒展，脸上也露出了笑容。

经过三次催眠加固之后，来访者终于完全摆脱了“香烟的诱惑”。

最后，我想强调的是，催眠治疗能否起作用，关键在于两点：第一，求治者是否愿意配合，接受暗示；第二，求治者是否有成功体验，尝到了甜头。没有这两点，即使技术高深的催眠师也难免砸牌子。由此，催眠师要在治疗中把握好时机，选择好人选，不能急于求胜，欲速则不达。

（三）催眠治疗的步骤

一般来说，催眠治疗可按以下 5 个步骤来操作：

1. 询问解疑

催眠师了解求治者的就诊动机与需求，询问他对催眠的看法，解答他对催眠的疑惑，以确定他了解催眠时会发生哪些事情。催眠师要花时间介绍催眠的特点和作用，以消除求治者对催眠的普遍误解。

2. 诱导阶段

催眠师运用语言引导求治者进入催眠状态，常用的诱导技巧包括：渐进放松法、眼睛凝视法、深呼吸法、想象引导法、手臂上浮法及其他变形与伪装的方法。

3. 深化阶段

催眠师引导求治者从轻度催眠状态进入深度催眠状态，常用技巧包括：手臂下降法、数数法、下楼梯法、搭电梯法、过隧道法等。除了这些常用技巧，催眠师还应该随机应变，临时创造新方法。

4. 治疗阶段

催眠师根据求治者的需求来实施治疗，这需要催眠师有良好的心理治疗与精神病理学知识，最好也在宗教、哲学、史学方面有所涉猎。该阶段既是催眠治疗的灵魂所在，也是催眠治疗功夫的体现，会让催眠师与求治者一同体验到“登天的感觉”。

5. 解除催眠

催眠师让求治者从催眠状态回到平常的意识状态，以确保他对整个治疗过程保有清楚的记忆。催眠师还要给予适时的催眠暗示，帮助求治者在催眠结束后感觉很好。强化疗效通常以数数法为主。

总之，在催眠治疗过程中，催眠师与其说是一个催眠的工匠，倒不如说是一个催眠的工艺家。他需要针对催眠求治者的个性需求，制订出治疗方案，并加以有效的实施。

三、相关知识：催眠治疗的注意事项

（一）注意调整好催眠的环境

催眠师在工作之前，要注意环境设置。要选择较为安静、舒适、温馨的环境，这有利于求治者放松情绪，并使人感到舒适和安全。

（二）注意调整好催眠的时间

催眠师一次工作约 1 小时，且最好在下午或晚上。催眠师可根据催眠需求和解决不同问题加以调整。一般来说，催眠治疗应有 5 次以上，第一次为适应性治疗，第二次才真正开始治疗。一般 10 次为一个疗程。

（三）注意调整好身体的状况

催眠师在治疗前，应提醒来访者不要进食太多，不要饮酒（因为饮酒后会出现头昏、头痛、烦躁等反应），不要服用人参、激素等。此外，求治者还应该在接受治疗前睡眠充足，并保持有规律的生活。

（四）注意调整好健康的状况

催眠师要了解来访者的健康状况，注意避免因催眠暗示而引发的精神疾病或不良的情绪反应。禁忌证范围包括以下 3 个方面：①精神分裂症或其他重性精神病，这类病人在催眠状态下会促使病情恶化或诱发幻觉妄想；②脑器质性精神疾病伴有意识障碍的病人，催眠可使得症状加重；③严重的心血管疾病，如冠心病、脑动脉硬化、心力衰竭等。

第二单元　自我催眠的治疗技术

一、学习目标

了解自我催眠治疗的概念与方法。

二、基本概念

（一）自我催眠的概念

所谓自我催眠，就是通过自我暗示把意念集中指向某一方向、实现某一目的的方法。古往今来，自我催眠的方法很多，如佛教的“止观禅修法”、道教的

“内养功法”、印度教的“瑜伽修行法”、欧美的“渐进松弛法”等，都是自我催眠的典范。有人认为，他人催眠和自我催眠不一样，因为前者是被动消极的，而后者是主动积极的。但也有人认为所有催眠都是自我催眠，因为无论是主动还是被动，催眠参与者的配合都是成功的关键。由此，催眠师可以引导催眠参与者“入道”，但“修炼”还是要靠催眠参与者本人。

自我催眠技术也被广泛地应用于各类自我成长的培训与修炼项目中，如禅修技术、静观技术、气功技术、比赛与考试临场发挥技术等，使各行各业的人都有所获益。学会自我催眠技术后，人们可以随心所欲地设计符合自己需求的催眠指令，也可以针对临时状况，自行拟定对治疗的指令。例如，参加考试或比赛时心跳加快、呼吸困难、开始怯场，此时你可以告诉自己：“我慢慢从 1 数到 20，每数一下，我就更放松一点，数到 20 的时候，我就会彻底冷静清醒，充满信心，不再紧张了。”如果你不断练习，并有成功体验，你就会掌控自己心跳的速度。

拓展阅读 18–2　阿里是怎样变成拳王的？

拳王阿里[1]小的时候，家人给他买了一辆崭新的自行车。他每天都骑车游玩，乐此不疲。一天，他来到警察局找一位叔叔，把自行车存放在警察局门口，并没有上锁。不料出来后，他发现自行车被人偷走了，气得他直跺脚。

沮丧之余，他的警察叔叔提出教他击拳，来化解烦恼。没想到阿里竟因此迷上了拳击运动，并逐渐成为一个专业拳手。警察叔叔还告诉阿里，每次出场比赛时，就把对手想象成当年偷车的那个人。由此，阿里每次比赛都感觉是一次复仇行动，出拳格外有力。阿里每次出场比赛，还会面对观众大声疾呼：“我是不可战胜的，我是最好的，我就是冠军！”

就是在这样的自我暗示下，阿里越战越勇，直至夺得全美的拳击冠军！

阿里能够成为世界拳王，靠的是两股心理学力量：第一股是升华自我的力

1　拳王阿里，全名穆罕默德·阿里，世界拳坛上的传奇，也是20世纪60年代最具代表性的人物之一。

量，即阿里丢车后没有做自暴自弃的事情（如大发脾气、偷别人的自行车等），而是化悲痛为力量，在拳击中化解内心的郁闷；第二股是自我暗示的力量，即阿里把对手想象为偷车的人，把自己想象为冠军，这给了他巨大的心理能量。

（二）自我催眠的常用技术

自我催眠的目的是放松自我、愉悦自我、强化自我、激励自我。其实，我们每天都在做自我激励、自我暗示的事情。学会自我催眠的技术，会让人们更加乐在其中，胜在其中，最终成为个人生活的一部分。下面介绍几种常用的方法。

1. 语言催眠法

使用委婉的、肯定的语言来暗示自己。其语言可以是灵活多变的、即刻创作的。先要花几分钟放松身心，或回忆某个美好的人生场面或经历。在暗示前，可多做几个深呼吸。然后可以像下面这样暗示自己：

我来到了沙滩，海水冲刷着我的全身。

我躺在海滩上，晒着暖暖的阳光，感觉很舒服，很舒服。

我沐浴着阳光，感觉很好，感觉很放松，很放松。

我现在自由自在，没有人会来干扰我，打断我，骚扰我。

我不需要在意人，也不需要担心任何人。

我感到了前所未有的舒坦、舒服、舒适。

…………

这样说下去，你自然就会感觉放松下来。

2. 意象催眠法

想象各种愉悦的画面、情境（如童年的某段美好记忆，大自然的某一美好景象，自己十分喜爱的某一场所、人物与动物等），让自己的心情随着想象愉悦起来。同时，你需要调整好自己的坐姿，把双手和双脚都平放下来，只要感觉舒服就行。如果你戴着眼镜，也可将它摘掉。如果是穿着紧身衣物，也可将它们松开或脱掉。然后闭上眼睛，可采用类似上面的暗示语来放松自己。

如此下来，你会很快进入松弛状态。

3.梦境催眠法

回忆或想象自己做了一个美梦，在做完放松动作后，可以采取类似下面的暗示语来放松自己：

我已经进入了自我催眠的状态。

我想象自己做了一个美梦，回到了我的故乡。

我回到了我的故乡，我的家乡。

我来到了外婆身边，我们很久没见面了，她见到我一下子就笑了。

我外婆见到我在身边就笑了，我也笑了。

她过来抱起了我，我也蹦起来抱住了她。

我也蹦起来抱住了她，我感到好温暖，好舒服，好感动。

我激动得眼泪都流了出来，外婆也哭了，可我们也在笑啊。

外婆告诉我要好好听爸妈的话，我说我会的，她高兴地笑了。

我好久没有这么开心了。

我真的很开心。

…………

如此下去，你会很快感觉愉悦。

4.凝视催眠法

将视线集中在眼前的某个点或某个物体上。在盯着某个点时，意识会越来越集中，与此同时暗示自己放松，进入催眠状态。在墙上选定一个点，或选择某一物体，你可以将自己的视线集中在它上面。将这一点称作目标点，一直盯着它（如水晶球，墙上某一点，催眠师手中的一个物件等）。

然后闭上眼睛，采取类似上面的暗示语来放松自己。

5.音乐催眠法

找一张你喜欢的唱片、光盘或磁带，它会令你感到放松、舒适或陶醉。你可以选择动感的音乐，也可以选择舒缓的音乐。先不要播放音乐，而是让自己进入放松状态，给自己一些暗示。当音乐响起来时，你可与自己对话，并让音乐与你融为一体，让音乐帮助你暗示，想象你能知道这些乐器发出的声音，传达你的暗示。

如果音乐中有歌词，它就会给你积极的暗示；而音乐声的大小，会让你有不同的情绪释放。当音乐结束时，你可以暗示自己更加放松、更加平和、更加远离往事、更加自得其乐。

案例 18–6　自我暗示减肥录音

如果你想减肥，请自己或请别人录制下面的录音（控制在 2 分钟之内），并在每晚睡觉前听：

我想减肥，想使自己达到理想的体重和体形。
我想使自己达到理想的体重和体形。
我想象自己站在一面镜子前，在镜子里见到焕然一新的自我，我感到欣喜无比。
我告诫自己：如果我达到了理想体重，就会更加美丽，更加自信。
如果我体内营养足够了，我就不会有饥饿感，就不想再吃东西了。
如果我控制好自己的饭量，我就不会再长胖，也就不用再担心体重了。
如果我控制好自己的体重，我一定会给自己买最合身、最漂亮的衣服。
如果我穿上了最合身、最漂亮的衣服，我就更加喜欢自己了。
如果真是那样，我就会有更美好的体形和精力。
我相信我能做到这一切，因为我会说到做到的。
我会做到这一切的，因为我能说到做到。
…………

如果你坚持听一个星期，你一定会在吃到平常饭量的一半时就感觉饱了。那样，你就会控制住自己的饭量。如果你坚持听一个月，你一定会有令人惊喜的发现，因为你的饮食习惯有了根本的转变。

最后值得强调的是，你不可以因此而无限制地减少自己的饭量，那样会使你得上厌食症，那就不是健康减肥了。

拓展阅读 18–3 1977 年，我的高考

1977 年 12 月 13 日、14 日、15 日三日，我参加了恢复高考的第一次考试。那年，我刚好从呼和浩特市内蒙古师范学院附属高中毕业。由于是首次高考，又来得十分仓促，所以大家都没什么准备，完全靠平时的积累来应战。

我虽然是应届高中毕业生，而且学习成绩在班内一向名列前茅，但我对自己的实力仍不放心，担心自己会考砸。带着这份焦虑，我找到了我的一位高中老师，请他为我做高考指点。不料他在耐心解答了我的所有提问后，语气坚定地对我说："晓东，以你现在的准备状态，如果你考不上大学，那么我们学校就没有人能考上大学了。所以，你只要对自己有信心，就会发挥出最佳水平。"他的话令我感到非常震撼，心想老师这么看得起我，我对自己却那么没有信心，真是不应该！于是，我暗自下定决心，一定要在高考中尽力发挥自己的最佳水平，不让老师对我失望！

带着这样的鼓励与期待，我全力以赴地投入了接连三天[1]的高考。第一天考下来，我感觉相当不错，但第二天下午考历史时，我由于出门仓促，忘了戴眼镜，到了考场之后才发现。因为那年的考试题是抄在黑板上的[2]，我看不清考题，心急如焚，鼓足勇气请求监考老师给我换个位子。他走了过来，亲切地对我说："换位子是不可以的，但我可以把考题交给你，你抄完了再还给我，这不是一样的吗？"我心头顿时涌过一股热流，连声道谢。

由于发生了意料之外的问题，我在答卷时，总是有一些心不在焉，眼睛时不时地左右观望。不料这令我更加紧张，因为我看见周围的人都在专心答题，我却

1 当年的高考都是考三天，共五门课。

2 1977 年恢复高考，来不及采取全国统一的试卷，所以都是各省独立出题。为了防止漏题，当年监考的老师都是现场将考题抄在黑板上。

时常走神，这还得了？！此时，我耳边响起了学校老师的叮嘱，心想既然他这么看得起我，我一定要考出自己的正常水准来。

最后一天下午考英语，这是我的主考科目。我当年的梦想就是能到北京外国语学院（现北京外国语大学）去读书。在考试前，我忽然有了一种奇妙的联想，就是此时此刻，我就坐在北京外国语学院的教室里上课，一会儿来的老师不是监考老师，而是学校的老师。那种感觉真是美极了！

带着这份美妙的感觉，我开始答题，感觉出奇地顺手，好像那份考卷就是专门为我准备的。“思想在奔驰，下笔如有神”。这是后来我对英语考试的感受。

高考成绩下来，我得了 233 分，高出一本线 43 分。[1] 这个成绩不仅是我所在中学文科考生排位最高的成绩，也是全校考生排位第二的成绩。特别是我的英语成绩，竟是全内蒙古自治区高中应届毕业生得分最高的。如果放到现在，我就是英语状元了！

凭这个成绩，我被当年内蒙古自治区招生最好的外语院校——北京第二外国语学院录取。我一生的成就，没有超过这一刻的。

回首我的高考经历，我要感谢高中老师对我的激励。现在看来，那是典型的语言催眠暗示，它令我对自己的考试能力充满信心，并尽情发挥。而英语考得好，也与考试前的美妙联想有很大关系。现在看来，那是典型的情景暗示作用，它使我考前的心情尤其愉悦，达到自我放松。

（三）自我催眠的常见模式

在自我催眠中，可采取下列 3 种模式：默诵式自我催眠、录音式自我催眠、意象式自我催眠。

1. 默诵式自我催眠

采取自我默诵的方式来进入催眠状态。既可采取出声的方式，也可采取闭声的方式，关键是能将自己导入催眠状态。对此，大家要注意如下事宜：

1　由于是第一年恢复高考，而且又是各省独立出题，加上那年内蒙古教育厅出的考题有一些偏难，所以 1977 年内蒙古考生的“一本”录取分数定在 190 分。

（1）出声的自我默诵催眠：像对自己宣誓，可睁眼，也可闭眼。其好处是可以用声音来强化自我暗示的效果（如大声疾呼），但问题是可能会干扰到他人。如果是自我宣誓，最好面对一面镜子来做自我默诵。

（2）闭声的自我默诵催眠：像佛堂里诵经的样子，或是祈祷的样子，可睁眼，也可闭眼。其好处是可以在心里不断强化自我暗示的指令，问题是力度或效果不够。

当事人无论采取哪种方式，只要令自我感觉良好就可。这当中是没有标准答案的。

2. 录音式自我催眠

采取听录音的方式进入催眠状态。既可采取单纯播音的方式，也可采取配乐诗朗诵的方式，关键是能将自己很快导入催眠状态。对此，人们可采用下面 3 种模式：

（1）听他人录音催眠：购买市面上现成的催眠录音，其好处是制作很专业，容易听进去；问题是没有针对性，不能解决特定的问题。

（2）听自己录音催眠：自己录制针对自己症状的录音，好处是很有针对性，问题是不够专业，且自己未必愿意听自己的录音。

（3）听咨询师录音催眠：请自己的咨询师或催眠师制作录音，好处是制作有专业性和针对性，且与录音者建立了信任关系，容易听进去。问题是录制可能不够专业。

3. 意象式自我催眠

以自由联想的方式进入催眠状态。可采用下面几种模式：

（1）景色意象催眠：想象大自然的美妙情景，如海滩、森林、名山大川、庙宇殿堂、名胜古迹等。

（2）实物意象催眠：想象个人喜欢的某种动物（如牛、马、羊、狗等）、植物（如牡丹花、玫瑰花、水仙花、郁金香等）、房屋建筑（如天安门、长城等）、生活用品（如书籍、电脑、厨具、电视机等）。

（3）往事意象催眠：想象自己的一段美好童年经历或往事，如回忆自己随父母旅游、走串亲戚、去游乐场玩。

（4）亲人意象催眠：想象自己的某个至亲，如爷爷、奶奶、外公、外婆在身边，令当事人感觉很温暖。

总之，自我催眠意在挖掘个人的潜能，是因人而异、因事而分的，没有标准的做法。当事人要根据自身的人格特质、生活经历、生活习惯摸索出一套适合自己的自我催眠模式，再不断运用，不断完善。

三、相关知识：什么是催眠秀

催眠秀中的“秀”字是英文单词 show 的音译，类似于我们常听到的“脱口秀”是英文“talk show”的音译。催眠秀在欧美国家叫作 hypnosis show（催眠秀）、stage hypnosis（舞台催眠）或 comedy hypnosis（娱乐催眠），是欧美国家一种十分常见的娱乐形式。

催眠秀表演并不是由催眠师一个人进行，而是催眠师在现场的观众中找出那些比较容易进入催眠状态的，到台上进行深度催眠体验和后面的表演内容。

一般专业的催眠秀表演时间在 90—120 分钟。首先，催眠师会对台下观众进行催眠基本知识的介绍，消除常见的误解。其次，催眠师会对所有观众进行催眠感受度的测试，基本上会有 1/10 的人第一次就可以进入很深的催眠状态，催眠师的测试就是发掘观众中的这部分人。再次，催眠师会邀请对催眠感受度较高的人来到台上接受进一步的催眠引导，在引导达到一定深度以后（适合进行表演的程度）就开始上面所提到的催眠表演，如喝水找不到嘴之类的。水平较高的催眠师有很多类似的小项目可以做，一般一场专业的催眠秀会有十几个项目，既有集体的也有个人的。国内的初级催眠师基本上还停留在全身肌肉僵硬，也就是常说的人桥或催眠成钢板项目，人桥项目其实不需要深度催眠，基本上每个人都可以做到。最后，消除暗示，催眠秀表演快要结束时催眠师需要移除之前给催眠对象的暗示，让被催眠者恢复到正常的意识状态，再给一些积极的暗示，这一步非常重要。

小结：岳晓东论催眠暗示

催眠，不是为了进入睡眠状态，而是为了进入专注状态。

催眠，比想象的容易入门，也比想象的难以精通。

催眠的要诀是信则立，不信则废。

催眠的成功与其说是催眠师的功力，不如说是时机的把握。

催眠向世人证明：潜意识的力量是无穷的，自我信念的威力是无量的。

催眠的意义在于，帮助被催眠者在潜意识状态下处理自己的情结与纠结。

催眠的历史远长于精神分析的历史，但两者的机理是相通的，都是试图在一种轻松、自然的状态下处理当事人的内心创伤，发挥其心理能量。

第十九章

启发式心理咨询技术

咨询师只有在来访者面前扮傻，才能激发他成长。

——梅肯鲍姆[1]

1 梅肯鲍姆（Meichenbaum），自我指导疗法创始人。他的原话是“Therapist needs to play fool in front of client to push him to grow”。

第一节 启发式心理咨询的概念介绍

第一单元 启发式心理的概念提出

一、学习目标

了解启发式心理咨询的基本原理。

二、基本概念

（一）启发式心理咨询的核心概念[1]

心理咨询的主旨是助人自助，就是帮助来访者学会独立、自如地面对自己在生活中面临的困难与困境。但在具体的咨询实践中，大家普遍遇到的困境是：不为来访者决策会辜负他对咨询师的期待，但为来访者决策又会陷入主观武断的困境。那么，怎样才能解决好这个冲突呢？我在 1994 年就提出了“启发式心理咨询”的理念，力图将孔子的启发教育思想与罗杰斯的人本主义咨询理念结合在一起，尝试将心理咨询本土化。

具体地说，孔子的启发教育思想倡导：“不愤不启，不悱不发，举一隅不以三隅反，则不复也。”旨在培养学生的独立思考与自行解决问题的能力。这与人本主义心理咨询强调个人的尊严、价值、自主性在本质上是一致的。由此，无论是启发式教学，还是“来访者中心”疗法，本质都是鼓励当事人通过自觉思考来获取个人成长的动力。

换言之，我的启发式心理咨询模式试图将西方尊重个人的思想与儒家调动个人的意愿在人本主义大旗下统一协调，达到心理咨询本土化的效果。启发式心理

---

1 岳晓东，祝新华：《中小学心理辅导实用理论与技巧》，北京师范大学出版社，2001。

咨询有以下三个理论基础：

1. 它鼓励来访者独立思考，又摒弃了对咨询师作用过度的被动要求，这更符合中国轻“个我”，重“群我”意识的倾向；

2. 它肯定了咨询师对于来访者自我反省与领悟所起的积极引导作用，这在客观上更符合中国人的集体主义倾向；

3. 它将心理咨询过程看作一个“开而弗达”的过程，力图使来访者通过心理咨询举一反三，触类旁通，这种启发式教育的思想在中国社会根深蒂固，因而也易于被中国人接受。

因此，启发式心理咨询主张，咨询师应本着“循循善诱”的精神来引导来访者从不同角度去思考其面临的心理困惑。咨询师发表个人见解，不是为了给来访者开方下药，而是为其开阔思路，帮助来访者更好地独立思考。咨询师对来访者的自我探索与决策只起辅导作用，不起主导作用。咨询师要与来访者多探讨、少指导，多提开放式问题、少提封闭式问题，从而在来访者身上找力量，把来访者打造成英雄。

（二）启发式心理咨询的操作原则

经过 20 多年的教学和实践，我总结出，启发式心理咨询模式的实施应该遵循以下三大原则：

1. 共情—抱持[1]原则

就是咨询师运用同感共情技巧，与来访者建立信任，了解问题性质，建立并维持工作联盟。在这个过程中，咨询师应充分共情来访者的挫败情绪与焦虑体验，给予来访者足够的理解，并尽力肯定其主动求助、改变自己、接受挑战的愿望。常用的咨询技巧有倾听回应技巧、积极关注技巧、价值抽离技巧、微小鼓励技巧等。

2. 共商—合议原则

就是咨询师运用面质修通技术，与来访者共同探究所咨询的问题与对策。在

1　抱持是由英国心理学家温尼科特提出的，原指母亲能满足婴儿早期的各种生理需要。他通过对母婴关系的研究，认为母亲是婴儿早期形塑的重要影响因素。在现在的咨询访问关系中，它泛指咨询师给来访者提供的由衷的理解、赏识、鼓励、支持等。

这个过程中，咨询师应启发来访者从不同角度审视自己眼下的困境和困惑，觉察自己的认知误区和非理性思维，共同思考与探索问题解决的有效方法，并付诸实施。这样既可以提升来访者的独立思考能力，也可以提升其解决问题的自信心。常用的咨询技巧有面质技巧、澄清技巧、开发提问技巧、利弊分析技巧、微小鼓励技巧等。

3. 淘宝[1]—激励技巧原则

就是咨询师在来访者身上淘宝，发现其人格中的闪光点及人生中的里程碑事件，不断加以梳理肯定，以强化其自我完善的动机与能力。常用的咨询技巧有澄清技巧、微小鼓励技巧等。

总之，在启发式心理咨询中，来访者与咨询师的关系是平等互进的，不是权威指教的。这样的咨访关系有助于培养来访者的独立思考和决策能力，并能够引领来访者在咨询交流中不断强化其自我效能感和自我成就感。

＞咨询师宝典秘籍谈 29　启发引领十大金句

1. 我这么说，你怎么想？
2. 我这么理解，你有什么回应？
3. 我这么思考，你觉得可行吗？
4. 我想知道你是怎么想的。
5. 我怎么回答你才能令你满意？
6. 你可以告诉我你现在有什么想法，我们一起来思考。
7. 我不能替你做决策，但我想与你共同做决策。
8. 我相信你能做出理性的决策，只要你能跳出自己看自己。
9. 我感觉你是很有悟性的。
10. 我相信你的判断是有道理的。

1　“淘宝”原是一个购物的概念，我在这里泛指咨询师对来访者个人经历中有价值、有意义的正性事件和人格特质的主动挖掘和利用。

岳晓东寄语：

咨询师不能给来访者支着儿，但能回避来访者获得引领的愿望。我通常的变通做法是，咨询师把建议当思考题提出，而不是下达指令。这样可以通过探讨利弊来启发来访者找到问题解决的答案，最终成为自身问题解决的专家。

三、相关知识：孔子与苏格拉底论启发式教学思想

在中国文化中，“启发”一词出自孔丘的“不愤不启，不悱不发”的思想。孔子在《学记》中具体提出：“道而弗牵，强而弗抑，开而弗达。”就是说教学要注意启发学生思考，引导学生疑问，而不给他们生硬灌输，死记硬背。

古希腊哲学家苏格拉底曾用“问答教学法”来启发学生的独立思考，探求真理。他的问答教学法一般包括四个步骤：讥讽、助产术、归纳和定义。其中讥讽是就对方的发言不断追问，迫使对方自陷矛盾，无言以对，最终承认自己的自相矛盾；助产术即启发对方，让对方得到问题的答案；归纳就是从各种事物中找到共性、本质、规律；定义是把个别事物归入一般的概念，得到关于事物的普遍概念。

两人的主张异同在表 19-1 中呈现。

表 19-1　孔子与苏格拉底启发思想的比较

相同的理念	不同的理念
两人都主张启发学生独立思考，而不是简单的直接灌输。 两人都喜欢问答式学习法，都拒绝把答案直接告诉学生。 两人都推动学生自己设法寻求答案，并不耻下问。	孔子不强调穷追不舍地提问，希望学生能自悟；苏格拉底则不断提问，力图使对方无言以对，以求自悟。 孔子主张知识获得从一般到特殊；苏格拉底则主张从特殊到一般。 孔子强调温故而知新；苏格拉底则强调探索新知。

第二单元　梳理里程碑事件的理念

一、学习目标

了解启发式心理咨询中梳理里程碑事件的原理和操作。

二、基本概念

（一）梳理里程碑事件的概念

启发式心理咨询主张，咨询师要在来访者身上找力量，把来访者打造成英雄，而非把自己打造成英雄。因此，咨询师要在咨询中不断挖掘、梳理来访者成长中的里程碑事件，并加以有效利用。这通常包括以下内容：

1.梳理重大成功事件

咨询师帮助来访者梳理其人生中的重大成功事件，如幼儿园成功入学，考入理想的小学、初中、高中，参加兴趣班并获奖被表扬等。在梳理中，咨询师要注意挖掘来访者的主观愿望和勤奋努力在重大成功事件中所起的作用，并以此来激励来访者积极面对眼下的困难与困境。

2.梳理重大抗挫事件

咨询师帮助来访者梳理曾化解过的学习困难、考试失利、同学失和、教师误解、好友误会等逆境。在梳理中，咨询师要注意挖掘来访者的乐观心态和勤奋努力在重大抗挫事件中起到的作用，并以此来激励来访者积极面对眼下的困难与困境。

3.梳理重要他人帮助

咨询师帮助来访者梳理当初怎样获得亲朋好友、老师、同学、同事等人的帮助和指点。在梳理中，咨询师要注意挖掘来访者的积极心态和主动求助在里程碑事件中起到的作用，并以此来激励来访者积极面对眼下的困难与困境。

4.梳理重要他人激励话语

咨询师帮助来访者梳理当初曾获得过的某个亲朋好友、同学同事、古今名人的话语激励等。在梳理中，咨询师要注意总结来访者曾获益深刻的话语是怎样激励他去面对挑战的，并以此来激励来访者积极面对眼下的困难与困境。

总之，启发式心理咨询力图在来访者身上淘宝，以来访者以往成功的人生经历来化解眼下面对的困难或困境，再造人生的辉煌。

（二）里程碑事件梳理的注意事项

1. 事件梳理法

咨询师注意捕捉来访者人生的重大事件，启发来访者梳理其中展现的乐观心态、抗逆精神、勤奋努力等，并以此来激励来访者积极面对眼下的困难与困境。例如，来访者是怎样从某次学习失控、考试失利、恋爱受挫、工作不顺等事件中重新振作的。

2. 名言梳理法

咨询师注意捕捉来访者所看重的某些名人名言，启发来访者梳理其对自己人生的积极影响或作用等，并以此激励来访者积极面对眼下的困难与困境。例如，来访者是怎样被某句名人名言激励，从而消除了学习失控、考试失利、恋爱受挫、工作不顺等事件的消极情绪。

3. 人物梳理法

咨询师注意捕捉来访者看重的某个名人或亲朋好友的人生阅历，启发来访者梳理其对自己人生的积极影响或作用等，并以此激励来访者积极面对眼下的困难与困境。例如，来访者是怎样受某个经历的启发，从而消除了学习失控、考试失利、恋爱受挫、工作不顺等事件的消极情绪。

4. 意象梳理法

咨询师注意捕捉来访者所看重的某个意象，启发来访者梳理其对自己人生的积极影响或作用等，并以此激励来访者积极面对眼下的困难与困境。例如，来访者是怎样受某个绘画、音乐、歌词产生的启发，消除了学习失控、考试失利、恋爱受挫、工作不顺等事件的消极情绪。

这些事件都具有自我暗示效应，能够推动来访者的自我醒悟，积极化解眼下的苦难与困境。

三、相关知识：梳理苏东坡是怎样面对人生起落的

苏东坡是中国文学史上一位罕见的通才，但他的生活经历也是罕见的坎坷曲折。苏东坡 21 岁时与弟弟苏辙一同进京考试，一路通过礼部考试与殿试，获进士及第。宋仁宗在殿试苏氏兄弟后，高兴地对高皇后说他为大宋王朝找到了两个宰相人才。可惜苏东坡虽有宰相之才，却无首辅之运，其官宦生涯大起大落，一如股市般惊心动魄。苏东坡虽才高八斗，却总不得重用，或因作诗不慎，或因出言直率，一再被政敌抓住把柄，害得自己在将近 40 年的官宦生涯中，有三分之一的时间是在贬谪中度过的。

虽然苏东坡的一生是在落魄不定和怀才不遇中度过的，但是他成就非凡。他的诗作忧国忧民如屈原、恬淡简朴如陶渊明、任情挥洒如李白、寓意深厚如杜甫；他的词作雄壮为骨、超逸为肌，开创豪放派词风；他的散文气势充沛、行若流水、广搜博引、自然清澈；他的绘画有“一灯分焰，照耀古今”之说，是“文湖州竹派”的领袖人物；书法洒脱遒劲，独具风格，名列“唐宋四大家”之列，又独占“北宋四大家”之首。此外，苏东坡还在军事学、医药学、建筑学、水利学、语言学、音乐学、禅学方面均有极深的造诣。苏东坡还设计过帽子，酿过良酒，制作过一种特殊的千层饼，调过一种别具味道的汤。北宋年间，“东坡帽”“东坡酒”“东坡饼”“东坡羹”“东坡肉”等曾一度成为众人追求的时尚。

那么，是什么力量使苏东坡身居逆境而自强不息呢？心理学对此有何说辞？希望以下内容能给大家一个新的视野。

首先，苏东坡的人格当中含有大量达观品质和辩证思想，这是乐观人格的基石。

对苏东坡来讲，生活的起落是人生的教科书，宦海沉浮是其中的作业与考试。久而久之，苏东坡练就了一颗非同寻常的平常心，可以不因宦海沉浮而自暴自弃，不因生活颠簸而怨天尤人。他永远以一颗平常心来面对世间的得失进退，永远以一份激情来化解人生的悲欢离合。这一切正如他的词句中描述的“枝上柳绵吹又少，天涯何处无芳草”。笑傲江湖是苏东坡经年修炼的功夫，与狼共舞是苏东坡无所畏惧的胆量。

苏东坡非常善于化解精神压力，苦中作乐更是他留给后人的精神财富！

其次，苏东坡热爱生活，并能随时随地将个人的忧愁烦恼融入大自然。他的大部分诗词都是在悲愤升华中完成的，特别是他的《念奴娇·赤壁怀古》，将个人一时的落魄向古人倾诉，开创了豪放派的词风。苏东坡善于苦中作乐，从他的烹饪功夫中尽可看出。可贵的是，作为一名厨师，苏东坡在菜、汤、粥乃至酿酒方面均有突出的贡献，在烹饪界可谓功在千秋。他开发出的东坡肉、东坡肘子等菜肴做法流传至今，广受欢迎。在压力心理学中，有一个经典理论：问题不在于压力本身，而在于对待压力的态度。换句话说，压力的有效化解首先取决于人们对压力的乐观态度。

苏东坡寄情于山水和烹调中，给中国的文学历史留下了无数佳谈趣话。他的一生可用一副对联来概括：上联是"烦但不闲着"，下联是"痛并快乐着"，横批是"苦日子好过"。

咨询师宝典秘籍谈 30　寻找来访者的闪光点

- 全心接纳：接纳来访者，相信来访者的自我向善能力。
- 寻找闪光点：发现来访者的优点、美德。
- 寻找成功经历：寻找来访者以往的抗挫经历。
- 寻找重要他人：寻找来访者亲朋好友的积极影响。
- 寻找突破口：寻找来访者转变的认知调整点。
- 不断肯定：寻找来访者的亮点，随时表扬。

岳晓东寄语：

咨询师要善于在来访者身上淘宝，发现来访者身上的亮点事件和优点长项，并在咨询中大力利用，从而促进来访者的自我成长。

第二节　启发式心理咨询的操作技术

第一单元　启发式心理咨询的操作技术

一、学习目标

了解启发式心理咨询的核心操作技术。

二、基本概念

启发式心理咨询有四大核心技术，即苏格拉底对话技术、空椅子对话技术、角色扮演对话技术、积极暗示鼓励技术。

（一）苏格拉底诘问技巧

1. 苏格拉底诘问技巧的概念介绍

苏格拉底诘问技巧是心理咨询的常用面质技术，即与不合理的信念辩论，用他人的观点驳斥他自己，是理性情绪疗法最常用的、最具特色的方法。由于苏格拉底曾把教师比喻为知识的助产婆，因此诘问技巧也被称为“产婆术”。

苏格拉底主张，通过对话可使对方澄清自己的理念、想法，使谈论的话题清晰化。特别是对于个人的一些不完全、不正确的执念，与其反复说服对方，倒不如启发、引领他发现其思维中自相矛盾之处，以求最终找到真理。这种对话模式犹如戏剧，具有极大的张力。尤其穿插轻松、诙谐的语调，屡屡让人陷入推理的自我矛盾，达到澄清的效果。

拓展阅读 19-1　苏格拉底论教育的助产婆效应

苏格拉底常说，教育就像为人接生一样，助产婆本身并不是生孩子的人，只是帮助他人接生而已。同样，在知识的获取上，教师的工作就是帮助人们“生出”正确的思想，因为真正的知识来源于人的内心，而非来自别人的传授。唯有出自内心的知识，才能使人拥有真正的智慧。

苏格拉底主张在谈话中采用抽丝剥茧的方法，启发对方逐渐了解自己的无知和错误，进而建立正确的知识观念。这比试图向对方说明一切更容易获得对方的认可，因为对方不是被说明白的，而是受到启发自己想明白的。苏格拉底还十分强调，言者要以谦和的态度发问，引发对方不断跳出自己，以第三人称的视角看待自己，直至发现并承认自己的无知。

英文的“教育”一词的拉丁文原意是“引出”，这正是源自苏格拉底所倡导的教育理念：不直接传授知识，而是采用对话、思辨，一步步启发对方思考，引领人们悟道、拥有智慧。

难怪千百年来，苏格拉底被人称作“赋予别人智慧的导师”。

2. 苏格拉底对话技术的操作要领

在苏格拉底对话技术的应用中，咨询师应注意不要直截了当地指出对方的非理性思维，而应该依据事实或对方的观点来推理，通过讨论的方式来揭露对方认识中的矛盾，逐步引导对方认识到自己先前思想中不合理的地方，并主动矫正。

在具体对话中，咨询师要做好以下几点：

· 启发来访者发现自己思维上的漏洞，跳出自己原有的思维模式。
· 启发来访者发现自己认识上的矛盾，客观地看待自己的真实处境。
· 与来访者理性看待当下的感受，去除其中过分夸张或刻意回避的成分。
· 与来访者充分探讨对未来的启发，共同找出下一步的行动方案。

总之，苏格拉底对话技术堪称是启发式对话法的原创，在2000多年前，苏格拉底就强调，教育一定要发自内心。心理咨询追究的境界是“帮人想明白”，而不是“把人整明白”。苏格拉底对话法给了我们最有效的操作方法。

案例 19-1 我学习学得快要崩溃了！

来访者：女，17 岁，名校高一学生。

来访者：我现在学习很差，感觉很崩溃，跟不上课程，我想退学。
岳晓东：你说你学习差，那你是怎么考上这所名校的呢？
来访者：可我在班里成绩排名越来越靠后，这说明我的学习越来越差啊。
岳晓东：你学习成绩越来越落后，是个别科目，还是所有科目？
来访者：这个，眼下数学成绩下滑得很厉害。
岳晓东：也就是说，你眼下的成绩落后只是在数学科目上？
来访者：是啊。
岳晓东：那数学成绩滑坡多少呢？
来访者：原来我的成绩都在 90 分以上，现在快跌进 70 分啦。
岳晓东：这个成绩在班上属于什么段？
来访者：大概中不溜吧。
岳晓东：那这能说你的数学跟不上进度了吗？
来访者：可我上课越来越难啊，确实感觉跟不上进度了。
岳晓东：我相信你说的这一切都是真的，只是我想确认，你是否真的跟不上进度了。
来访者：其实……眼下还是跟得上进度的，只是比以前辛苦许多。
岳晓东：真是难为你了，不容易啊。
来访者：可我以前只要一用功，成绩就上去了。
岳晓东：你感觉现在要比以前更用功才能跟得上学习进度。
来访者：是啊，是啊！
岳晓东：那就是说，只要你比以前多努力一些，还是能跟得上课程进度的。
来访者：对啊，我是要更努力一些才对。
岳晓东：所以，你还是能跟上学习进度的，只是感觉有些崩溃。
…………

点评：

在上述咨询对话中，我使用了苏格拉底对话技术，让来访者看清自己并没有崩溃，只是需要接受“更努力”的事实。

> **咨询师宝典秘籍谈 31　启发式心理咨询的认知调整**
>
> · 共情对话：尊重理解，不说教他人。
>
> · 启发思考：平等对话，共同思考。
>
> · 平和面质：口气和蔼，语气坚定。
>
> · 言之确凿：搜集证据，以理服人。
>
> · 不断肯定：寻找亮点，及时表扬。
>
> 岳晓东寄语：
>
> 心理咨询一大困境是：来访者在暗处，咨询师在明处，来访者只给咨询师提供有限的信息，却让咨询师替他做出无限的决定。因此，咨询师很容易做出有违事实的决定，到头来与来访者一同掉入咨询的困境。

（二）空椅子对话技术

1. 空椅子对话技术的概念介绍

空椅子对话技术是心理咨询中格式塔流派的常用技术，也是使来访者的内射外显的方式之一。其目的是帮助当事人全面觉察发生在自己周围的事情，分析体验自己和他人的情感，帮助他们朝着自我的方向迈进。

在具体操作上，空椅子技术是在来访者面前摆上两张椅子，让来访者通过不断切换座位，来展开两个自我的对话，从而达到自我的内心整合。特别是当来访者内心冲突很大却不知道该如何解决时，咨询师可让来访者先坐在一张椅子上扮演自己，与对方或另一个自我对话，表达此刻的想法和感受，然后换坐到另一张椅子上，扮演对方或另一个自己来回应刚才的提问。如此来回几轮对话，可启发来访者厘清自己的思路，体验两个自己的感受，并最终下定决心。

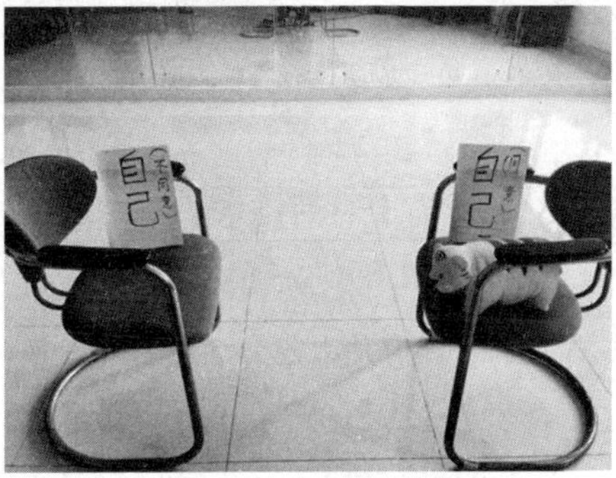

图 19-1 空椅子技术呈现

2. 空椅子对话技术的操作要领

在具体操作上，空椅子对话技术的常见呈现形式有下面几种：

（1）与某个失去的亲人对话，如思念或怨恨的某个亲人（父母、兄弟姐妹、亲戚等）。

（2）与某个敌对的熟人对话，如怨恨的某个朋友（同学、朋友、同事等）。

（3）与自我的某个纠结心态对话，如是否该进入、结束某段亲密关系，或做某个决策。

（4）与自我的某种负性情绪对话，如自责、羞愧、愤怒、怨恨等。

空椅子对话技术的目标是换位思考和自我觉察，觉察和调整自我认识上某个偏见或偏好，以更加客观、真实地面对自我和眼下面临的困难与困境。

在空椅子对话技术的运用中，咨询师要扮演好导演的角色，给来访者充分的自我思考时间与空间，这通常包括：

· 让来访者充分思考后再换位，给足切换的时间，为换位思维做好铺垫。

· 让来访者充分表述后再回归，给足表达的机会，以不漏过该表达的意念。

· 与来访者充分探讨对当下的感受，给足自我感受的机会，以做好认知的调整。

· 与来访者充分探讨对未来的启发，给足自我思考的机会，以做好自我的决策。

· 做好心理学的归纳总结，给足心理学上的引领，以认清自己纠结的本源。

总之，空椅子对话技术本质上就是帮助来访者放空自己，容纳他人。

＞咨询师宝典秘籍谈 32　空椅子对话技术的常用语

1. 想象他就坐在你对面，你有什么想告诉他的，想好了再说；

2. 现在你说完了，请你坐过去，想象他会怎么回应你，想好了再说；

3. 现在他说完了，请你再坐过去，想想你该怎样回应他的话，想好了再说；

4. 现在你说完了，再请你坐过去，想象他会怎么回应你，想好了再说；

5. 刚才的模拟对话给了你什么感受？

6. 刚才的模拟对话给了你什么启发？

…………

岳晓东寄语：

空椅子对话技术是去除情感纠结的偏方。

（三）角色扮演对话技术

1. 角色扮演对话技术的概念介绍

角色扮演是一种心理咨询的对话修通技术，可以以任何形式（游戏、治疗、培训等）进行。在活动中，咨询师通过扮演与来访者相冲突的不同角色（如其父母子女、兄弟姐妹、亲朋好友、同事主管）与来访者互动，帮助来访者更好地与这些角色沟通相处。

具体地说，角色扮演旨在运用戏剧表演的方法，启发来访者发现自身面临问题中的症结，进而调整自我的心理状态。在角色扮演中，来访者还可通过体验和实践他人的角色，设身处地地替他人着想，体验他人在不同情境下的内心感受。

此外，角色扮演还可以运用戏剧中即兴表演的方法，将来访者置身于他人的角色或社会地位中，按照这一角色的态度行事，觉察并调整原有的认知误区和非理性思维，以建构更积极的社会关系与自我状态。

2. 角色扮演对话技术的操作要领

在角色扮演的操作中，咨询师要注意帮助来访者实现下列目标：

- 跳出自己，以第三人称的视角看待自己，修通内心的冲突与纠结；
- 置入冲突方的角色，学会同感共情；
- 训练与冲突方的对话，提前准备好与对方的交流；
- 强化自我觉察和自我效能感，不再逃避与冲突方的交流；
- 强化个人的成长动机，不再逃避自我成长的挑战。

总之，角色扮演是很简单的操作技术，具有上手易、见效快、不受场合限制等特点。在启发式心理咨询中，角色扮演技术常被用来面质来访者的执念和自恋，效果甚佳。

＞咨询师宝典秘籍谈 33　空椅子对话技术与角色扮演对话技术的互补

空椅子对话技术的特点	角色扮演对话技术的特点
角色空置 自我对话 可呈现实物 咨询师不扮演角色 ……	角色实在 扮演对话 不呈现实物 咨询师扮演角色 ……

岳晓东寄语：

学会换位思考往往是修通来访者内心纠结的突破口。

（四）积极暗示激励技术

1. 积极暗示激励技术的概念

积极暗示激励技术，是一种催眠暗示，指咨询师通过语言暗示使来访者处于类似睡眠的状态，然后进行必要的心理干预与治疗。催眠暗示可谓心理咨询的重要环节，它可使来访者在无意识中接受咨询师的巧妙暗示，进而改变自己的不良行为。

在操作上，催眠师会运用不断重复、单调的言语或动作向求治者进行感官刺激，诱使其意识渐渐进入一种恍惚状态。在这种状态下，人的认知判断能力会降低，防御机制会减弱，且会表现得十分被动、顺从。在催眠状态下，来访者会回忆起某段早已被“遗忘”的生活经历，或是畅述内心的隐私。在催眠理论上，人在催眠状态下会呈现出一种意识分离状态，只与催眠师保持密切的感应关系，并顺从地接受其指令。在此状况下，催眠师会对求治者进行必要的心理疏导，或采取模拟、想象、年龄倒退、临摹等方法来进行必要的心理治疗。

在启发式心理咨询当中，咨询师不断与来访者共同探讨其面临的困难与困境，启发自己寻找有效的问题解决方法，就需要在潜移默化中不断强化来访者的下列信念：

· 我是有独立思考能力的，不必什么事情都听别人的。
· 我是有独立判断能力的，不必听信别人的一面之词。
· 我是有独立行动能力的，不必什么事情都靠别人来帮我解决。
· 我是有极大潜能的，不必怀疑自己是无能的。
· 我是有极大资源的，不必否认自己的能量。
· 我是有许多成功经历的，不必总是羡慕别人的成功经验。
· 我是有许多优点的，不必总是盯着自己的缺点不放。
…………

强化自尊、自信和自我效能感是启发式心理咨询的核心目标，无论来访者带着什么样的困惑和疑虑来求询，咨询师都需要在咨询过程中不断给来访者上述暗示，以固化其咨询的成效。

2. 积极暗示激励技术的操作要领

积极暗示在咨询中无处不在，无时不显，在启发式心理咨询的具体操作上，咨询师应注意下列事项：

（1）在咨询对话中巧妙地激励对方

就是在咨询对话中，注意寻找来访者的亮点事件，加以积极的梳理，并以此激励来访者挑战自我，强化自信。

（2）在咨询活动中巧妙地激励对方

就是在咨询活动中（如摆沙盘、玩绘画、讲卡牌等），注意挖掘来访者的正向意象，加以积极的肯定，并以此激励来访者挑战自我，强化自信。

（3）在咨询作业中巧妙地激励对方

就是在交代及检查咨询作业中，注意观察来访者的亮点行为和意向，加以积极的挖掘，并以此激励来访者挑战自我，强化自信。

（4）在咨询评估中巧妙地激励对方

就是在咨询评估中，注意发现来访者的自我改变，加以积极的梳理，并以此激励来访者挑战自我，强化自信。

总之，积极暗示无处不在，每个训练有素的咨询师都是积极暗示的高手。

三、相关知识：如何提高催眠导入的效果

对于如何提高暗示的效果，咨询师要注意处理好以下事情：

（一）建立信任关系

催眠成功的关键在于求治者对催眠师的信任。所以，咨询师要给求治者做催眠治疗，一定要先建立良好的咨询关系，否则求治者就难以配合催眠指令，催眠治疗的效果也就无从表现。

（二）进行细致评估

催眠师在做治疗之前，一定要给求治者做一个细致的评估，准确了解求治者对催眠治疗的需求与期待（如疼痛的根源、意图、愿望和预期），确保催眠的疗效。

（三）制定明确方案

催眠师制定切实可行的治疗方案，也是催眠治疗成功的关键。目标定得太高或太低，都难以让求治者有成就感。所以，催眠师要寻找一个突破口，让求治者第一次被催眠就尝到甜头。

（四）不断鼓励对方

催眠师要在暗示过程中不断鼓励求治者，以促使对方发挥最大的能量。催眠师还要多鼓励求治者的想象力，使其能随着催眠师的指令产生无穷的联想。

最后有必要指出，有一些新上手的咨询师，刚学了催眠技术，就想给每个来访者做催眠治疗，这可能是很危险的。因为催眠术不是万灵药，其效果取决于信任关系的建立及来访者的个体差异。咨询师越是急着要表现自己的功力，就越有可能砸自己的牌子。所以，在催眠术的使用上，咨询师要因人而异，灵活运用。

＞咨询师宝典秘籍谈 34　积极暗示鼓励技术的五大金句

1. 你比自己想象的更坚强。
2. 只要是你想做好的事情，就一定能做好。
3. 你以前就曾做到过，现在只是再现当初的辉煌。
4. 你的坚韧不拔令我敬佩。
5. 你的乐观向前是无刻不见的。

…………

岳晓东寄语：

积极暗示是心理咨询的底色。

案例 19–2

我治疗过一位肥胖焦虑的来访者。她对吃饭有很大的焦虑感与罪恶感。为改善她的饮食习惯，达到健康瘦身的目的，我连着三次给她做催眠治疗，并让她接受下面的催眠暗示：

我每次吃饭都很开心，我吃的食品也很健康。

我不再担心吃晚饭会变得肥胖，因为那样只能让我更加担心自己吃了什么。

我也不再吃完饭就用筷子捅自己的小舌，那样会让我很不舒服，很恶心。

我不再觉得肥胖是一种罪恶，会让别人看不起我。

我真的不再感觉肥胖是一种罪恶，被别人看不起。

我会在吃饭时，全心全意地品味食物的美味，它们让我变得更健康。

我吃得健康，才会气色美润，也会身材苗条。

真的，我只有吃得健康，才会气色美润，才会身材苗条。

我细细咀嚼我的食物，享受吃饭的过程，我没时间去思考其他的事情。

我只是专注于享受当下营养的美食，它们将会给我带来健康苗条的身材。

…………

我给她做了这样的催眠暗示，为的是摆脱她对进食的罪恶感。她很配合，也与我商定了一套减肥活动。就这样，经过催眠治疗和运动减肥，她终于减到了所期望的体重水准，气色也变好了许多。

小结：岳晓东论启发式心理咨询

心理咨询力求让来访者成为自身问题的解决专家，这就需要咨询师放下身段，与来访者协商共议，让来访者充分感受其中的成就感。

咨询师去权威化，是激活来访者自愈的桥梁。

咨询师与来访者共同探索，就是空出来访者独立思考的留白。

咨询师不予说教，以求自悟；不给支着儿，以图自救。

第二十章

岳晓东协作释梦解析技术

梦是个人的主观体验，但释梦却要脱离主观臆测的陷阱。

——岳晓东

第一节　弗洛伊德释梦观的困境

第一单元　弗洛伊德释梦观的常见误区

一、学习目标

了解精神分析释梦的常见误区。

二、基本概念

（一）弗洛伊德释梦的概念误区

弗洛伊德开创了精神分析的释梦方法，虽意义重大，但一直争议不断。因为梦不仅受性欲的驱使，还受掌握动机和其他动机的驱使。概括来说，弗洛伊德的释梦观主要有以下的突出问题：

1. 言必性欲太狭隘

弗洛伊德释梦观从精神分析的力比多理论来解析所有的梦，这是很偏激的认识。应该说，在梦境中出现与性相关的象征物（如烟囱、裸体）及与攻击相关的象征物（如刀叉、匕首）等，从力比多的角度加以解析只是一种思路，而非绝对的思路。

2. 压抑成梦太偏激

弗洛伊德释梦强调，所有的梦都直接或间接地投射了被压抑的性欲。其实，被压抑的性欲远远不能解释所有的梦，还有其他类型的梦与性欲的压抑一点关系都没有。换言之，弗洛伊德过分强调了性动机或性欲对梦生成的影响。

3. 无意识未必都是未竟的愿望

弗洛伊德释梦观过度地使用了无意识的概念。其实，未竟的愿望并不像他认为的那样无意识。它们可能是有意识的，但不是由大脑分析的。未经认可的愿望，可能是完全有意识的，在梦中找到了出路。不满足的愿望不一定是无意识的，它们可能占据了意识的边缘。

4. 有些梦只是想象的奇妙游戏

弗洛伊德释梦观还忽略了一个事实，就是许多梦与愿望的压抑和实现没有任何关系。它们只是记忆的碎片组合，没有任何实际的象征意义。对于这类梦的解释，我们应该从正常走向异常，而不是从异常走向正常。或者我们可以明确地宣称，这些梦是无以解析的。

（二）弗洛伊德释梦的方法误区

1. 对号入座，以偏概全

弗洛伊德的释梦方法时常给人以对号入座的印象，如梦见烟囱就表示性欲。这种“一对一”的方法僵化了释梦过程，不仅使释梦变成了“查字典”，更忽略了每个人、每个梦境的个体差异。其实，就是同样做“掉牙梦”，也可以因为个人之梦生成环境的不同而得出不尽相同的解释。

2. 我说你听，被动接受

弗洛伊德的释梦方法还会给人主观武断的感觉，这是缺乏双向沟通的结果。其实，释梦的最大误区莫过于你说你的梦，我来给你做解释，好像算命似的。换言之，咨询师需要经过一个“问诊”过程，一来是深入了解当事人的梦境表现，二来是在此过程中不断验证自己的假设。由此，一个理想的释梦，应该是咨询师与来访者共同探索与发现，并对释梦的结果见解一致。如果释梦采取了算命的模式，就是对释梦本身最大的误解。

3. 牵强附会，强加于人

弗洛伊德释梦方法的一大困境是咨询师给予的解释，令当事者一头雾水不算，还要求对方全盘接受。对来访者来说，这不仅是与其同感共情的最大失误，也是对其洞察分析的最大滥用。

4. 日有所思，夜非所梦

弗洛伊德的释梦方法还会给人“所有梦都是可以解析”的感觉。事实上，不是所有的梦都可以解，这就像不是所有的人在遇到烦恼或挫折时，都会通过做梦来表现一样。有研究证明，约有三分之一的梦是无法得到合理解释的。所以，咨询师都要接受一个基本事实：自己确实无法解析所有的梦。

总之，理论不是万灵药，技术也不是救命草，在心理治疗过程中，咨询师和来访者对梦的解释仅仅是一个工具，而不应该是目的。通过对梦的解释使来访者达到对自己潜意识内容、自己心理和行为的理解和领悟，从而在行动中去积累新的经验，使自己在面对自己的内心现实和客观环境的时候能平和、接受，少有愤怒和恐惧。

拓展阅读 20–1　弗洛伊德为荣格解梦

1909 年 4 月，弗洛伊德与荣格一同去美国讲学。途中，两人相互解梦，荣格说了自己的一个梦：

我（荣格）置身于一所我不认识的两层楼的房子里，它是我的家。我发现自己走上了二楼，这里有点像客厅，配有洛可可风格的好多精致的家具，墙上悬挂着一些古老的珍贵名画……我沿着楼梯走到一楼。在这里，一切东西都显得更加古老，我认识到房子的这一部分可以追溯到 15 或 16 世纪。这里的陈设是中世纪的，地板是红砖铺就的……我走到一道厚门前，用力打开它，在门的那边发现了一级向下的台阶，我再次走下去，结果发现自己处在一个有拱顶的美丽房间内。这里显得更加古老，可以追溯到古罗马时代，地板是由石片铺成的。在石片中间，我发现了一个环，并拉动它，石片便抬了起来，一道窄窄的石阶通往地下更深处。我顺着这些石阶走下去，走进了一个从岩石圈里开凿的低矮的洞穴里。石洞地面上盖着厚厚的灰土，上边散布着一些骨头和陶片，像是一种原始文化的遗物。我找到了两个人的头盖骨，显然是年代久远、快要裂成碎块的了。

对于荣格的梦，弗洛伊德坚持从个人的层面来解析，认为它掩盖了对死亡的意愿，并追问荣格希望让谁死。对于这个解析，荣格非常不满，感到两个人的差距实在太大，弗洛伊德不可能洞察自己的内心世界。但为了委曲求全，荣格只得谎称弗洛伊德说得对。

但荣格私下认为，房子是精神的象征，大厅代表了意识，地板代表了无意识的第一层，而下面的洞穴则是后来荣格提出的集体无意识。这次事件，荣格更坚定了日后与弗洛伊德分道扬镳的决心。

三、相关知识：中国古代的释梦观

我们的古人相信，做梦总是有原因的。东汉时期王符[1]就曾说“夫奇异之梦，多有收而少无为者矣”，认为做梦总有原因。归纳起来，人会做梦的主要因素有三个：物理因素、生理因素和心理因素。

（一）物理因素

我国古代思想家认识到人的一部分梦境是由体内外的物理刺激造成的。有来自体内的物理刺激，如一个人腹内的食物过量或不足的刺激而引起的梦境。所谓“甚饱则梦与，甚饥则梦取”，或“甚饱则梦行，甚饥则梦卧”。有来自体外的物理刺激，如“身冷梦水，身热梦火”“将阴梦火，将晴梦火”。

（二）生理因素

我国古代思想家认识到，做梦也可由生理因素而引起。主要的生理因素见表20-1。

表 20-1　我国古代对梦的起因的生理解释

生理因素	表象解析
体内阴阳之气缺少或过量致梦	在睡眠中由于缺少某种“气”，使睡眠处于不安稳状态，从而出现梦境。《黄帝内经》中认为“是以少气之厥，令人妄梦，其极至迷”。
五脏之气过盛致梦	“肝气盛，则梦怒；肺气盛，则梦恐惧、哭泣、飞扬；心气盛，则梦善笑、恐畏；脾气盛，则梦歌乐，身体重不举；肾气盛，则梦腰脊两解不属”。
内脏感通致梦	梦是“内脏所感”或“心所感通”造成的。口渴的人梦见水，饥饿的人梦见食物，都证明内部感觉是可以致梦的。
气血有余致梦	是由体内血气有余而产生的。“形者，血气之所感也。梦者，血气之余灵也”。
疾病致梦	“阴病梦寒，阳病梦热，内病梦乱，外病梦发”。

1　王符（约85—162），东汉思想家。

（三）心理因素

我国古代思想家和医学家不仅认识到物理因素和生理因素可导致梦境，而且认识到心理因素也可导致做梦。有哪些心理因素会引起人的梦境呢？从我国古代思想家和医学家的言论来看，感知、记忆、思虑、情感、性格都会影响梦的产生及梦的内容。但论述较多的是思虑、情感、性格对梦的影响（表 20-2）。

表 20-2 中国古代的生理致梦观

生理因素	具体描述
思虑致梦	我国古代思想家皆认为日有所思，夜有所梦。王符在《梦列》中指出："人有所思，即梦其到；有忧即梦其事。"又说，"昼有所思，夜梦其事。"他曾举例："孔子生于乱世，日思周公之德，夜即梦之。"列子[1]也认为，"昼想"与"夜梦"是密切相关的。明代的熊伯龙[2]亦认为，"至于梦，更属'思念存想之所致'矣"。
情感致梦	东汉王符所说的"性情之梦"，《列子》中的"喜梦""惧梦""噩梦"均属于情感引起的梦。晋代的张湛说："昼无情念，夜无梦寐。"明代的熊伯龙，在承认思虑致梦的同时，也对情感致梦有十分深刻的认识。他举例说："唐玄宗好祈坛，梦玄元皇帝；宋子业耽淫戏，梦女子相骂；谢朓梦中得句，李白梦笔生花，皆忧乐存心之所致也。"
性格致梦	"好仁者多梦松柏桃李，好义者多梦兵刀金铁，好礼者多梦簠簋笾豆，好智者多梦江湖川泽，好信者多梦山岳原野。"这段话除了说明梦境必须依赖经验，亦说明梦与人性格的关系。王廷相认为，具有"骄吝之心"的人，在梦中就会争强斗胜，而具有"忮求之心"的人，在梦中亦会追名逐利。总之，不同的性格对梦境中的内容有不同影响。

无论是对于精神分析的释梦观，还是中国古代文化的释梦观，我们都需要本着实事求是的态度，取其精髓，去其糟粕，将务实、落地的释梦方法发扬光大，令释梦更加令人信服，也令世人能更好掌握释梦的技术。

1 列子，战国时早期道家代表人物之一，道家学派的先驱者。

2 熊伯龙（1617—1669），清初无神论者。

第二单元　荣格对于弗洛伊德释梦观的修正

一、学习目标

了解荣格对弗洛伊德释梦观的修正。

二、基本概念

（一）荣格的释梦观

荣格作为弗洛伊德早期的合作者，曾积极参与了国际精神分析运动的活动，曾任国际精神分析联盟的主席。后来由于他不认同弗洛伊德的力比多理论而与弗洛伊德分道扬镳，并创立了自己的分析心理学理论，摒弃了性冲动说对于个人精神问题出现的作用。

在释梦的理念上，荣格把梦中的事件视为主体自身的无意识倾向，是对意识的补偿。它主要适用于具有神话结构的，展现集体无意识的“大梦”，即把梦的分析扩大，将梦者的梦的联想与其清醒状态时的生活相结合。在释梦的某个阶段，荣格会要求患者用绘画的方法来表达自己的梦和冥想体验。

具体来说，荣格的释梦观是以寻求原始意象为理论依据的。荣格在《无意识心理学》一书中提出，梦中表现出来的乱伦，是性格中一种象征性的宗教冲突表现，而非性的权利争斗。荣格的关注焦点在“人类普遍的经历”上，他认为，每个个体生命与其物种的永恒生命是相同的。

换言之，我们的许多思想观念，包括梦中的生活事件，都是由人类起源并延续着的“共同自我意识”（collective self-awareness）所决定的。而这些自我意识又在很大程度上是每个人对神的臆想。在荣格看来，梦境的出现是有意义的，因为留存在梦中的原始意象给人们提供了一面镜子，而通过对其解析，人们可以找到自我。

（二）荣格对弗洛伊德释梦技术的修正

在荣格的分析心理学当中，释梦主要包括联想分析、扩充分析和积极想象三种方法与技术。通过联想分析，我们可以获得具体的个人资料以及有关个人潜意识的内容；通过扩充分析，我们可以把梦放在更为广阔的集体无意识及其象征的水平来工作；积极想象，是注重梦对于梦者的直接影响，尤其是融会身心的体验与感受。

1. 联想分析法

联想分析法包括两方面的联想技术：一是自由联想；二是直接联想。经典的精神分析家仍然喜欢从自由联想开始对梦的分析。当患者向你陈述了一个梦境或梦的内容之后，使用自由联想的技术，可以帮助梦者充分显现他的潜意识。而联想分析中的直接联想，则认为自由联想有可能会导致远离或脱离梦的本原，只是引向了梦者的情结，而非梦的本意。而直接联想法则可以发挥联想的作用，比如直接捕捉梦者陈述的词语等，在梦者的陈述基础上进行分析的工作。

例如，荣格会在自由联想中，让患者从母牛开始自由联想，可引发牛奶……母亲……父亲等，梦中母牛不再重要，而母亲或父亲以及梦者与父母的关系就特别重要。

2. 扩充分析法

扩充分析法旨在将梦的内容与分析工作提高至原型与集体无意识的水平。一般来说，梦的分析中的联想分析，主要是构建梦者的个人信息与背景，受压抑的个体潜意识仍然是工作的重点。而扩充分析，则意味着在神话、历史和文化等水平上解析梦中出现的各种比喻、暗喻和象征，从而促使梦者体验自己作为原型中的存在，发挥原型及其意象的治愈功能。

例如，荣格会在释梦中，针对母牛以及牛本身，追溯其深远的文化背景以及原型水平上所具有的象征性意义。

3. 积极想象法

积极想象法注重梦者从梦中获得的体验与感受，包括身体的反应和感觉，或者说是注重让梦者去体验与感受梦。使用这种方法释梦时，咨询师需要让梦者去描述整个梦境，形容梦中出现的任何细节，让梦中的意象生动与丰富起来，让梦者在这种生动与丰富的梦的工作过程中获得治愈。例如，荣格会让梦者描述牛的颜色、大小，甚至是牛吃草的动作与神态等，让其直接与母牛沟通和对话，或者去感受母牛的情感。

总之，荣格的释梦观不再强调个人内心冲突（特别是力比多的力量冲突）对释梦的重要性，而是强调个人的集体无意识、神话、历史和文化等的意象解读对于释梦的重要性。更重要的是，荣格还强调通过对梦境的积极想象来修通患者的负性情结。这意味着在负性的记忆和感受中寻找正性的意象。

三、相关知识：其他精神分析先驱的释梦观

表 20–3　其他精神分析派别代表人物

代表人物	阐述
阿德勒	凝缩和隐喻形成梦的主要机制 释梦的意义在于使人明白他在自我欺骗，释梦必须联系梦者的问题、行为以及早期生活 释梦是属于个人的，即使是符号或隐喻，也不能用一般公式去解释
弗洛姆	梦为潜意识智慧的表现 任何地方的象征所代表的特殊意义，只能由出现象征的全部脉络来决定，以及由使用该象征的个人最主要的经验决定 重复的梦有特殊意义，人反复梦见的梦，是他的生命中最主要的主题的表现
其他派别	西里维奥·方迪：释梦的目的是让人认识到虚空及其能量组织，梦的动力指向产生生命的源头；梦不属于个人，梦的能量若不能充分吸收、代谢，则形成幻觉 盖尔·戴兰妮：人类梦中的潜意识可以替日常生活的困扰找出答案，只要在睡前按一定程序操作并提出问题，就可能孵出带答案的梦境来 莱格夫特：做梦是自我交流，可以随心所欲地给某种意象添上某种只有他自己才懂得的意义，并用这种意象来表达他的思想和感受

第二节 岳晓东协作释梦解析技术

第一单元 岳晓东协作释梦观的指导原则

一、学习目标

了解岳晓东协作释梦观的基本原理。

二、基本概念

（一）岳晓东的协作释梦观

笔者主张，在释梦的理论当中，东、西方理论各有千秋、互有所长，对此人们应该抱以兼容并蓄的态度，而非厚此薄彼的态度。面对诸家理论，怎样加以综合统一，找出最适合自己的方法，才是问题的关键。实际上，释梦的过程是咨询师与来访者共同思考、共同确认的过程。

笔者主张，做梦是人类最普遍的精神现象，是一个人某种愿望的达成表现。可以说，梦是一种清醒状态精神活动的延续。而释梦的目的就是发现潜藏在梦背后的潜意识，按照弗洛伊德的话来讲，这叫作“变无意识为有意识”。

在此基础上，笔者汲取了荣格心理学的精华，提出了协作式释梦的模式，并强调应该遵循以下原则：

1. 释梦是个性化的

就像人格不尽相同一样，释梦也应该是不同的。具体地说，同样是做“掉牙梦”，对 A 来说，可能象征着某种焦虑或损失；但对 B 来说，就可能意味着解脱和征服。这要看当事人的生活状态及其投射表现。

2. 释梦是互动的

释梦的过程应该是一个咨询师与来访者互动交流的过程。咨询师要对梦境做深入的探寻问诊，在这一过程中逐步验证自己的假设，并与来访者取得最终见解的一致。释梦要避免算命的模式，要给来访者充分的话语权。

3. 释梦是多元的

释梦的过程，就是可能性地排列并逐一验证的过程。在这当中，咨询师要“大胆的假设、小心的求证”[1]，而不能上来就开说，令人感觉牵强附会。此外，无论是中国文化中的占梦术（如《周公解梦》），还是西方的符号说，抑或是弗洛伊德的经典释梦理论，在释梦中都具有指导和借鉴的意义，但不是绝对真理。

4. 释梦并非要说性

在弗洛伊德的释梦观当中，梦境往往是性压抑的表现。应该说，这只是释梦的一种思路，而非绝对的思路。所以，对于弗洛伊德的释梦观，大家要抱着“既不照搬，也不摒弃”的态度来灵活运用。

5. 不是所有梦都能解析

并非所有的梦都具有象征意义，有些梦境可能就是很随意的，咨询师不必太当真，如果非要“为赋新词强说愁”，反而令人感觉不真实。研究证明，约有三分之一的梦是无法得到合理解释的。

6. 释梦要有积极想象

笔者十分认可荣格的积极想象技术，即咨询师应该在所有的释梦当中，寻求来访者的负性梦境记忆或感受建构正性的记忆和意象，让来访者对自己的梦境有积极、乐观的解读。

拓展阅读 20–2 释梦的常见误区

1. 梦境能预测未来

梦境可以解释过去，却不可以预测未来。这是因为梦大多是意念投射，不过是个人对前景的期盼或担忧。所以解梦不能强行把梦想说成现实。

2. 释梦能测定人格

梦境可以投射个人的忧虑或期盼状态，却不能表明一个人的性格特征。这是因为梦境表面看来是琐碎念头的任意组合，深入去看却是压制愿望的刻意编码。梦境

1 此为胡适送给年轻学者的治学原则。

就是被压制欲望、意念、焦虑的投射。这与一个人的人格没有任何潜在的关联。

3. 梦境能测定他人

梦境只可以揭示个人的愿望或担忧，但不可以完全成为判断他人的依据。这是因为梦是被压抑欲望的释放。解梦就是使人清醒地意识到这些愿望是怎样被压抑的。

最后，再次强调，并非所有的梦都是可以解析的，特别是一些特异的梦，如兆梦（梦境预兆某个事件的发生）、犀梦（不同的人梦到同样的梦境）、缘梦（梦见某个特别人物的出现）等梦境都无法用精神分析的释梦理论来加以诠释。对此，倒是中国的古代释梦观值得我们去参考借鉴，因为它不以力比多理论作为释梦的理论基础，而是考虑了个人所处的生理环境、物理环境及心理状态。

案例 20-1　我为什么总是梦见我的前男友和现男友同时出现

我曾给一位来咨询的女孩子解过一个梦。她总是会做同一个梦：一边是她的前男友清清楚楚地站在她面前，并拉起她的手大步往前走，可她很不情愿并拼命挣脱；另一边则是现任男友拉着她的手，他俩开心地嬉打追闹，可她却看不清楚他的面容。每每做了这个梦，这名女孩都非常困惑，也非常自责。她不知道自己是不是依然不能忘情旧爱，并怀疑自己在潜意识里对于眼下的爱情不是十分忠诚。

经过共同探讨后，我得出如下结论：从梦中传达的信息来看，女孩不愿和前男友在一起，而与现男友相处则很开心，这喻示了女孩对前者的排斥及对后者的接纳。事实上，梦中不断出现的两个男子已脱离了现实生活所赋予的身份，成了两种不同意义的情绪象征。

首先，前男友代表着生活的压力感，因为他曾给了她很大的束缚和挫败感。因此，每当遭遇困境或挫折时，她都会在潜意识中将此与前男友联系起来，使之在梦境中不断出现。

其次，现男友则代表着神秘感，虽然她很喜欢他，但他们两地分居，因而每每思念对方，或是盼望对方帮助自己时，就会梦到一张模糊不清的脸。这一切实际上与爱情态度无关，而是一种焦虑投射。

女孩听了，大感舒心，因为这破除了她对自己花心的疑虑。

拓展阅读 20-3　什么样的梦容易解析

什么梦容易解析？这是所有释梦者和求释梦者共同的困惑，我的回答是能破解发现梦背后的象征意义的梦，就是可解的梦，否则即使有再强的理论背景支撑，也可能是一种假设。

根据我的经验，几年前的旧梦，或者和一件至今难忘的往事有关，例如初恋；或者和一个重大的心理创伤有关，例如被辱；或者和他的性格密切相关。当你释过梦后，对方也许会说：这件事当时我很痛苦，但现在事情早已经过去了，我也早忘了。但是事实不是这样，如果那件事他早已忘记，就不大可能仍旧记着这个梦。无法忘记的旧梦也表明这梦中反映的心理问题至今未解决。

表 20-4　各种类型的梦

梦的类型	解释	总结
印象深刻的梦	人生有些梦如此生动，以至于令人久久难忘。虽然事过境迁，我们已经无法知道什么事使来访者做了这样的梦。但是一个人有生以来要做很多梦，绝大多数的梦都已忘掉，而这个旧梦却牢记在心，那么这个梦一定是很重要的。	梦，大多是意念的投射。 解梦，不能为赋意而强说。
重复的梦	梦中重复出现的人和事，象征着梦者现在需要解决的问题。这个问题不解决，这个梦就会一天天重复地做下去。这里所说的问题主要指心理矛盾、抉择，或是由特定生活方式引发的心理不平衡。由梦中重复出现的地方的特点，重复出现的人的特点，可以找到问题所在。由每次梦的差异，可以看到在梦者内心深处，对这个问题的思考有了什么进展，对这个问题的看法有了什么改变。通过释梦，把问题弄清楚后，梦就不会再重复了，否则梦会一直重复。	梦境，表面上看是琐碎念头的任意组合，深入去看是被压制愿望的刻意编码。 梦境，就是被压制的欲望、意念、焦虑的投射。

续表

<table>
<tr><th>梦的类型</th><th>解释</th><th>总结</th></tr>
<tr><td>寓言般的梦</td><td>有的梦像一个寓言一样写出了梦者的性格，并且勾画了这种性格的人的命运。这种梦似乎是他一生的缩写，是他精神生活的写照。这种梦也是难忘的。而且这种梦也极有分析价值，分析出一个这样的梦，就完全了解了梦者个人。这种梦的特点是时间比较长、情节较复杂、讲来像小说。</td><td rowspan="2">梦，是被压抑欲望的释放。
解梦，就是使人清醒地意识到这些愿望是怎样被压抑的。</td></tr>
<tr><td>连续的梦</td><td>有时，梦中的情节会在后面的另一个梦中重复出现。或者，几次梦见同一个人、同一个地方。再有，梦中也许会出现类似的主题。这种重复的梦都是值得解释的。有人还会像电视连续剧一样，一个梦接着昨天梦的结尾继续做。这种梦也较为重要。</td></tr>
</table>

第二单元　岳晓东协作释梦的操作技术

一、学习目标

了解岳晓东协作释梦技术的操作方法。

二、基本概念

（一）岳晓东协作释梦技术的六大技巧

既然梦的解释是治疗服务的工具而不是治疗的目的，那么不同的咨询师对这个工具的使用就会有不同的解释，也会采取针对个人性格特点和偏好的不同方法，所以，只要能达到为治疗和咨询服务的目的就可以了。

在这里，笔者总结出几点简易的释梦步骤，和大家分享。

技巧一：区别偶发的梦与重复的梦。

梦有偶发的梦与重复的梦之分。一般来说，重复的梦较偶发的梦更容易投射出当事人的潜意识欲望。因为重复的梦背后，传递着同样的信息。这就好比白天的类似生活事件或情绪体验，会启动同一梦境的出现。我称之为“梦境开关效应”。例如，很多人会在感受焦虑时不断梦见考试的场面，这是因为白天的焦虑场面和感受“启动”了考试梦的开关，因为考试在梦境中是担忧、恐惧的化身。当然，偶发的梦也可以变成重复的梦，那样，其象征意义就更加突出了。

技巧二：区别梦的显意与隐意。

梦是一种潜意识的表达，那么梦中的片段或场景就很可能是某种情绪或意义的象征。具体来说，则有“显意”和“隐意”之分。所谓“显意”即梦中出现的情景或事件，而“隐意”则是这些情景或事件背后所隐含的由联想得来的意义。例如，考试梦的显意是不自在和不情愿，但其隐意则是焦虑和不自信。

显意是较容易分析和理解的，但梦的隐意就要靠心理咨询师在和梦者充分交流后，找出其显意后的潜意识，发现梦的真实的深刻的含义。找出隐意，才是真正的释梦，才是释梦的意义所在。

技巧三：寻找梦的投射点。

所有的梦，都是一种欲望的投射、意念的投射。而梦境，表面看是琐碎念头的任意组合，深入去看则是被压制愿望的刻意编码。所以，释梦，就是寻找无意中的有意，有意中的无意。只要找到梦在现实生活中的投射点，就找到了释梦潜在的启动机关。例如，同样是感受压力，有的人会做“考试梦”，有的人则会做“坠崖梦”，还有的人会做“迷路梦”或“迟到梦”。

当然，在寻找的过程中，要特别注意对梦境进行一个可能性的排查，然后逐一确定最为真实、正确的投射点。因为在很多情况下，梦的比喻千变万化，解释也可以截然相反，但其背后的投射点，却往往只是生活中一件不经意的小事。

技巧四：发现梦的生成环境。

梦是以现实为依据，以想象为翅膀的，所以不能把梦作为一个单独的问题来阐释，释梦一定要结合来访者过去和现在的心理背景。来访者的童年经历（家庭环境、父母的人格、创伤性的经验等），目前的生活处境都是考虑的因素。例如，对孩子来讲，考试梦就是直接的压力投射；但对成人来讲，则有可能是某种挑战的压力投射。

技巧五：改变现实生活控制梦境。

俗话说，“日有所思，夜有所梦”。梦境的产生无疑与个人的生活状况有关。所以，人要改变或者控制特定梦境的出现，就要从日常生活的改变入手。这样，梦境是完全可以控制的！例如，人们做考试梦，是因为担忧或恐惧，如果一个人在生活当中学会主动求助，完善应对策略，进而提高自信，那么考试梦出现的概率就会大大降低。

技巧六：注意释梦中的反移情表现。

释梦过程其实是十分主观的，咨询师根据来访者对梦境的描述，需要做出合乎情理的判断。在这一过程中，咨询师如果把自己的意象或移情投射到来访者身上，就会使释梦过程陷入主观、片面的泥潭。

总之，释梦绝不是一件容易的事情，也不是一项速成的技巧。有以下原因：第一，梦具有极大的不确定性，到现在，我们还无法对其内容进行客观的实验室研究；第二，梦境杂乱无章，是心理元素的堆砌，其探索必然需要深入的思考；第三，梦虽然是投射，但人们在回忆自己的梦时，已经对梦的内容进行了修改，报告的梦与实际做的梦有很大的差异。

由此，咨询师对梦的解释一定要合乎情理，并得到来访者的认同。因为只有来访者认同了对梦的解释，他才能有所领悟和变化。由此，释梦一开始就不应该是咨询师一个人的工作，而是由咨询师和来访者共同承担的，其实最好的释梦者可能是来访者本人。亚里士多德曾言，善于释梦的人，必须能在各种梦中把握共同点，因为梦就好像水中的幻影一样，只要稍微一动，影像立即扭曲变形，而唯有能在扭曲变形中看出内容意义的人才是成功的释梦家。

三、相关知识：协作式解梦[1]

美国学者波尼米曾提出协作式解梦的建议，力图让分析师和梦者把释梦打造成一个亲密无间的合作活动，并让患者积极参与精神分析的过程，对分析师的释

1 Bonime, W.（1986）. Collaborative dream interpretation. *Journal of the American Academy of Psychoanalysis*, 14（1）, 15—26.

梦建议逐一进行确认。

具体地说，在协作式解梦中，分析师要不断与梦者探讨，他的感受与某一特定的梦境有什么潜在的关联。在这当中，与其说是分析师告诉梦者，他的梦境意味着什么，有什么象征意义，倒不如说是分析师告诉梦者自己的思路，让梦提供进一步的证据，来考证这一系列假设到底是否成立。

由此，开发式沟通对于协作式释梦十分重要，它可以使分析师深入捕捉梦者生活经历的信息来验证自己的思路，而不至于陷入自以为是的陷阱。

由此，患者在释梦过程中，会变被动为主动，变疑虑为自主，可以随时对分析师的思路提出自己的见解。这不仅会强化梦者对分析师的尊重，也会促进彼此间的信任。

总之，协作式解梦会令分析师变得更加谦逊可爱，也会为双方引入一种更积极、更平等、更亲密的咨访关系。而根据许多临床研究，梦者越是能参与到咨询过程中去，就越可以建构一种“我们的共属经验”的感觉。

案例 20-2　我梦见自己飞起来啦

梦境对话	咨询技巧
来访者：我昨天晚上梦见自己飞起来啦。以前梦飞起来时有电线网阻碍，昨天飞起来没有电线阻碍了。昨天白天爬山，晚上就梦见爬山，被落下了，跟朋友走散了，突然运足气就飞上去了。	这要么是寐梦，要么是喜梦。
岳晓东：你做的梦很有象征意义，第一，自己飞起来，是理想状态；第二，白天飞不起来，晚上飞起来了。以前有电线的阻碍，现在没有了。与一些人走散了，结果你一运气就飞上去了。这是正延续的过程。我们讲梦是有象征意义的，梦有两层意思，显意、隐意。显意是表面的意思。你觉得做梦的显意是什么？ 来访者：我以前也想过，经常做同样的梦，做了好几年了。飞起来，是希望自己有更大的空间，向往自由。	电线的阻碍是现实的各种障碍，包括社会、家庭，对向往自由的阻碍，显意很容易考证。第一，自己飞起来了；第二，有阻碍，电线网之类的，使自己不能飞起来。显意是直接的，希望自己发达，做得更好。

梦境对话	咨询技巧
岳晓东：你刚才只说了一点，这里面有很重要的部分，我们还没有说隐性的部分。你不断地做这个梦，你说“突然运足气就飞上去了”，最近，你自己有什么改变，与这有什么关联？ 来访者：前一段时间我接受咨询，原来心里想的东西想透了一点，释然了一点，没有电线可能与这个有关系。以前老是想不通，接受心理咨询之后释然了。	
岳晓东：也就是说，你的生活状态没有改变，但是心态改变了。可以这么理解吗？ 来访者：以前的思维让自己钻了牛角尖，现在看问题有了新的角度。生活还是这样，但是心态改变了。 岳晓东：心态改变在什么地方，可以稍微说几句吗？对生活的态度？更乐观、豁达，或者美好？怎么衡量？ 来访者：我以前是完美主义者，一切追求完美，做了心理咨询以后在这方面有所改善，不会那么追求完美了。 岳晓东：这让你释然。 来访者：对。 岳晓东：你觉得生活当中的压力是什么？	梦的第一层意义是飞起来，显意是活得更开心，做得更好。思想当中希望飞起来，但是有电线的障碍。电线网有象征意义，与朋友走散也有象征意义。显意是希望做得更好，活得更开心。阻碍是一个替代物，生活当中另外一种压力用电线网替代。
来访者：在工作方面希望得到更大的发展空间，但是障碍太多。 岳晓东：生活当中阻碍很多，比如掉到坑里面了。为什么会想到电线？ 来访者：也许因为我是搞摄影的，很讨厌电线之类的东西。	电线网表面是阻碍，深层的意义是在摄影过程中遇的电线网，它影响了摄影的效果。所以背后的意义搞清楚了。“飞起来”对梦者来讲也是一种象征，人追求开心，追求发达，飞只是一种方式。
岳晓东：你看到电线网很讨厌，平常在生活中它是一个不自然的表现。对于你来讲，它是一个碍事的东西。反过来，为什么要飞？也可以跑，跑也可以象征发财呀。飞对你的意义是什么？ 来访者：飞应该代表向往自由。 岳晓东：你最早梦见飞是什么时候？ 来访者：三四年前。 岳晓东：你能想起来是怎么飞的？ 来访者：以前梦到飞是像鸟一样，昨天是垂直飞。	日有所思，夜有所梦。因为什么事情的发生，会做这样的梦。释梦的功夫就是探究。梦的表层意义很容易找出来，关键是背后的梦是怎么形成的，它们的关联是什么，梦象征什么，这代表什么期望。

梦境对话	咨询技巧
岳晓东：最早梦见飞的时候是怎么样的？ 来访者：像鸟一样。 岳晓东：是什么原因让你做这样的梦？ 来访者：有时候拍照片，位置高一点还好，位置低就会被电线杆挡住了。 岳晓东：每次拍摄大场面的时候，就想要飞起来，有没有这种牵连？ 来访者：没有想过。	
岳晓东：我们现在讲的是你什么时候会做这样的梦，假设是你在摄影的时候，但达不到最好的效果就会做这样的梦，是这样吗？ 来访者：应该是这样。我昨天白天摄影了，就会做这样的梦。 岳晓东：昨天白天摄影了，所以晚上做梦，假设在一定程度上成立。如果你白天遇到开心的事情，晚上是不是也会做这样的梦？	假设梦是压力导致的，如果白天不开心，晚上就活跃起来了。与潜意识有关联，梦境等于调出来。白天发生什么事情，晚上做梦，就有关联。我们假设一种编码是白天摄影，希望有好的效果。
来访者：没有想过。 岳晓东：梦的象征意义代表什么？这是要深入探求的。我们接着讨论，昨天晚上梦见爬山跟朋友走散了。为什么去爬山？经常爬山吗？ 来访者：不经常爬。 岳晓东："跟朋友走散了"，你对它有什么评价？ 来访者：应该是有关系。昨天白天参加一个集体的活动，活动之后他们集体去拍荷花，而我没有去。 岳晓东：对你来讲，你拍荷花也许可以做得更好，可以做得更投入的事情却没有参与，所以被落下了。他们为什么在山头上？ 来访者：觉得他们可以拍到好片子。	经典的案例。爬山是不安全的表示。尤其是梦者被落在了后面，跟朋友走散了，所以也是朋友给梦者带来了压力。释梦可以沿着这个方向去思考。 这个梦不是白做的，有象征意义。
岳晓东：后面，你描述的思想一集中就垂直飞了上去，也就是说要对自己有信心，只要是你在乎的事情，你也会跟他们保持平衡。原来有电线网飞不上去，现在已经超越了。现在可以做到，原来做不到，是什么促使你突破了电线网？ 来访者：今年在摄影方面取得了一定成绩。 岳晓东：你今年有一定的成就，所以思想一集中就成功，跟你的朋友们拉近距离。	梦背后的隐意就是，来访者开始对自己有信心了。突破电线网是有自信的表现，"赶上了"也是自信的表现。这个梦对他来讲是喜梦，给了他信心。

点评：

日有所思，夜有所梦。梦是白天的思想在晚上的反应。

根据经典精神分析的讨论，梦的显意在来访者身上是一种挣脱，飞起来了，没有障碍。隐意是自信，这个梦是喜梦。当来访者被拉开距离的时候会赶上去，也就是说当他白天活得很辛苦，焦虑的时候，会想办法走出去。在现实中飞不起来，所以会在梦中表现出来。我按照精神分析的套路释梦，给这位来访者增强了自信。

小结：岳晓东论协作释梦

一百个读者，就有一百个哈姆雷特；一百个人梦见梅花，也会有一百种解释。

释梦是需要互动和交流的。

释梦的灵魂是积极想象，咨询师要在释梦工作中发现或植入积极的意象。

图书在版编目（CIP）数据

登天的感觉：心理咨询实用理论与技术 / 岳晓东著 .-- 天津：天津人民出版社，2024.1（2024.3 重印）

ISBN 978-7-201-19963-4

Ⅰ.①登… Ⅱ.①岳… Ⅲ.①心理咨询—研究 Ⅳ.① B849.1

中国国家版本馆 CIP 数据核字 (2023) 第 236383 号

登天的感觉：心理咨询实用理论与技术

DENGTIAN DE GANJUE: XINLI ZIXUN SHIYONG LILUN YU JISHU

出　　版　天津人民出版社
出 版 人　刘锦泉
地　　址　天津市和平区西康路 35 号康岳大厦
邮　　编　300051
邮购电话　（022）23332469
电子信箱　reader@tjrmcbs.com

产品经理　韩　烨　马　瑶
责任编辑　苏　晨
封面设计　WONDERLAND Book design 仙境 QQ:344581934

印　　刷　嘉业印刷（天津）有限公司
经　　销　新华书店
开　　本　700 毫米 × 1000 毫米　1/16
印　　张　38
字　　数　575 千
版次印次　2024 年 1 月第 1 版　2024 年 3 月第 2 次印刷
定　　价　98.00 元